先进焊接技术系列

焊接结构韧力工程分析

张彦华　编著

机 械 工 业 出 版 社

本书基于作者对焊接结构抵抗失效的工程属性研究，提出将焊接结构完整性及合于使用性要素集成到焊接结构韧力体系，初步尝试构建了焊接结构韧力工程分析的基本框架。全书共7部分：绪论简要介绍了焊接结构韧力的概念及影响因素、焊接结构的损伤演化过程与韧力设计、韧力分析；第1章介绍焊接热力过程对材料的损伤，分析了焊接损伤对焊接结构初始韧力的影响；第2章论述焊接结构的失效问题，分析焊接结构断裂失效及控制参数、疲劳失效及影响因素、环境失效；第3章讨论焊接结构的断裂韧力分析方法及断裂控制；第4章讨论焊接结构的疲劳韧力分析方法及强化措施；第5章讨论焊接结构的环境韧力分析方法；第6章讨论焊接结构韧力的概率分析方法。

本书可供焊接结构设计和力学分析的科学研究人员、工程技术人员参考，也可作为相关专业高年级本科生或研究生的教材。

图书在版编目（CIP）数据

焊接结构韧力工程分析/张彦华编著. —北京：机械工业出版社，2023.2

（先进焊接技术系列）

ISBN 978-7-111-72539-8

Ⅰ.①焊… Ⅱ.①张… Ⅲ.①焊接结构-应力-工程分析 Ⅳ.①TG404

中国国家版本馆CIP数据核字（2023）第010503号

机械工业出版社（北京市百万庄大街22号 邮政编码100037）
策划编辑：吕德齐 责任编辑：吕德齐 李含杨
责任校对：张晓蓉 王 延 封面设计：鞠 杨
责任印制：常天培
北京机工印刷厂有限公司印刷
2023年5月第1版第1次印刷
184mm×260mm · 16.5印张 · 409千字
标准书号：ISBN 978-7-111-72539-8
定价：89.00元

电话服务 网络服务
客服电话：010-88361066 机 工 官 网：www.cmpbook.com
010-88379833 机 工 官 博：weibo.com/cmp1952
010-68326294 金 书 网：www.golden-book.com
封底无防伪标均为盗版 机工教育服务网：www.cmpedu.com

前　言

韧力是工程结构抵抗失效的重要属性，结构的可靠性与安全性在很大程度上依赖于结构的韧力。焊接结构的韧力是材料性能、结构构造、制造工艺、载荷与环境、使用与维护等多种因素所决定的。焊接结构在制造和服役过程中可能产生损伤，损伤的累积会降低结构的韧力。为了降低发生破坏的风险，焊接结构需要有足够的韧力水平，以保证其在承受外载和环境作用时的完整性及合于使用性要求。而证明焊接结构的韧力是否足够，则须依据合于使用原则对焊接结构进行分析。焊接结构的失效呈现多种模式，其韧力表征及分析方法各异，因此焊接结构韧力分析需要多学科知识和多数据源支持，还要充分考虑焊接接头性能不均匀性、焊接应力与变形、焊接缺陷、接头细节应力集中等因素的影响。研究发展焊接结构韧力工程分析方法，对保证焊接结构的安全性与经济性具有重要意义。

特别应注意焊接结构的韧力和完整性及合于使用性在概念上的差异。完整性及合于使用性是对结构状态的概括性描述，韧力则是保证结构的完整性及合于使用性的内在属性。焊接结构的韧力是包括接头的强度、结构的刚度与稳定性、抗断裂性、耐久性等多种性能在内的综合性能表征。这样就不难理解焊接结构韧力的工程意义。然而构建关于焊接结构韧力的完整描述是一项艰巨的工作，需要从系统的视角出发，将有关焊接结构的全部要素集成到焊接结构韧力体系，这显然是很困难的。好在这是在工程层面上的集成，而非纯理论意义上的关联，这也是本书名《焊接结构韧力工程分析》的由来。

本书初步尝试构建焊接结构韧力工程分析的基本框架。全书共 7 部分：在绪论中简要介绍了焊接结构韧力的概念、影响因素、焊接结构的损伤演化过程与韧力设计、韧力分析；第 1 章介绍焊接热力过程对材料的损伤，分析了焊接损伤对焊接结构初始韧力的影响；第 2 章论述焊接结构的失效问题，分析焊接结构断裂失效、疲劳失效及影响因素、环境失效；第 3 章讨论焊接结构的断裂韧力分析方法及断裂控制；第 4 章讨论焊接结构的疲劳韧力分析方法及强化措施；第 5 章讨论焊接结构的环境韧力分析方法；第 6 章讨论焊接结构韧力的概率分析方法。

作者 30 多年来在焊接结构完整性与断裂控制方面开展了较为系统的研究工作，先后编写过不同版本焊接结构方面的书籍，本书是现有成果的整合与发展。本书突出焊接结构韧力的工程属性，力求使工程技术人员容易理解，并应用在焊接结构分析中。由于作者在相关领域的研究水平有限，书中的内容难免有不当之处，敬请读者批评指正。

作　者

目　录

绪　论

韧力是工程结构抵抗失效的重要属性，结构的可靠性与安全性在很大程度上依赖于结构的韧力。焊接结构的韧力就是要保证焊接结构在承受外载和环境作用时的完整性。开展焊接结构韧力理论与评定方法研究，对保证焊接结构的安全性与经济性具有重要意义。

0.1　焊接结构韧力的基本概念

1. 结构韧力的工程属性

为了区别采用“韧性”来表征材料的抗断裂能力，本书使用“韧力”来表征工程结构系统抵抗失效的能力，包括结构的强度及承受外界条件异常变化或人为失误而不发生失效的能力。“韧力”一词通常是指顽强的毅力，针对结构系统而言则是工程结构抵抗失效的重要属性，结构的可靠性与安全性在很大程度上依赖于结构的韧力。

根据结构可靠性理论，影响结构完成特定功能的两个基本因素是载荷效应 S 和结构抗力 R。载荷效应是指载荷作用在结构上所引起的结构及其构件的应力和变形；结构抗力是指结构及其构件承受载荷效应的能力。定义

$$Z = R - S \tag{0-1}$$

为结构的功能函数。功能函数 Z 存在三种可能的状态：

$$Z = R - S\begin{cases} >0 & \text{结构处于可靠状态} \\ =0 & \text{结构达到极限状态} \\ <0 & \text{结构处于失效状态} \end{cases} \tag{0-2}$$

结构设计中考虑不确定性因素的影响，引入安全系数 γ_R，设计准则可以表示为

$$Z^* = R^* - \gamma_R S^* > 0 \tag{0-3}$$

式中　R^*——确定性结构抗力；

S^*——确定性载荷；

Z^*——确定性功能函数。

若 R 和 S 都是随机变量，其函数 Z 也是一个随机变量，则可分析结构的失效概率（见本书第 6 章）。

结构功能函数 Z 是结构抗力 R 与载荷效应 S 之间的距离，Z 值越大则结构的失效可能性越小，即功能函数表征了结构抵抗失效的能力，可作为结构韧力的基本表达。由此可见，结构韧力是由结构抗力与载荷效应共同决定的。在实际应用中，针对不同的失效模式，其结构

韧力的具体表达形式将有所差异。例如，在结构断裂韧力分析中，可将断裂驱动力和断裂阻力分别作为载荷效应和结构抗力，进而分析结构韧力水平，以确定结构状态。

焊接结构的韧力就是要保证焊接结构在承受外载和环境作用时的完整性。结构韧力是一种复杂的现象，无法以单一的指标来表达。焊接结构的韧力是包括接头的强度、结构的刚度与稳定性、抗断裂性、耐久性等多种性能在内的综合体现。它是由材料性能、结构构造、制造工艺、载荷与环境、使用与维护等多种因素所决定的。焊接结构在制造和服役过程中可能产生损伤，损伤的累积会降低结构的韧力。焊接结构的失效呈现多种模式，其韧力表征及分析方法各异。因此焊接结构韧力分析需要多学科知识和多数据源提供支持，还要充分考虑焊接接头性能不均匀性、焊接应力与变形、焊接缺陷、接头细节应力集中等因素的影响。

2. 焊接结构韧力与完整性

焊接结构在服役过程中，由于载荷波动、介质腐蚀、操作失误等可能会造成结构的损伤，损伤的累积会导致裂纹的形成与扩展，裂纹扩展到临界尺寸则产生断裂，这一过程是焊接结构由初始完整性状态向破坏（或失效）状态的演变。为了降低焊接结构完整性被破坏的风险，减少焊接结构破坏的发生，必须进行断裂分析及完整性评定，即缺陷评定及合于使用评定。完整性评定是分析焊接结构在诸多危险因素作用下的完整性的现实状态，并将其与初始状态、前一状态及临界（失效）状态进行比较，以确定现实状态的演化情况及完整与否。在此基础上提出焊接结构完整性监控措施，以确保焊接结构的安全运行。

焊接结构韧力研究特别关注结构系统进入临界状态的空间，根据临界状态的空间可以直观地理解结构韧力的内涵。根据工程结构的经济可承受性要求，结构的韧力应保证结构的可用性（适用性或合于使用性）。合于使用是指结构在规定的寿命期内具有足够的可以承受预见的载荷和环境条件（包括统计变异性）的功能，即合于使用是要求结构系统具有与临界状态空间保持“安全距离”的能力，而如何证明结构的功能或能力是否足够，则是结构韧力分析所要探索的内容。

针对工程结构而言，可靠性与失效对应，安全性与风险对应，完整性与损伤对应。损伤的程度会对结构的完整性产生影响，损伤是结构的功能退化过程，损伤的极限是失效，而造成损伤的原因是结构所承受的载荷与环境等各种构成危险（或风险）的因素。因此结构完整性的关键是结构的韧力储备。

应当指出，焊接结构的韧力和完整性是不同的。完整性是对结构状态的概括性描述，韧力则是保证结构完整性的内在要素，是结构抵抗损伤或失效的能力，是保证结构完整性的内在属性。工程结构的完整性状态是不断变化的，结构的失效是结构系统从完整状态转变为不完整状态，即结构的完整性遭到破坏，这一转变可能是缓慢的，也可能是突发的。结构韧力的本质是结构系统面临完整性临界状态时抵抗破坏的固有能力。

焊接结构韧力的复杂性还在于焊接结构的完整性和焊接接头的韧力有关，强韧力的接头对强韧力的结构是必要的。但是强韧力的焊接接头可能会组成弱韧力的结构系统，而强韧力的结构系统也可能包含弱韧力的焊接接头。因此焊接结构韧力和焊接接头韧力的优化匹配也是焊接结构韧力工程分析涉及的重要问题。

3. 焊接结构韧力工程目标

韧力的工程意义是要求在工程实践中强调预防结构完整性破坏的措施，通过韧力设计和评价截断失效过程，建立失效感应机制，在面临完整性临界状态的情况下维持结构的安全状态。即通过主动采取完整性保证措施，在面临破坏危险的环境中保持结构的完整性。因此韧力的工程重点是结构的缺陷或损伤、危险或失效等多因素强耦合的问题。

焊接结构韧力的工程目标是在设计、制造和使用的产品全生命周期内保证结构的完整性，重点工作是确定焊接结构的损伤容限、耐久性能、损伤防止和损伤修复等内容。其中损伤容限的确定是缺陷评定的重点内容，需要将焊接结构合于使用原则扩展至各类损伤或缺陷的分析；焊接结构耐久性能需要考虑材料随时间的劣化所引起的韧力下降等现象，由此导致损伤容限的降低和耐久性能的减弱；损伤防止和损伤修复是维持焊接结构韧力的重要措施，针对不同的损伤提出相应的技术措施对于保证结构的完整性是非常重要的。

根据焊接结构韧力的工程目标，工程实践中要根据产品结构的性能要求，在设计、制造、使用及维护各个阶段制定具体的分析方法、试验项目、评价准则等工作内容，以保证焊接结构的完整性。目前，尚未形成通用的焊接结构韧力工程规范，根据影响焊接结构完整性的因素，这里仅提出焊接结构韧力工程的初步研究内容：

（1）焊接结构韧力的表征　这是焊接结构韧力工程的重要基础。焊接结构的韧力是材料或焊接接头抵抗失效的各种能力的统称，针对不同的失效模式，所需的韧力指标有所不同，因此需要根据不同结构及完整性的需要来确定主控韧力指标。这就需要对结构和使用条件等因素进行综合分析，结合工程实际确定合理的韧力要求。

（2）焊接结构缺陷或损伤容限分析　焊接结构的缺陷或损伤容限是焊接结构韧力储备的表征，根据焊接结构的缺陷或损伤容限可以评估结构的完整性程度，是焊接结构合于使用评定的重点内容。

（3）焊接结构的耐久性分析　焊接结构在载荷与环境作用下会由于材质劣化而引起结构韧力下降，监测和分析焊接结构的韧力随时间的演化是结构完整性状态评估的重要依据。

（4）焊接结构韧力增强技术　焊接结构在使用过程中发生损伤和韧力降低往往是不可避免的，为了避免损伤的结构进入失效状态，需要对结构进行修复以维持其正常的韧力要求。

（5）焊接结构韧力演化的模拟预测　这对于焊接结构完整性状态评估和截断失效过程具有重要意义。其困难之处在于焊接结构损伤演化及载荷环境的不确定性，需要大数据和算法研究的支持。

0.2　焊接结构韧力的影响因素

焊接结构的显著特点之一就是整体性强，焊接结构的韧力就是要保证焊接结构在承受外载和环境作用时的整体性。焊接在实现连接构件的同时也对材料造成了不可逆的损伤或不完整，焊接结构的韧力要求也是应对焊接结构所固有的不完整性而形成的。焊接结构存在的固有不完整性，会对焊接结构的初始韧力产生不利影响，从而影响结构的韧力裕度。焊接结构的固有不完整性泛指因焊接引起的焊接接头性能不均匀性、焊接缺陷、焊接应力与变形、接头细节应力集中等因素，充分考虑这些因素是焊接结构韧力分析的重点内容。

1. 焊接热力效应

焊接通常是在材料连接区（焊接区）处于局部塑化或熔化状态下进行的，为使材料达到形成焊接接头的条件，需要高度集中的热输入。焊接热过程具有集中、瞬时的特点，对材料的显微组织状态有很大影响，能够使构件产生焊接应力和变形。焊接热力效应会造成焊接结构的初始损伤，是影响焊接结构初始韧力的重要因素。如图 0-1 所示，初始韧力降低必然引起焊接结构在全寿命期间韧力水平的降低。

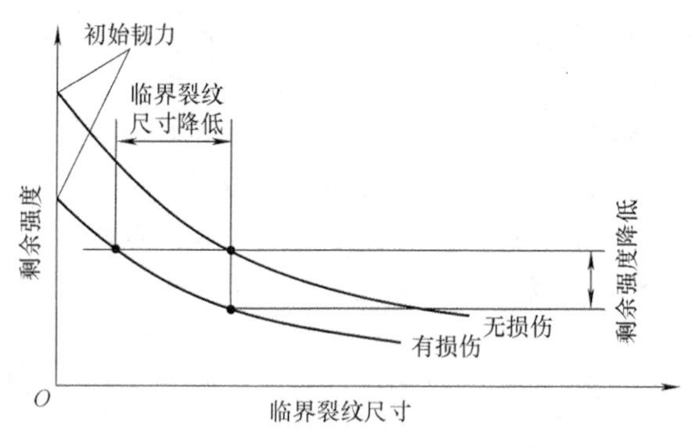

图 0-1　结构的剩余强度与损伤扩展

（1）焊接接头的不均匀性　用焊接方法连接的接头称为焊接接头，简称接头。焊接接头包括焊缝、熔合区和热影响区。熔焊时，焊缝一般由熔化了的母材和填充金属组成，是焊件的结合部分。接近焊缝两侧的母材由于受到焊接的热作用，而发生金相组织和力学性能变化的区域称为焊接热影响区（简称热影响区）。焊缝向热影响区过渡的区域称为熔合区。在熔合区中，存在着显著的物理化学性能的不均匀性，这也是接头性能的薄弱环节。

（2）焊接应力与变形　焊接热过程具有高度集中、瞬时的特点，对焊件加热和冷却都会呈现显著的不均匀性，焊件内部为协调由此产生的非均匀热应变而引起焊接应力与变形。焊接应力与变形对结构强度、加工尺寸精度及结构稳定性等方面具有不同程度的影响，也是削弱焊接结构初始韧力的因素之一。因此为了保证焊接结构具有良好的使用性能，必须设法在焊接过程中减小或消除焊接应力与变形。

（3）焊接缺陷　焊接热力过程中的瞬态性导致焊接接头容易形成缺陷。这里需要注意，缺陷概念在质量评定和冶金分析方面的区别，质量评定关注缺陷对结构性能的影响，而冶金分析则侧重缺陷对材料连续性的影响。焊接质量评定依据缺陷尺度进行判定，缺陷的尺度容限受控于焊接质量标准或规范规定的限值，其判定结果依赖于质量标准。根据质量评定标准，超过尺度容限的缺陷判为缺陷，未超过尺度容限的缺陷称为焊接不连续或瑕疵。而缺陷与不连续性在冶金本质上是等价的，为了避免概念上的混淆，这里仅从冶金意义上解释焊接缺陷。焊接结构在制造及运行过程中不可避免地存在或出现各种各样的缺陷，缺陷将直接影响焊接结构的韧力，构成对结构可靠与安全性的潜在风险。因此研究焊接结构韧力的重点是分析焊接缺陷的作用。

焊接缺陷对焊接结构承载能力有着非常显著的影响，更为重要的是应力和变形与缺陷同时存在。焊接缺陷容易出现在焊缝及其附近区域，而那些区域正是结构中拉伸残余应力最大的地方。焊接缺陷之所以会降低焊接结构的强度，其主要原因是缺陷减小了结构承载横截面的有效面积，并且在缺陷周围产生了应力集中。

裂纹被认为是最危险的焊接缺陷，一般标准中都不允许它存在。焊接裂纹是接头中局部区域的金属原子结合遭到破坏而形成的缝隙，尖锐的裂纹容易产生缺口效应、出现三向应力状态。在结构工作过程中裂纹可能扩展，从而导致结构发生失稳破坏。焊接裂纹的类型与分布是多种多样的。焊接接头应力集中区是容易形成裂纹的部位，如焊趾裂纹和焊根裂纹。焊趾裂纹和焊根裂纹会形成重复缺口效应。

2. 焊接接头强度的失配

焊接接头性能存在着显著的不均匀性，焊缝与母材强度匹配对焊接接头强度有着重要的影响，是焊接接头强度设计必须考虑的主要因素之一。严格意义上，焊缝与母材同质等强度是很难做到的，焊缝强度与母材的差异性称为焊缝强度的失配。

在弹性载荷范围内，若施加应力小于母材和焊接金属中最小屈服强度，则屈服强度的失配性不会影响焊接结构的变形行为。然而，当焊缝或母材发生屈服时，就必须考虑材料的屈服强度失配性。

焊接接头强度是焊接结构承受外载作用的基本保证。焊接接头强度与接头几何形状及焊缝与母材的强度匹配有关。焊缝与母材强度匹配对焊接接头强度有重要影响，是焊接接头强度设计必须考虑的主要因素之一。对此目前存在两种不同观点，其一是在保证焊缝金属常规延性和韧性条件下，如在焊缝金属与母材具有相同的伸长率的条件下，适当选用屈服强度较高的焊缝金属，即高匹配是有利的；其二是把着眼点集中于焊缝韧性或延性上，而其强度与母材相比可适当降低，即低匹配。

焊缝力学失配对焊接构件强度和抗断裂的影响，即焊缝失配（mis-match）效应，是焊接结构完整性和可靠性研究领域的热点，主要的研究目的是建立考虑焊缝失配效应的焊接构件弹塑性断裂分析工程方法，为焊接结构的设计和安全评定提供理论依据。焊缝失配效应研究的重点是评价焊接构件的强度失配对焊接构件（同种材料、异种材料接头）的力学和断裂行为、断裂韧性参数、韧-脆转变行为、缺陷评定、结构及使用性能等方面的影响。

严格意义上的焊缝等匹配是很难做到的，焊缝失配效应包括许多方面，传统的匹配性概念大多是强度匹配。焊缝金属屈服强度大于母材金属屈服强度时称为高匹配，反之则称为低匹配。除了考虑屈服强度匹配，还可考虑抗拉强度匹配、塑性匹配或综合考虑反映强度和塑性的韧性匹配。一般而言，焊缝的强度和韧性能够决定结构性能，焊缝的失效又受周围材料强度和韧性水平的制约。常规的焊接结构设计及安全评定方法都是基于均质材料行为而建立的，并未考虑焊缝失配效应，因此开展焊缝失配效应的研究对于焊接构件的韧力设计和安全评定具有重要的理论意义和实际意义。

3. 焊接接头的应力集中

焊接结构截面的突变和焊缝外形、焊接缺陷等因素都会引起应力集中。应力集中对结构的直接作用就是所谓的缺口效应，缺口效应对焊接结构强度有不同程度的影响，严重的缺口效应将显著降低焊接结构的承载能力。焊接接头的缺口效应可以是明显可见的，也可以是不能直接从外观上体现的，前者可以称为显式缺口效应，后者则可以称为隐式缺口效应。焊接接头几何形状或缺陷所引起的缺口效应以显式存在，而材料性能差异（特别是异种材料界面连接情况）所导致的缺口效应则以隐式存在。

显式缺口效应是一般意义上的应力集中问题，仅从结构几何构造出发分析其局部应力，而不考虑材料性能的差异。隐式缺口效应特指异种材料界面连接引起的界面端部应力-应变集中问题，一般这种接头存在明显的界面，界面两侧的材料性能（物理性能、化学性能、力学性能、热性能及断裂性能等）差异较大。即使界面端部过渡几何无变化，但是材料性能差异也会产生缺口效应，这种隐式缺口效应需要采用界面力学的方法进行分析。如果异种材料连接界面端部过渡几何发生变化，则会同时出现显式缺口效应和隐式缺口效应。这种应力集中除几何形状的影响外，材料性能的差异也是必须考虑的因素。因此在异种材料接头应力集中分析中，需要同时考虑构件几何形状和材料性能的共同作用。

应力集中对接头强度的影响与材料性能、载荷类型和环境条件等因素有关。如果接头所用材料有良好的塑性，且接头破坏前有显著的塑性变形，使得应力在加载过程发生均匀化，则应力集中对接头的静强度不会产生影响。

0.3 焊接结构的损伤演化过程与韧力设计

1. 结构损伤的演化过程

如前所述，焊接结构在制造和服役过程中可能产生损伤，损伤的累积会降低结构的韧力，损伤的极限是失效。含损伤的结构在外载的作用下，损伤会随时间的增长而发生扩展，含损伤的结构在连续使用中任何一时刻所具有的韧力也称为该结构的剩余强度。结构的剩余强度通常随损伤尺寸的增加而下降（图 0-1）。如果剩余强度大于设计的强度要求，则结构是安全的。如果损伤扩展至某一临界尺寸，结构的剩余强度就不能保证设计的强度要求，以致结构可能发生破坏。研究含损伤结构的剩余强度问题是焊接结构韧力工程的重要方面。

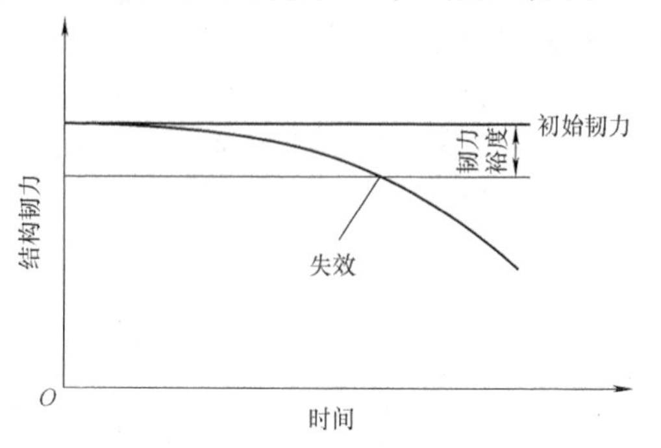

图 0-2 结构韧力随时间的变化（$P-F$ 曲线）

根据材料的物理化学性质，任何工程结构的韧力随服役时间的增长而退化是不可避免，这就意味着工程结构在投入使用时的性能必须比预期使用的期望最低性能要求更高。结构韧力随服役时间的变化可以用 $P-F$ 曲线来表示（图 0-2）。将结构投入使用时的韧力也称为结构初始韧力或固有韧力。任何结构随服役时间的增长，其韧力都会退化至其初始韧力或固有韧力以下，只要结构的韧力退化仍在预期最低性能水平之上就是可以接受的。如果结构的韧力退化至预期最低性能水平之下，则认为结构进入失效状态。这就要求结构的韧力裕量或退化裕量必须足够，以确保设计寿命要求，但韧力裕量又不能太大。因此如何保证结构具有足够的韧力裕量，是结构韧力工程探索的内容。

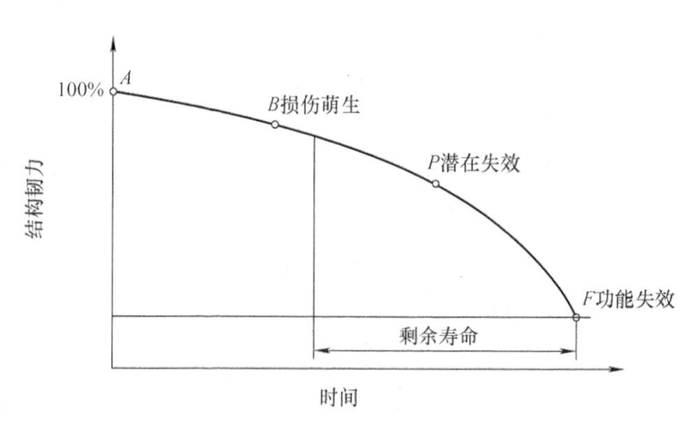

图 0-3 结构韧力失效节点

根据 $P-F$ 曲线可以清楚地找到结构失效的几个重要节点（图 0-3）：损伤萌生点 B，可检测到损伤的征兆点 P（潜在失效），以及失效发生的点 F。当曲线到达 F 点时，构件已经失效并造成了后果，因此要在达到 F 点之前对其采取措施。根据 $P-F$ 曲线图可知，从潜在失效到功能失效之间的时间段至关重要，由于在 P 点之前，损伤不易被发觉，可靠性、安全性依旧在可掌控的范围内；只有当构件状态到达 P 点之后，损伤才会被检测出来，结构和设备的安全使用受到威胁。在 $P-F$ 曲线上，任意一点所对应的时间到达功能失效的时间，即为结构剩余寿命。

2. 结构的韧力设计

（1）安全寿命设计　安全寿命设计认为结构中是无缺陷的，在整个使用寿命期间，结构不允许出现可见的裂纹。安全寿命设计必须考虑安全系数，以考虑疲劳数据的分散性和其他未知因素的影响。在设计中，可以对应力取安全系数，也可以对寿命取安全系数，或者规定两种安全系数都要满足。安全寿命设计可以根据 $S-N$ 曲线设计，也可以根据 $\varepsilon-N$ 曲线进行设计，前者称为名义应力有限寿命设计，后者是局部应力-应变法。设计准则为

$$\text{使用寿命} \leqslant \text{安全寿命} = \frac{\text{目标寿命}}{\text{分散系数}} \tag{0-4}$$

式中目标寿命指试验寿命或计算寿命，分散系数应考虑到疲劳寿命的分散性和误差，对整个结构或部件进行疲劳试验时，分散系数一般不小于4。

承受变幅载荷的结构安全寿命设计，可用等幅载荷下的试验结果，根据累积损伤理论计算寿命。在疲劳试验中也可用累积损伤理论简化载荷谱。

（2）破损-安全设计　破损-安全设计方法允许结构在规定的使用年限内产生疲劳裂纹，并允许疲劳裂纹扩展，但其剩余强度应大于限制载荷（图0-4），而且在设计中要采取断裂控制措施，如采用多传力设计和设置止裂板等，以确保裂纹在被检测出来且未修复之前不会造成结构破坏。破损-安全原则常常与安全寿命原则混合使用。

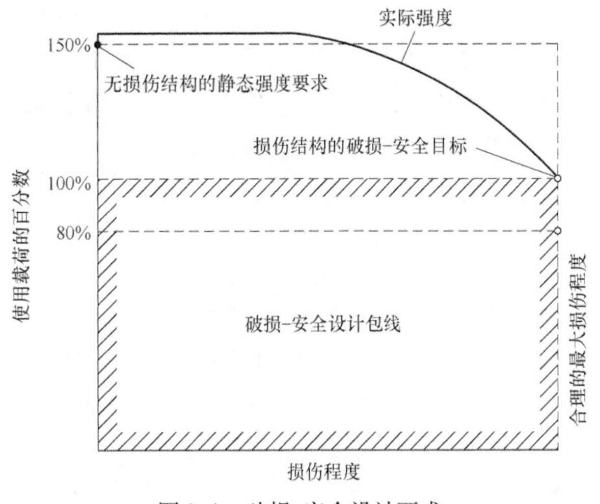

图0-4　破损-安全设计要求

结构在长期服役环境下的损伤会导致其抗力性能随时间的增长而逐渐衰减，其变化是一个缓慢的能量耗散和不可逆过程。结构的疲劳失效在理论上可以归结为环境载荷等驱动力超越材料或结构的抗力的情况下发生的后果。失效是结构或构件的极限状态，结构或构件的性能是以极限状态为基础进行衡量的。

（3）损伤容限设计　损伤容限是指结构因环境载荷作用导致损伤后，仍能满足结构的静强度、动强度、稳定性和结构使用功能要求的最大允许损伤状态。为了防止含损伤结构的早期失效，必须在规定的使用期内把损伤的增长控制在一定的范围内（图0-5），使损伤不发生不稳定（快速）扩展，在此期间，结构应满足规定的剩余强度要求，以满足结构的安全性和可靠性。为了确定损伤容限，应首先确定结构性能随损伤的变化规律；确定损伤部位的环境谱及具体部位的应力谱；计算结构损伤后的寿命；评定不同损伤尺寸下的结构静强度、稳定性、结构功能等是否满足要求，最终确定损伤容限。

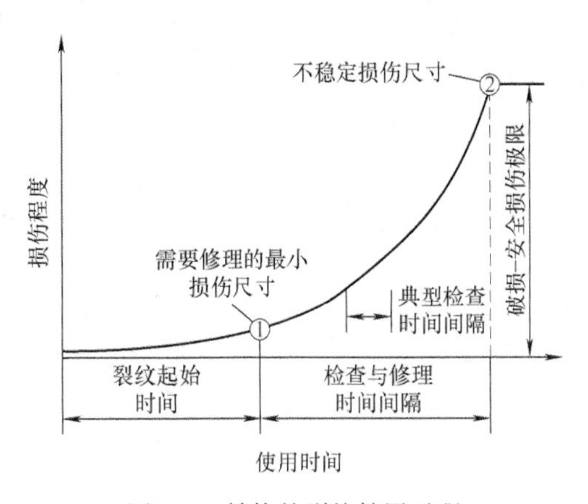

图0-5　结构的裂纹扩展过程

损伤容限设计原则在航空结构设计方面得到了应用。损伤容限设计原则考虑到意外损伤

存在的可能，即从飞行安全出发，谨慎起见，假定新的飞机结构存在初始损伤，其尺寸依据制造厂无损检测能力而确定，要求达到足够的检出概率，然后对带裂纹结构进行断裂分析或试验，确定裂纹在变幅载荷下扩展到临界尺寸的周期，由此制定飞机的检修周期，即：

$$检修周期 = \frac{裂纹扩展周期}{分散系数} \tag{0-5}$$

式中分散系数应考虑到裂纹扩展速率的分散性和误差，比安全寿命的分散系数要小得多，一般可取为2。裂纹的临界尺寸应根据结构的残余强度不小于破损安全载荷的原则而确定。破损安全载荷由强度规范规定，其数值因裂纹部位检测的难易程度而异。带裂纹结构的残余强度可用断裂力学方法计算或通过静力试验确定。

（4）耐久性设计　耐久性是结构固有的一种基本能力，是指在规定时期内，结构抵抗疲劳开裂（包括应力腐蚀和氢脆引起的开裂）、腐蚀、热退化、剥离和外来物损伤作用的能力。

耐久性设计认为结构在使用前（在制造、加工、装配、运输时）就存在着许多微小的初始缺陷，结构在载荷/环境的作用下，逐渐形成一定长度和一定数量的裂纹和损伤，继续扩展下去将造成结构功能损伤或维修费用增加，从而影响结构的使用。耐久性方法首先要定义疲劳破坏严重细节区的初始裂纹质量，表征与材料、设计、制造质量相关的初始疲劳损伤状态，再通过疲劳或疲劳裂纹扩展分析，预测在不同使用时刻损伤状态的变化，确定其经济寿命，制定使用、维修方案。

耐久性设计由原来不考虑裂纹或仅考虑少数最严重的单个裂纹，发展到考虑可能全部出现的裂纹群；由仅考虑材料的疲劳抗力，发展到考虑细节设计及其制造质量对疲劳抗力的影响等各种疲劳设计方法。这些都反映了疲劳断裂研究的发展和进步。

耐久性/损伤容限定寿设计思想是在20世纪70年代迅速发展起来的，是最具生命力的一种新的设计思想。国内外都先后制定并颁布了有关的设计标准和设计规范。技术路径是用耐久性设计定寿，用损伤容限设计保证安全。耐久性和损伤容限设计要求是相容的、互补的。在实际结构设计中，要求结构既有良好的耐久性，即延迟开裂的特性，又有良好的损伤容限特性，即裂纹缓慢扩展的特性。

以上各种韧力设计方法，都反映了损伤与断裂研究的发展和进步。由于结构韧力问题复杂，影响因素多，使用条件和环境差别大，各种方法不是相互取代，而是相互补充的。不同构件，不同情况，应当采用不同的方法。

0.4　焊接结构韧力分析

焊接结构韧力是一个复杂的工程问题，一方面可以折射出工程结构的基本属性，另一方面又可以凸显焊接制造特性。为了保证焊接结构的韧力水平，降低结构完整性被破坏的风险，需要对结构的韧力进行分析，即完整性评定或合于使用评定。

1. 焊接结构的合于使用性

焊接结构的完整性与合于使用性之间既有差异，又是统一的。焊接结构完整性的目标是力求将风险降低到最低，合于使用则是考虑如何在经济可承受的条件下保证结构的功能。保证结构的完整性是确保合于使用的基础。焊接结构的绝对完整往往是很难做到的，其完整程度被接受的准则是合于使用性，或者说其损伤程度不影响使用性能。焊接结构的合于使用性就是保证结构的安全性和经济性。因此合于使用性是焊接结构韧力分析的主要内容。

目前，焊接结构完整性评定方法都是建立在合于使用原则的基础上。在焊接结构研究的初期，要求结构在制造和使用过程中均不能存在任何缺陷，即结构应完美无缺，否则就要返修或报废。后来大量的研究表明，有时焊接接头中存在一定的缺陷，对焊接接头的强度的影响很小，而返修却会造成结构或接头使用性能的降低，因此出现了“合于使用”的概念。在断裂力学出现和广泛应用后，这一概念更受到了人们的注意与重视，成为焊接结构完整性研究的重要课题，现已发展成为系统的评定原则。

2. 焊接结构合于使用评定

合于使用评定又称工程临界分析（engineering critical assessment，ECA），是以断裂力学、弹塑性力学及可靠性系统工程为基础的工程分析方法。在制造过程中，如果结构中出现了缺陷，根据合于使用原则确定该结构是否可以验收；在结构的使用过程中，评定所发现的缺陷是否允许存在；在设计新的焊接结构时，规定了缺陷验收的标准。国内外长期以来广泛开展了断裂评估技术的研究工作，形成了以断裂力学为基础的合于使用评定方法，有关应用已产生显著的经济效益和社会效益。多个国家已经建立了适用于焊接结构设计、制造和验收的合于使用的标准，成为焊接结构设计、制造、验收相关标准的补充。

焊接结构的合于使用评定所考虑的对象是带缺陷的结构及其构件。合于使用评定就是分析损伤对焊接结构完整性的影响，确定焊接结构的韧力水平。合于使用评定是分析焊接结构在诸多危险因素作用下的完整性的现实状态，并将其与初始状态、前一状态及临界（失效）状态进行比较，以确定现实状态的演化情况及完整与否。在此基础上，应提出焊接结构完整性监控措施，确保焊接结构的安全运行。

合于使用评定是结构系统全寿命周期管理的重要内容。从结构的设计到制造，以及使用和维护等各个阶段都需要建立具体的工作计划。基于合于使用原则的结构全寿命周期管理特别强调检测的作用，检测如同人的体检，就是检查结构的损伤情况，为完整性诊断提供“病情”依据。结构合于使用评定就是要监控结构全寿命周期的完整性状态的变化过程。合于使用评定的结果是决定焊接结构能否继续使用、维修、报废的重要依据。焊接结构剩余寿命分析也是合于使用评定的内容，其结果用于确定未来检测的时间间隔并提供经济性决策的参考。因此焊接结构的合于使用评定具有多重意义。

合于使用评定也称为缺陷评定，缺陷是否被接受的经济学意义是不可忽视的。如果在结构正常使用条件下发现缺陷，通过合于使用评定可决定在下次检修之前是否能安全运行。如果评定结果认为缺陷是可以接受的，则使用者可以避免因非正常中断运行所带来的损失。即使在维修期间（正常或非正常），如果评定结果认为在下次正常维修之前可以安全运行，则可以免去或推迟结构运行期间的非必要维修。此外，构件的非正常报废也是不经济的，替代构件的延期到货更会影响生产。依据合于使用评定，受损构件能否继续使用至替代构件的到货同样具有经济意义。如果焊接结构寿命的消耗速度能够通过合于使用评定精确评估，结构效用将得到充分发挥，从而大幅度提高产出并获得显著的经济效益，这将是合于使用评定技术发展的重要目标。

目前，工程结构的合于使用评定理论和方法已经发展成为一门重要的工程学科方向，研究范围从断裂与疲劳评定向高温及腐蚀损伤、塑性极限分析、材料性能劣化、失效概率和风险评估等方面拓展。焊接结构的合于使用要充分考虑焊接接头性能不均匀性、焊接应力与变形、焊接缺陷、接头细节应力集中等因素对结构完整性的影响。

焊接结构的合于使用评定方法包括简单的检测评定和复杂的计算机模拟分析，需要多学科知识和多数据源提供支持。焊接结构合于使用评定是一项系统的工程方法，是多学科交叉的集成管理，具有综合性与科学性。开展合于使用评定技术研究与应用对于焊接结构韧力工程分析具有重要意义。

参考文献

[1] JEFFUS L. Welding: Principles and applications [M]. 8th ed. Boston: Cengage Learning, 2017.

[2] MACDONALD K A. Fracture and fatigue of welded joints and structures [M]. Sawston: Woodhead Publishing Limited, 2011.

[3] KAPUR K C, PECHT M. Reliability engineering [M]. Hoboken: John Wiley & Sons Inc., 2014.

[4] JONSSON B, DOBMANN G, HOBBACHER A F, et al. IIW Guidelines on Weld Quality in Relationship to Fatigue Strength [S]. Paris: International Institute of Welding, 2016.

[5] MILNE I, RITCHIE R O, KARIHALOO B. Comprehensive Structural Integrity [M]. Oxford: Elsevier Ltd., 2003.

[6] ZERBST U, MADIA M. Analytical flaw assessment [J]. Engineering Fracture Mechanics, 2018, 187: 316-367.

[7] KOCAK M. FITNET Fitness-for-service procedure: An overview [J]. Welding in the World, 2007, 51 (5/6): 94-105.

[8] LARROSA N O, AINSWORTH R A, AKID R, et al. 'Mind the gap' in fitness-for-service assessment procedures-review and summary of a recent workshop [J]. International Journal of Pressure Vessels and Piping, 2017, 158: 1-19.

[9] ZERBST U, AINSWORTH R A, BEIER H T, et al. Review on the fracture and crack propagation in weldments-a fracture mechanics perspective [J]. Engineering Fracture Mechanics, 2014, 132: 200-276.

[10] ZERBST U, MADIA M, SCHORK B, et al. Fatigue and fracture of weldments: The IBESS approach for the determination of the fatigue life and strength of weldments by fracture mechanics analysis [M]. Cham: Springer Nature Switzerland AG, 2019.

[11] 郦正能，张纪奎. 飞机结构疲劳和损伤容限设计 [M]. 北京：北京航空航天大学出版社，2016.

[12] 崔德刚，鲍蕊，张睿，等. 飞机结构疲劳与结构完整性发展综述 [J]. 航空学报，2021，42 (5)：524394.

[13] 张彦华，夏凡，段小雪. 焊接结构合于使用评定技术 [J]. 航空制造技术，2011 (11)：54-56.

[14] 拉达伊 D. 焊接热效应：温度场、残余应力、变形 [M]. 熊第京，郑朝云，等译. 北京：机械工业出版社，1997.

[15] 张彦华. 焊接力学与结构完整性原理 [M]. 北京：北京航空航天大学出版社，2007.

[16] 霍立兴. 焊接结构的断裂行为及评定 [M]. 北京：机械工业出版社，2000.

第1章　焊接热力效应

焊接通常是在材料连接区（焊接区）处于局部熔化或塑化状态下进行的。为使材料达到焊接的条件，需要高度集中的能量（热力作用）输入。焊接热力过程对焊接区的作用是影响焊接结构初始韧力的重要因素，是焊接结构韧力分析首先要考虑的问题。焊接热力效应主要对决定焊接结构初始韧力水平的影响因素进行分析，包括焊接接头的组织结构变化、焊接缺陷、焊接应力与变形、缺口效应、焊缝强度失配效应等内容。

1.1　焊接热力过程及影响

焊接过程的能量耗散会造成连接区材料的微结构变化和性能劣化，即使未出现宏观的缺陷，但其刚度、强度、韧度、稳定性及寿命也会降低。其结果使材料发生不可逆的劣化，进而弱化焊接结构的韧力。在焊接结构韧力设计中要充分考虑焊接热力效应，以更好地保证结构的完整性和适用性。

1.1.1　焊接热力过程的基本特点

焊接是被焊材料在高强能量作用下实现连接的过程，热力过程贯穿于整个焊接接头形成的始终，焊接热力过程决定了焊后的显微组织、应力、应变和变形（图1-1）。因此分析焊接热力过程对于指导焊接工艺的制定、焊接接头显微组织分析、焊接残余应力分析及焊接变形分析具有非常重要的意义。不同的焊接方法，其能量与材料的相互作用强度会有很大差异，相互作用弱的焊接过程对材料的影响较小，而相互作用强的焊接过程对材料的影响较大。常规焊接方法的能量与材料相互作用的强度都很高，其热力过程会对材料构成一定程度的损伤。焊接热力过程对材料的损伤与能量沉积速度正相关，能量沉积速度越高，对材料的损伤越大。焊接热力损伤分析主要是针对能量沉积速度较高的焊接过程，研究的重点集中在熔焊过程与塑化焊过程，前者在焊接过程中材料连接区要经历熔化与凝固过程，后者在焊接过程中材料连接区要经历塑性变形与锻合过程。因此这里主要讨论熔焊过程与塑化焊过程的热力行为。

1.1.2　熔焊热力过程及接头性能

1. 熔焊热力过程

在以电弧焊及激光和电子束焊为代表的熔焊过程中，在热源中心作用区会形成较小的焊接熔池，熔池凝固后形成焊缝。焊接热源通常仅作用于焊件上一个很小的面积。受到热源直

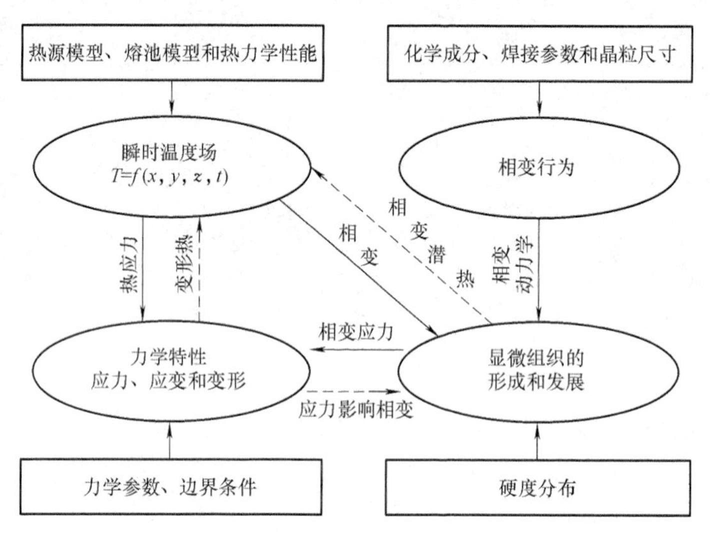

图 1-1　焊接温度场、焊接应力与变形及显微组织的相互影响

接熔池，熔池凝固后形成焊缝。焊接热源通常仅作用于焊件上一个很小的面积。受到热源直接作用的小面积加热区称为加热斑点，热源通过加热区将热能传递给焊件（图 1-2）。在加热区中，热能的分布一般是不均匀的。加热区的大小及其上的热能分布，主要取决于热源的集中程度及焊接参数等因素。将单位有效面积上的热功率称为能量密度，单位为 W/cm^2。能量密度大时，可以更有效地将热源有效功率用于熔化金属并减少热影响区。电弧的能量密度可达到 $10^2 \sim 10^4 W/cm^2$，而气焊火焰的能量密度为 $1 \sim 10 W/cm^2$。

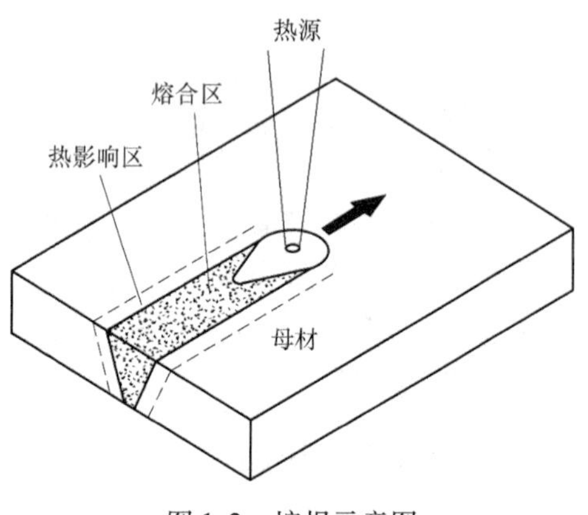

图 1-2　熔焊示意图

热源加热区的能量密度由中心向边缘逐渐降低。将单位面积在单位时间内所通过的热能定义为比热流，在整个加热区中的比热流分布近似于高斯正态分布，即

$$q(r) = q_m e^{-kr^2} \tag{1-1}$$

式中　$q(r)$——比热流分布函数 [$J/(s \cdot mm^2)$ 或 W/mm^2]；

q_m——加热斑点中心的最大比热流，$q_m = \frac{k}{\pi} q$；

e——自然对数的底；

k——热能集中系数（mm^{-2}）；

r——距电弧中心的径向距离（mm）。

图 1-3 所示为不同电弧热能集中系数的比热流分布。一般而言，在 $q^* = 0.05 q_m$ 以外的区域，其热流可忽略不计。由此可计算出高斯正态分布热流的加热斑点直径为

$$d = \frac{2\sqrt{3}}{\sqrt{k}} \tag{1-2}$$

等效均匀分布比热流的加热斑点（图 1-4）直径 $d_0 = 2r_0$ 为

$$d_0 = \frac{2}{\sqrt{k}} \tag{1-3}$$

由此可见，电弧热能集中系数越大，加热斑点直径越小。

焊接热源的能量密度与加热斑点直径的关系如图 1-5 所示。

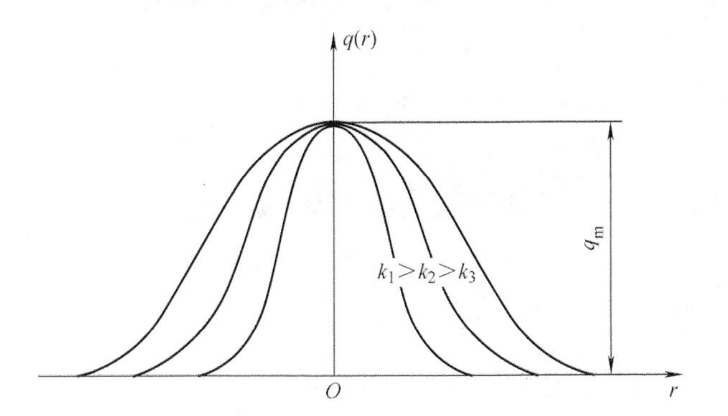

图 1-3　不同电弧热能集中系数的比热流分布

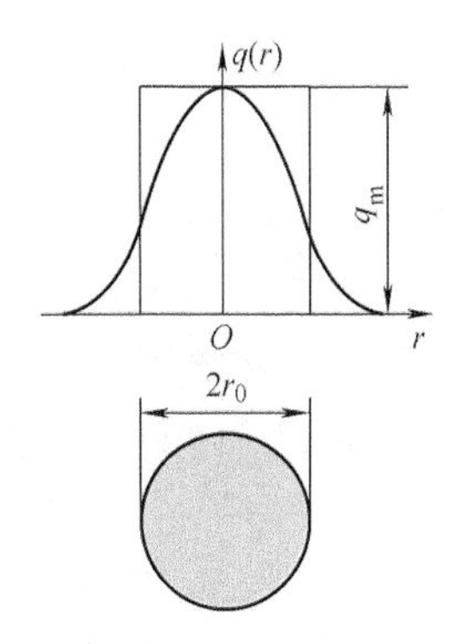

图 1-4　等效均匀分布比热流的加热斑点

焊接加热的局部性使焊件上产生不均匀的温度分布，同时，由于热源的不断移动，焊件上各点的温度也在变化，其焊接温度场也不断演变。在连续移动热源的焊接温度场中，焊接区某点所经历的急剧加热和冷却的过程称为焊接热循环。

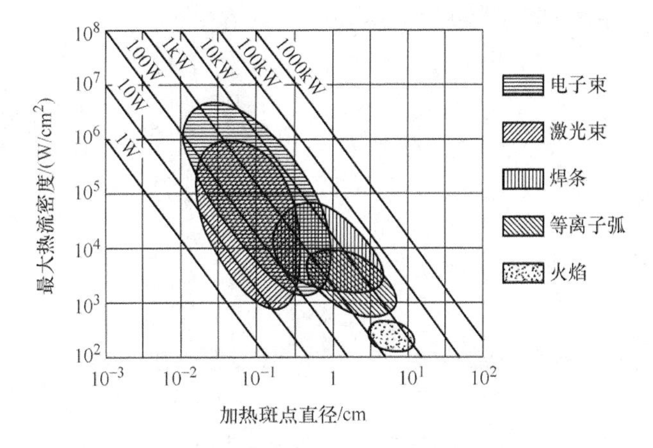

图 1-5　焊接热源能量密度与加热斑点直径的关系

焊接热循环具有加热速度快、温度高（在熔合线附近接近母材熔点）、高温停留时间短和冷却速度快等特点。由于焊接加热的局部性，母材上距焊缝距离不同的点所经受的热循环也不相同。距焊缝中心越近的点，其加热速度和所达到的最高温度越高；反之，其加热速度和最高温度越低，冷却速度也越慢。图 1-6 所示为距焊缝不同距离各点的焊接热循环曲线。不同的焊接热循环会引起金属内部组织不同的变化，从而影响接头性能，同时还会产生复杂的焊接应力与变形，因此对于焊接热循环的研究具有重要意义。

2. 熔焊接头及其性能

焊接热力过程的局部性和瞬态性导致焊接接头的组织结构具有显著的非平衡特点。焊接过程中，母材和焊接热影响区上各点距

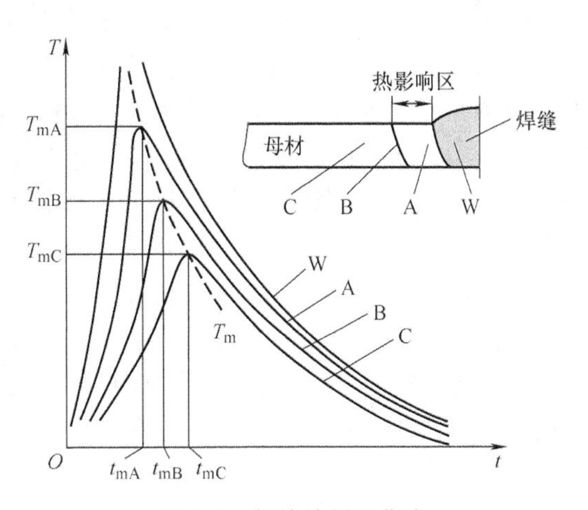

图 1-6　焊接热循环曲线

焊缝的远近不同，所以各点所经历的焊接热循环也不同，即各点的最高加热温度、高温停留时间，以及焊后的冷却速度均不相同，这样就会出现不同的组织，具有不同的性能，使整个焊接热影响区的组织和性能呈现不均匀性。

图 1-7 所示为电弧焊接头断面；图 1-8 所示为厚板多层多道焊的焊缝和电子束焊的焊缝。

此外，焊接工艺对焊接接头的不均匀性也有较大的影响。图 1-9 所示为 6160 - T6 铝合金焊接接头硬度与焊接热输入的关系。由此可见，这类铝合金焊接接头随焊接热输入的提高，焊接区硬度下降，强度随之降低。

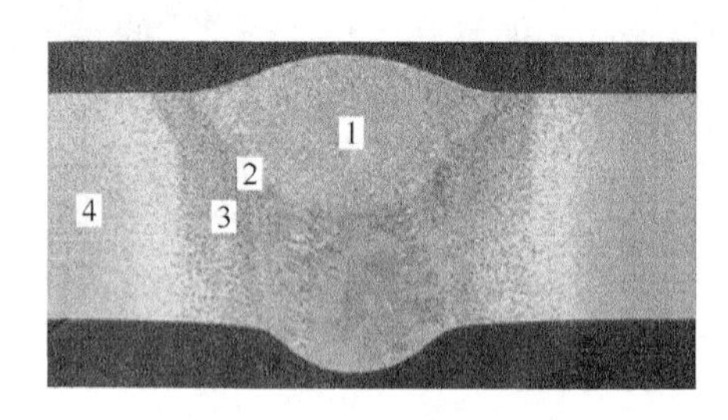

图 1-7　电弧焊接头断面

1—焊缝　2—熔合线　3—热影响区（HAZ）　4—母材

由此可见，焊接接头强度的影响因素是复杂的，必须充分考虑材料状态、焊接热输入及焊后热处理等因素的综合作用。

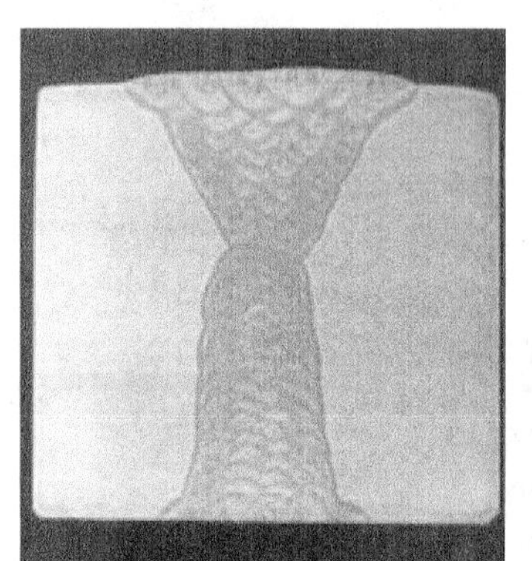

a) 厚板多层多道焊的焊缝

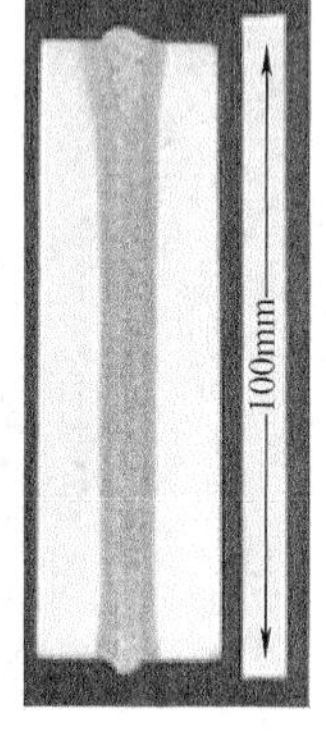

b) 电子束焊的焊缝

图1-8　厚板多层多道焊的焊缝和电子束焊的焊缝

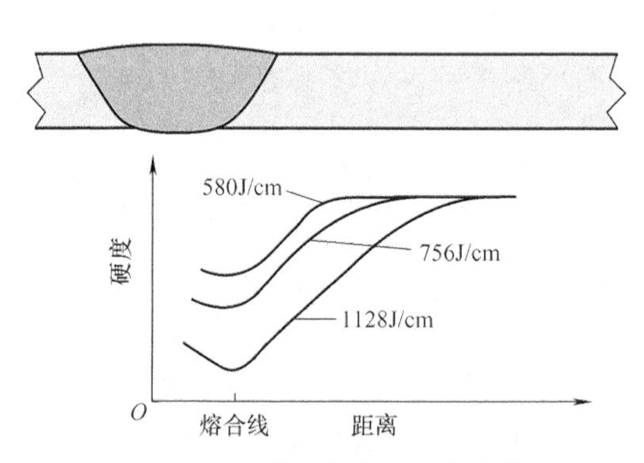

图 1-9　铝合金焊接接头硬度与焊接热输入的关系

3. 高能束焊接强瞬态热力损伤效应

近年来，激光、电子束等高能束加工得到了广泛的应用。与普通热加工过程相比，高能束加工的主要特点是功率密度大、升温速度快、热集中性与瞬时性强，由此导致材料在高能束加工条件下的热力行为与普通热加工过程有很大的差异。常规的热力分析一般采用稳态分析方法，而在高能束焊接热力分析中则有必要引入非稳态分析方法。材料在稳态热作用下的热力行为已有广泛的研究，但是材料在高升温速度作用下非稳态的热力行为还缺乏深入的研究。

高能束加工热力行为的非稳态特征主要表现在高升温速度和高速焊接对材料的热冲击效应。高能束加工的热冲击对材料的组织性能有较大的影响，并会产生较大的冲击热应力，在完成加工的同时对热影响区附近的材料造成热冲击损伤。热冲击损伤劣化了材料的性能，对结构的使用构成潜在的危害，因此在重要构件的高能束加工中必须对材料的抗热冲击损伤能力进行评估。

在激光焊、电子束焊的过程中，材料在高能束的集中轰击下温度急剧上升，发生熔化和汽化。由此引起的热扰动会迅速波及热影响区，导致热影响区的温度也立即上升到峰值。这种迅速的能量沉积使被焊材料热力响应具有明显的突发性，从而产生强大的冲击载荷。这种载荷以冲击波的形式在材料内部传播，其作用类似于高速碰撞、爆炸轰击，会使材料发生破坏。从能量的角度分析，造成一定厚度的材料断裂所需的能量比熔融、汽化、烧蚀相同厚度材料所需的能量阈值小得多，这是由于断裂只需破坏断裂层附近的分子结合键，而烧蚀则需要破坏整个烧蚀区全部分子的结合键。而达到材料破坏强度所需的束流能量密度阈值却与烧蚀破坏所需的相当，因此高能束焊接过程极易产生对材料的热冲击损伤。

快速的加热或冷却是产生热冲击现象的前提，热冲击问题的分析不仅要考虑热变形加速度，还必须考虑动态的温度效应。激光、电子束等高能束焊接具有高强度和高瞬态性的传热特征，在快速瞬态热传导机制下，在电子束焊接热源附近产生显著的动态冲击特性。高能束焊接中热冲击损伤的根源在于快速的能量沉积导致了近缝区急剧升温和显著的温度梯度。由于高能束热冲击的热波和膨胀波的传播特性，在热扰动区附近材料损伤形成后，如果远场热流足够大，也将促进损伤的扩展。激光加热诱发材料的层裂就是典型的例子。深入研究高能束焊接对材料的冲击损伤是优化工艺参数的重要基础。

1.1.3　塑化焊热力过程

摩擦焊、电阻对焊及爆炸焊等焊接过程中都伴随着能量迅速沉积与局部剧烈塑性变形的过程，对材料的热力作用也非常强。这里重点分析摩擦焊的热力过程及对材料的影响。

摩擦焊是利用效率较高的机械能转变成热能的不可逆过程实现材料的连接。如图 1-10 所示，在各类摩擦焊过程中，焊件、焊接区不断吸收外部摩擦焊设备输入的机械能，通过塑性变形转化为黏塑性热并用于内部的微观组织演变而耗散。摩擦焊中材料要承受剧烈的摩擦作用，使材料接触区形成热黏流层热源，这个热黏流层可以将摩擦的机械功转变成热能。由于热黏流层的温度最高，能量集中，又产生在材料的焊接表面，所以加热效率很高。摩擦界面出现热黏流层后，摩擦界面转化为固体与流体的摩擦接触，实际接触面增大，摩擦体系总能量耗散降低，摩擦界面能量利用率迅速提高，此时在相对较小的摩擦力作用下就可以维持热黏流层存在。有效控制和利用摩擦焊的热黏流层就形成了不同的摩擦焊工艺。

1. 直接摩擦焊热力过程

旋转摩擦焊或线性摩擦焊等直接摩擦焊，是焊件的表面金属在一定的空间和时间内，材料状态和性能发生变化的过程。整个摩擦焊工艺过程中对应着三种摩擦类型的快速转换，即从开始的干摩擦转换到边界摩擦，最终转换为流体摩擦。摩擦焊开始时，被焊材料接触并开始摩擦，此时的摩擦是由于材料接触表面的粗糙不平产生的。摩擦理论认为，两个互相接触的表面，无论做得多么光滑，从原子尺度看还是粗糙的，有许多微小的凸起，把这样的两个表面放在一起，微凸起的顶部会发生接触（图 1-11a），当它们相互挤压时，接触面上的凹凸部分就相互啮合。当焊件高速旋转时，表面相对滑动，接触面的凸起部分互相碰撞，产生断裂、磨损，就形成了对运动的阻碍。接触表面间的“凸台”与“凹坑”互相咬合而阻碍材料的相对运动，就形成了宏观上的摩擦。

随着焊件的相对高速运动，摩擦力产生的热量使界面处温度不断升高，发生塑性流动的区域从局部点状区域逐渐扩大至整个真实接触面，此时热量的产生已逐渐来自于塑性变形。真实接触面上被一层处于深塑性状态的薄层物质（黏流层）所覆盖（图 1-11b），这一层物

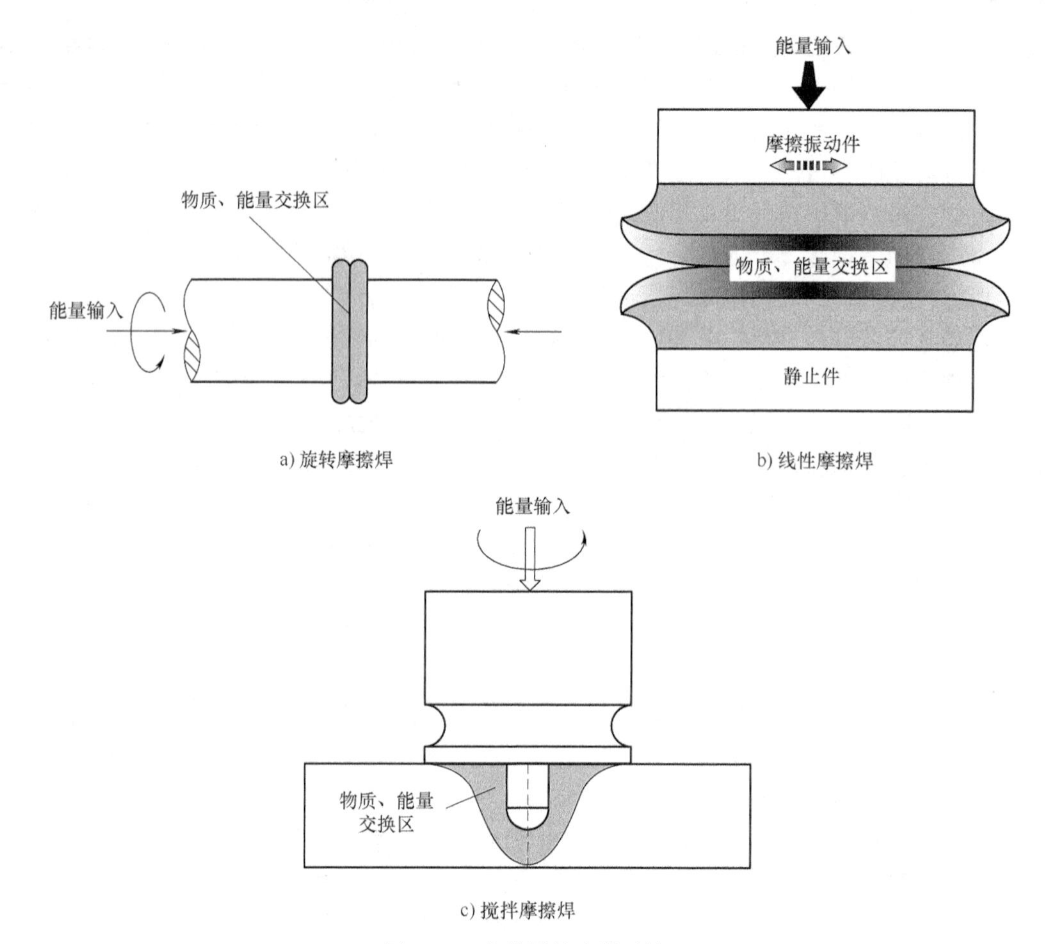

图 1-10　摩擦焊热力学系统

质起到了润滑剂的作用，因此摩擦力下降，此时的摩擦可以被认为是流体摩擦。

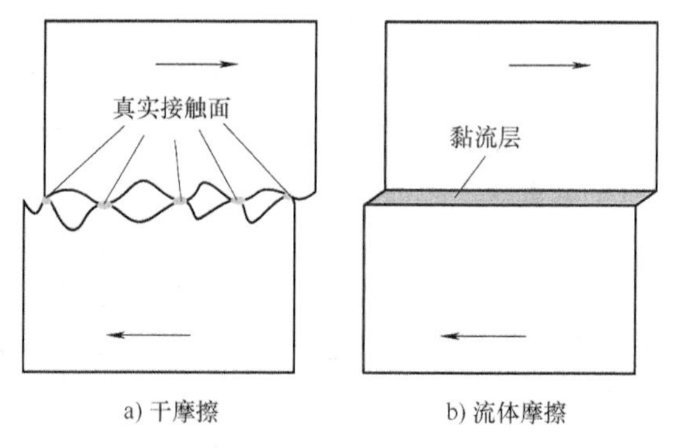

图 1-11　线性摩擦焊的主要摩擦过程

摩擦焊发生的过程还可以看作是由外摩擦向内摩擦转变的过程。两个相对运动的固体表面间的摩擦称为外摩擦；液体、气体及黏塑性金属各部分之间相对移动而产生的摩擦称为内摩擦。外摩擦只与接触表面的状态有关，而与固体内部的状态无关；固体中的内摩擦是整体分子强迫运动的直接后果，这种运动可以引起物体材料内部剪切并导致发热。外摩擦和内摩擦的共同特点是，一物体或一部分物质将自身的运动传递给与它相接触的另一物体或另一部分物质，并力图使两者的运动速度趋于一致，从而在摩擦的过程中发生能量的转换。其不同点在于，内摩擦是金属材料内部的变形，包括晶粒内部产生的滑移、位错运动及晶粒变形、晶粒破裂等，产生内摩擦时相邻质点的运动速度是连续变化的，具有一定的速度梯度；而外摩擦是在滑动面上发生速度突变。无论内摩擦还是外摩擦，其实质都是将机械运动转化为分子运动，将机械能转变为热能，并遵循能量守恒定律。

摩擦加热的热流分别向界面两侧的工件进行传递，摩擦界面区被迅速加热，图 1-12 所示为惯性摩擦焊界面区热循环。在摩擦焊初始阶段，摩擦界面平均温度较低，以干摩擦为主；随着温度的升高，塑性变形产热逐渐成为主要方式，发生剧烈塑性变形和塑性流动的真实接触面成为摩擦焊的热源。

从摩擦焊的热循环中可以看出，界面温升快速，可达每秒数千摄氏度，且整个界面的温升不同步。热循环的最高温度受到材料的热塑性温度和熔点的限制，当达到材料软化温度时会快速形成热塑性层，在摩擦压力的作用下被挤出摩擦区，摩擦界面发生迁移，这样就使摩擦区的温升限制在材料熔点以下的热塑性温度范围。

摩擦焊过程中能量的迅速沉积仅发生在摩擦界面两侧的薄层，即黏流层，形成这个薄层是实现摩擦焊的关键。形成黏流层的原因是剧烈塑性变形产生的热量积聚不能迅速向周围材料传递，造成局部流变应力下降而发生塑性失稳，使其成为摩擦焊过程中高应变速率塑性变形的主要载体，而层外材料处于弹性变形区。

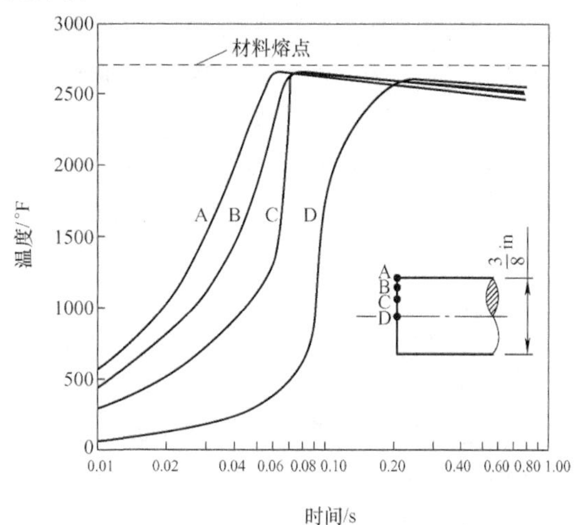

图 1-12 惯性摩擦焊界面区热循环

注：1in = 25.4mm。

在摩擦焊过程中，界面区薄层剧烈塑性变形能 P 通过两个互补的过程被消耗，即大部分能量转化为热能，余下的部分能量由变形中的组织演变所消耗（图 1-13）。这两部分能量消耗分别称为耗散量（G）和耗散协量（J），其数学定义为

$$P = \sigma\dot{\varepsilon} = G + J = \int_0^{\dot{\varepsilon}} \sigma \mathrm{d}\dot{\varepsilon} + \int_0^{\sigma} \dot{\varepsilon} \mathrm{d}\sigma \tag{1-4}$$

式中 G——材料发生塑性变形所消耗的能量，其中大部分能量转化成了热能，小部分以晶体缺陷能的形式存储；

J——材料变形过程中组织演变所消耗的能量；

σ——应力；

$\dot{\varepsilon}$——应变速率。

摩擦焊过程中能量的耗散量和耗散协量分别与材料粒子的势能和动能变化相对应。势能与原子间的相对位置有关，显微组织的改变势必引起原子势能变化，因而与耗散协量对应。动能与原子的运动，与位错或缺陷有关，动能转化成热能形式耗散，因而与耗散量对应。

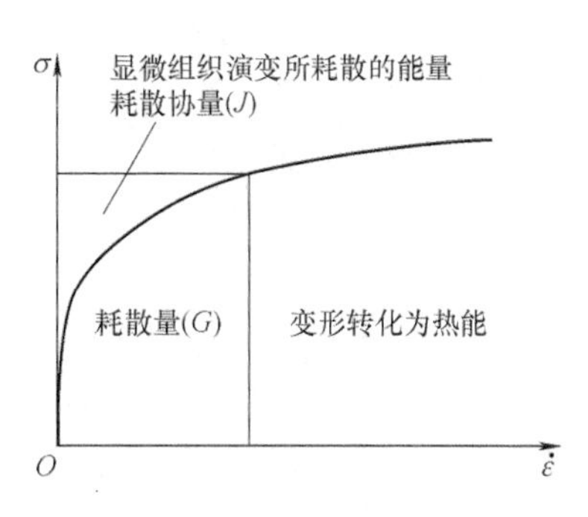

图 1-13 摩擦焊系统能量耗散图

摩擦焊过程中能量耗散的结果以焊合区组织结构的演化呈现，如图 1-14 所示。可以观察到摩擦焊剧烈塑性变形使晶粒被碾压、延长、剪断、破碎，形成摩擦焊特有的接头组织结构，焊合区为超细晶组织，热力影响区为塑性变形组织。这种组织结构是一种远离平衡态的组织结构，必

然会引起性能的显著变化和不均匀性。

摩擦焊热力过程取决于工艺参数，从而对焊缝形貌产生影响，焊缝形貌也决定了焊接质量。图 1-15 归纳了焊接参数对惯性摩擦焊焊缝形貌的影响规律。

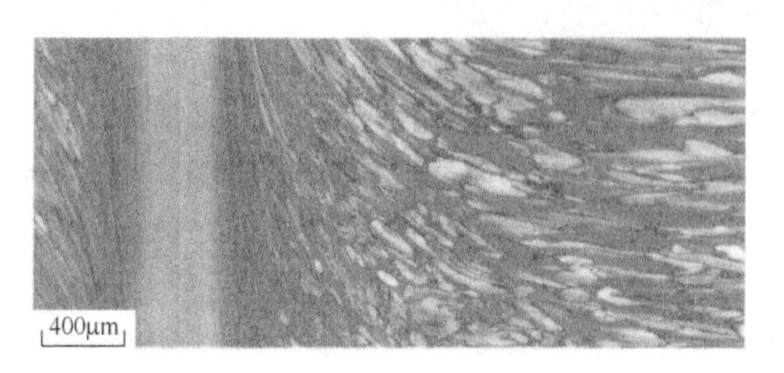

图 1-14　惯性摩擦焊的接头组织

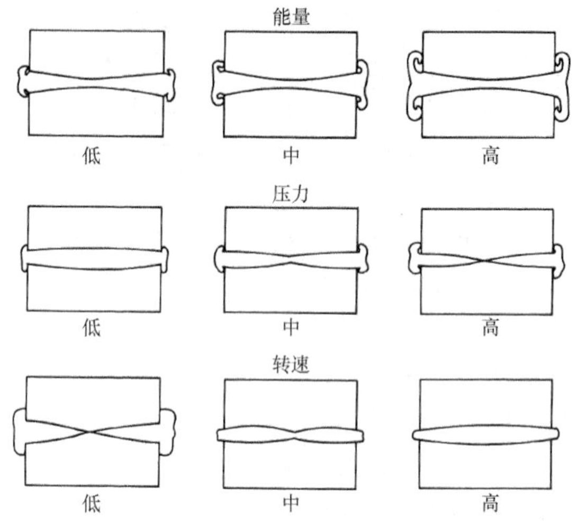

图 1-15　焊接参数对惯性摩擦焊焊缝形貌的影响

2. 搅拌摩擦焊的热力过程

在搅拌摩擦焊的过程中，搅拌头高速旋转并将搅拌针挤压入焊件的接缝处，直至搅拌头的轴肩与焊件紧密接触。搅拌针在材料内部进行摩擦和搅拌，搅拌头肩部与焊件表面接触进行剧烈摩擦，产生大量的摩擦热，在轴肩下面和搅拌针周围区域形成金属热塑性层。然后搅拌头以一定的速度沿焊接方向横向移动进行稳定焊接。

在搅拌摩擦焊热力过程的开始阶段，搅拌头与被焊材料之间产生干摩擦，随着摩擦热的积聚，搅拌头与材料的温度升高，当材料进入热塑性状态后，搅拌头与材料组成的摩擦系统进入准平衡状态，此时焊接开始，进入稳态焊接后，搅拌头与被焊材料之间的摩擦转变为带有润滑的摩擦，充当润滑剂的物质就是搅拌头前方不断形成的热黏流层。而搅拌头在稳态焊接的过程中充当了稳定“热源”，热黏流层的剪切产热不断向搅拌头及前方材料供热。紧邻搅拌头两侧的母材流动具有明显的差异，前进侧的母材边缘薄层发生切离，而后退侧母材边缘薄层发生剧烈塑性变形（图 1-16），也使前进侧和后退侧的热循环特征有所差异（图 1-17）。搅拌头与前端被焊材料之间的摩擦之所以具有润滑性质，其根本原因在于搅拌头与前端材料间存在的热塑性层呈现很强的流体特性。塑性流体薄层在搅拌头的高速旋转和移动的作用下被甩向搅拌头的后方，温度逐渐降低，黏度逐渐增大，最终形成焊缝，同时不断有新的塑性流体薄层产生。

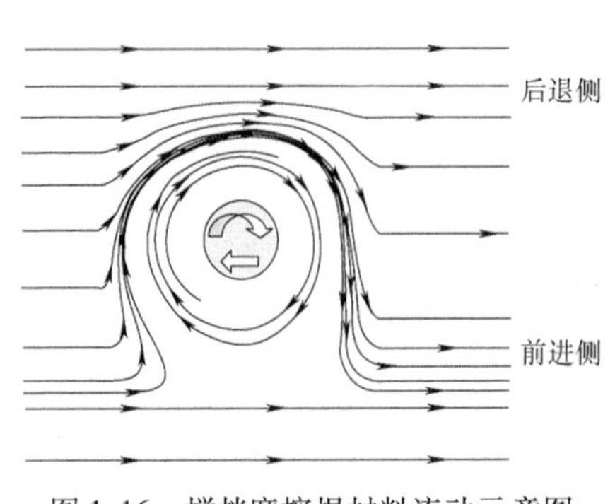

图 1-16　搅拌摩擦焊材料流动示意图

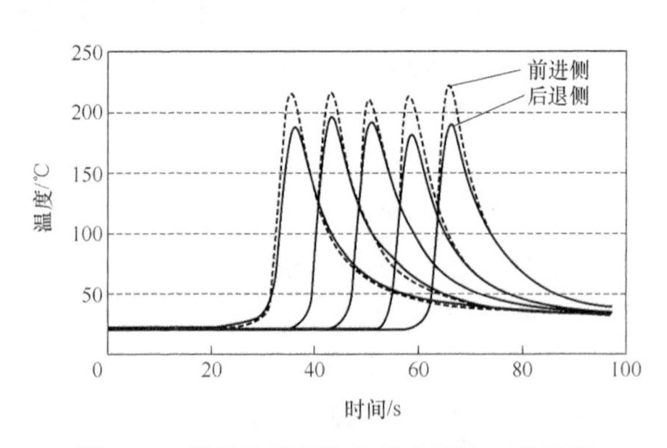

图 1-17　搅拌摩擦焊接头热力影响区热循环

搅拌摩擦焊的这种热力过程和材料流动对接头组织有很重要的影响。图 1-18 所示为搅拌摩擦焊接头组织。搅拌摩擦焊焊缝分为焊核、轴肩变形区、热力影响区和热影响区四个区域，各区域微观组织不相同。

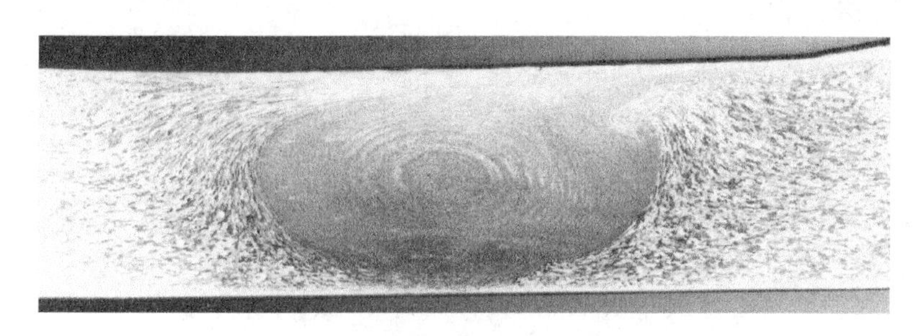

图 1-18　搅拌摩擦焊接头组织

从图 1-18 可以看出，焊核部分呈洋葱头形状，并且有明显的金属层流动的形貌特征，这是搅拌头在接头区搅拌碾压后所形成的形貌。由图 1-18 还可以明显看出焊缝区的晶粒非常细小，而焊缝区和母材组织的晶粒比较接近。这是因为对于搅拌摩擦焊来说，由于搅拌头的搅拌和碾压作用，焊缝区的组织经过了再结晶组织细化和锻造细化，晶粒变得很细小。

与直接摩擦焊的接头类似，搅拌摩擦焊的接头性能同样存在较大的不均匀性。图 1-19 所示为铝合金搅拌摩擦焊接头横截面硬度分布。图 1-20 所示为热处理强化铝合金搅拌摩擦焊接头的拉伸曲线，其母材具有最大的抗拉强度和屈服强度；焊核区材料强度值最小，但是延性最大；纵向焊缝包含了焊核区、热力影响区、热影响区及部分母材，其强度和延性介于母材与焊核之间；由于焊核区的强度低于母材，在焊接接头横向拉伸时会在焊核区屈服，在热力影响区断裂。

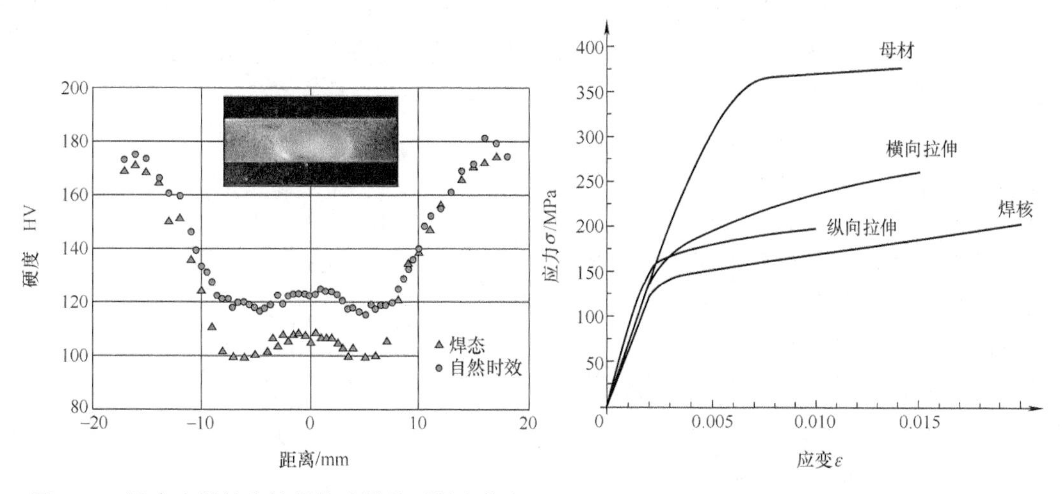

图 1-19　铝合金搅拌摩擦焊接头横截面硬度分布

图 1-20　热处理强化铝合金搅拌摩擦焊接头的拉伸曲线

1.2　焊接缺陷

焊接缺陷是焊接热力作用对材料连续性或结构完整性的破坏现象，焊接缺陷对焊接结构的承载能力有着非常显著的影响，其主要原因是缺陷减小了结构承载截面的有效面积，并且在缺陷周围产生了应力集中。

1.2.1 焊接缺陷的类型

不同的焊接方法所产生的焊接缺陷类型有较大的差异。熔焊缺陷的种类较多，根据缺陷性质和特征，焊接缺陷主要有裂纹、夹渣、气孔、未熔合和未焊透、形状和尺寸不良等；按其在焊缝中的位置不同，可分为外部缺陷和内部缺陷。

根据缺陷对结构强度的影响程度，又可将焊接缺陷分为平面缺陷、体积缺陷和成形不良三种类型。

1）平面缺陷包括裂纹、未熔合和未焊透等，这类缺陷对断裂的影响取决于缺陷的大小、取向、位置和缺陷前沿的尖锐程度。缺陷面垂直于应力方向的缺陷、表面及近表面缺陷和前沿尖锐的裂纹，对焊接结构断裂的影响最大。

2）体积缺陷包括气孔、夹渣等，它们对断裂的影响程度一般低于平面缺陷。

3）成形不良是指焊缝外表面形状或接头几何形状的不完善性。例如，焊道的余高过大或不足、角变形、咬边、焊缝处的错边等，它们会给结构造成应力集中或附加应力，对焊接结构的断裂强度产生不利影响。

塑化焊过程中，如果焊接参数或工艺条件不合理，也会产生各种焊接缺陷。就摩擦焊而言，不同的摩擦焊方法所产生的缺陷也存在较大的差异，需要针对具体焊接方法进行分析。直接摩擦焊中对接头性能影响较大的缺陷主要有弱结合、裂纹、孔洞等，搅拌摩擦焊缺陷则更为复杂。

按照搅拌摩擦焊过程中缺陷产生位置和形貌的不同，缺陷主要可以分为表面缺陷和内部缺陷两大类。表面缺陷一般表现为肉眼就可以看到的宏观缺陷，包括飞边、背部粘连、沟槽及根部未焊透等；内部缺陷包括弱结合、未焊合、虫形孔及结合面氧化物残留、强化相富集等。

从搅拌摩擦焊工艺参数和接头组织及性能的研究结果来看，很多因素会对搅拌摩擦焊接头性能造成影响，如搅拌头形状尺寸、搅拌头旋转速度和焊接速度、搅拌针扎入深度和倾斜角度、对接板间隙、试板厚度匹配等。当焊接参数偏离最佳工艺范围时，搅拌摩擦焊接头中会出现典型的孔洞、根部未焊合等缺陷，因此为保证搅拌摩擦焊质量，必须掌握焊接参数边界并设置合理的工艺窗口（图 1-21）。为获得合理的工艺范围，需要综合考虑各种因素对搅拌摩擦焊质量的影响。

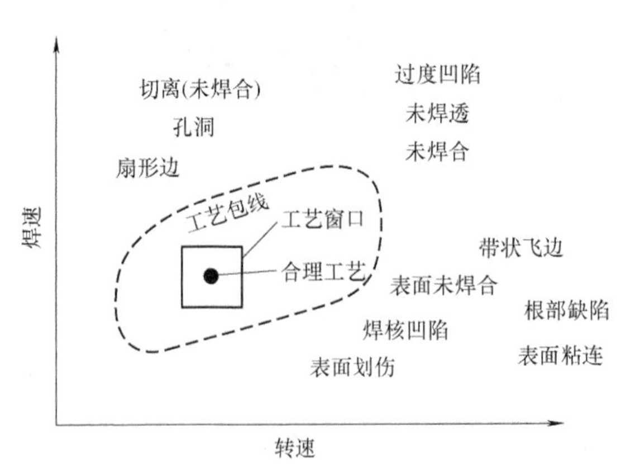

图 1-21　搅拌摩擦焊接头缺陷类型

1.2.2 焊接缺陷对结构强度的影响

焊接缺陷对焊接结构的承载能力有着非常显著的影响，更为重要的是应力和变形与缺陷同时存在。焊接缺陷容易出现在焊缝及其附近区域，而那些区域正是结构中拉伸残余应力最大的区域。

1. 焊接缺陷的应力集中效应

结构会因为传递负载截面的突然变化而出现应力集中，缺陷的形状不同，引起截面变化的程度不同，与负载方向所形成的角度不同，使缺陷周围的应力集中程度大不一样。若球状的孔洞缺陷变为片状裂纹，其结果是应力集中变得十分严重。当多个缺陷间的距离较小（如密集的气孔和夹渣等）时，在缺陷区域内将会产生很高的应力集中，使这些区域出现缺陷间裂纹，并将缺陷连通。在此情况下，最大的应力集中出现在两缺陷的交接处。

在焊接接头中过大的焊缝余高、错边和角变形等，虽然有些是现行规范所允许的，但都会产生应力集中。此外，接头形式的差别也会导致不同的应力集中，在焊接结构常用的接头形式中，对接接头的应力集中程度最小，角接头、T形接头和正面搭接接头的应力集中程度相差不多。

2. 焊接缺陷对结构强度的影响

焊接缺陷会对结构的静载破坏产生不同程度的影响。对于强度破坏而言，缺陷所引起的强度降低，大致与它所造成承载截面积的减少成比例。在一般标准中，允许焊缝中有个别的、不成串的或非密集型的气孔，假如分散气孔截面总量小于工作截面的5%时，气孔对屈服强度和抗拉强度的影响不大，当成串气孔总截面超过焊缝截面的2%时，接头的强度会急速降低。出现这种情况的主要原因是焊接时保护气氛的中断，导致出现成串气孔的同时焊缝金属本身的力学性能下降，因此限制气孔量还能起到防止焊缝金属性能恶化的作用。焊缝表面或邻近表面的气孔要比深埋气孔更为危险，成串或密集的气孔要比单个气孔危险得多。

夹渣或夹杂物可以根据其截面积的大小成比例地降低材料的抗拉强度，但对屈服强度的影响较小。这类缺陷的尺寸和形状对抗拉强度的影响较大，单个的间断小球状夹渣或夹杂物并不比同样尺寸和形状的气孔危害大。直线排列的、细小的而且排列方向垂直于受力方向的连续夹渣是比较危险的。

未熔合和未焊透比气孔和夹渣更为有害。当焊缝有余高或用优于母材的焊条制成焊接接头时，未熔合和未焊透的影响可能并不十分明显。事实上，许多使用中的焊接结构已经工作多年，埋藏在焊缝内部的未熔合和未焊透并没有造成严重事故。但是这类缺陷在一定条件下可能会成为脆性断裂的引发点。

裂纹被认为是最危险的焊接缺陷，一般标准中都不允许它存在。由于尖锐裂纹容易产生尖端缺口效应、三向应力状态等情况，裂纹可能失稳和扩展，造成结构的断裂。裂纹一般是在拉伸应力场和不良的热影响区显微组织中产生的，在静载非脆性破坏条件下，如果塑性流动发生于裂纹失稳扩展之前，则结构中的拉伸残余应力将没有什么有害影响，而且也不会产生脆性断裂。除非裂纹尖端处材料性能急剧恶化，附近区域的显微组织不良，有较高的拉伸残余应力，而且在工作温度低于临界温度等不利条件的综合作用，一般情况下即使材料中出现了裂纹，当它们离开拉伸应力场或恶化了的显微组织区之后，其扩展趋势也会被制止。

焊缝成形不良导致表面几何形状的不连续对强度产生的影响较大，如咬边、余高过大、焊穿等不仅会降低构件的有效截面积，而且会产生应力集中效应。当这些缺陷与结构中的高拉伸残余应力区或热影响区中粗大脆化晶粒区相重叠时，往往会引发裂纹的不稳定扩展。例如，在母材与焊缝熔合线附近因为熔化过度造成熔敷金属与母材金属的过渡区形成凹陷，即咬边（图 1-22）。咬边不仅会减小构件的有效截面，还会产生双重应力集中，使缺口效应增大（图 1-23）。

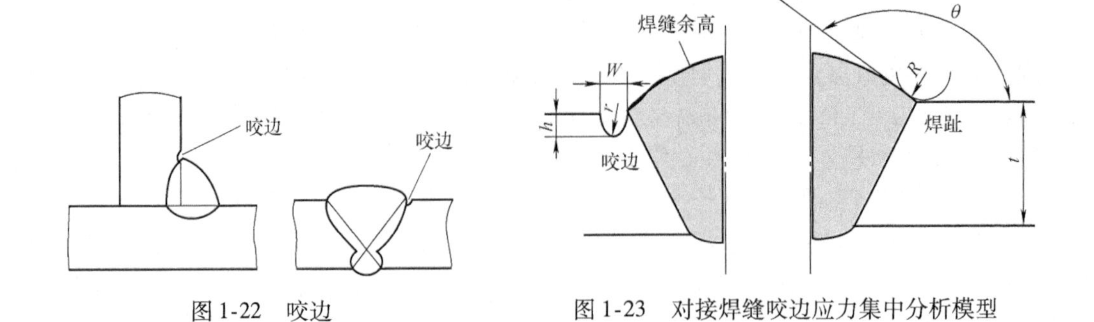

图 1-22　咬边

图 1-23　对接焊缝咬边应力集中分析模型

1.3　焊接应力与变形

焊接过程也是热力耦合过程，会产生焊接应力与变形。焊接应力与变形会影响结构的性能，因此也是一种损伤形式。

1.3.1　焊接应力的形成过程

材料在热作用下引起的应力-应变响应称为热应力-应变。焊接过程中热应力-应变循环可采用图 1-24 来描述。在材料的力学熔点以上，材料的屈服强度降低，几乎处于无应力状态，该区域以拖尾的椭圆表示。图中抛物线形的虚线是各等温线最大宽度对应点的包络线，它反映了瞬时温度场中横向的局部最大温度 T_{max}。T_{max}将瞬时温度场分为两个部分，T_{max}前的局部温度升高，T_{max}后的局部温度下降，因此 T_{max}也称为冷却线。冷却线 T_{max}前为压缩塑性区；冷却线 T_{max}后为拉伸塑性区，由压缩状态进入拉伸状态的区域为弹性卸载区。

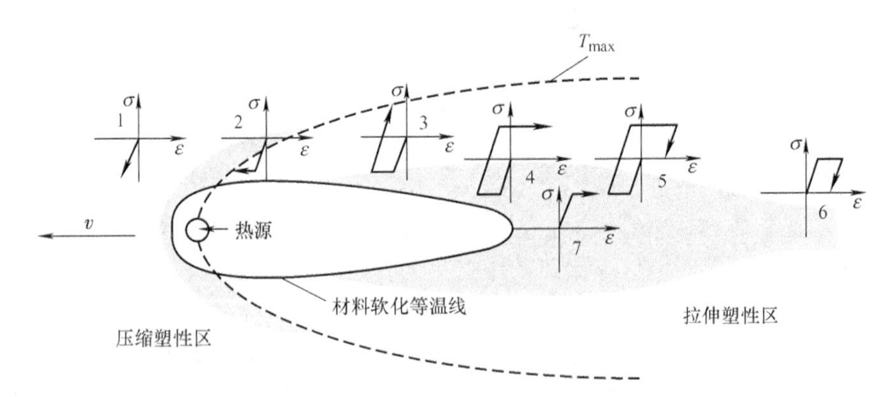

图 1-24　移动热源准稳态温度场的塑性区和局部应力-应变循环

图中各点的 $\sigma-\varepsilon$ 曲线表示局部应力-应变循环特性

位于焊接热源前垂直于焊缝的截面，处于冷却线 T_{max}之前的全部区域为升温区，中心升温很高而两边升温低，中心区膨胀受阻而产生弹性或弹塑性压缩应变。热源后方位于冷却线 T_{max}前的近缝区局部区域也处于升温状态，同样处于压缩应变区。在位于热源后方稍远的截面上，焊缝中心线局部区域处于冷却线 T_{max} 之后，该部分金属因降温而产生收缩，两侧金属会阻碍其收缩，从而产生拉伸应变，由于温度高于力学熔点，故不会有应力存在，因此没有弹性应变，全部拉伸应变为塑性应变，在熔合线处拉伸塑性应变出现最大值，离焊缝稍远的热影响区将升温，造成膨胀受阻，从而产生压应变和压应力，板边则出现与压应力平衡的拉应力。在随后的降温过程中，焊缝和近缝区一直承受拉伸应变，在温度降到力学熔点之前，这种拉伸应变一直为拉伸塑性应变，当温度降至力学熔点以后，焊缝和近缝区开始出现弹性拉伸应变和拉应力。

图 1-25 所示为焊接应力场与温度场。在焊接热源通过后的焊接区承受较大的拉应力，离开焊缝的区域产生压应力。

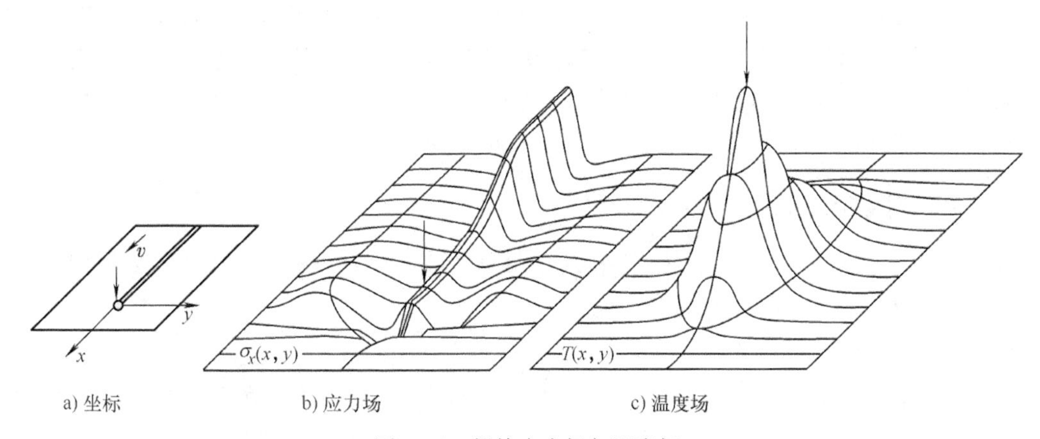

图 1-25　焊接应力场与温度场

图 1-26 所示为熔焊过程中的温度场变化引起的焊接热应力的变化。电弧以速度 v 沿 x 方向移动，在某时刻到达 O 点。电弧前方为待焊区域，电弧后方为已凝固的焊缝。

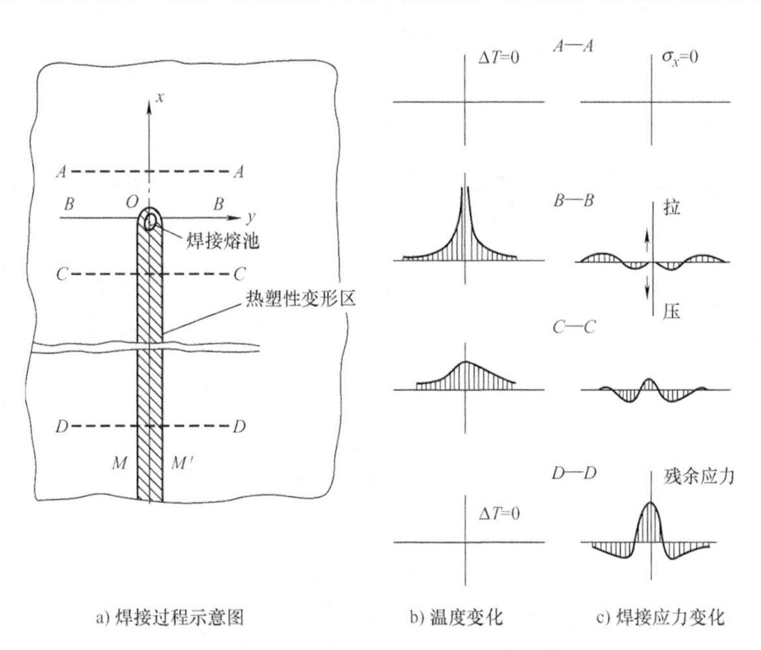

图 1-26　熔焊过程中的温度场变化引起的焊接热应力的变化

在焊接电弧前方的 $A-A$ 截面几乎未受到焊接热作用，温度变化 $\Delta T\approx 0$，瞬时热应力也近乎为零。在通过焊接电弧加热的熔化区的 $B-B$ 截面上，温度发生剧烈变化。因熔化金属不承受载荷，所以位于焊接电弧中心区截面内的应力接近于零。电弧临近区域的金属热膨胀受到周围温度较低的金属拘束作用而产生压应力，其应力为相应温度下的材料屈服应力，由此产生压缩塑性变形。远离焊缝区域的应力为拉应力，该拉应力与焊缝区附近的压应力相平衡。

截面 $C-C$ 位于已凝固的焊缝区，焊缝及临近母材已经冷却收缩，并在焊缝区引起拉应力，接近焊缝的区域仍为压应力，而远离焊缝区的拉应力开始减小。

截面 $D-D$ 的温度差已趋于零，会在焊缝及临近区产生较高的拉应力，而在远离焊缝的区域产生压应力。焊接完成后，沿 x 方向的各截面都存在这样分布的残余应力。

图 1-26a 中影线区 $M-M'$ 是焊接热循环过程中产生的塑性变形区。塑性变形区以外的区域在热循环过程中不发生塑性变形，仅有与 $M-M'$ 区内的塑性变形相适应的弹性变形，所以焊接残余应力的产生是由于不均匀加热引起的不均匀塑性变形。再由不均匀塑性变形引起弹性应力，是强制协调焊缝与母材的变形不一致的结果。

1.3.2 焊接残余应力与变形

焊接残余应力与变形导致了焊接结构在未服役前就承受了载荷，构成了结构损伤的初始驱动力，成为焊接结构完整性的潜在风险因素。

1. 焊接残余应力

焊缝区焊后的冷却收缩一般是三维的，所产生的残余应力也是三维的，但是在材料厚度不大的焊接结构中，厚度方向上的应力很小，残余应力基本上可看作二维的（图 1-27）。只有在大厚度的结构中，厚度方向上的应力才比较大。为便于分析，常把焊缝方向的残余应力称为纵向残余应力，用 σ_x 表示；垂直于焊缝方向的残余应力称为横向残余应力，用 σ_y 表示；厚度方向的残余应力用 σ_z 来表示。

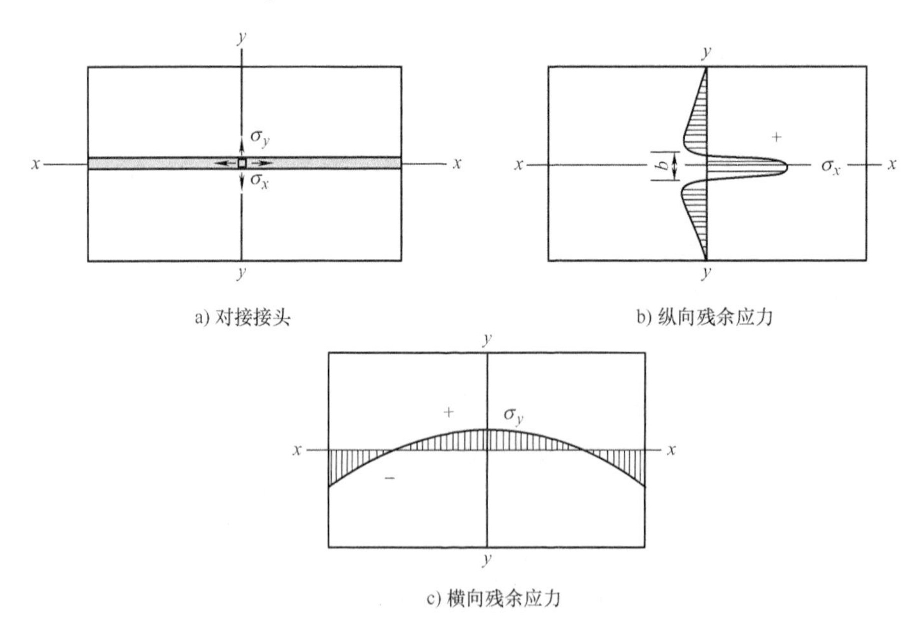

图 1-27 纵向残余应力与横向残余应力分布

厚板焊接结构中除了存在着纵向残余应力和横向残余应力外，还存在着较大的厚度方向上的残余应力。研究表明，这三个方向的残余应力在厚度上的分布极不均匀。其分布规律根据不同焊接工艺有较大差别。

焊接残余应力对结构强度、加工尺寸精度及对结构稳定性、疲劳强度和应力腐蚀开裂有着不同程度的影响。因此为了保证焊接结构具有良好的使用性能，必须设法在焊接过程中减小或消除焊接残余应力。

2. 焊接残余变形

焊接残余变形是焊接后残存于结构中的变形，又称焊接变形。在实际的焊接结构中，由于结构的多样性，焊缝数量与分布的不同，焊接顺序和方向的不同，产生的焊接变形较为复杂。常见的焊接变形如图 1-28 所示。焊接变形按产生的机制可分为纵向与横向收缩、角变形、挠曲变形、屈曲变形和扭曲变形等类型。

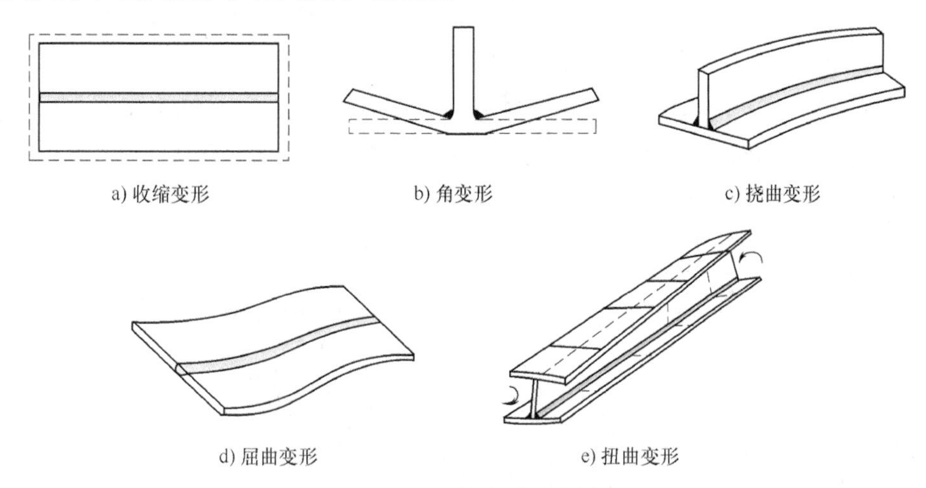

a) 收缩变形　b) 角变形　c) 挠曲变形

d) 屈曲变形　e) 扭曲变形

图 1-28　焊接变形示意图

焊接接头的错位与角变形会引起附加弯曲应力（图 1-29），从而加重焊趾处的应力集中。

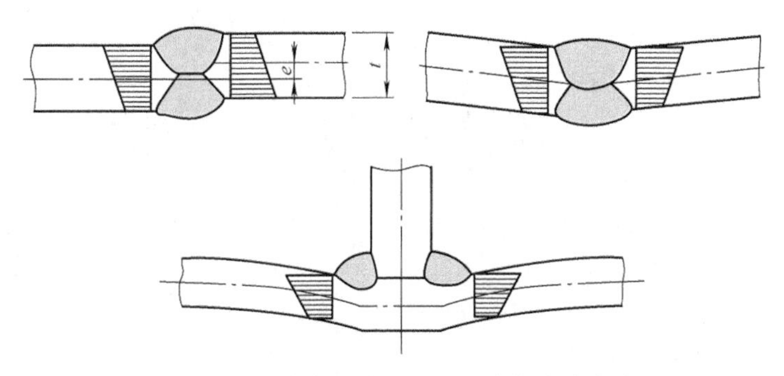

图 1-29　错位与角变形引起的附加弯曲应力

焊接变形对焊接结构的生产有很大的影响。焊接变形会给装配带来困难，进而影响后续焊接的质量；焊接变形还需要进行矫正，从而增加结构的制造成本；此外，焊接变形也会降低焊接接头的性能和承载能力。因此在焊接结构生产中，必须设法控制焊接变形，使其在所允许的范围内。

1.4　焊接接头缺口效应

焊接结构截面的突变和焊缝外形、焊接缺陷等因素都会引起应力集中。应力集中会使结构在外载作用下产生较大的局部峰值应力，从而对构件强度产生影响，即缺口效应。在焊接接头中，焊缝与母材连接过渡处的外形变化及焊接缺陷都会引起应力集中，从而产生缺口效应。

1.4.1　焊缝局部应力集中

在熔焊接头中，焊缝与母材的过渡处（焊趾）产生应力集中，如图 1-30 所示。焊趾是焊接接头中的典型缺口，焊趾的缺口应力可分解为平均应力 σ_m、弯曲应力 σ_b 与非线性应力 σ_p。

1. 对接接头

对接接头应力集中系数的大小，主要取决于焊缝余高和焊缝向母材的过渡半径及夹角（图 1-31）。增加余高和减小过渡半径，都会使应力集中系数增加。图 1-31 所示的对接接头的焊趾应力集中系数为

$$K_t = 1 + 0.27(\tan\theta)^{1/4}\left(\frac{t}{r}\right)^{1/2} \tag{1-5}$$

焊趾处的应力分布可采用有限元或边界元等数值方法进行计算。

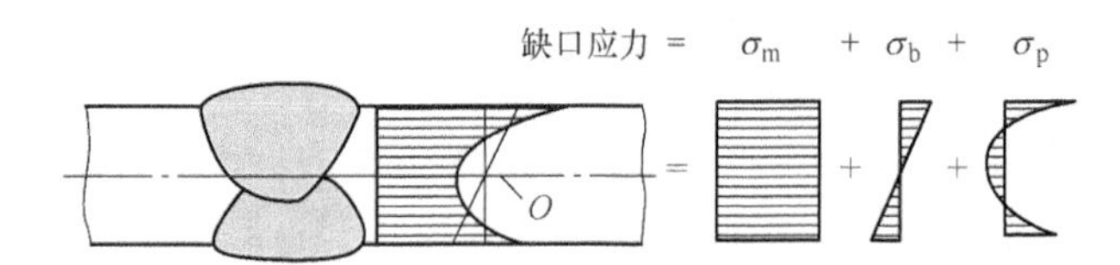

a) 对接接头的应力分布

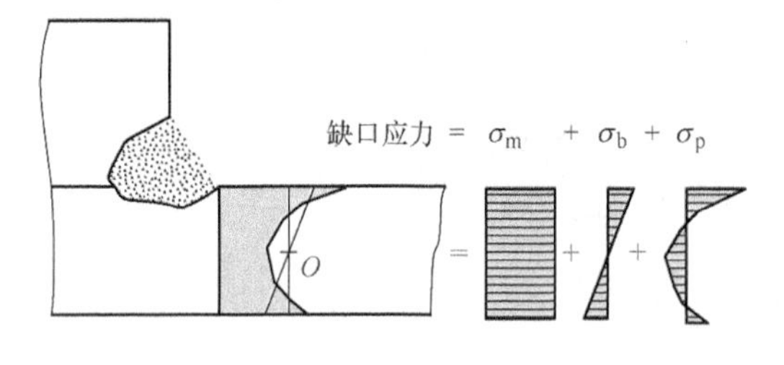

b) 角焊缝连接接头的应力分布

图 1-30　熔焊接头的应力分布

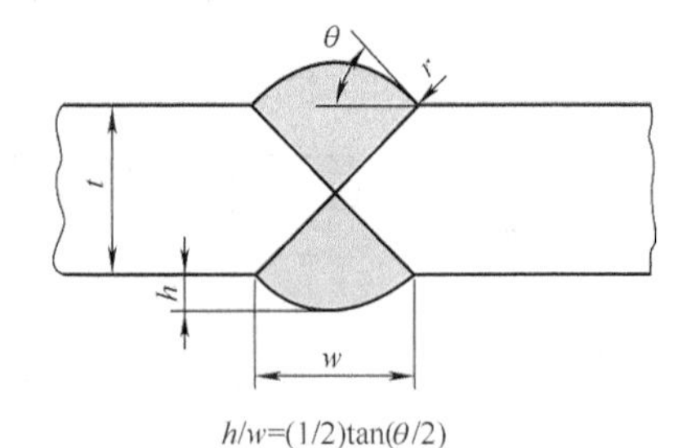

$h/w=(1/2)\tan(\theta/2)$

图 1-31　对接接头的几何模型

2. T 形接头（十字接头）

T 形接头（十字接头）焊缝向母材过渡较急剧，其工作应力分布极不均匀，在角焊缝的根部和焊趾处都存在严重的应力集中。重要结构中的 T 形接头，如动载下工作的 H 形板梁，可以采用板边开坡口的方法使接头处的应力集中程度大幅降低。

图 1-32 和图 1-33 所示分别为 T 形接头和十字接头的几何参数。

T 形接头（十字接头）焊趾的应力集中系数可以表示为

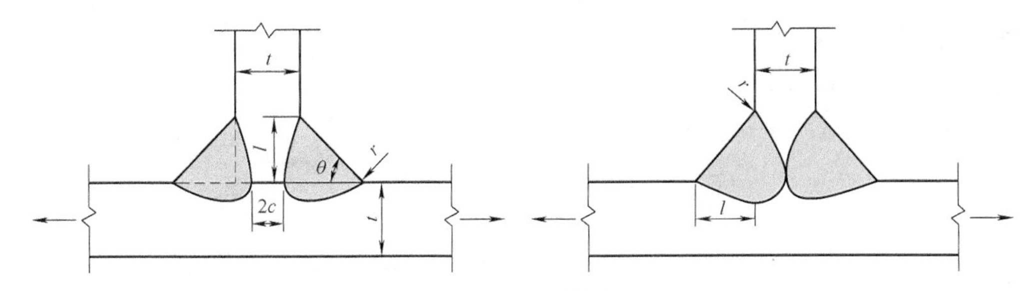

图 1-32　T 形接头

$$K_t = 1 + 0.35(\tan\theta)^{1/4}[1 + 1.1(c/l)^{3/5}]^{1/2}\left(\frac{t}{r}\right)^{1/2} \quad (1\text{-}6)$$

式中符号如图 1-32 和图 1-33 所示。

焊根的应力集中系数可以表示为

$$K_t = 1 + 1.15(\tan\theta)^{-1/5}(c/l)^{1/2}\left(\frac{t}{r}\right)^{1/2} \quad (1\text{-}7)$$

式中符号如图 1-32 和图 1-33 所示。

3. 搭接接头

在搭接接头中，根据搭接角焊缝受力的方向，可以将搭接角焊缝分为正面角焊缝、侧面角焊缝和斜向角焊缝（图 1-34a）。与作用力的方向垂直的角焊缝称为正面角焊缝（图 1-34a 中 l_3 段），与作用力的方向平行的角焊缝称为侧面角焊缝（图 1-34a 中 l_1 和 l_5 段），介于两者之间的角焊缝称为斜向角焊缝（图 1-34a 中 l_2 和 l_4 段）。搭接角焊缝几何参数如图 1-34b 所示。搭接接头传力和应力集中比对接接头的情况复杂得多。

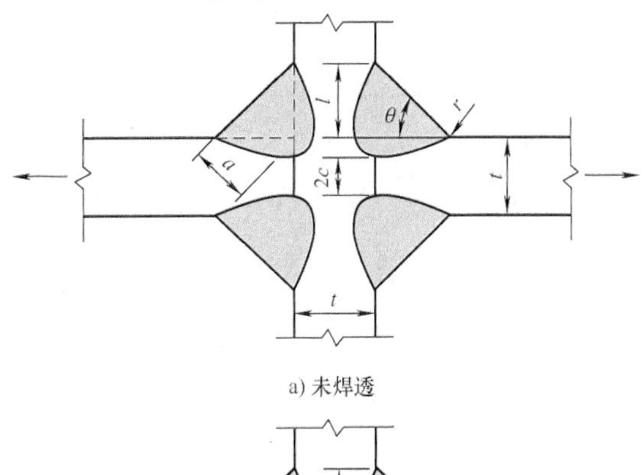

a) 未焊透

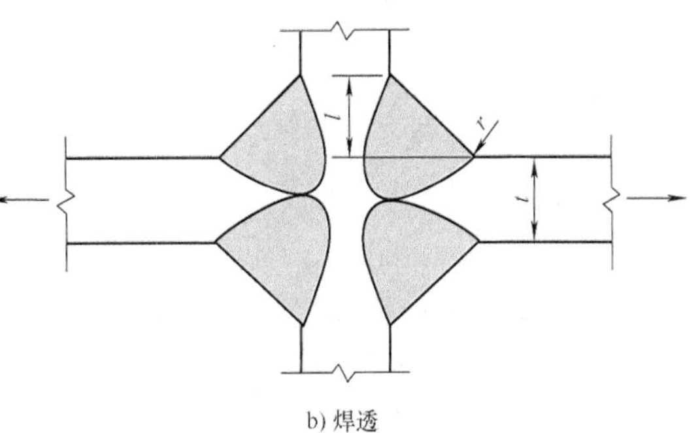

b) 焊透

图 1-33　十字接头形式

（1）正面角焊缝　在只有正面焊缝的搭接接头中，工作应力分布极不均匀（图 1-35）。在角焊缝根部和焊趾处都有较严重的应力集中。焊趾处的应力集中系数随角焊缝斜边与水平边夹角 θ 的不同而改变，减小夹角 θ 和增大焊接熔深，都会使应力集中系数降低。

焊趾处的应力集中系数可以表示为

$$K_t = 1 + 0.6(\tan\theta)^{1/4}(t/l_1)^{1/2}\left(\frac{t}{r}\right)^{1/2} \quad (1\text{-}8)$$

式中符号如图 1-34 所示。

焊根处的应力集中系数可以表示为

$$K_t = 1 + 0.5(\tan\theta)^{1/8}\left(\frac{t}{r}\right)^{1/2} \quad (1\text{-}9)$$

式中的符号如图 1-34b 所示。

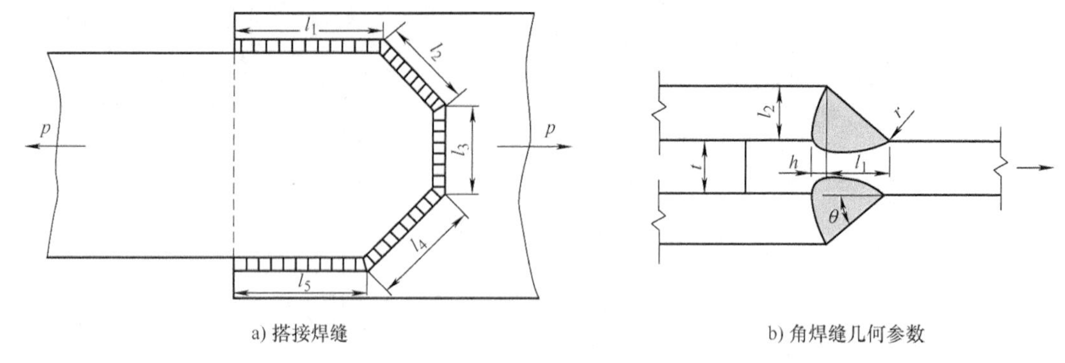

a) 搭接焊缝　　b) 角焊缝几何参数

图 1-34　搭接接头角焊缝

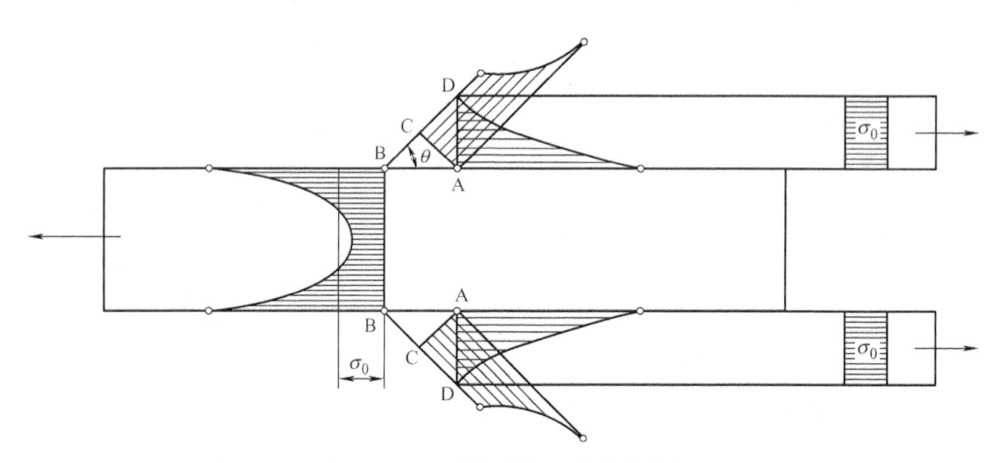

图 1-35　正面搭接角焊缝的应力分布

（2）侧面角焊缝　在用侧面角焊缝连接的搭接接头中（图 1-36a），工作应力更为复杂。当接头受力时，焊缝中既有正应力，又有切应力，切应力沿侧面焊缝长度上的分布是不均匀的，它与焊缝尺寸、端面尺寸和外力作用点的位置等因素有关。焊缝越长，不均匀度就越严重，故一般钢结构设计规范都规定侧面搭接焊缝的计算长度不得大于 60 倍的焊脚。因为超过此限值后即使增加侧面搭接焊缝的长度，也不可能降低焊缝两端的应力峰值。

（3）联合角焊缝搭接接头的工作应力分布　在只有侧面焊缝的搭接接头中，不仅焊缝中应力分布极不均匀，而且搭接板中的应力分布也不均匀。如果采用联合角焊缝搭接接头（图 1-36b），应力集中限度将得到明显的改善。这是因为正面焊缝刚度比侧面焊缝的刚度大，并能承受一部分载荷，使侧面焊缝中的最大切应力降低，同时使搭接板 $A-A$ 截面应力集中程度得到改善。因此在设计搭接接头时，增加正面角焊缝，不但可以改善应力分布，还可以减小搭接长度，减少母材的消耗。

实验证明，角焊缝的强度与载荷方向有关。当焊脚相同时，正面角焊缝的单位长度强度比侧面角焊缝的高，斜向角焊缝的单位长度强度介于上述两种焊缝强度之间。当焊脚一定时，斜向角焊缝的单位长度强度随焊缝方向与载荷方向的夹角变化而变化，夹角越大，其强度值越小。

上述分析表明，各种焊接接头焊后都存在不同程度的应力集中，应力集中对接头强度的

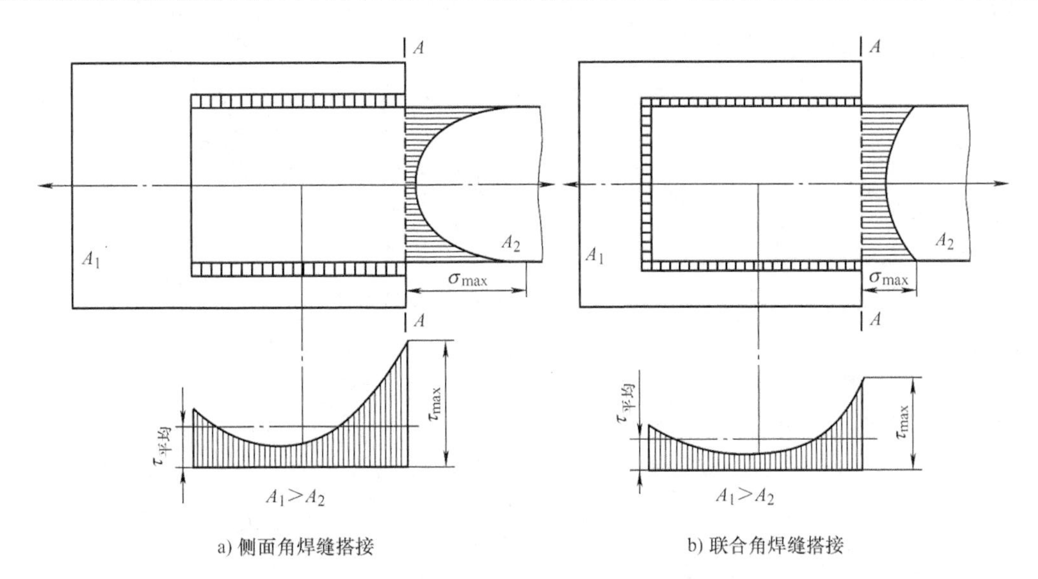

图 1-36　侧面角焊缝与联合角焊缝搭接接头的工作应力分布

A_1 和 A_2 分别为两板的截面积

影响与材料性能、载荷类型和环境条件等因素有关。如果接头所用材料有良好的塑性，接头破坏前有显著的塑性变形，使应力在加载过程中均匀化，则应力集中对接头的静强度不会产生影响。应力集中对接头疲劳强度和脆性断裂强度的影响将在后续内容中进行分析。

1.4.2　错位与角变形的应力集中

焊接接头的错位与角变形会引起附加弯曲应力，从而加重焊趾处的应力集中。因错位和角变形引起的附加弯曲应力可采用应力放大系数 k_m 来计算，图 1-37 所示为错位应力放大系数 k_m 的计算模型，k_m 可表示为

$$k_m = 1 + \frac{\sigma_{Fb}}{\sigma_n} \tag{1-10}$$

式中　σ_{Fb}——附加弯曲应力；

σ_n——名义应力。

（1）错位产生的应力放大系数

1）等厚度板对接错位（图 1-37a）产生的应力放大系数为

$$k_m = 1 + \lambda \frac{el_1}{t(l_1 + l_2)} \tag{1-11}$$

式中　λ——约束系数，对于无约束情况，$\lambda = 6$；

e——错位量；

l_1、l_2——计算长度，对于无限远加载情况，$l_1 = l_2$。

2）不等厚度板对接错位（图 1-37b）产生的应力放大系数为

$$k_m = 1 + \frac{6e}{t_1} \frac{t_1^n}{t_1^n + t_2^n} \tag{1-12}$$

式中　t_1、t_2——板厚；

n——指数，对于无限远处加载的非拘束接头，$n = 1.5$；

e——错位量。

3）十字形接头错位（图 1-37c）：在焊趾处产生疲劳裂纹后向板内扩展时，应力放大系数为

$$k_m = \lambda \frac{el_1}{t(l_1 + l_2)} \tag{1-13}$$

对于无约束和无限远加载情况，$l_1 = l_2$，$\lambda = 6$。

在焊根处产生裂纹的情况下（图 1-37d），应力放大系数为

$$k_m = 1 + \frac{e}{t + h} \tag{1-14}$$

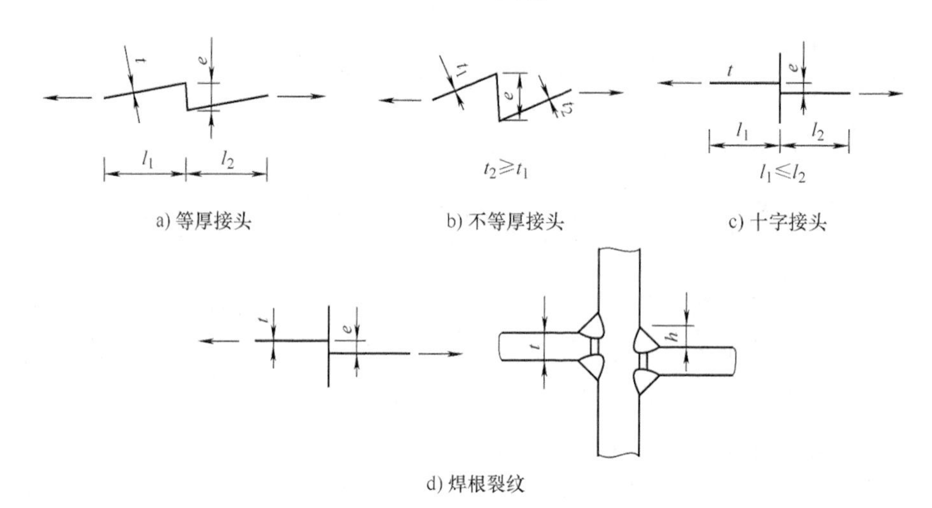

图 1-37　错位应力放大系数计算模型

（2）角变形产生的应力放大系数

1）对接接头的角变形（图 1-38a）：对于刚性固定端情况，角变形产生的应力放大系数为

$$k_m = 1 + \frac{3y}{t}\frac{\tanh(\beta/2)}{\beta/2} \tag{1-15}$$

或

$$k_m = 1 + \frac{3\alpha l}{2t}\frac{\tanh(\beta/2)}{\beta/2} \tag{1-16}$$

$$\beta = \frac{2l}{t}\sqrt{\frac{3\sigma_m}{E}} \tag{1-17}$$

式中　E——弹性模量。

对于铰支端情况，角变形产生的应力放大系数为

$$k_m = 1 + \frac{6y}{t}\frac{\tanh(\beta/2)}{\beta/2} \tag{1-18}$$

或

$$k_m = 1 + \frac{3\alpha l}{t}\frac{\tanh(\beta)}{\beta} \tag{1-19}$$

2）十字形接头的角变形（图 1-38b）

$$k_m = 1 + \lambda\alpha \frac{l_1 l_2}{t(l_1 + l_2)} \tag{1-20}$$

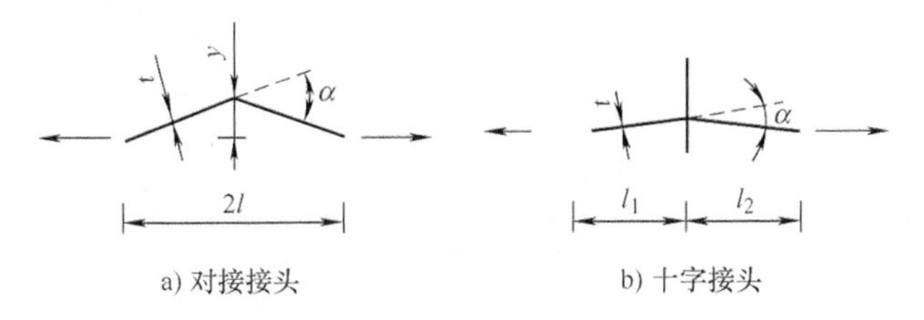

图 1-38　角变形应力放大系数计算模型

如果同时出现错位或角变形，则应力放大系数要考虑两个因素的共同作用，即

$$k_{m}=1+(k_{me}-1)+(k_{m\alpha}-1) \tag{1-21}$$

式中　k_{me}——错位引起的应力放大系数；

$k_{m\alpha}$——角变形引起的应力放大系数。

1.5　焊缝强度失配效应

焊接接头韧力是焊接结构承受外载作用的基本保证。焊接接头韧力和接头几何形状、焊缝与母材的强度组配有关。因焊缝强度与母材强度的差异所引起的接头强度变异称为焊缝强度失配效应。

1.5.1　屈服强度失配

焊接热力作用所产生的接头组织不均匀性必然引起焊缝与母材的强度差异。严格意义上讲，焊缝与母材同质等强是很难做到的，焊缝强度与母材的差异性称为焊缝强度的失配。焊缝与母材强度失配对焊接接头强度有重要的影响，是焊接接头强度设计必须考虑的主要因素之一。焊缝强度失配可用失配比来描述，失配比的定义与焊缝和母材的弹塑性行为有关。

在实际的接头中，焊缝熔敷金属和热影响区（HAZ）的单向载荷拉伸（应力-应变）性能不同。虽然弹性模量无显著差异，但是屈服强度和抗拉强度及应变硬化性能不同。图 1-39所示为强度失配焊接接头的简化处理。

在弹性载荷范围内，屈服强度的匹配性不影响焊接结构变形，即施加应力小于母材和焊缝中最小屈服强度的情况。然而，当焊缝或母材发生屈服时，就必须考虑材料的屈服强度失配性。

一般意义的焊缝强度失配性大多是指屈服强度失配比，用焊缝的屈服强度与母材的屈服强度的比值表示，即

$$M=\frac{R_{eL_W}}{R_{eL_B}} \tag{1-22}$$

式中　M——失配比；

R_{eL_W}——焊缝的屈服强度；

R_{eL_B}——母材的屈服强度。

焊缝屈服强度大于母材屈服强度时为高匹配（$M>1$），反之则为低匹配（$M<1$）。除了考虑屈服强度匹配，还可考虑抗拉强度匹配、塑性匹配或综合考虑反映强度和塑性的韧性匹配。有研究认为匹配性若用屈服强度表示，用差值（$R_{eL_W}-R_{eL_B}$）表示更适合。

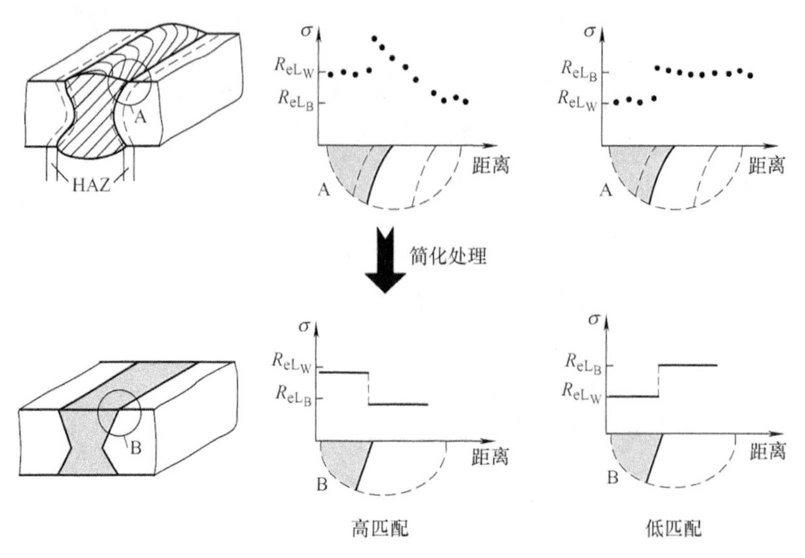

图 1-39　强度失配焊接接头的简化处理

R_{eL_W}—焊缝的屈服强度　R_{eL_B}—母材的屈服强度

接头强度失配对纵向载荷接头与横向载荷接头会产生完全不同的作用。受横向载荷的宽板拉伸试验表明，焊缝与母材弹性性质相同，且在线弹性条件下，强度失配对结构的力学行为无影响。在塑性阶段，受横向载荷的宽板焊缝区和母材区的变形具有不同时性。若焊缝为高匹配，母材的屈服强度低于焊缝，因而母材首先发生塑性变形，而此时载荷没有达到焊缝的屈服强度，所以焊缝仍然处于弹性状态。这时，母材对焊缝具有屏蔽作用，使焊缝受到保护，接头的整体强度高于母材且具有足够的韧性。若焊缝为低匹配，母材屈服强度高于焊缝，当母材仍处于弹性状态时，焊缝将发生塑性变形，其延性会在整体屈服前耗尽，造成整体强度低于母材且变形能力不足，此时屏蔽作用消失。

低匹配焊缝承受横向拉伸时，焊缝先于母材进入塑性状态，母材对焊缝的塑性变形具有拘束作用，使焊缝处于三轴拉应力状态而强化。母材对焊缝的拘束作用提高，接头强度增加，可以获得与母材等强度的焊接接头。但是这种接头的焊缝由于受到三轴拉应力的作用，发生脆性断裂的危险性较大，因此要求焊缝必须具有足够的断裂韧性才能保证接头的安全可靠。

当对接接头受纵向载荷作用时，与外加载荷垂直的横截面上焊缝金属只占很小的一部分。当焊接接头受平行于焊缝轴向的纵向载荷时，焊缝金属、HAZ 及母材同时同量产生应变，无论屈服强度水平如何，焊缝金属都被迫随着母材发生应变，如图 1-40b 所示。此时，焊接区域的不同的应力-应变特性不会对焊接构件的应变产生直接的影响，即强度失配对其影响不大。接头各区域产生几乎相同的伸长，裂纹首先在塑性差的地方产生并扩展。高匹配不会对焊缝起到保护作用，低匹配也能保证焊缝的抗断裂性能，因而母材和焊缝金属等塑性才是合理的。

1.5.2　塑性应变失配

焊接接头性能不仅与焊缝和母材的屈服强度和抗拉强度有关，而且与母材和焊缝的应变

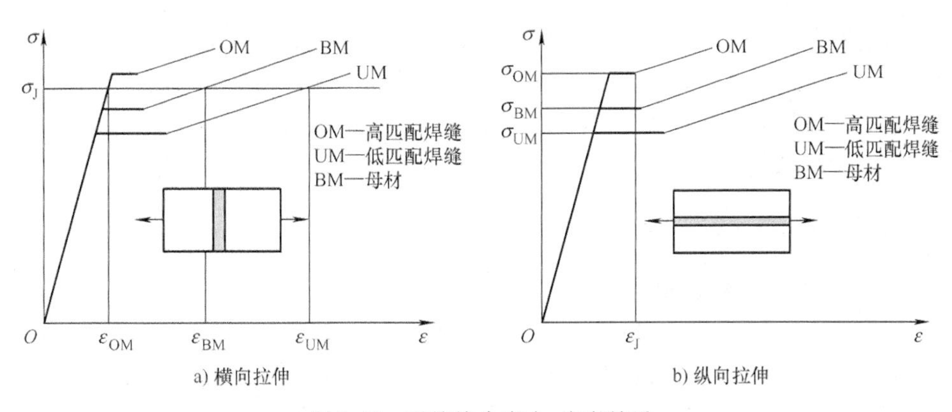

图 1-40　对接接头应力-应变关系

硬化性能有关。焊缝的塑性应变匹配对于焊接接头的变形有很大的影响。如图 1-40 所示，受横向载荷的宽板拉伸试验表明，焊缝与母材弹性系数（E，ν）相同，且在线弹性条件下，强度失配对结构的力学行为无影响。在塑性阶段，塑性应变失配影响结构的变形能力、极限载荷及断裂行为，导致焊接构件的塑性变形发展与均质材料不同。此时屈服强度失配比不能反映焊缝和母材的应变硬化的差异，需要引入塑性应变失配比，即

$$M(\varepsilon^{\mathrm{p}})=\frac{\sigma_{\mathrm{W}}(\varepsilon^{\mathrm{p}})}{\sigma_{\mathrm{B}}(\varepsilon^{\mathrm{p}})} \tag{1-23}$$

式中　σ_{W}、σ_{B}——焊缝应力、母材应力。

$M(\varepsilon^{\mathrm{p}})$ 是对应不同塑性应变量 ε^{p} 时的动态失配比，不是材料常数，而与 ε^{p} 的大小有关。只有当母材和焊缝的应力-应变关系完全一样时，$M(\varepsilon^{\mathrm{p}})$ 才可能是常数。$M(\varepsilon^{\mathrm{p}})$ 反映了母材和焊缝的应变硬化指数的影响效果。在高匹配焊接接头中，当母材为低应变硬化金属时，应变动态匹配因子 $M(\varepsilon^{\mathrm{p}})$ 将随着应变而增加，如图 1-41a 中的位置 1 和 2 所示，此时 $M(\varepsilon^{\mathrm{p}})$ 随塑性应变量的增大而增大，即：$M(\varepsilon^{\mathrm{p}})$ 始终大于 1，且随着应变量的增大而增加。

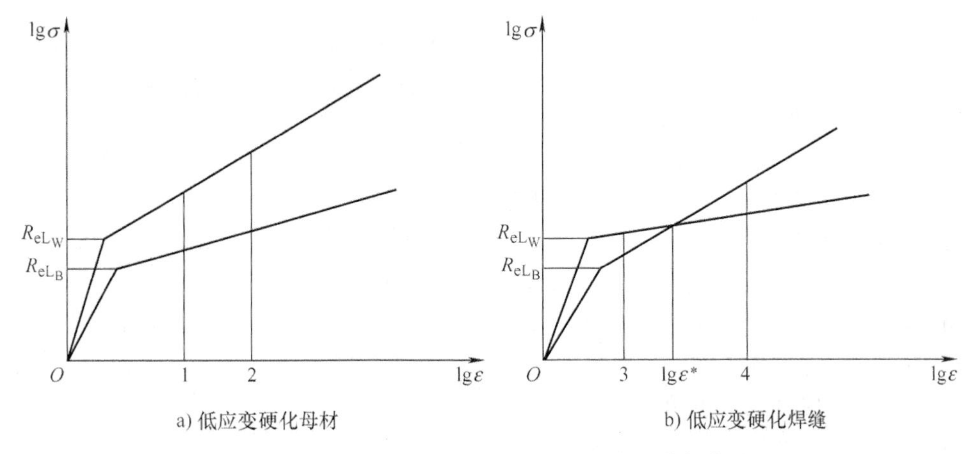

图 1-41　焊接接头的母材和焊缝应变硬化性能

在屈服强度高匹配焊接接头中，当焊缝为低应变硬化金属时，应变硬化性能如图 1-41b 所示。在应变量达到临界应变值 ε^{*} 之前，接头一直保持高匹配状态，此时 $M(\varepsilon^{\mathrm{p}})>1$，如

图 1-41b 中的位置 3，但随着应变量的增加，$M(\varepsilon^{p})$ 值逐渐减少，直至临界应变量 ε^{*}。随着载荷的施加，当总应变量超过临界应变 ε^{*} 时，接头将会由高匹配状态转变为低匹配状态，此时 $M(\varepsilon^{p})<1$，如图 1-41b 中的位置 4，且随着总应变量的增加，$M(\varepsilon^{p})$ 逐渐减小，低匹配程度将随着应变量的增加而增大。

1.5.3 对接接头的变形特点

1. 焊缝-母材的强度组合及影响

根据焊缝和母材的屈服强度和抗拉强度 4 个变量，可以将焊接接头分为 6 种不同的组合形式，见表 1-1。由焊缝强度失配定义可知，组合 A、B 和 C 属于低匹配接头；组合 D、E 和 F 属于高匹配接头。图 1-42 所示为焊缝-母材组合方式及屈服模式和断裂位置。其中阴影部分代表塑性变形区，虚线代表断裂发生的位置。

表 1-1　焊缝-母材的强度组合

基本组合代号	元素关系	匹配类型
A	$R_{eL_W}<R_{m_W}<R_{eL_B}<R_{m_B}$	低匹配
B	$R_{eL_W}<R_{eL_B}<R_{m_W}<R_{m_B}$	低匹配
C	$R_{eL_W}<R_{eL_B}<R_{m_B}<R_{m_W}$	低匹配
D	$R_{eL_B}<R_{m_B}<R_{eL_W}<R_{m_W}$	高匹配
E	$R_{eL_B}<R_{eL_W}<R_{m_B}<R_{m_W}$	高匹配
F	$R_{eL_B}<R_{eL_W}<R_{m_W}<R_{m_B}$	高匹配

R_{eL_W}—焊缝的屈服强度　R_{eL_B}—母材的屈服强度　R_{m_W}—焊缝的抗拉强度　R_{m_B}—母材的抗拉强度

焊接接头整体进入屈服后，焊缝和母材进一步发生变形，此时焊接接头的力学性能主要由母材和焊缝的屈服强度、抗拉强度及应变硬化性能决定，即母材屈服强度 R_{eL_B} 和抗拉强度 R_{m_B}，焊缝屈服强度 R_{eL_W} 和抗拉强度 R_{m_W} 及焊缝应变硬化指数 n_W 和母材的应变硬化指数 n_B。

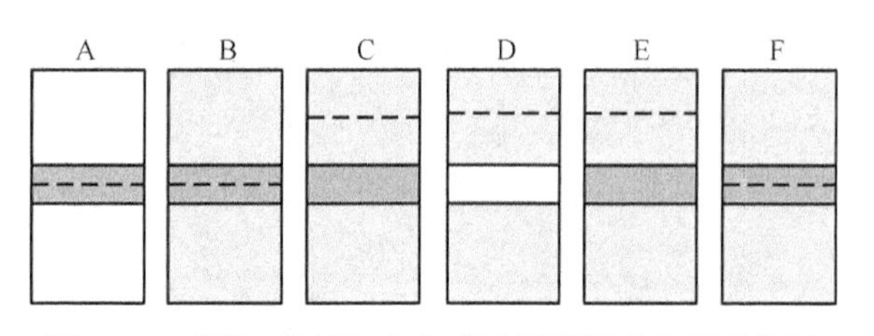

图 1-42　焊缝-母材组合方式及屈服模式和断裂位置

由图 1-42 可知，低匹配的 3 种组合，其拉伸载荷的接头产生塑性变形的情况不同。在组合 A 中，由于母材的屈服强度和抗拉强度都大于焊缝的屈服强度和抗拉强度，因此当焊接接头受拉伸载荷时，焊缝首先达到屈服点，发生屈服，直到断裂，而此时母材仍处于弹性状态；在组合 B 中，母材的屈服强度大于焊缝的屈服强度，但小于焊缝的抗拉强度，在拉伸载荷的作用下，焊缝首先达到屈服点并发生屈服，随着载荷的加大，当施加应力大于母材屈服强度时，母材也发生屈服，直到施加应力达到焊缝的抗拉强度，并在焊缝处发生断裂。组合 C 与组合 B 的差别是焊缝的抗拉强度大于母材的抗拉强度，断裂发生在母材中。因此在低匹配情况下，母材也有可能发生断裂。

在高匹配情况下，组合 D 和 E 的断裂位于母材处。在组合 D 中，母材首先发生屈服直至断裂，而焊缝始终为弹性状态。在组合 E 中，母材首先发生屈服，之后随着施加载荷的增加，应力达到焊缝的屈服强度，焊缝才发生屈服，直至在母材处发生断裂。组合 F 与组合 E 的区别在于组合 F 中母材的抗拉强度大于焊缝的抗拉强度，因而在焊缝处发生断裂。

2. 焊缝形状的影响

（1）焊缝余高的影响　在实际的焊缝中，焊缝金属通常超出母材表面，这样一方面可以确保接头有充分的厚度连接，另一方面可以对接头变形和断裂特征产生影响。焊缝余高增加了焊缝的横向强度，可以将断裂位置转移至热影响区或母材。例如，在薄板焊接中，低匹配的焊缝余高可以保护焊缝不发生严重的塑性变形。

（2）焊接错位和角变形的影响　焊接错位对接头的屈服强度和抗拉强度也有较大的影响。焊接错位和角变形将会产生附加弯矩，由此导致的应力集中使变形集中在焊接区，从而影响焊缝强度的失配行为。

（3）接头坡口的影响　目前，对于焊接坡口的设计和强度失配之间的关系研究较少。一般认为，对于对接接头，V 形坡口接头的强度高于双 V 形坡口接头。仅从强度因素考虑，宽 V 形坡口对焊接接头强度更有利，但是使用窄 V 形坡口更经济些。

对于低匹配焊缝，V 形坡口和双 V 形坡口根部都表现为塑性应变集中。为了缓解焊缝根部的应变集中，应尽量采用窄坡口。使用韧性好的低匹配/等匹配焊缝可以防止焊缝根部开裂。对于高匹配接头，焊缝根部区域受到了保护而不发生塑性应变。在坡口设计上，应权衡成本和技术两方面的因素，尽可能优化角度以减少焊缝根部的应变集中。

常规的焊接结构设计及安全评定方法都是基于均质材料行为而建立的，并未考虑焊缝失配效应，因此开展焊缝强韧度失配的研究对于焊接结构设计和安全评定具有重要的理论和实际意义。

1.5.4　异种材料界面连接失配效应

异种材料连接结构综合了两种或几种材料的优良性能，能够满足结构的特殊使用要求，但异种材料连接接头存在明显的界面，界面两侧的材料性能（物理性能、化学性能、力学性能、热性能及断裂性能等）差异较大。如果材料性能匹配不当，就会产生失配效应，从而使界面成为异种材料连接结构中最薄弱的环节，这样必然会影响结构本身的整体性能和力学行为，从而影响结构的完整性。

1. 异种材料连接接头的形式及性能失配效应

图 1-43 所示为异种材料连接接头的基本形式。界面是两种材料的分界面，是两种材料的冶金结合区，界面的强度取决于两种材料之间的结合力和材料性能组合及接头的几何形状。通过合理的材料组合与接头设计可对界面强度进行控制，以获得所需的力学性能。为此，需要对异种材料连接接头的性能失配效应进行全面分析。

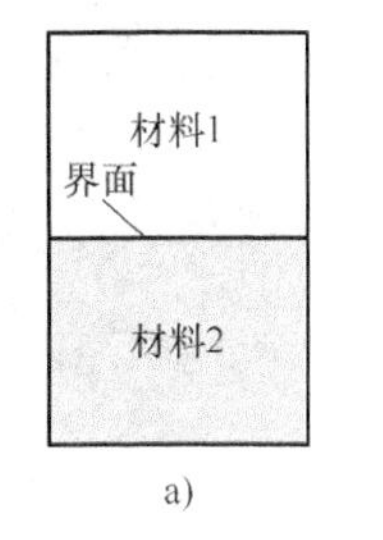

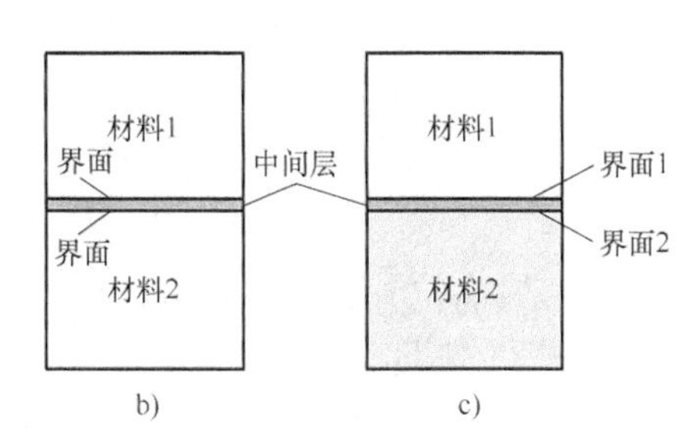

图 1-43　异种材料连接接头的基本形式

界面是不同材料连接后所形成的。所谓的界面强度是指异种材料连接接头在外载作用下界面抵抗破坏的能力。界面强度与材料性质、连接工艺、环境条件及力学条件等因素有关。界面是连接缺陷萌生、应力集中乃至断裂的薄弱环节，因此界面强度是异种材料连接结构设计的重点。

异种材料连接接头的界面力学失配效应主要表现为：

1）界面上应力不连续性，由于界面结构两侧的材料力学与物化性能不相同，使沿界面方向的应力不连续。

2）界面端部应力奇异性，由于材料弹塑性系数不同，造成界面两侧发生的变形也不同；或者在界面结构连接和温度有关时，由于界面两侧材料导热系数不同，而导致应力奇异性。

3）连接时的热应力或存在的残余应力在界面端部发生应力集中。

4）异种材料连接接头的强度与界面和界面两侧材料的强度组配、连接方法、环境及应力条件有关。

2. 异种材料连接界面端部应力奇异性

异种材料连接接头在外载作用下，界面端部区出现较大的应力-应变集中。这种应力集中除几何形状的影响外，材料性能的差异也是必须考虑的因素。在同种材料的构件应力集中分析中，一般与材料性质无关，但是在异种材料连接接头应力集中分析中，则需要考虑构件几何形状和材料性能的共同作用。

在异种材料连接界面端部局部区域，由于被连接材料力学性能的差异，会引起应力奇异性及界面区应力间断性分布，是突出的力学失配效应。

由于异种材料连接接头的几何形状各异（图 1-44），因此界面端部的应力奇异性分析是接头设计的基础问题。异种材料连接接头界面端部的一般模型如图 1-45 所示。图中 B 为两种材料（D_1，D_2）连接界面，B_1、B_2 分别为接头的边缘，O 点为界面端部。若两种材料以任意边缘角 a、b 连接在一起，界面端部应力可表示为

$$\sigma_{ij} \propto r^{-1+p} \tag{1-24}$$

式中　p——由边缘角 a、b 及两种材料弹性常数所确定的复数变量；

σ_{ij}——界面端部应力。

为简化分析，这里仅讨论 p 为实数的情况。

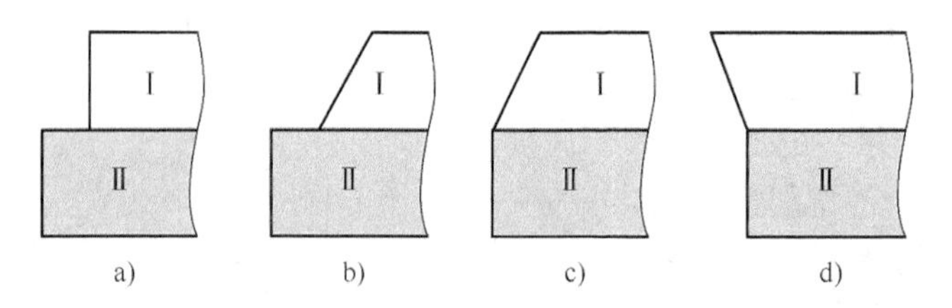

图 1-44　异种材料连接接头端部形状

研究表明，当两个不同的各向同性、均匀弹性体以任意边缘角结合时，其界面端部的应力奇异指数 p 满足

$$D(a,b,\alpha,\beta,p) = A\beta^2 + 2B\alpha\beta + C\alpha^2 + 2D\beta + 2E\alpha + F = 0 \tag{1-25}$$

式中　A、B、C、D、E 和 F——与边缘角有关的系数；

α、β——Dundurs 参数，是表征异种材料连接界面弹性力学失配度，与连接材料的弹性常数有关，可以用式(1-26) 和式(1-27) 表示。

$$\alpha = \frac{\mu_1(1-\nu_2) - \mu_2(1-\nu_1)}{\mu_1(1-\nu_2) + \mu_2(1-\nu_1)} \tag{1-26}$$

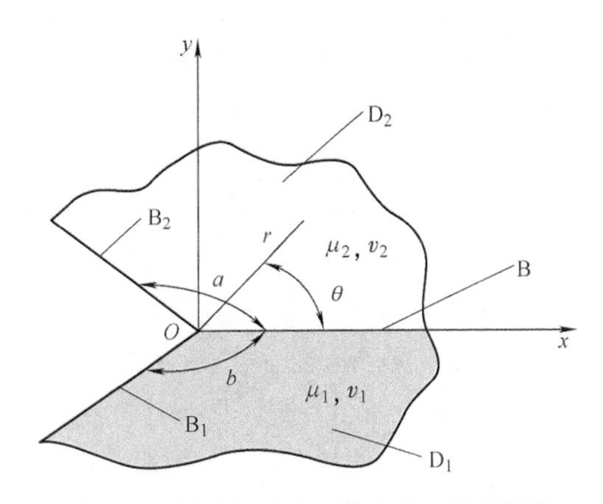

图 1-45　异种材料连接接头界面端部模型

$$\beta=\frac{\mu_1(1-2\nu_2)-\mu_2(1-2\nu_1)}{2[\mu_1(1-\nu_2)+\mu_2(1-\nu_1)]} \tag{1-27}$$

式中　μ、ν——分别为材料的剪切模量和泊松比。

当给定边缘角 a、b 时，指数 p 由两种材料的弹性常数确定。当 $p<1$ 时，界面端部应力具有奇异性，此时 p 为应力奇异指数；当 $p\geqslant1$ 时，界面端部无应力奇异性。

从上面的分析可以看出，应力奇异指数 p 与异种材料连接的失配参数和界面边缘角之间建立了定量的关系，而决定异种材料界面区力学性能失配的主要因素就是界面力学性能失配参数，即 α、β。其中，α 是垂直于界面的拉伸性能在界面两侧的失配度；β 是平行于界面的面内性能在界面两侧的失配度。

上述异种材料连接接头界面端部的应力奇异性分析是在线弹性条件下进行的，在给定边缘角和材料时，其奇异指数是一定的，不会随着外载的变化而变化。但当材料发生屈服时，材料弹性模量将不再保持常量，从而导致材料性能参数 α 和 β 也发生变化，对应力场的奇异性产生影响。

3. 异种材料连接界面热失配

异种材料连接界面两侧材料的弹性性能和热物理性能差异较大，连接时，由于温度的变化会引起界面两侧材料热变形不一致，从而在结构内部产生热应力；由于材料弹性的差异，在结构界面边缘处热应力还存在奇异性，从而直接影响界面微观结构和物化性能，也影响结构的抗断裂性能和安全可靠性，最终破坏结构的完整性。

这里将热物理性能匹配与失配简称为热学匹配与热学失配。对于热学失配的异种材料连接来说，温度变化时其热变形不协调，如果这种情况发生在接头形成阶段，则连接后将有残余应力存在。如果接头是在变化的温度场中工作，则产生热应力。残余应力和热应力均会对接头强度有较大影响。热应力缓和设计是异种材料固相连接中调节和控制残余应力和热应力的技术方法。

异种材料连接时承受了温度从低到高，又从高到低的变化，由于两种材料的热膨胀系数不同，两部分材料的变形也不同，结构形成之后，在界面边缘处就产生了残余应力及残余变形。当残余应力的峰值大于界面强度时，就会使接头在无外载作用的情况下发生界面开裂。一般界面残余应力在连接后无法消除，因此对接头的强度有较大的影响。

异种材料固相连接界面区热力学失配效应与界面两侧材料的性能组配和接头界面边缘几何形状有关。界面热失配会导致界面边缘应力的奇异性，从而影响接头的界面强度。通过建立界面边缘热应力（奇异性指数）与界面两侧的材料性能及接头形状的关系，来确定异种材料结构界面热力学失配行为，从而为界面力学优化设计提供科学依据。

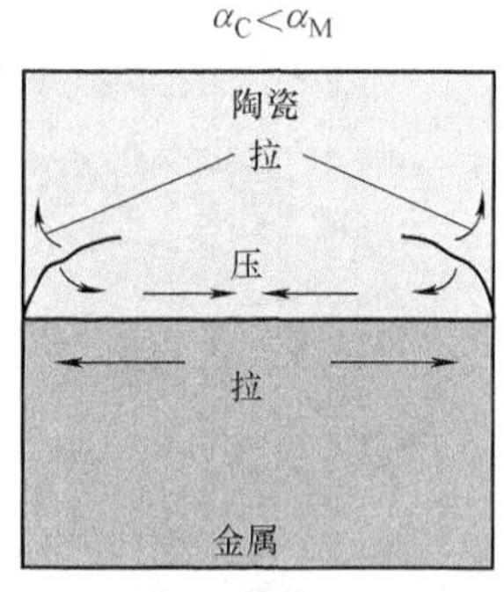

a) 陶瓷侧边缘裂纹

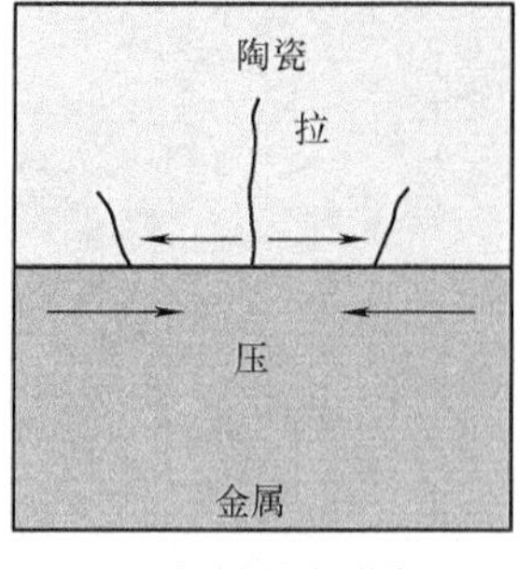

b) 陶瓷侧中部裂纹

图 1-46　陶瓷与金属连接界面热失配裂纹

图 1-46 所示为陶瓷与金属连接界面热失配裂纹。其中 α_C 和 α_M 分别为陶瓷和金属的热膨胀系数。

综上所述，焊接热力过程对焊接结构形成了初始损伤，各种类型的初始焊接损伤以不同的机制影响焊接结构的使役行为，同时作为变量要素参与焊接结构韧力的演化过程。因此研究焊接热力损伤及使役损伤集合对焊接结构完整性的作用是焊接结构韧力工程分析的基础。

参 考 文 献

[1] LIPPOLD J C. Welding metallurgy and weldability [M]. Hoboken: John Wiley & Sons Inc, 2015.

[2] BLONDEAU R. Metallurgy and mechanics of welding [M]. London: ISTE Ltd and John Wiley & Sons Inc, 2008.

[3] GOLDAK J A, AKHLAGHI M. Computational welding mechanics [M]. New York: Springer Science + Business Media Inc, 2005.

[4] KARKHIN V A. Thermal processes in welding [M]. Singapore: Springer Nature Singapore Pte Ltd, 2019.

[5] NGUYEN N. Thermal analysis of welds [M]. Southampton: WIT Press, 2004.

[6] SINGH R. Weld cracking in ferrous alloys [M]. Cambridge: Woodhead Publishing Limited, 2009.

[7] 拉达伊 D. 焊接热效应：温度场、残余应力、变形 [M]. 熊第京，郑朝云，等译 . 北京：机械工业出版社，1997.

[8] 周南，乔登江 . 脉冲束辐照材料动力学 [M]. 北京：国防工业出版社，2002.

[9] 姜任秋 . 热传导、质扩散与动量传递中的瞬态冲击效应 [M]. 北京：科学出版社，1997.

[10] 汪建华 . 焊接数值模拟技术及其应用 [M]. 上海：上海交通大学出版社，2003.

[11] 张彦华 . 焊接力学与结构完整性原理 [M]. 北京：北京航空航天大学出版社，2007.

[12] DAVIM J P, AVEIRO, PORTUGAL. Friction welding, thermal and metallurgical characteristics [M]. Heidelberg: Springer, 2014.

[13] JEDRASIAK P, SHERCLIFF H R, MCANDREW A R, et al. Thermal modelling of linear friction welding [J]. Materials and Design, 2018, 156: 362 – 369.

[14] MAALEKIAN M, KOZESCHNIK E, BRANTNER H P, et al. Comparative analysis of heat generation in friction welding of steel bars [J]. Acta Materialia, 2008, 56 (12): 2843 -2855.

[15] ARBEGAST W J. A flow-partitioned deformation zone model for defect formation during friction stir welding [J]. Scripta Materialia, 2008, 58 (5): 372 -376.

[16] LOHWASSER D, CHEN Z. Friction stir welding [M]. Cambridge: Woodhead Publishing Limited, 2010.

[17] YANG B, YAN J, SUTTON M A, et al. Banded microstructure in AA2024 - T351 and AA2524 - T351 aluminum friction stir welds: Part Ⅰ Metallurgical studies [J]. Materials Science and Engineering A, 2004, 364 (1 -2): 55 -65.

[18] KOO H H, KRISHNASWAMY S, BAESLACK III W. Characterization of Inertia-friction Welds in a High-temperature RS/PM AI -8. 5Fe -1. 3V -1. 7Si Alloy (AA -8009) [J]. Materials Characterization, 1991, 26 (3): 123 -136.

[19] LITY'NSKA L, BRAUN R, STANIEK G, et al. TEM study of the microstructure evolution in a friction stir-welded Al Cu Mg Ag alloy [J]. Materials Chemistry and Physics, 2003, 81 (2-3): 293 -295.

[20] DONG P. A structural stress definition and numerical implementation for fatigue analysis of welded joints [J]. International Journal of Fatigue, 2001, 23 (10): 865 -876.

[21] CERIT M, KOKUMER O, GENEL K. Stress concentration effects of undercut defect and reinforcement metal in butt welded joint [J]. Engineering Failure Analysis, 2010, 17 (2): 571 -578.

[22] LIE S T, LAN S. Computer prediction of misaligned welded joints [J]. Advances in Engineering Software, 2000, 31 (1): 65 -74.

[23] GURNEY T. Cumulative damage of welded joints [M]. Cambridge: Woodhead Publishing Limited, 2006.

[24] HAO S, SCHWALBE K H, CORNEC A. The effect of yield strength mis-match on the fracture analysis of welded joints: slip-line field solutions for pure bending [J]. International Journal of Solids and Structures, 2000, 37 (39): 5385 -5411.

[25] KOCAK M. Weld mis-match effect. [C] //Proceedings of the Second Intermediate Meeting of the IIW Sub Comm X-F. Geesthacht: GKSS Research Center, 1995.

[26] SCHWALBE K H, KOCAK M. Mismatching of Welds, [M]. London: Mechanical Engineering Publications, 1994.

[27] 许金泉. 界面力学 [M]. 北京：科学出版社，2006.

[28] WILLIAMS M L. Stress singularities resulting from various boundary conditions in angular corners of plates in extension [J]. Journal of Applied Mechanics, 1952, 19 (4): 526 -528.

[29] BOGY D B. On the plane elastostatics problem of a loaded crack terminating at a material interface [J]. Journal of Applied Mechanics, 1971, 38 (4): 911 -918.

[30] BOGY D B. On the problem of edge-bonded elastic quarter-planes loaded at the boundary [J]. International Journal of Solids and Structures, 1971, 6 (9): 1287 -1313.

[31] BOGY D B. Two edge-bonded elastic wedges of different materials and wedge angles under surface tractions [J]. Journal of Applied Mechanics, 1971, 38 (2): 377 -386.

第2章　焊接结构的失效

焊接结构韧力是焊接结构全寿命周期完整性的基础，其关键是保证焊接结构具有足够的抗失效能力。焊接结构的失效模式主要有断裂、疲劳及环境损伤等，掌握焊接结构的失效机制及影响因素对于结构韧力评定具有重要意义。

2.1　焊接结构的断裂失效

断裂是材料在外力的作用下的分离过程，是结构失效的主要形式之一，其本质是结构韧力的瓦解而导致的结构完整性破坏。焊接结构的断裂失效行为与焊接结构的特点密切相关。

2.1.1　断裂类型与特征

断裂过程包括裂纹萌生、裂纹扩展与最终断裂。根据材料断裂前塑性变形的程度，断裂的类型可分为脆性断裂与韧性断裂。脆性断裂指断裂前无明显塑性变形的断裂，韧性断裂指断裂前有明显塑性变形的断裂。

1. 脆性断裂

（1）脆性断口形貌　脆性断裂发生时没有或只伴随少量的塑性变形，吸收的能量也较少。脆性断裂的断面上有许多放射状条纹，这些条纹汇聚于一个中心，这个中心区域就是裂纹源，如图2-1a所示。断口表面越光滑，放射条纹越细，这是典型的脆性断裂形貌。例如，板状试样，断裂呈“人”字形花样，“人”字的尖端指向裂纹源，如图2-1b所示。

a) 放射状条纹

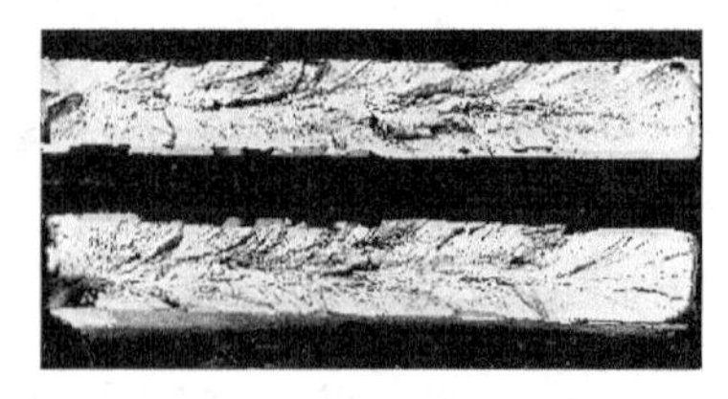

b)“人”字形条纹

图2-1　脆性断口

（2）脆性断裂的特征

1）一般脆性破坏时的工作应力并不高，破坏应力往往低于材料的屈服强度，或低于结构的许用应力。结构在许用应力下工作，往往被认为是安全的，但是却发生破坏，因此人们也把脆性断裂称为“低应力脆性断裂”。破坏后取样测定材料的常规强度指标通常是符合设计要求的。高强度钢可能发生脆性断裂，低强度钢也可能发生脆性断裂。

2）脆性断裂一般在比较低的温度下发生，因此人们也把脆性断裂称为低温脆性断裂。与面心立方金属比较，体心立方金属随温度的下降，其延性将明显下降，且屈服强度升高。根据系列冲击试验可以得到材料从韧性向脆性转变的温度。在低于脆性转化温度工作的结构，可能发生脆性断裂。

3）脆性断裂时，裂纹一旦产生，就会迅速扩展，直至断裂。脆性断裂总是突然间发生的，由于断裂之前宏观变形量极小，观测不到断裂的征兆，难以在断裂之前察觉出来。

4）脆性断裂通常在体心立方和密排六方金属材料中出现，而面心立方金属只有在特定的条件下，才会出现脆性断裂。

（3）脆性断裂的类型　常见的材料脆性断裂有解理断裂和晶间断裂。

解理断裂（也称穿晶断裂）是材料在拉应力的作用下，由于原子间结合键的破坏，沿一定的结晶学平面分离而造成的，这个平面称为解理面。解理断口的宏观形貌是较为平坦、发亮的结晶状断面，微观形貌如图2-2a所示。具有面心立方晶格的金属一般不会出现解理断裂。

晶间断裂是裂纹沿晶界扩展的一种脆性断裂，如图2-2b所示。晶间断裂时，裂纹扩展总是沿着消耗能量最小，即原子结合力最弱的区域进行。

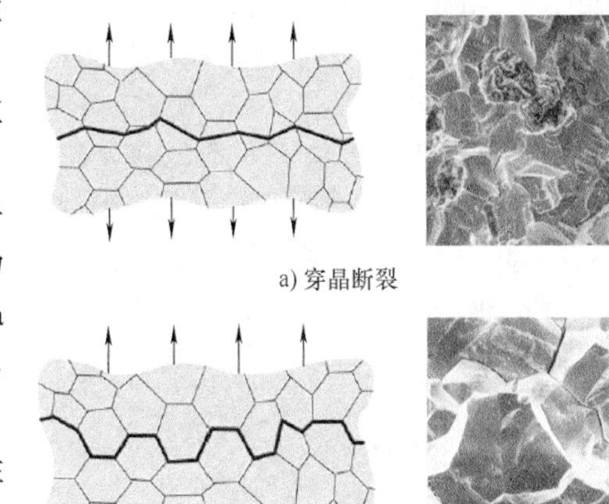

a) 穿晶断裂

b) 晶间断裂

图2-2　脆性断裂与断口的微观形貌

2. 韧性断裂

韧性断裂也称延性断裂。在电子显微镜下，可以观察到韧性断口由许多被称为“韧窝”的微孔洞组成（图2-3），韧窝的形状因应力状态而异。韧窝的大小和深浅取决于第二相的数量、分布及基体塑性变形能力。韧性断裂过程可以概括为微孔成核、微孔长大和微孔聚合三个阶段。

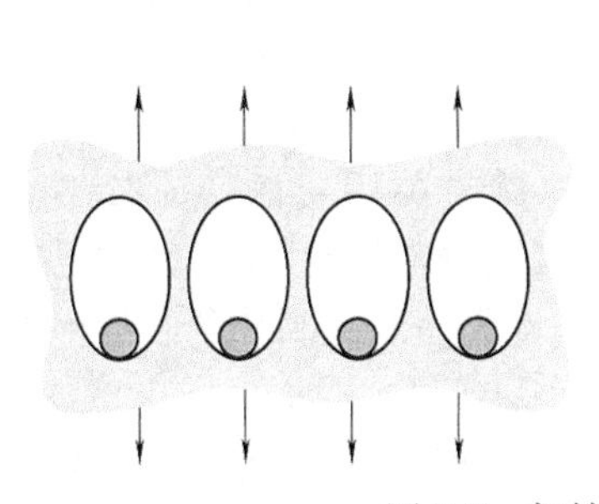

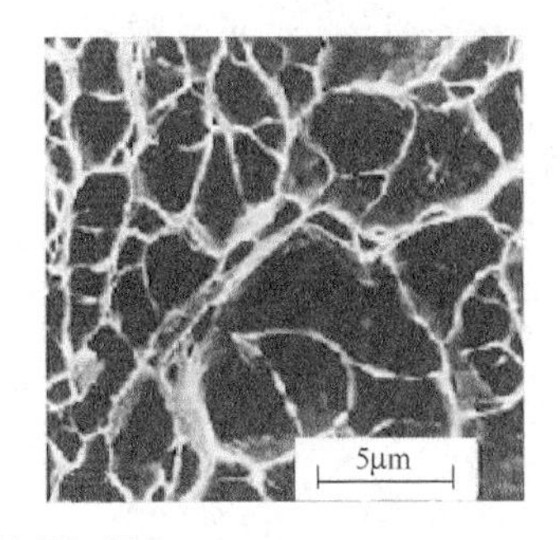

图2-3　韧性断裂与断口

材料的断裂属于脆性还是韧性，不仅取决于材料的内在因素，而且与应力状态、温度、加载速度等因素有关。实验表明，大多数金属材料随温度的下降，会从韧性断裂向脆性断裂转变，这种断裂类型的转变称为韧-脆转变，所对应的温度称为韧-脆转变温度。一般体心立方金属韧-脆转变温度高。面心立方金属一般没有这种温度效应。韧-脆转变温度的高低，还与材料的成分、晶粒大小、组织状态、环境及加载速度等因素有关。韧-脆转变温度是选择材料的重要依据。工程实际中需要确定材料的韧-脆转变温度，在此温度以上只要名义应力处于弹性范围，材料就不会发生脆性破坏。

一些材料的冲击韧性对温度是很敏感的，如低碳钢或低合金高强度钢在室温以上时韧性很好，但温度降低至 -20 ~ -40℃时就变为脆性状态，即发生韧性-脆性的转变现象（图2-4）。通过系列温度冲击实验可得到特定材料的韧-脆转变温度曲线。

韧-脆转变温度曲线可分为三个区间（图 2-5）：下平台区（1 区）、转变温度区（2 区）、上平台区（3 区）。温度在下平台区时材料发生脆性断裂，下平台区的冲击吸收能量上限所对应的温度是防止材料脆性断裂的最低工作温度。美国早期对破损船舶钢板进行缺口冲击试验表明，在最低工作温度下的冲击吸收能量小于 13.5J 时，则发生脆性断裂；冲击吸收能量大于 13.5J 而小于 27J 时，脆性断裂很少发生，但不能阻止裂纹扩展；如果钢板的冲击吸收能量大于 27J 时，扩展的裂纹将会被制止，即具有止裂性。当温度高于 20J 所对应的温度时，则不会发生脆性断裂，据此美国规定在 -6℃（船体的最低工作温度）下的冲击吸收能量要求为 20J。但是这一标准仅仅是对 0.25%C，0.45%Mn（质量分数），厚度为 12.5 ~ 32mm 的沸腾钢和半镇静钢才是有效的，不能任意推广到其他钢种。

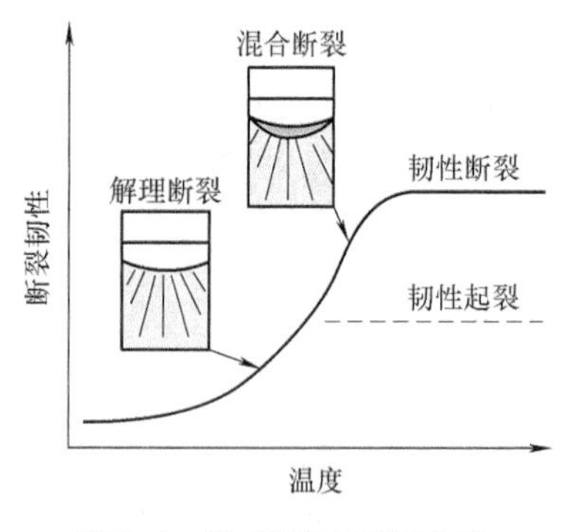

图 2-4　韧-脆转变温度曲线

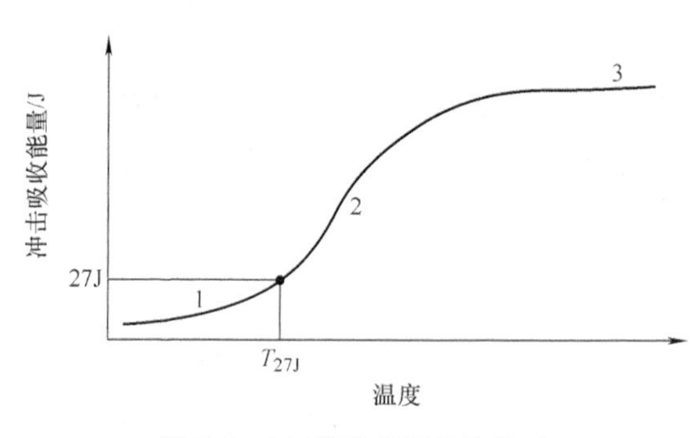

图 2-5　韧-脆转变温度的分区

一般而言，随着钢材强度级别和冶金水平的提高，发生脆性断裂所需要的能量也随之增大，因此防止脆性断裂的标准冲击吸收能量要求值应充分考虑钢材级别及板厚等因素的影响。

3. 约束作用

从工程的观点来看，韧-脆转变温度范围是一个非常重要的特征参数。而断裂形式的变化是由约束的转变而引起的，转变温度区间开始的温度对应约束松弛的温度。

约束可以定义为由于三轴应力而造成的对塑性流动的抑制。抑制的程度直接取决于三轴应力的平衡程度。这三个方向应力完全相等，则称为绝对约束，即可以完全抑制塑性流动。提高三轴应力水平意味着约束能力或水平的增大。约束能力也可以定义为平面应变约束，平面应变状态无法保持则意味着约束的松弛甚至解除。约束松弛使塑性变形容易进行，且材料的断裂类型随之发生变化。板厚的增加意味着约束作用或三轴应力水平的增大，韧-脆转变温度向高温侧迁移（图 2-6），即韧-脆转变温度随板厚的增加而提高。因此采用不同尺寸的试件进行夏比冲击试验研究韧-脆转变温度时应考虑尺寸效应（图2-7）。同时应当注意，随着板厚的进一步提高，则会出现转变温度的极限。因为随温度的升高，材料的延性有较大提高，板厚产生的力学约束已无法保持平面应变状态，造成约束松弛，从而促使材料由弹性主导的断裂向弹塑性断裂转变。

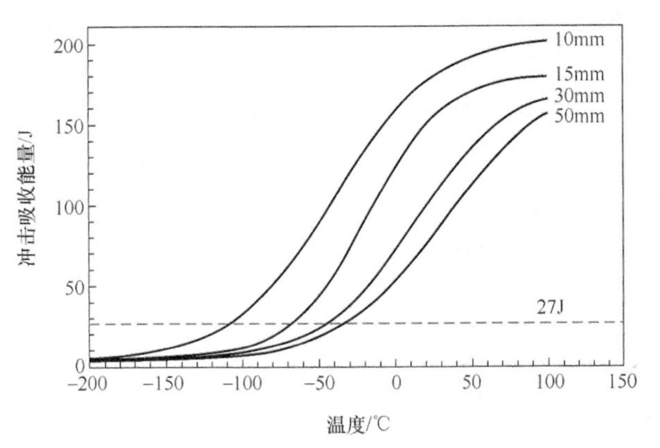

图2-6　不同厚度材料的韧-脆转变温度曲线

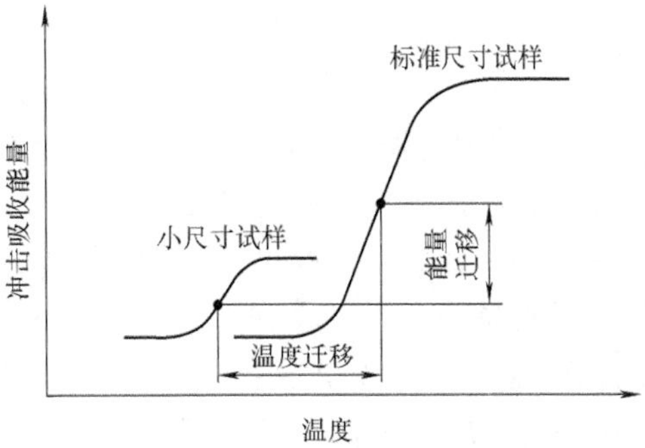

图2-7　试件尺寸对夏比冲击吸收能量转变温度的影响

此外，缺口形状不同，其约束作用也不同，图2-8为锁孔形缺口与V形缺口冲击试验的对比。

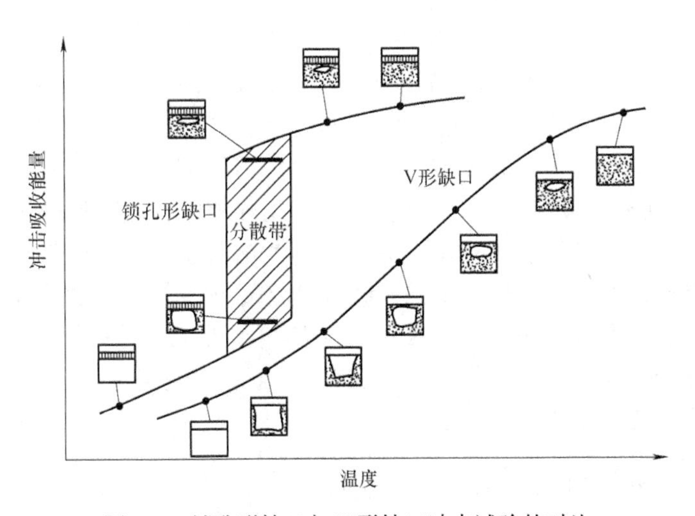

图2-8　锁孔形缺口与V形缺口冲击试验的对比

4. 韧-脆转变温度判据

为了防止脆性破坏，结构的最低工作温度 T_S 应在转变温度 T_t 以上，即

$$T_S \geq T_t \tag{2-1}$$

构件的韧-脆转变温度可通过夏比冲击试验或落锤试验获得，由此可建立不同的判定准则。

（1）冲击能准则　根据系列温度夏比冲击试验确定韧-脆转变温度，如果将全尺寸夏比冲击试件的冲击吸收能量为27J所对应的温度定为转变温度，则有

$$T_S \geqslant T_t = T_{27J} + \Delta T \tag{2-2}$$

式中　ΔT——转变温度裕量，与构件的厚度、焊接接头形式、钢材的塑性水平等因素有关。

试验结果表明，厚度小于50mm的结构钢及焊接质量好的接头可以不考虑ΔT的影响。式(2-2)可以表示为

$$T_S \geqslant T_t = T_{27J} \tag{2-3}$$

冲击能准则要求不同强度级别的钢材在最低工作温度下的夏比冲击吸收能量（KV）应满足不发生脆性断裂的条件。例如，对于结构钢而言，当屈服强度$R_{eL}<441$MPa时，$KV\geqslant 27$J；$R_{eL}>441$MPa时，$KV\geqslant 41$J；$R_{eL}=588\sim784$MPa时，$KV\geqslant 47$J。

（2）NDT准则　标准的夏比冲击试验不能全面反映大尺寸结构件的实际情况，为此又发展了一些其他试验方法，如爆炸膨胀试验和落锤试验，可以通过全板厚试件的断裂试验测定无塑性转变温度（NDT）、弹性断裂转变温度（FTE）和韧性断裂转变温度（FTP）。如图2-9所示，随温度的降低，材料的屈服强度（AK线）和抗拉强度（AJ线）都将增加，但屈服强度比抗拉强度增加得多。在某一温度下，屈服强度与抗拉强度相等（图2-9中的A点），这个温度就是无缺陷材料的NDT温度。有小缺陷材料的断裂应力随温度的变化曲线BD与AK线交于C点，C点对应的温度就是有小缺陷材料的NDT温度。HJ线为止裂线（CAT），止裂线右侧为止裂区。止裂线（CAT）分别与AK线和AJ线的交点所对应的温度分别为FTE温度和FTP温度。

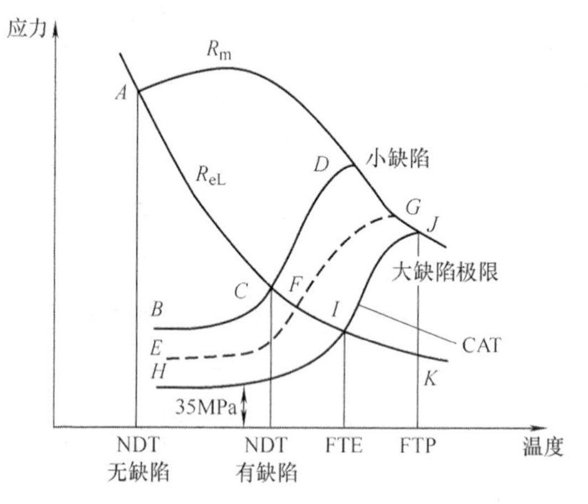

图2-9　断裂应力与缺陷尺寸、温度的关系

将NDT与其他断裂试验结果相结合可建立用于指导结构设计的断裂分析图（FAD），如图2-10所示。该图给出了温度、缺陷尺寸和断裂应力的关系。当温度低于NDT时，随着缺陷尺寸的增加，断裂应力明显下降，但当工作温度高于NDT时，其断裂应力明显上升。当温度达到FTE后，不管缺陷尺寸如何，断裂应力都达到或超过材料的屈服强度，而当温度达到FTP后，只有当应力达到材料的抗拉强度时，构件才发生破坏。结构设计时，可根据不同的断裂控制要求确定结构的最低工作温度。

2.1.2　含裂纹结构的断裂行为

含裂纹结构的断裂破坏可分为两类：其一是以材料屈服为主的塑性破坏；其二是以裂纹失稳扩展为主的断裂破坏。缺陷对两类断裂破坏都有重要的影响，但其作用机制是不同的。对于以材料屈服为主的塑性破坏而言，缺陷主要影响结构的有效承载截面，破坏的临界条件由塑性极限载荷控制。对于以裂纹失稳扩展为主的断裂破坏而言，缺陷引起的局部应力-应变场对结构强度起主导作用，缺陷附近局部应力-应变场的特征参数是该类破坏的主要驱动力。断裂力学就是研究含缺陷的材料或结构的断裂行为。

含裂纹的材料或结构在外载作用下的力学行为与材料和裂纹几何尺寸等因素密切相关。图2-11所示为带有中心裂纹的平板在外载作用下的断裂特征。其中，含裂纹的高强度材料

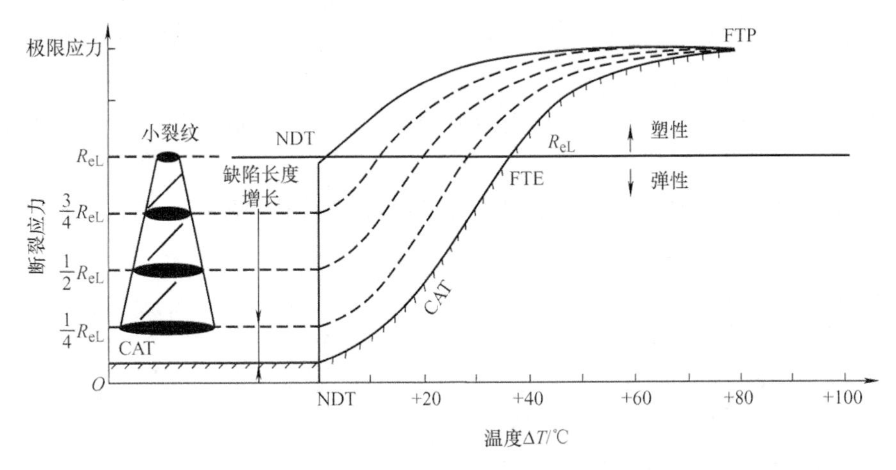

图 2-10　断裂分析图（FAD）

断裂时，裂纹端部只发生很小的屈服，其他区域还处于弹性状态，其断裂行为可采用线弹性断裂力学理论来分析；含裂纹的延性材料断裂时，仅在裂纹端部发生较大的屈服，其他区域处于弹性状态，其断裂行为须采用弹塑性断裂力学理论来分析；含裂纹的完全塑性的延性材料断裂时，构件整体均发生屈服，其断裂行为实际上是以材料屈服为主的塑性破坏。

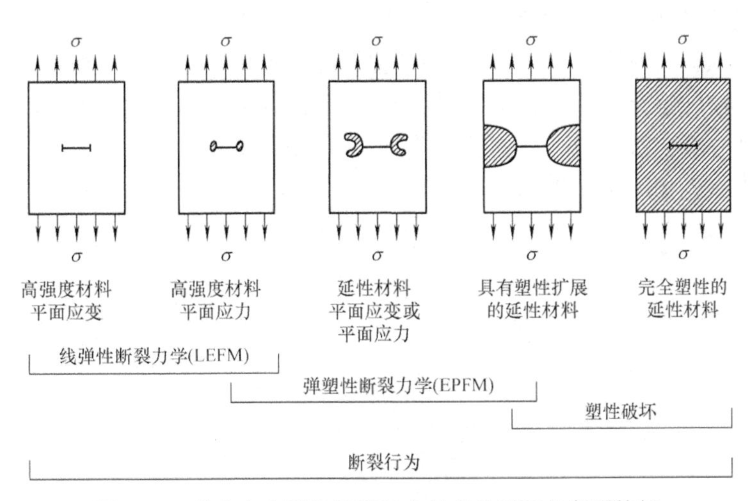

图 2-11　带有中心裂纹的平板在外载作用下的断裂特征

含缺陷结构的断裂行为也表现出转变温度特征，这里称为弹塑性断裂转变温度。如图 2-12 所示，在下平台温度区满足线弹性断裂力学条件，而在转变温度区间则需要采用弹塑性断裂力学理论来分析，在上平台区发生塑性失稳破坏。对不同的断裂模式需要选择与之相应的断裂力学参数。

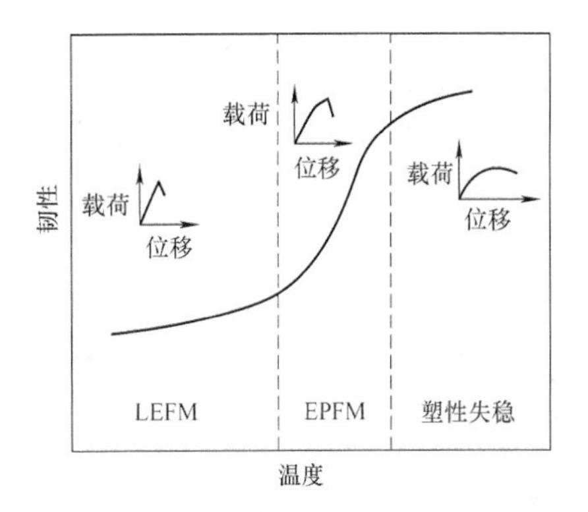

图 2-12　弹塑性断裂转变行为

2.1.3　焊接结构的断裂行为

1. 焊接结构脆性断裂及影响因素

焊接结构的脆性破坏与焊接缺陷和低温环境密切

相关，还受材料的化学成分、焊接热循环导致的冶金脆化、预应变导致的韧性降低、结构不连续导致的应力集中和焊接残余应力、载荷施加速度等因素综合影响。防止脆性破坏是焊接结构断裂控制设计的主要目标之一，因此认识焊接结构脆性断裂的特征及影响因素是非常重要的。

（1）焊接结构特点对脆性断裂的影响　通过对焊接结构脆性断裂事故的研究发现，焊接结构脆性断裂行为与焊接结构的特点密切相关。同其他连接结构（如铆接结构）相比，焊接结构的整体性强，刚性大。焊接结构是由不可拆卸的焊接接头连接而成的整体，连接件之间很难产生相对位移，容易引起较大的附加应力，使得结构的抗断裂能力降低。焊接结构的刚性大使其对应力集中非常敏感，特别是当工作温度降低时，应力集中区一旦发生脆性起裂，裂纹容易向整体扩展（图 2-13），增大结构发生脆性断裂的危险性。

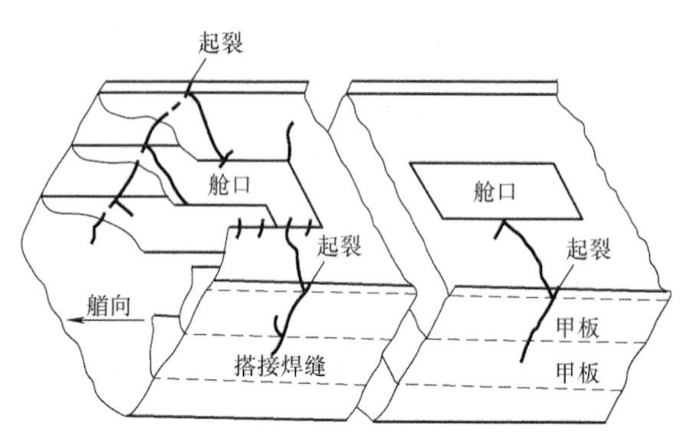

图 2-13　船体结构脆性裂纹扩展示意图

（2）焊接残余应力对结构脆性断裂的影响　宽板拉伸试验表明，当工作温度高于材料的韧-脆转变温度时，拉伸残余应力对结构的强度无不利影响，但当工作温度低于材料的韧-脆转变温度时，拉伸残余应力对结构的强度会有不利影响，残余应力和工作应力将叠加，共同起作用，在外加载荷很低时，结构发生脆性破坏，即低应力破坏。图 2-14 所示为残余应力对带有中心裂纹宽板断裂的影响。

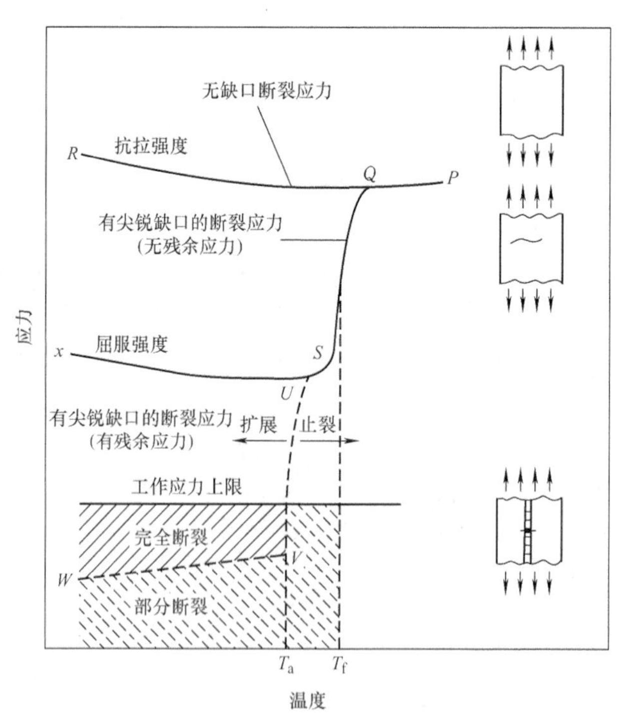

图 2-14　残余应力对带有中心裂纹宽板断裂的影响

由于拉伸残余应力具有局部性，一般只限于焊缝及近缝区，离开焊缝区其值会迅速减小。峰值拉伸残余应力有助于断裂的发生，当裂纹扩展离开焊缝区进入低残余应力区时，如果工作应力较低，裂纹可能终止扩展；如果工作应力较高，裂纹将继续扩展至结构破坏。

（3）焊接缺陷对结构脆性断裂的影响　焊接结构的脆性断裂通常起源于焊接缺陷，焊接缺陷对结构脆性断裂的影响与缺陷造成的应力集中程度和缺陷附近的材料性能有关。一般而言，结构中缺陷造成的应力集中越严重，脆性断裂的危险性越大。由于裂纹尖端比未焊透、未熔合、咬边和气孔等缺陷要尖锐得多，所以裂纹的危害最大。实验证实，带裂纹试件的韧-脆性转变温度要比含夹渣试件高得多。

许多焊接结构的脆性断裂都是由小的裂纹类缺陷引发的。根据断裂力学理论，由于小裂纹未达到临界尺寸，因此结构不在投入使用后立即发生断裂。但是小的焊接缺陷很可能在使用过程中稳定增长，最后达到临界值而发生脆性断裂。所以在结构使用期间要定期进行检查，及时发现和监测接近临界条件的缺陷，防止焊接结构发生脆性断裂。

（4）焊接接头金相组织对脆性断裂的影响　焊接接头组织引起的两种脆化形式：一种是冶金组织变化引起的，另一种是焊接热循环过程中应变引起的脆化，或称热应变脆化。

焊接过程的快速加热和冷却，使焊缝及其近缝区发生了一系列金相组织的变化，对接头中各部位的缺口韧性产生了较大的影响。焊接热影响区的显微组织主要取决于金属材料的原始显微组织、化学成分、焊接方法和热输入。焊接方法和材料选定后，热影响区的组织主要取决于焊接热输入，合理选择焊接热输入是十分重要的，尤其是对高强度钢的焊接，更要注意焊接热输入的选择。实践证明，在高强度钢焊接时，过小的焊接热输入易造成淬硬组织，从而引起裂纹；过大的焊接热输入又易造成晶粒粗大和脆化，降低其韧性。

焊接结构生产中可能引起两种类型的应变时效：一种是材料被剪切、冷作矫形和弯曲变形，随后又经150～450℃温度范围的加热所产生的应变时效；另一种是焊接热循环所产生的热塑性应变循环引起的应变时效，又称为动应变时效或热应变时效。热应变时效不一定总伴随着金相组织的变化。

研究表明，应变时效引起的局部脆化是非常严重的，会使材料的韧-脆转变温度提高、缺口韧性和断裂韧性值降低。热应变时效和弹性残余应力引起的材料断裂韧性的变化，必将影响到焊接结构的脆性断裂起始行为。特别当焊接接头中存在的裂纹或平面状缺陷的周围经受着连续焊接热应变循环的作用时，裂纹尖端周围区域的断裂韧性可能降低，即使是在使用温度范围内也会发生脆性断裂。

2. 含裂纹焊接接头的弹塑性断裂行为

含缺陷接头中发生的屈服模式不同于匀质母材的屈服模式。图2-15所示为含裂纹焊接接头六种可能的断裂前的屈服模式。

焊接接头断裂前的屈服模式受缺陷尺寸、母材和焊缝金属应变硬化能力及接头强度失配比等因素的影响。在高匹配接头中，焊缝金属的屈服强度高于母材，在横向拉伸载荷作用下，母材首先发生屈服，一般接头失配比越高，越易产生母材屈服，如图2-16a所示。

在低匹配接头中（图2-16b），由于焊缝金属的屈服强度比母材低，当受横向拉伸载荷作用时，裂纹尖端塑性区首先局限在焊缝区。当裂纹较长时，发生韧带屈服，如图2-15a所示；当裂纹较短时，焊缝发生整体屈服，如图2-15b所示。这两种情况皆为净截面屈服。如

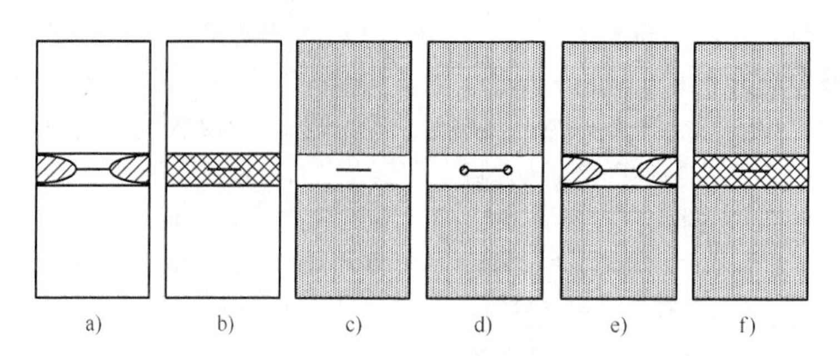

图 2-15　含裂纹焊接接头六种可能的断裂前的屈服模式(阴影为塑性变形)

注：a)、b) 为净截面屈服，c) ~ f) 为全面屈服。

果裂纹较短且焊缝的应变硬化性能足够大，焊缝应变硬化后的强度超过了母材，则母材也可能发生屈服。

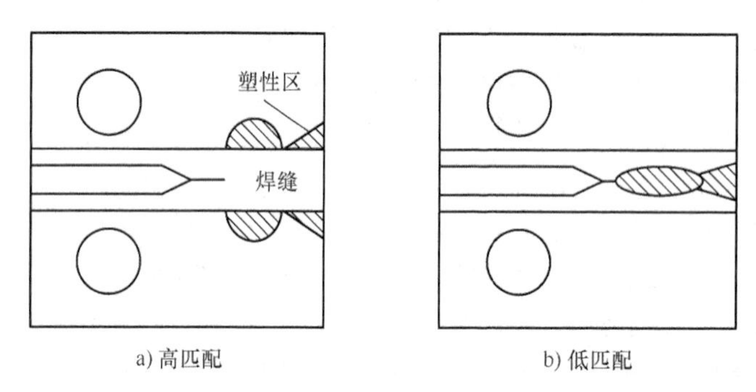

图 2-16　焊缝裂纹尖端塑性区

3. 异种材料连接界面断裂行为

图 1-43 为异种材料连接界面的基本形式。界面是两种材料的分界面，是两种材料的冶金结合区，界面强度是指异种材料连接接头在外载作用下界面抵抗破坏的能力。异种材料连接结构的界面强度与材料因子（界面及界面两侧材料的强度组配、材料的弹塑性性能、热传导性能等）、界面性质（表面形状、物化性能、表面性质、界面构造等）、连接方法（机械连接、粘接、焊接和化学接合等）、环境（温度和湿度等）及力学条件（形状、尺寸、载荷及残余应力等）有关。

异种材料结构，由于其组成材料的物理化学性能、力学性能差异较大，且一般都采用固相连接方法，连接后形成的接头区域可能存在各种类型的缺陷。缺陷或裂纹的存在将直接影响结构的强度和使用的安全可靠性。研究表明，异种材料连接结构中的裂纹可能在界面内扩展；也可能在界面附近材料中扩展（图 2-17a)；如果异种材料结构为三明治式，裂纹还可能在中间过渡层（粘接层）中扩展，或者在两个界面之间交替扩展（图 2-17b)。不同的裂纹扩展轨迹对结构的强度和韧性影响也不同。

界面裂纹的扩展轨迹是由薄弱的微结构路径对裂纹扩展的抵抗力（主要由材料本身的物理性能决定）及外载驱动力直接控制的，二者的相互作用决定了裂纹的最终走向。裂纹驱动力本身则是远场载荷与界面结构的弹性失配参数的函数。影响界面裂纹扩展的因素包括裂纹尖端的应力场强度、残余应力、材料性能失配参数、裂纹的几何形状及界面和结构的断裂韧性等。

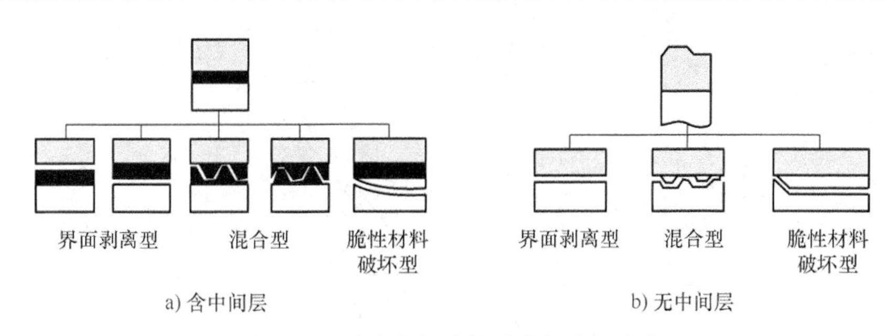

图 2-17　异种材料连接接头的破坏形式

2.2　焊接结构的疲劳失效

疲劳断裂是金属结构失效的一种主要形式。大量的统计资料表明，在金属结构失效中，大约 80% 以上是由疲劳引起的。焊接结构的疲劳断裂往往是由于焊接接头细节部位的疲劳累积损伤所导致的，所以焊接接头的疲劳强度是焊接结构抗疲劳性能的基本保证。

2.2.1　材料的疲劳及影响因素

1. 材料的疲劳失效过程

疲劳是材料在循环应力或应变的反复作用下所发生的性能变化，是一种损伤累积的过程。经过足够次数的循环应力或应变作用后，材料局部就会产生疲劳裂纹或断裂。疲劳与脆性断裂相比较，二者断裂时的形变都很小，但疲劳断裂需要多次加载，而脆性断裂一般不需要多次加载；结构脆性断裂是瞬时完成的，而疲劳裂纹的扩展较缓慢，需经历一段时间，甚至很长时间才发生破坏。对于脆性断裂而言，温度的影响是极其重要的，随着温度的降低，脆性断裂的危险性迅速增加，但材料的疲劳强度变化不显著。

金属结构的疲劳抗力取决于材料本身性能、构件的形状和尺寸、表面状态和服役条件。任何材料的疲劳断裂过程都要经历裂纹萌生、稳定扩展和失稳扩展（即瞬时断裂）三个阶段。

2. 疲劳裂纹萌生

疲劳源区即疲劳裂纹的萌生区。疲劳裂纹萌生都是由局部塑性应变集中所引起的，这往往是因为材料的质量（冶金缺陷与热处理不当等）或是设计不合理造成的应力集中，或是加工不合理造成表面粗糙或损伤等。疲劳裂纹一般有三种常见的萌生方式，即滑移带开裂、晶界和孪生界开裂、夹杂物或第二相与基体的界面开裂。

疲劳裂纹大都是在金属表面上萌生的。一般认为，具有与最大切应力面一致的滑移面的晶粒首先开始屈服而发生滑移。在单调载荷和循环载荷的作用下，会出现滑移。图 2-18a 所示为单调载荷和高应力幅循环载荷作用下的粗滑移；在低应力幅循环载荷作用下，则出现细滑移（图 2-18b）；随着循环加载的不断进行，金属表面出现滑移带的挤入和挤出现象（图 2-18c）。滑移带的挤入会形成严重的应力集中，从而形成疲劳裂纹。

3. 疲劳裂纹扩展

疲劳裂纹的扩展可以分为两个阶段，即第Ⅰ阶段裂纹扩展和第Ⅱ阶段裂纹扩展（图 2-19）。第Ⅰ阶段裂纹扩展时，在滑移带上萌生的疲劳裂纹首先沿着与拉应力成 45°角的滑移面扩

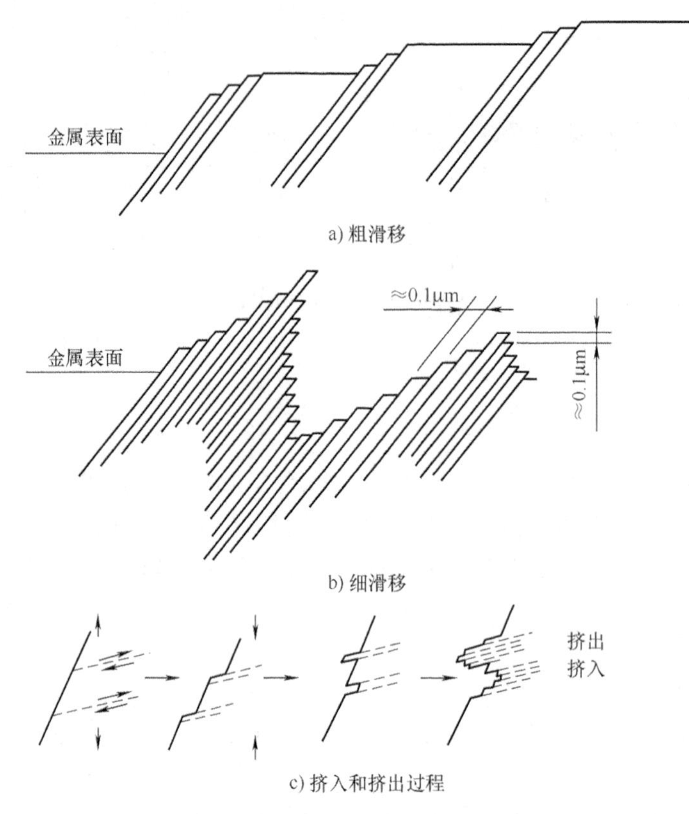

图 2-18　疲劳裂纹在金属表面上的形成过程

展。在微裂纹扩展到几个晶粒或几十个晶粒的深度后，裂纹的扩展方向开始由与应力成45°方向逐渐转向与拉伸应力相垂直的方向。第Ⅱ阶段的裂纹扩展，裂纹从与主应力成45°方向逐渐转向与主应力垂直方向扩展，成为宏观疲劳裂纹直至失稳和断裂。在带切口的试件中，可能不会出现裂纹扩展的第Ⅰ阶段。

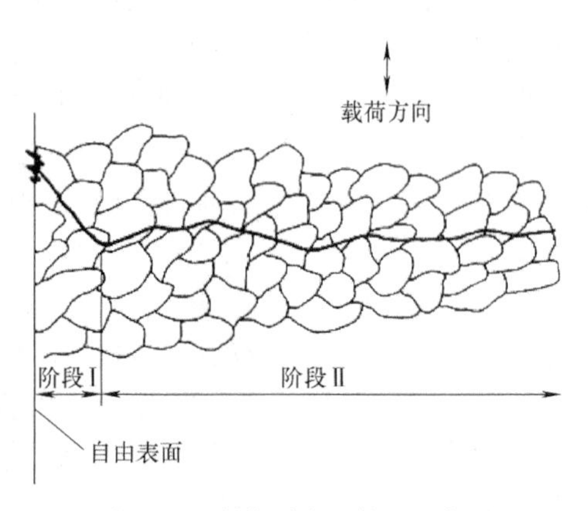

图 2-19　疲劳裂纹的扩展示意图

疲劳裂纹扩展区宏观上平坦光滑，而微观上则凹凸不平。断口表面由若干凹凸不平的小断面连接而成，小断面过渡处形成台阶。在多裂纹萌生的情况下，相邻裂纹扩展相遇时还会发生重叠现象（图 2-20）。

在裂纹扩展的第Ⅱ阶段中，疲劳断口在电子显微镜下可显示出疲劳条带（图 2-21）。将图 2-21 中的疲劳条带数目和排列与循环加载程序进行对照，可以发现一个加载循环形成一个疲劳条带。变换加载程序，疲劳条带的数目和排列也随之变化，并由此推断出，只在循环加载的拉伸部分裂纹才会扩展。

疲劳条带的形成通常引用塑性钝化模型予以说明。在每一个循环开始时，应力为零，裂纹处于闭合状态（图 2-22a）。当拉应力增大，裂纹张开，并在裂纹尖端沿最大切应力方向

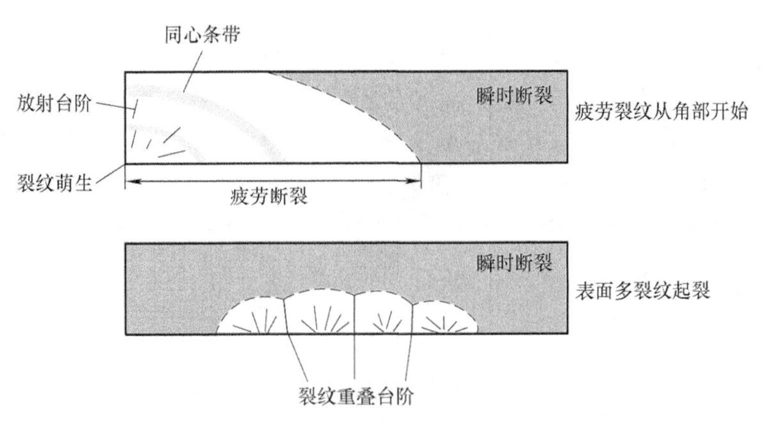

图 2-20　矩形截面试件裂纹扩展断口示意图

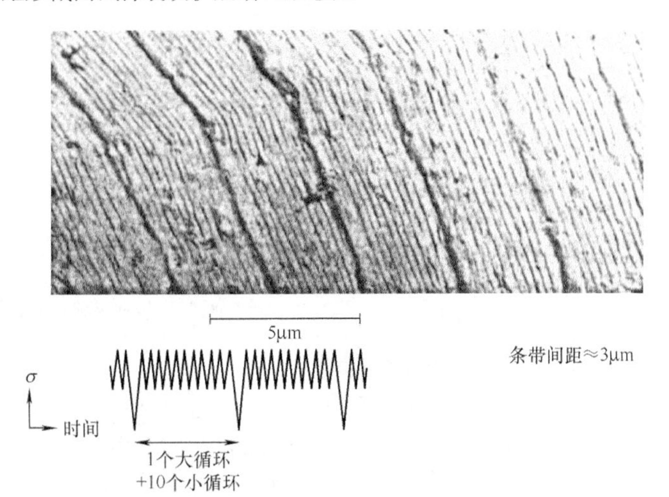

图 2-21　疲劳裂纹扩展条带

产生滑移（图 2-22b）。拉应力增长到最大值，裂纹进一步张开，塑性变形也随之增大，使得裂纹尖端钝化（图 2-22c），因而应力集中减小，裂纹停止扩展。卸载时，拉应力减小，裂纹逐渐闭合，裂纹尖端滑移方向改变（图 2-22d）。当应力变为压应力时裂纹闭合，裂纹尖端锐化，又回复到原先的状态（图 2-22e）。由此可见，每加载一次，裂纹向前扩展一段距离，这就是裂纹扩展速率 da/dN，同时在断口上留下一疲劳条带，而且裂纹扩展是在拉伸加载时进行的。在这些方面，裂纹扩展的塑性钝化模型与实验观测结果相符。

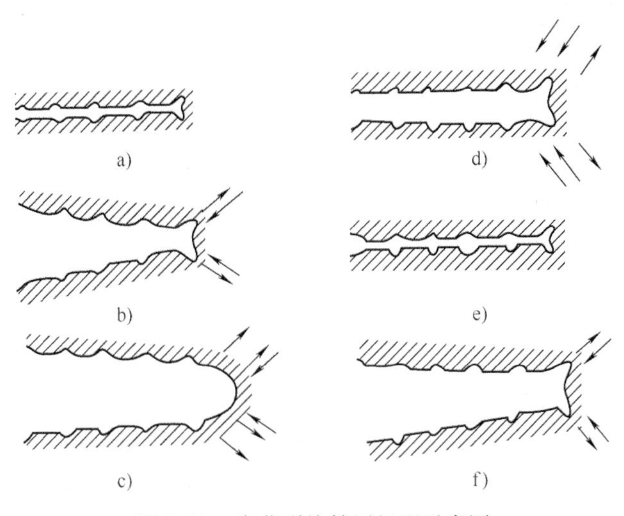

图 2-22　疲劳裂纹扩展机理示意图

4. 断裂

断裂是疲劳破坏的最终阶段，这个阶段和前两个阶段不同，它是在一瞬间突然发生的。这是由疲劳损伤逐渐累积引起的，由于裂纹不断扩展，使零件的剩余面积越来越小，当构件剩余断面不足以承受外载荷时（即剩余断面上的应力达到或超过材料的静强度时，或者当应力强度因子超过材料的断裂韧度时），裂纹突然发生失稳扩展以至断裂。裂纹的失稳扩展可能是沿着与拉伸载荷方向成45°的剪切型或倾斜型，这种剪切可能是单剪切（图 2-23a），也可能是双剪切（图 2-23b）。

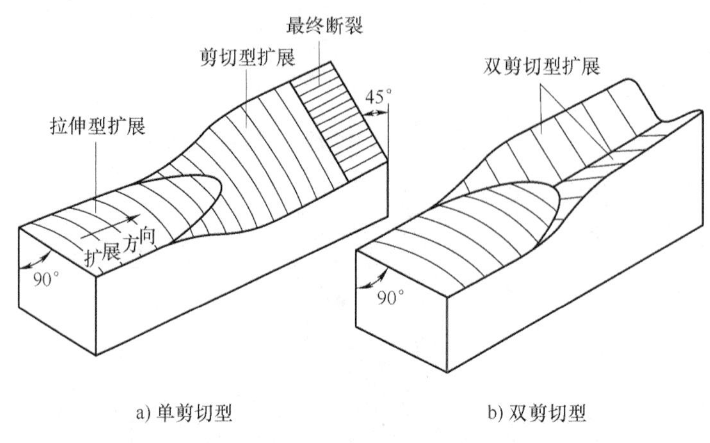

图 2-23　断面上裂纹失稳扩展过程示意图

5. 应力疲劳与应变疲劳

从微观上看，疲劳裂纹的萌生都与局部微观塑性有关，但从宏观上看，在循环应力水平较低时，弹性应变起主导作用，此时疲劳寿命较长，称为应力疲劳或高周疲劳；在循环应力水平较高时，塑性应变起主导作用，此时疲劳寿命较短，称为应变疲劳或低周疲劳，其疲劳寿命一般低于 5×10^4 次。

（1）应力疲劳　在应力疲劳过程中，循环塑性应变为零或者远小于弹性应变，载荷历程及疲劳损伤由循环应力控制。循环应力的类型主要有拉-拉、拉-压、压-压等形式，应力与时间的关系一般为正弦波或随机载荷，如图 2-24 所示。应力的每一个变化周期，称为一个应力循环。在应力循环中，有最大应力 σ_{max}、最小应力 σ_{min}、平均应力 σ_m、应力范围 $\Delta\sigma$ 和应力幅值 σ_a，这些是应力循环中的变化分量。应力循环的性质由平均应力和应力幅值来决定，应力循环的不对称特点由应力比 $R=\sigma_{min}/\sigma_{max}$表示，称为应力循环特征。

应力循环参数之间的关系为：

$$\Delta\sigma=\sigma_{max}-\sigma_{min} \tag{2-4}$$

$$\sigma_a=\frac{\sigma_{max}-\sigma_{min}}{2} \tag{2-5}$$

$$\sigma_m=\frac{\sigma_{max}+\sigma_{min}}{2} \tag{2-6}$$

$$\sigma_{max}=\sigma_m+\sigma_a \tag{2-7}$$

$$\sigma_{min}=\sigma_m-\sigma_a \tag{2-8}$$

在疲劳循环载荷中，应力比 R 的变化范围为 $-\infty\sim1$。当 $\sigma_{min}=-\sigma_{max}$时，$R=-1$，称

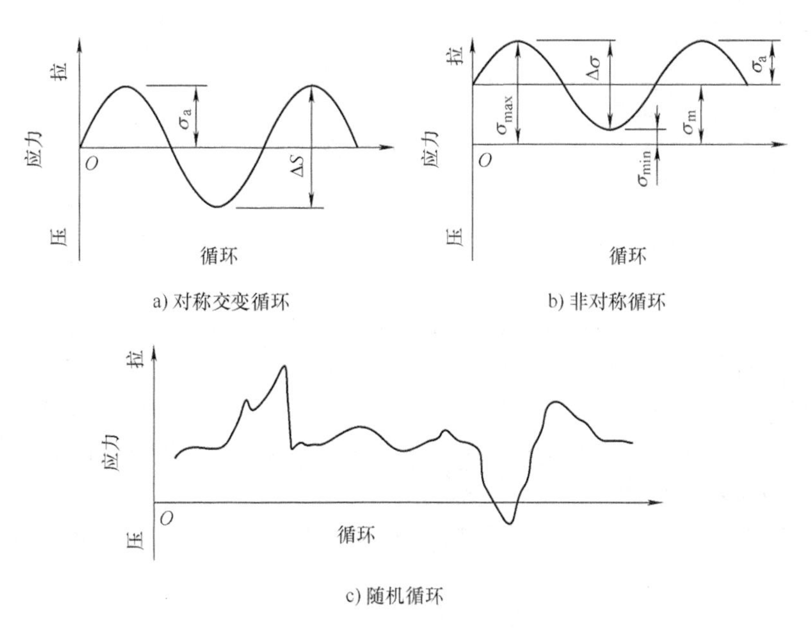

图 2-24　典型疲劳循环载荷

为对称交变载荷；$\sigma_{min}=0$ 时，$R=0$，称为脉动拉伸载荷；当 $\sigma_{max}=0$ 时，$R=-\infty$，称为脉动压缩载荷。其他应力比的疲劳载荷一般统称为非对称循环。

在给定平均应力、最小应力或应力比的情况下，应力幅度（或最大应力）与疲劳破坏时的循环次数的关系（应力-寿命曲线）称为 $S-N$ 曲线。图 2-25 是钢与铝合金光滑试件的 $S-N$ 曲线，从图中可以看出，当 N 值达到一定的数值后，钢的 $S-N$ 曲线会趋于水平，但铝合金的 $S-N$ 曲线则没有明显的水平直线段。

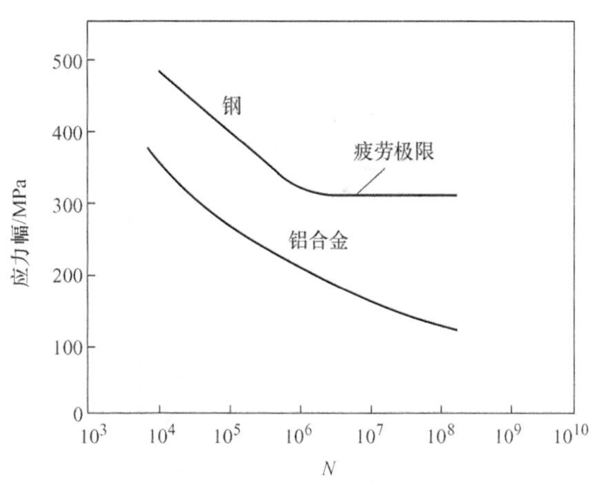

图 2-25　$S-N$ 曲线

对于钢而言，$S-N$ 曲线的水平直线对应的最大应力为疲劳极限。通常，$R=-1$ 时，疲劳极限的数值最小，此时对应的最大应力就是应力幅值，用 σ_{-1} 表示。对于 $S-N$ 曲线没有明显水平直线段的材料（如铝合金），通常将承受一定次数应力循环（如 10^7）而不发生破坏的最大应力定为某一特定循环特征下的条件疲劳极限。焊接接头通常使用条件疲劳极限。

$S-N$ 曲线可以通过对疲劳试验数据进行统计处理获得。根据试验数据的分布规律和拟合方法的不同，$S-N$ 曲线常用的表达式有幂函数、指数函数和三参数幂函数。

1）幂函数式

$$\sigma^m N = C \tag{2-9}$$

2）指数函数式

$$e^{m\sigma} N = C \tag{2-10}$$

3）三参数幂函数式

$$(\sigma-\sigma_0)^m N=C \tag{2-11}$$

式中 σ——最大应力（或应力幅度、应力范围）；

m 和 C——与材料、应力比、加载方式等有关的参数；

σ_0——相当于 $N\to\infty$时的应力，可以近似取疲劳极限。

幂函数和指数函数的表达式仅限于表示中等寿命区的 $S-N$ 线段，而三参数幂函数表达式可表示中、长寿命区的 $S-N$ 曲线。

（2）应变疲劳　应变疲劳试验一般是在控制总应变范围或者塑性应变范围条件下进行的。此时的应力-应变关系为图 2-26 所示的环形滞后回线形式。在循环加载过程中，材料的力学性能会随应变循环而改变。当控制应变恒定时，其应力随循环数增加而增加，然后渐趋稳定的现象称为循环硬化；应力随循环数增加而降低，然后渐趋稳定的现象称为循环软化。在不同总应变范围内得到的一系列稳定滞后回线顶点轨迹，即为循环应力-应变关系曲线（图 2-27）。循环应力-应变曲线通常有两种表达形式，一种是以应力幅与总应变幅来表达，即

$$\frac{\Delta\varepsilon_t}{2}=\frac{\Delta\sigma}{2E}+\left(\frac{\Delta\sigma}{2K'}\right)^{1/n'} \tag{2-12}$$

式中 E——弹性模量。

另一种是以应力幅与塑性应变幅来表达，即

$$\frac{\Delta\sigma}{2}=K'\left(\frac{\Delta\varepsilon_p}{2}\right)^{n'} \tag{2-13}$$

式中 K'——循环强化系数；

n'——循环应变硬化指数。

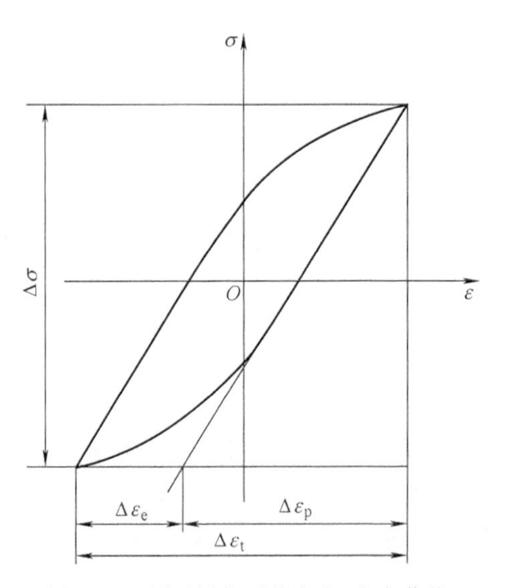

图 2-26　循环加载时的应力-应变曲线

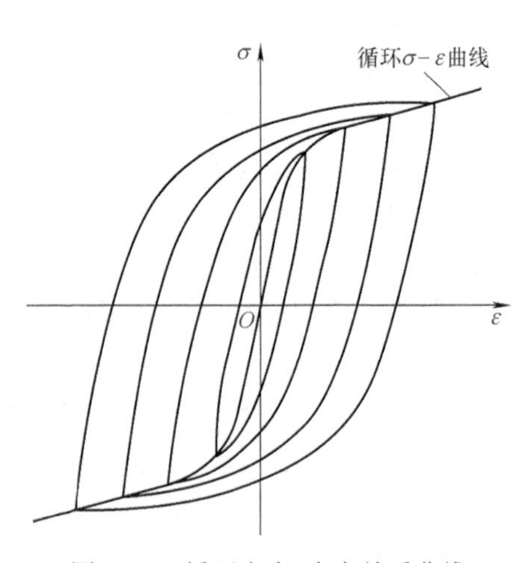

图 2-27　循环应力-应变关系曲线

在给定的 $\Delta\varepsilon$ 或 $\Delta\varepsilon_p$ 下，测定疲劳寿命 N_f，将应变疲劳试验数据在双对数坐标系上作图，即得应变疲劳寿命曲线，如图 2-28 所示。

Manson 和 Coffin 分析总结了应变疲劳的试验结果，给出应变疲劳寿命公式

$$\frac{\Delta\varepsilon_t}{2}=\frac{\sigma_f'}{E}(2N_f)^b+\varepsilon_f'(2N_f)^c \tag{2-14}$$

式中　σ_f'——疲劳强度系数；

b——疲劳强度指数；

ε_f'——疲劳塑性系数；

c——疲劳塑性指数。

式(2-14) 中的第一项对应于图 2-28 中的弹性线，其斜率为 b，截距为 σ_f'/E，第二项对应于塑性线，其斜率为 c，截距为 ε_f'。弹性线与塑性线交点所对应的疲劳寿命称为过渡寿命 N_t。当 $N_f<N_t$，是低循环疲劳；而 $N_f>N_t$，是高循环疲劳。

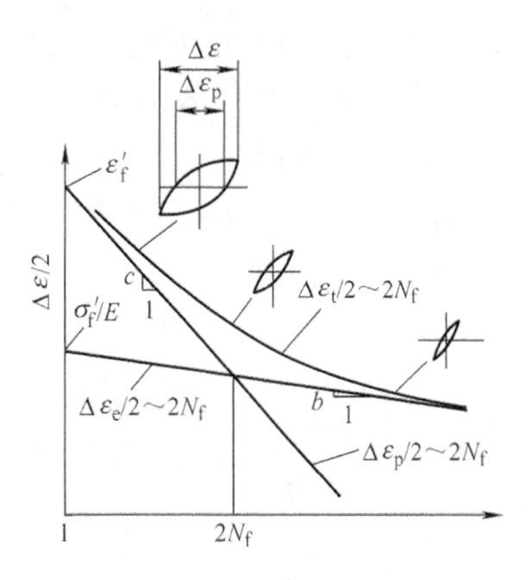

图 2-28　应变疲劳寿命曲线

$2N_f$，反向数

在长寿命阶段，以弹性应变幅为主，塑性应变幅的影响可以忽略，因此有

$$\frac{\Delta\varepsilon_e}{2}=\frac{\sigma_f'}{E}(2N_f)^b \tag{2-15}$$

在短寿命阶段，以塑性应变幅为主，弹性应变幅的影响可以忽略，则有

$$\frac{\Delta\varepsilon_p}{2}=\varepsilon_f'(2N_f)^c \tag{2-16}$$

这就是著名的 Manson-Coffin 低周应变疲劳公式。

上述各式中的参数 σ_f'、b、ε_f'和 c 要用实验测定。求得了这 4 个参数，也就得出了材料的应变疲劳曲线。为简化疲劳试验以节省人力和物力，很多研究者试图找出 σ_f'、b、ε_f'和 c 与拉伸性能间的关系。Manson 总结了近 30 种具有不同性能材料的试验数据后给出：$\sigma_f'=3.5R_m$，$b=-0.12$，$\varepsilon_f'=\varepsilon_f=\ln\frac{1}{1/Z}$，$c=-0.6$。因此只要测定了抗拉强度和断面收缩率，即可求得材料的应变疲劳曲线。这种预测应变疲劳曲线的方法，称为通用斜率法。显然，用这种方法预测的应变疲劳曲线带有一定的经验性，在很多情况下和试验结果符合得不是很好。

焊接接头的应变疲劳比单一母材复杂，由于焊接接头力学性能的不均匀性，各区域的应变循环特性不同，低强度区的材料应变范围大。对于垂直焊缝的横向应变疲劳，若为高匹配接头，循环塑性应变集中在母材，破坏偏向母材一侧；若为低匹配接头，则循环塑性应变集中在焊缝，破坏发生在焊缝。而平行焊缝的纵向应变疲劳，在各区域的应变相同，由于焊缝性能低于母材，再加上缺陷、表面质量等因素的影响，疲劳裂纹通常产生在焊缝区。

最为普遍的情况是，在名义应力疲劳载荷的作用下，焊接接头应力集中区由于缺口效应而发生微区循环塑性变形，并受到周围弹性区的约束。这种局部循环塑性变形区疲劳裂纹萌生与早期扩展对接头的疲劳寿命有很大影响。

2.2.2　焊接接头的疲劳失效

1. 焊接接头的疲劳特征

焊接结构的疲劳破坏往往起源于焊接接头的应力集中区，因此焊接结构的疲劳实际上

是焊接接头细节部位的疲劳。焊接接头中通常存在未焊透、夹渣、咬边、裂纹等焊接缺陷，这种“先天”的疲劳裂纹源，可直接越过疲劳裂纹萌生阶段，缩短断裂进程。焊接接头处存在着严重的应力集中和较高的焊接残余应力，这些都会使焊接结构更易产生疲劳裂纹（图2-29），导致疲劳断裂。

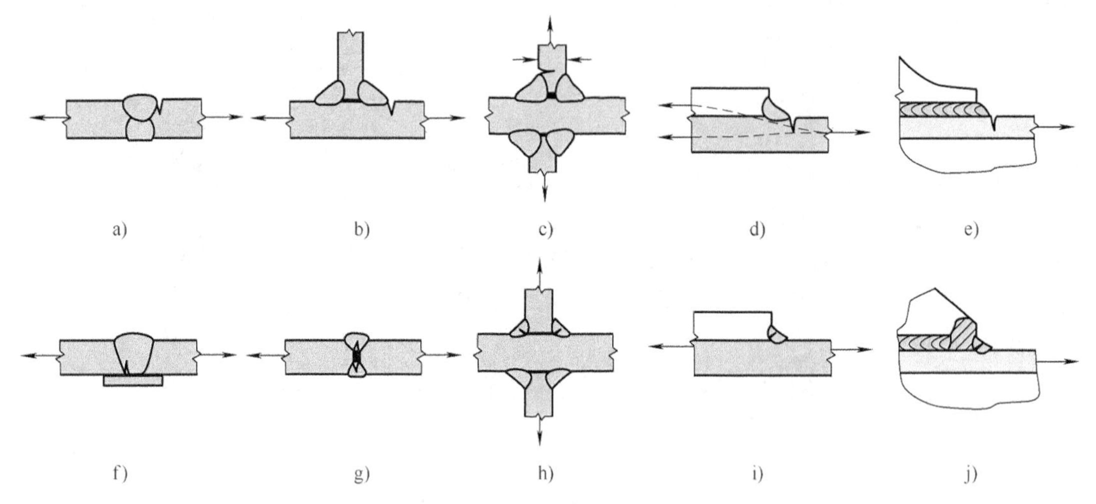

图2-29　焊接接头疲劳裂纹萌生位置

实际焊接接头的轮廓参数沿焊缝长度方向是随机变化的，由此产生的焊趾应力集中也是随机的，导致疲劳裂纹萌生也具有随机性。因此在焊接接头疲劳过程中，可能同时或先后在沿焊趾长度方向上萌生多个疲劳裂纹（图2-30），这些小裂纹的扩展使相邻裂纹合并成较长的裂纹，较长的裂纹进一步扩展与合并为长而浅的焊趾疲劳裂纹。

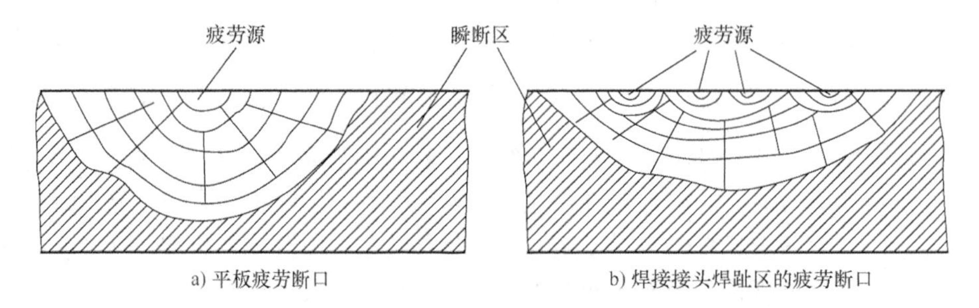

图2-30　疲劳断口示意图

影响母材疲劳强度的因素也会影响焊接结构的疲劳断裂，如应力集中、截面形状尺寸、表面状态、加载情况及环境介质等。另外焊接结构本身的一些特点，如接头材料组织性能变化、焊接缺陷和残余应力等也会对焊接结构的疲劳强度产生影响。

最为普遍的情况是，在名义应力疲劳载荷的作用下，焊接接头应力集中区由于缺口效应而发生微区循环塑性变形，并受周围弹性区的约束。这种局部循环塑性区疲劳裂纹萌生与早期扩展对接头的疲劳寿命有很大影响。

2. 对接接头的疲劳强度

焊接结构的疲劳强度由于应力集中程度的不同存在很大的差异。焊接结构的应力集中包括接头区焊趾、焊根、焊接缺陷引起的应力集中和结构截面突变造成的结构应力集中。若在结构截面突变处有焊接接头，则其应力集中更为严重，最容易产生疲劳裂纹。

对接接头疲劳裂纹萌生的主要部位如图 2-31 所示。一般而言，横向受力的对接接头的缺口效应高于纵向受力的对接接头，因此横向受力的对接接头的疲劳强度低于纵向受力的对接接头。纵向受力的对接接头的疲劳强度主要取决于焊缝的表面质量，如焊缝表面波纹、起弧和熄弧处及根部未熔合等情况。

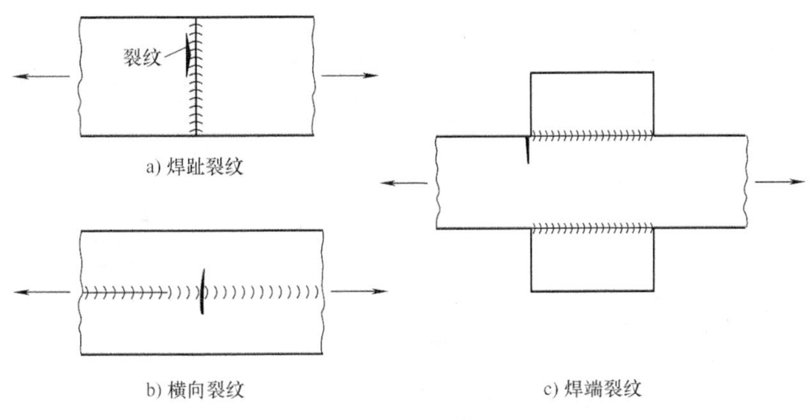

图 2-31　对接接头疲劳裂纹萌生的主要部位

横向受力的对接接头的疲劳强度与焊缝形状参数有关，如图 2-32 所示，随焊缝余高的增加及焊趾圆弧半径的降低，横向受力的对接接头缺口效应增大，其疲劳强度降低。去除余高后可显著提高横向受力对接接头的疲劳强度。

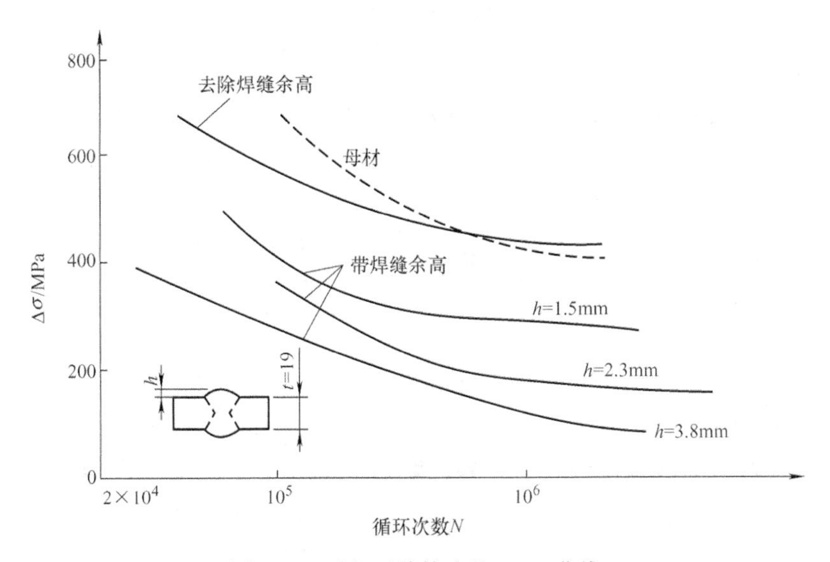

图 2-32　碳钢对接接头的 $S-N$ 曲线

对接焊缝由于形状变化不大，因此它的应力集中比其他形式接头要小，但是过大的余高和过大的母材与焊缝的过渡角及过小的焊趾圆弧半径（图 1-31）都会增加应力集中，使接头的疲劳强度降低。从图 2-32 可以看出，受单向拉伸的对接接头，焊缝余高对疲劳强度很不利。若对焊缝表面进行机械加工，应力集中程度将大大减少，对接接头的疲劳强度也会相应提高。

对接接头的不等厚和错位，以及角变形都会产生结构性应力集中，对接头的疲劳强度都有不同程度的影响。对于板厚差异大的对接应采取过渡对接的形式。

节点板接头的疲劳强度一般比较低，此时焊缝余高等因素已不重要，其焊缝端部已形成严重的应力集中。焊缝端部的应力集中与焊趾缺口效应的叠加将进一步降低接头的疲劳强度（图 2-33）。

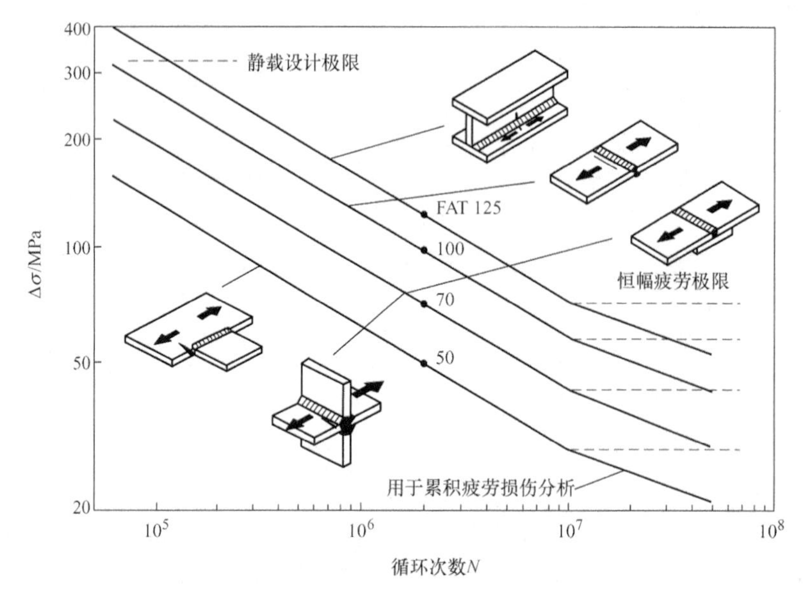

图 2-33　典型接头类型的 $S-N$ 曲线

FAT—疲劳质量等级

3. **角焊缝接头的疲劳强度**

角焊缝接头的疲劳裂纹萌生的主要部位如图 2-34 所示。

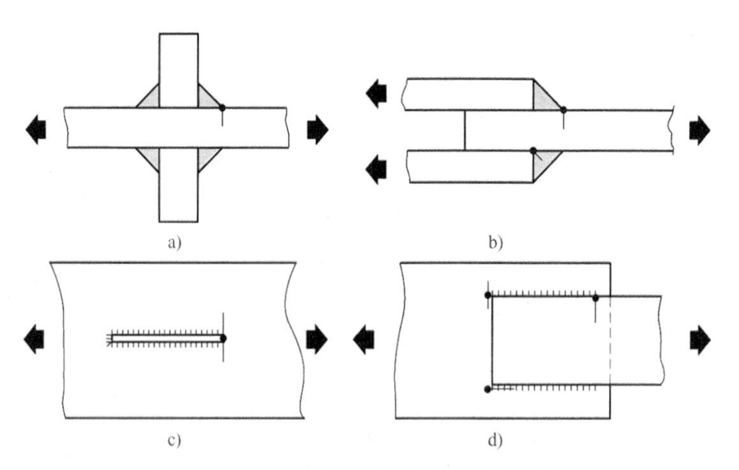

图 2-34　角焊缝接头的疲劳裂纹萌生部位

（1）横向焊缝　由于焊趾的缺口效应，非承载的横向焊缝接头疲劳裂纹通常在主板焊趾处形成并沿主板厚度方向扩展。影响非承载的横向角焊缝接头疲劳强度的几何因素主要有板厚和焊缝外形。

承力角焊缝接头中疲劳裂纹的形成与熔透情况有关。非熔透角焊缝接头的疲劳裂纹可能在焊趾或焊根处形成，在焊趾处形成的疲劳裂纹类似于非承力角焊缝接头，在焊根处形成的疲劳裂纹可能沿焊缝扩展。

丁字与十字接头的应力集中系数要比对接接头的高，因此丁字与十字接头的疲劳强度远低于对接接头的疲劳强度。单向拉伸的丁字接头应采用双面焊缝，单面焊缝不可取。单向拉伸十字接头有间隙的角焊缝根部特别容易引起破坏，减小焊缝根部间隙或将工作焊缝转换为联系焊缝，可降低焊根的疲劳缺口系数。

（2）纵向焊缝　非承力纵向角焊缝接头的疲劳强度类似于图2-34c所示的节点板接头的情况，焊缝端部已形成了严重的应力集中。焊缝端部的应力集中与焊趾缺口效应的叠加导致疲劳裂纹在焊缝端部形成并沿主板扩展。图2-35所示为不同应力比情况下非承力纵向角焊缝接头的 $S-N$ 曲线，应力比对接头的疲劳强度影响不显著，筋板长度对接头的疲劳强度有一定的影响。

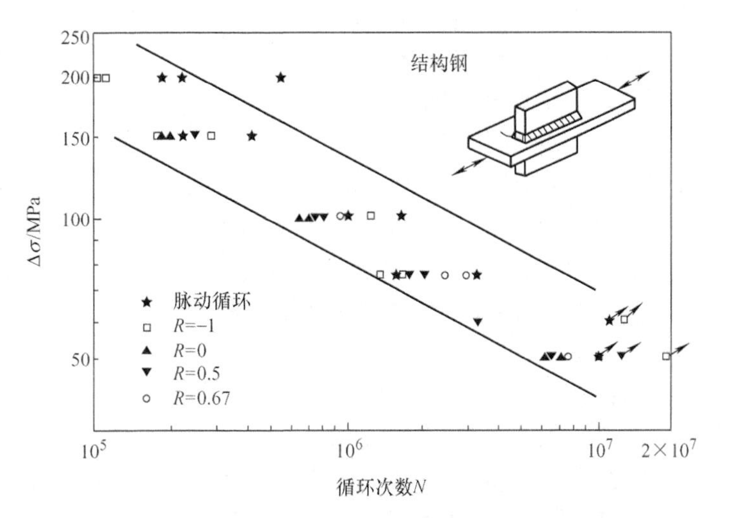

图2-35　非承力纵向角焊缝接头的 $S-N$ 曲线

承力纵向角焊缝接头的疲劳破坏形式与结构类型有关。盖板型结构的疲劳裂纹可能在焊缝端部的主板处形成，也可能出现在主板接缝边靠近焊缝的盖板处，适当增加侧面角焊缝长度或采用联合角焊缝对提高疲劳强度是有利的。插件型接头（图2-34b）的疲劳裂纹一般在焊缝端部形成。

实际焊接结构是上述基本接头的组合，应根据焊缝与载荷条件确定焊缝的作用，从而对焊接接头的疲劳行为进行分析。图2-36所示为一组合的焊接结构，分解看焊缝 A 为非承力横向角焊缝，焊缝 B 为承力横向角焊缝，焊缝 C 为非承力纵向角焊缝。组合以后各焊缝的作用将不易区别，特别是当疲劳裂纹形成后发生载荷转移，使焊缝的受力条件也随之变化。对于复杂的焊接结构，需要根据受力分析结果和有关标准要求确定关键区域和关键位置，进而进行疲劳设计。

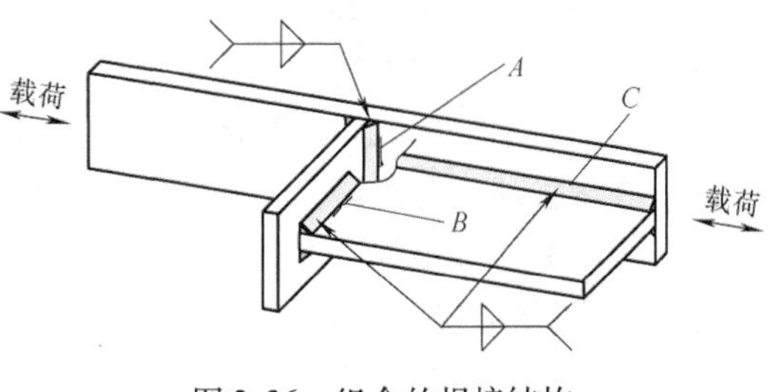

图2-36　组合的焊接结构

（3）搭接接头　搭接接头的疲劳强度是很低的。仅有侧面焊缝的搭接接头，其疲劳强度仅为母材的34%。即使对焊缝向母材过渡区进行表面机械加工，也不能显著地提高接头的疲劳强度。只有当盖板的厚度按强度条件所要求的增加一倍，才能达到母材的疲劳强度。但是这种情况已经丧失了搭接接头简单易行的优点，因此不宜采用。对接接头采用搭接的“加强”盖板是极不合理的，此时，接头的疲劳强度由搭接区决定，使原来疲劳强度较高的对接接头被大大削弱。

4. 力学失配对疲劳裂纹扩展的影响

焊接接头力学性能的不均匀性对外载所引起的接头区裂纹扩展驱动力（应力强度因子）和扩展方向有较大影响。图 2-37 所示为电子束焊接接头的疲劳裂纹扩展情况。可以看出，电子束焊接接头各区的疲劳裂纹扩展行为有较大区别。始于焊缝区的疲劳裂纹经过一段时间的稳定扩展后，偏离原裂纹扩展方向，穿过熔合区与热影响区，进入母材扩展，形成Ⅰ型和Ⅱ型的复合型裂纹，扩展轨迹为一条曲线。如果热影响区存在较多缺陷，裂纹可能会沿着有利于扩展的热影响区扩展。始于热影响区的疲劳裂纹经过一段稳定扩展后，也会偏离原扩展方向进入母材，发展为复合型裂纹。而始于均匀母材的疲劳裂纹始终保持Ⅰ型（张开型）扩展，裂纹扩展路径呈直线形，不发生偏转。

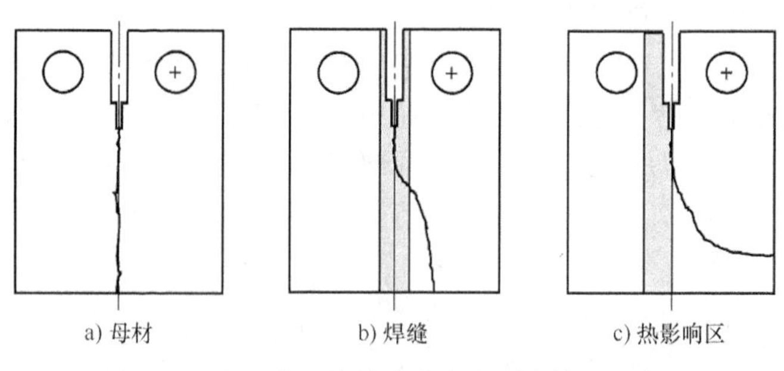

图 2-37 电子束焊接接头的疲劳裂纹扩展示意图

一般而言，在高匹配情况下，焊缝中心至母材的过渡区间，其材料的塑性变形能力梯度提高，焊缝为硬区，热影响区次之，母材为软区，塑性变形局部化易向软区的母材一侧发展，始于焊缝区和热影响区的裂纹先直线扩展一段距离，随后向母材一侧偏转。尤其是电子束焊等高能束焊接接头的焊缝区和热影响区很窄，不均匀性的梯度变化更加严重，焊缝区和热影响区可以看成是两种材料特性的夹层界面，从而使焊接区裂纹的扩展方向具有更大的不稳定性。

对于低匹配焊缝，疲劳裂纹不会偏向屈服强度较高的母材，焊缝的力学不均匀性会导致裂纹在小范围内波动扩展，使表观上裂纹扩展的方向比较稳定。对于普通的熔焊接头，虽然在焊缝裂纹尖端存在局部的组织和力学不均匀性，裂纹存在微观的偏离或波动扩展，但由于焊缝较宽，焊缝区力学性能不均匀性变化梯度小，焊缝裂纹扩展方向受力学失配的影响会有所缓和；而位于熔合区或热影响区的裂纹扩展方向同样具有较大的不稳定性，其裂纹扩展速率同样与力学失配度有关。因此焊接接头的疲劳裂纹扩展分析必须综合考虑焊缝的力学失配效应。

力学失配对焊接接头局部应力强度因子有较大影响，从而影响疲劳裂纹的扩展速率。力学失配主要在两方面对焊接接头疲劳裂纹扩展速率产生影响。其一是在高匹配情况下，力学失配效应对焊接接头的裂纹产生一定的屏蔽作用，从而形成对焊缝的保护，降低疲劳裂纹的扩展速率，但如果焊接接头有较大的应力-应变集中，则另当别论。其二是裂纹在不均匀的焊缝接头发生偏转形成混合型扩展后，远场载荷未变，而Ⅰ型应力强度因子 K_{I} 降低。此外，裂纹偏转后接触面积增大，使裂纹闭合效应增大，有效应力强度因子下降，从而导致疲劳裂纹的扩展速率降低。

2.3 焊接结构的环境失效

焊接结构在实际工况下要与周围环境相互作用，如海洋工程结构、石油化工设备、航空发动机热端部件、核压力容器及反应堆元件等。许多环境介质与材料相互作用会给结构造成损伤，影响结构的使用性能和寿命，同时也会影响环境。在现代焊接结构设计、制造、使用过程中，必须充分考虑材料与环境的相互作用。这里重点介绍腐蚀、高温损伤、氢致损伤与辐照损伤等问题。

2.3.1　腐蚀

1. 腐蚀类型

腐蚀是材料受环境介质的化学作用或电化学作用而变质和破坏的现象。腐蚀也是金属结构的一种主要损伤形式。腐蚀会引起金属结构材料的断裂韧性降低，加快裂纹的形成与扩展，从而严重降低结构的剩余强度和寿命，甚至引发突然断裂。腐蚀损伤评价是金属结构耐久性研究的重要课题。

对金属材料而言，其腐蚀的形式主要有两种，一种是化学腐蚀，另一种是电化学腐蚀。化学腐蚀是金属直接与周围介质发生纯化学作用，如钢的氧化反应；电化学腐蚀是金属在酸、碱、盐等电介质溶液中由于原电池的作用而引起的腐蚀。

根据腐蚀的形态，可将腐蚀分为均匀腐蚀、局部腐蚀和应力腐蚀三大类。

（1）均匀腐蚀　均匀腐蚀是指腐蚀均匀分布于整个金属表面，即腐蚀面比较大，而且腐蚀深度比较均匀，没有大的突变。这种腐蚀导致的失效形式主要为破裂失效。尽管全面腐蚀会导致金属材料的大量流失，但是由于易于检测和察觉，通常不会造成金属材料设备的突发性失效事故。特别是对于均匀性全面腐蚀，根据较简单的试验数据，就可以准确地估算设备寿命，从而在工程设计时通过预先留出腐蚀裕量，达到防止设备发生过早腐蚀破坏的目的。控制全面腐蚀的技术措施也较为简单，可采取选择合适的材料或涂镀层、缓蚀剂和电化学保护等方法。

（2）局部腐蚀　局部腐蚀是指腐蚀集中在金属表面的一定区域，而其他区域几乎不受腐蚀或只有轻微腐蚀。局部腐蚀的腐蚀速度通常比均匀腐蚀大几个数量级，而且难以发现，可能导致灾难性失效，因此它的危害要比均匀腐蚀大得多。局部腐蚀的主要形态有点蚀（或孔蚀）、缝隙腐蚀、晶间腐蚀、冲蚀和流动加速腐蚀等。

1）点蚀：点蚀是指腐蚀以小孔的形式分布于材料表面，其表面积比较小，且表面直径与深度尺寸相当或相近。点蚀通常发生在具有钝性的或有保护膜的金属上，而且环境的均匀腐蚀性相对较弱。点蚀难以发现，用常规的无损检测手段也难以检测，沿纵深发展的蚀孔可能在材料绝大部分完整的情况下造成穿孔，引起穿孔泄漏而失效，而危险物品的泄漏可能引发灾难性事故。蚀孔处的应力集中也可能导致断裂。

目前较为公认的点蚀发展机理为蚀孔内发生的自催化过程。如图2-38所示，点蚀一旦发生，点蚀孔底部金属便溶解变为金属离子。如果是在含氯离子的水溶液中，则阴极为吸氧反应，孔内氧浓度下降而孔外富氧形成氧浓差电池。孔内金属离子不断增加，在点蚀电池产生的电场作用下，孔外氯离子不断地向孔内迁移、富集，孔内氯离子浓度升高，

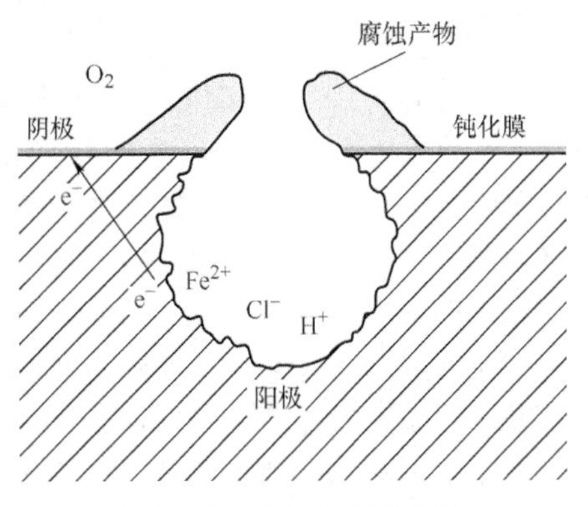

图2-38　点蚀机理示意图

使腐蚀不断发展。蚀孔口形成腐蚀产物沉积层，可阻止蚀孔周围的全面腐蚀，但却促进了点蚀向内部扩展。

2）缝隙腐蚀：缝隙腐蚀是连接件之间的缝隙处发生的腐蚀，金属和金属间的连接（如铆接、螺栓连接）缝隙、金属和非金属间的连接缝隙，以及金属表面上的沉积物和金属表面之间构成的缝隙，都会出现这种局部腐蚀。缝隙腐蚀是由缝隙内外介质间物质移动困难所引起的。缝隙腐蚀的发展也是一个闭塞区内的自催化过程。如图 2-39 所示，在缝隙腐蚀的起始阶段，缝隙内外的金属表面都发生以氧还原作为阴极反应的腐蚀过程。由于缝隙内的溶氧会很快被消耗掉，而靠扩散补充又十分困难，缝隙内氧化还原反应会逐渐停止，缝隙内外建立了氧浓差电池。缝隙外大面积进行的氧化还原反应，促进缝隙内金属阳极溶解。缝隙内金属溶解产生过剩的金属阳离子（M^+），又使缝隙外的氯离子迁入缝隙内以保持电平衡。随之发生的金属离子水解，使缝隙内酸度增高，又加速了金属的阳极溶解。

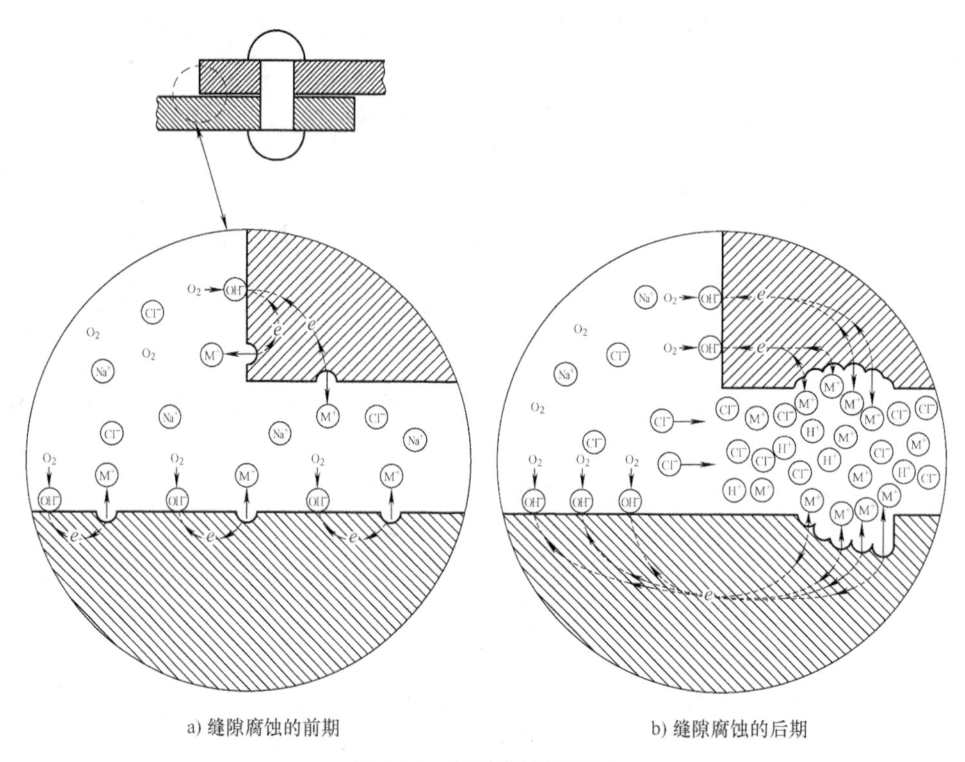

a) 缝隙腐蚀的前期　　b) 缝隙腐蚀的后期

图 2-39　缝隙腐蚀示意图

3）晶间腐蚀：晶间腐蚀是指晶界或与之紧邻的区域作为阳极优先溶解，而晶内很少或没有腐蚀。发生晶间腐蚀后，从材料的外观上可能看不出任何变化。确认晶间腐蚀的方法是金相检验，抛光后无须侵蚀即可看到因腐蚀变粗变黑的晶界。发生晶间腐蚀的原因常常是在金属的热经历中的某一温度段停留了一定时间，在此期间合金成分或杂质元素在晶界上富化或贫化（图 2-40），或者出现晶界析出物，使晶界或晶界附近相对于晶内为阳极并优先腐蚀，晶内为阴极，这种热经历称为敏化。例如，06Cr19Ni10 不锈钢在晶界上析出 $Cr_{23}C_6$ 碳化物后，使晶界附近形成贫铬区，从而引起晶间腐蚀。铝合金的晶间腐蚀与晶界上析出的 Al_3Mg_2 有关。焊接中焊缝两侧一定距离处的材料正好处于敏化温度范围，接触腐蚀介质后，会在这个平行于焊缝的狭长区域中发生晶间腐蚀，又称焊缝腐蚀。

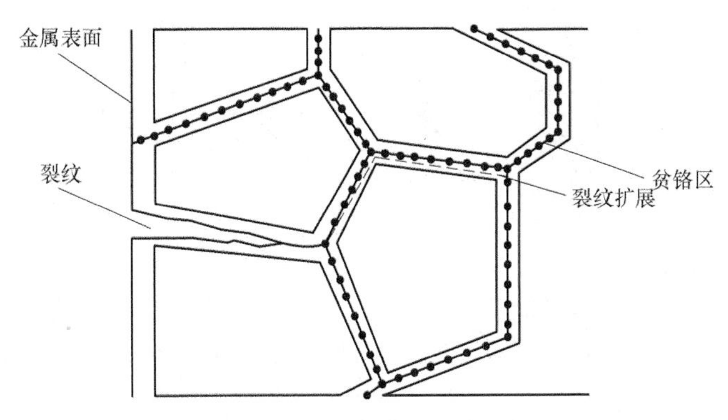

图 2-40 晶间腐蚀示意图

可能发生晶间腐蚀的金属有不锈钢、镍合金、铝合金和铜合金。构件发生晶界腐蚀后，很难用肉眼发现，但构件的强度已大大降低，在一个小的载荷下就可能发生沿晶分离。以晶间腐蚀为起源，在应力和介质的共同作用下，可使不锈钢、铝合金等诱发晶间应力腐蚀，所以晶间腐蚀有时是应力腐蚀的先导。

06Cr19Ni10 不锈钢焊接接头可能出现三个部位的晶间腐蚀现象（图 2-41），即焊缝腐蚀区、刀状腐蚀区、敏化腐蚀区。但在同一个接头中不会出现这三种晶间腐蚀区，其取决于钢的成分。

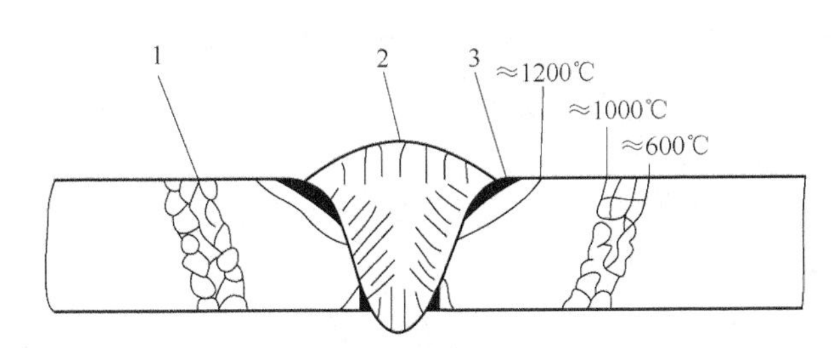

图 2-41 不锈钢焊接接头的晶间腐蚀

1—刀状腐蚀区 2—焊缝腐蚀区 3—敏化腐蚀区

4）冲蚀：金属材料表面与腐蚀流体冲刷的联合作用引起材料局部的金属腐蚀，也称为冲蚀。发生这种腐蚀时，金属离子或腐蚀产物因受高速腐蚀流体冲刷而离开金属材料表面，使新鲜的金属表面与腐蚀流体直接接触，从而加速了腐蚀过程（图 2-42）。若流体中悬浮较硬的固体颗粒，则将加速材料的损坏。一般说来，流体的速度越高，流体中悬浮的固体颗粒越多、越硬，冲刷腐蚀的速度就越快（图 2-43）。腐蚀介质流动速度又取决于流动方式：层流时，由于流体的黏度，沿管道截面呈现一种稳态的速度分布；湍流时，破坏了这种稳态速度分布，不仅加速了腐蚀剂的供应和腐蚀产物的迁移，而且在流体与金属之间产生的切应力能剥离腐蚀产物，从而加大了冲蚀速度。因此在管道的拐弯处及流体进入管道或储罐处容易产生这种破坏。

5）流动加速腐蚀：由于单相液流或气液双相流体，将金属表面的保护性氧化膜溶解，而造成氧化膜减薄并引起金属腐蚀速度增大的现象。在稳定的流动加速腐蚀状态下，材料的腐蚀速度与氧化膜的溶解速度相等称为流动加速腐蚀。流动加速腐蚀现象常见于压水堆核电站二回路管路系统、火力发电厂加热器、油田采油管线及高温高压蒸汽冷凝水管线等。流动

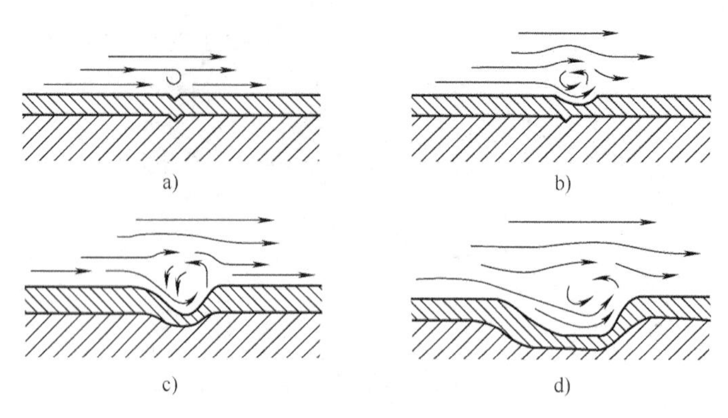

图 2-42　流体冲刷引起的腐蚀

加速腐蚀与冲蚀有所不同，冲蚀过程伴随了机械作用（如流体中的固体颗粒、高速流体、液滴冲击等）引起的表面氧化膜剥离过程，而流动加速腐蚀过程则是纯电化学腐蚀过程（流体只是加速了这一过程）。

（3）应力腐蚀　应力腐蚀是材料在应力和腐蚀性环境介质协同作用下发生的开裂及断裂失效现象。应力腐蚀的形式主要包括应力腐蚀开裂、腐蚀疲劳、氢脆或氢致损伤、微动腐蚀（或微振腐蚀）、冲击腐蚀（或湍流腐蚀）和空泡腐蚀等。有关内容将在后续章节中专门介绍。

1）应力腐蚀开裂（SCC）是材料在拉伸应力和腐蚀介质联合作用而引起的低应力脆性断裂。应力腐蚀开裂一般都是在特定的条件下产生的（图 2-44），其主要特征如下。

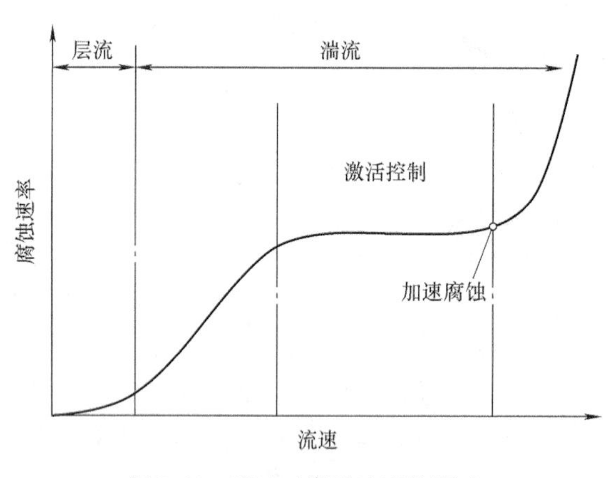

图 2-43　流速对腐蚀速度的影响

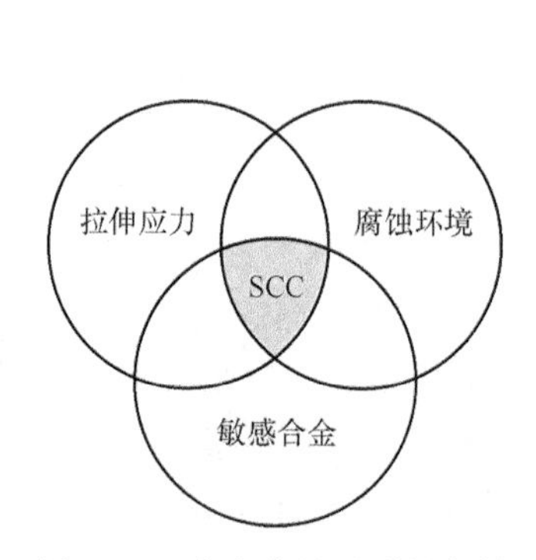

图 2-44　应力腐蚀开裂的条件

① 只有在拉应力的作用下才能引起应力腐蚀开裂。这种拉应力可以是外加载荷造成的应力；也可以是各种残余应力，如焊接残余应力、热处理残余应力和装配应力等。一般情况下，产生应力腐蚀时的拉应力都很低，如果没有腐蚀介质的联合作用，构件可以在该应力下长期工作而不产生断裂。

② 产生应力腐蚀的环境总是存在腐蚀介质，如果没有拉应力的同时作用，材料在这种介质中的腐蚀速度很慢。产生应力腐蚀的介质一般都是特定的，每种材料只对某些介质敏感，而这种介质对其他材料可能没有明显作用，如黄铜在氨气氛中，不锈钢在具有氯离子的

腐蚀介质中容易发生应力腐蚀，但不锈钢对氨气，黄铜对氯离子就不敏感。

③ 一般只有合金才会产生应力腐蚀，纯金属不会产生这种现象，合金也只有在拉应力与特定腐蚀介质的联合作用下才会产生应力腐蚀开裂。

④ 应力腐蚀开裂必须首先发生选择性腐蚀。电位对应力腐蚀开裂起决定性作用，不同材料在不同介质中发生应力腐蚀的电位区不同。奥氏体不锈钢的应力腐蚀开裂存在三个敏感电位区（图2-45），在敏感区的范围内才能产生应力腐蚀开裂。

⑤ 应力腐蚀开裂也有裂纹形成和裂纹扩展这两个过程，一般认为裂纹形成约占全部时间的90%左右，而裂纹扩展仅占10%左右。图2-46为应力腐蚀开裂过程示意图。

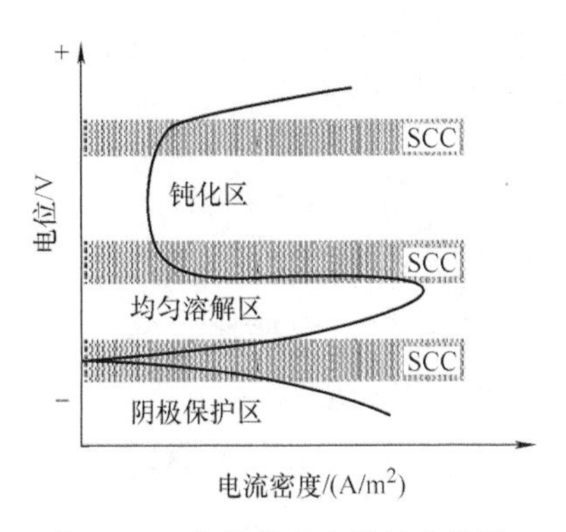

图2-45　金属的应力腐蚀电位区

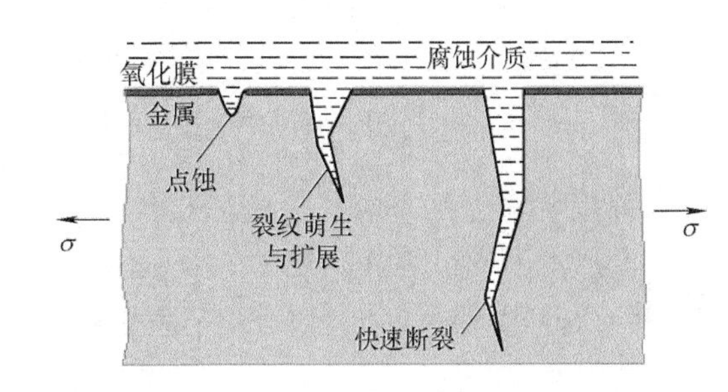

图2-46　应力腐蚀开裂过程示意图

⑥ 应力腐蚀开裂可以是沿晶断裂，也可以是穿晶断裂。究竟以哪条路径扩展，取决于合金的成分及腐蚀介质。在一般情况下，低碳钢、普通低合金钢、铝合金和α黄铜都是沿晶断裂，其裂纹大致沿垂直于拉应力轴的晶界向材料深处扩展；航空用超高强度钢多沿原来的奥氏体晶界断裂；β黄铜和暴露在氯化物中的奥氏体不锈钢，大多数情况下是穿晶断裂；奥氏体不锈钢在热碱溶液中是穿晶断裂还是沿晶断裂，取决于腐蚀介质的温度。

⑦ 应力腐蚀裂纹的形态如同树根一样，由表面向纵深方向发展，裂纹的深宽比很大（图2-47）。裂纹源可能有几个，但往往是位于垂直主应力面上的那个裂纹源才会引起断裂。应力腐蚀开裂的断口宏观形貌属于脆性断裂，有时带有少量塑性撕裂的痕迹。

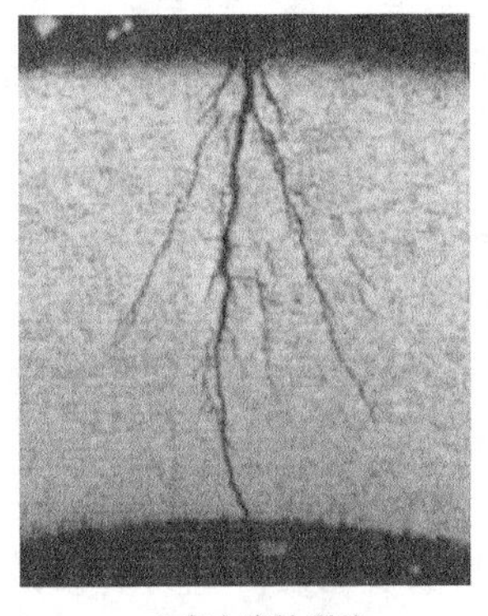

a) 应力腐蚀裂纹

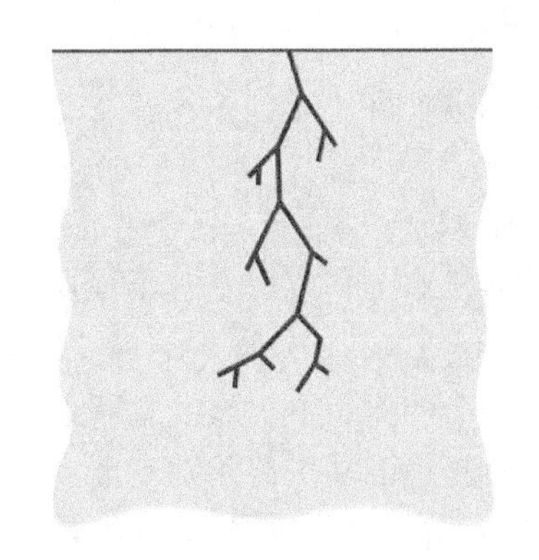

b) 应力腐蚀裂纹扩展示意图

图2-47　应力腐蚀裂纹及扩展

2）焊接结构的应力腐蚀开裂受到焊接残余应力、焊接材料性质、焊接工艺等因素的影响。

如前所述，产生应力腐蚀开裂的条件之一是必须存在拉应力。焊接接头中总会存在残余应力，而且焊缝及近缝区为拉应力，因此对于焊接结构来说，即使不承受载荷，只要在与材质匹配的腐蚀介质下，就会引起应力腐蚀开裂。有关 SCC 的事故统计，发现 80% 以上事故起源于焊接和加工时的残余应力。图 2-48 所示为焊接接头易于发生应力腐蚀裂纹的区域。

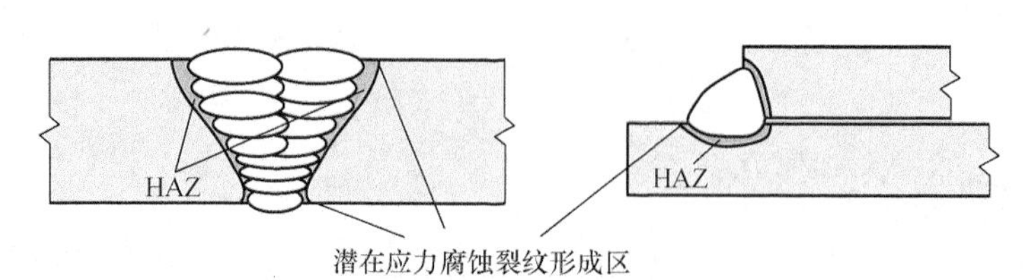

图 2-48　焊接接头易于发生应力腐蚀裂纹的区域

如果焊接材料选择不当，即使母材具有很强的抗 SCC 能力，也会造成构件过早破坏。根据腐蚀介质的不同，焊缝的化学成分应尽可能与母材一致。很多试验表明，在高温水中工作的 06Cr19Ni10 不锈钢，抗 SCC 的性能随碳含量的增高而降低，故选用焊接材料时以低碳或超低碳为好。

制定合理的工艺规程，如选择合适的焊接热输入、焊接顺序和采用适当的焊接质量控制措施等，有助于防止热影响区的硬化组织粗化和防止产生较大的残余应力及应力集中等，从而防止 SCC。

2. 腐蚀疲劳

材料或构件在交变应力和腐蚀介质的共同作用下造成的失效称为腐蚀疲劳。腐蚀疲劳和应力腐蚀不同，虽然两者都是应力和腐蚀介质的联合作用，但作用的应力是不同的，应力腐蚀指的是静应力，而且主要是指拉应力，因此也叫静疲劳。而腐蚀疲劳则强调的是交变应力。腐蚀疲劳和应力腐蚀相比，主要有以下不同点：

1）应力腐蚀是在特定的材料与介质组合下才发生的，而腐蚀疲劳却没有这个限制，它在任何介质中均会出现。

2）对应力腐蚀来说，当外加应力强度因子 $K_{\mathrm{I}} < K_{\mathrm{ISCC}}$时，材料不会发生应力腐蚀裂纹扩展。但对腐蚀疲劳，即使 $K_{\max} < K_{\mathrm{ISCC}}$，疲劳裂纹仍旧会扩展。$K_{\mathrm{ISCC}}$为应力腐蚀临界应力强度因子。

3）应力腐蚀破坏时，只有一两个主裂纹，主裂纹上有较多的分支裂纹，而腐蚀疲劳裂纹源有多处，裂纹没有分支或分支较小（图 2-49）。

4）在一定的介质中，应力腐蚀裂纹尖端的溶液酸度较高，高于整体环境的平均值。而腐蚀疲劳在交变应力的作用下，裂纹不断地张开与闭合，促使了介质的流动，所以裂纹尖端溶液的酸度与周围环境的平均值差别不大。

对于腐蚀疲劳，在低频和高应力比的情况下，其断裂机制与应力腐蚀的机制相似，一般认为是阳极溶解的过程，即腐蚀起主导作用。

与材料在空气介质中的疲劳相比，腐蚀疲劳没有明确的疲劳极限，一般用指定周次来作

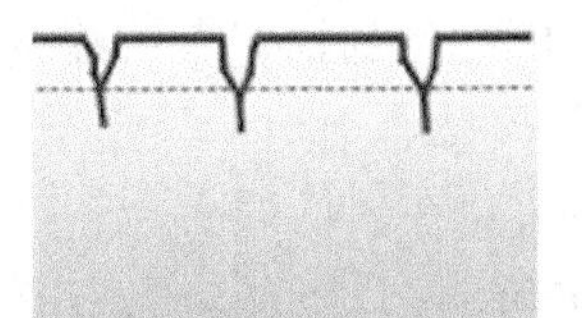

a) 应力腐蚀裂纹或点蚀处疲劳裂纹

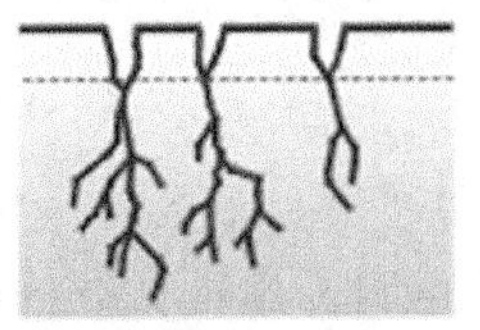

b) 应力腐蚀裂纹

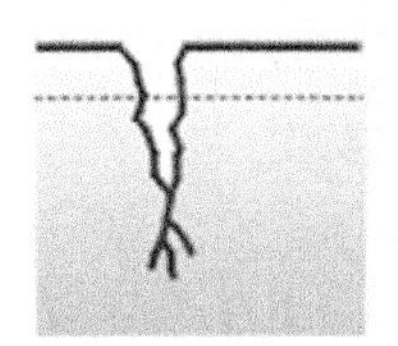

c) 腐蚀疲劳裂纹

图 2-49 应力腐蚀裂纹与腐蚀疲劳裂纹的比较

为条件疲劳极限。腐蚀疲劳对加载频率十分敏感，频率越低，疲劳强度与寿命也越低。腐蚀疲劳条件下裂纹极易萌生，故裂纹扩展是疲劳寿命的主要组成部分。

图 2-50 所示为钢在不同介质条件下的 $S-N$ 曲线。

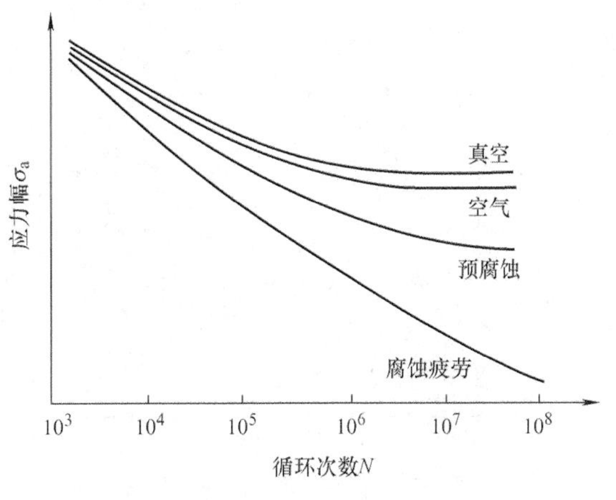

图 2-50 钢在不同介质条件下的 $S-N$ 曲线

焊接接头的腐蚀疲劳强度与焊接工艺、焊接材料和接头形式等因素有关。焊接接头焊趾的应力集中对腐蚀疲劳强度有较大影响，降低焊趾的应力集中程度能够显著提高焊接接头的腐蚀疲劳强度。如采用打磨焊趾或 TIG 熔修来降低应力集中，同时消除表面缺陷，有利于改善焊接接头的腐蚀疲劳性能。

2.3.2 高温损伤

1. 金属材料的高温损伤特点

高压蒸汽锅炉、汽轮机、燃气轮机、化工炼油设备、核反应堆容器及航空发动机中的很多构件长期在高温条件下工作，这些构件在高温环境和载荷的作用下会发生高温损伤，损伤的累积最终导致结构破坏。

金属材料在长时间的恒温、恒应力作用下，即使应力小于屈服强度，也会缓慢地产生塑性变形，这种现象称为蠕变，因蠕变导致的材料断裂称为蠕变断裂。蠕变是一种典型的高温损伤。蠕变在低温下也会产生，但只有当温度高于 $0.3T_m$（以热力学温度表示的熔点）时才较为显著。因此对于高温构件的强度不能只简单地用常温下的短时力学性能来评定，还要考虑温度与时间两个因素，研究温度、应力、应变与时间的关系。

蠕变的变形机制与在常温下的不同。材料在常温下的变形可通过位错滑动产生滑移和孪晶两种变形形式，而在高温下还可通过位错攀移使变形继续下去。因此可以认为蠕变是位错滑移和位错攀移交替进行的结果。

在常温下，晶界变形极不明显，可以忽略不计。但在高温蠕变条件下，晶界强度降低，其变形量就会增大，有时甚至占总蠕变变形量的一半，这是蠕变变形的特点之一（图 2-51）。晶界变形是晶界的滑动和迁移交替进行的过程。晶界的滑动会对变形产生直接的影响，晶界的迁移虽不能提供变形量，但它能消除由于晶界滑动而在晶界附近产生的畸变区，为晶界进一步滑动创造了条件。

大多数合金的蠕变断裂是沿晶断裂。在高载荷和低温度的情况下，蠕变断裂倾向于在三个晶粒交界处发生（图 2-52a），当最大应力超过晶界结合力时，可形成尖劈形裂纹核，在外力的持续作用下，裂纹沿晶界扩展，造成沿晶断裂。在较低载荷和较高温度（典型蠕变情况）下，断裂更多源于晶界孔洞，这种孔洞往往产生于垂直拉应力方向的晶界面上（图 2-52b），大小只有几微米。这些孔洞长大及扩展的结果就形成了裂纹，裂纹达到临界尺寸就会引发断裂。

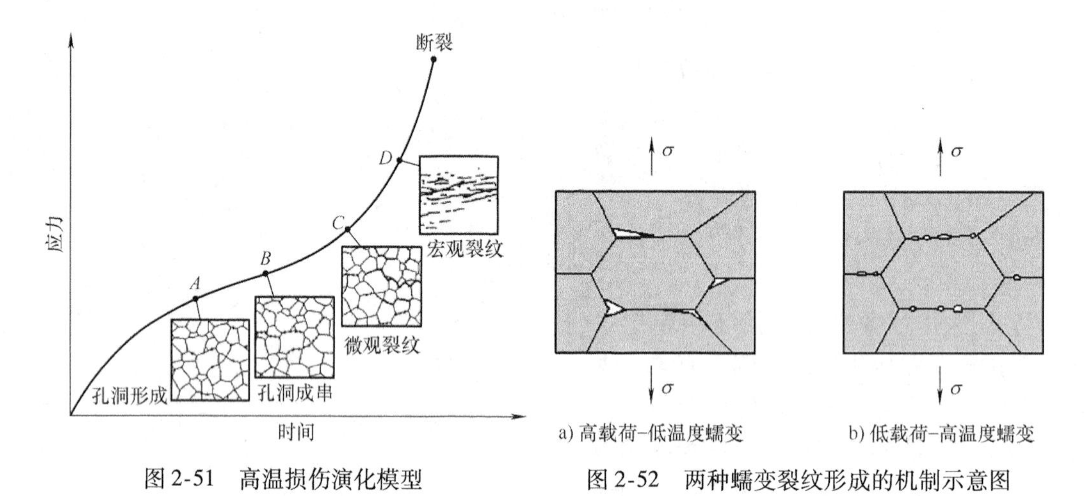

图 2-51　高温损伤演化模型

图 2-52　两种蠕变裂纹形成的机制示意图

对于给定的材料，当外在条件（如应力、温度、应变速率）不同时，或者金属的组织结构（如晶粒大小）不同时，将存在不同的断裂机制；或者在特定的条件下，起作用的几种断裂机制中，将有某一种机制起控制作用。确定在各种特定条件下的材料变形机制具有重要的实际意义。工程中通常采用断裂机制图进行分析，图 2-53 所示为镍基合金高温断裂机

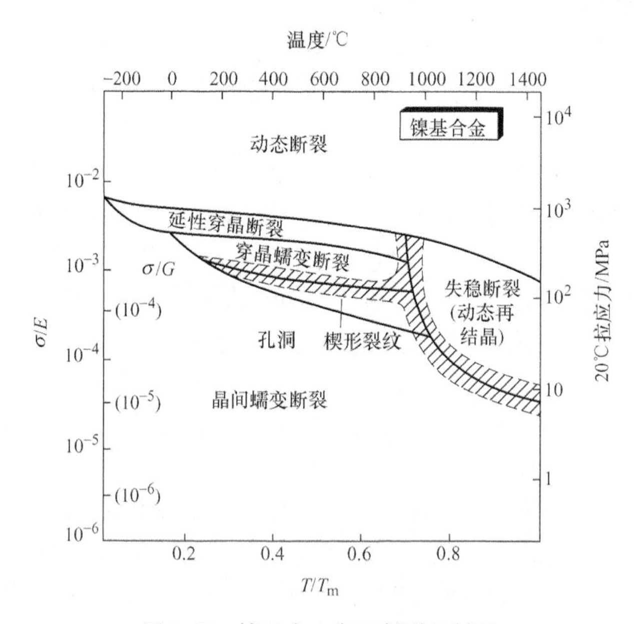

图 2-53　镍基合金高温断裂机制图

制图。图中下横坐标是温度相对熔点归一化数值，纵坐标是应力相对模量归一化数值。图中给出了不同断裂机制的温度-应力区间。根据断裂机制图，能够方便地了解材料在实际使用情况下的温度-应力范围内的断裂机制，以便根据实际需要进行断裂控制。

2. 金属蠕变的宏观规律

金属材料的蠕变过程可用蠕变应变与时间的关系——蠕变曲线来描述。图 2-54 所示为恒应力条件下蠕变应变与时间的关系。

蠕变曲线上任一点的斜率表示该点的蠕变速率。按照蠕变速率的变化情况，可将蠕变过程分成三个阶段（图 2-55）。

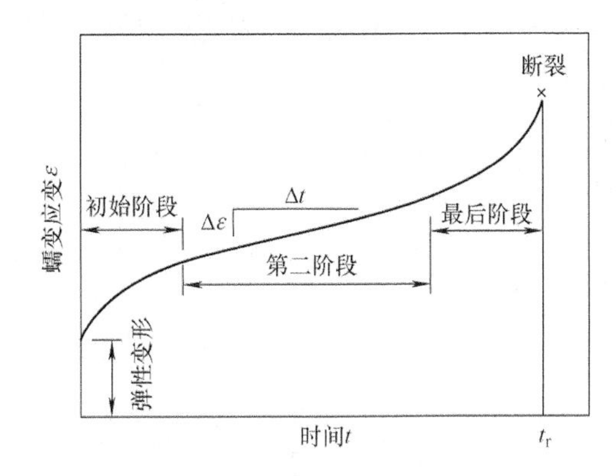

图 2-54　恒应力条件下蠕变应变与时间的关系

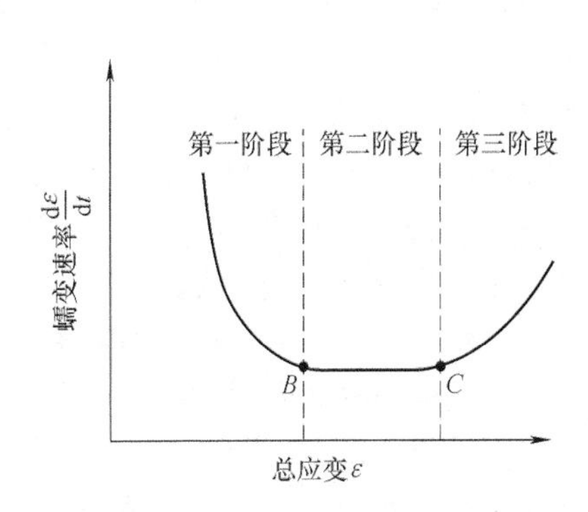

图 2-55　蠕变速率变化

初始阶段是减速蠕变阶段。这一阶段开始的蠕变速率很大，随着时间延长，蠕变速率逐渐减小，到 B 点蠕变速率达到最小值。

第二阶段是恒速蠕变阶段。这一阶段的特点是蠕变速率几乎保持不变，因而通常又称为稳态蠕变阶段。一般所反映的蠕变速率就是以这一阶段的变形速率（$\dot{\varepsilon}_C=\frac{d\varepsilon_C}{dt}$）表示的。

第三阶段是加速蠕变阶段，随着时间的延长，蠕变速率逐渐增大，直至产生蠕变断裂。

不同材料在不同条件下的蠕变曲线是不同的，同一种材料的蠕变曲线也会随应力的大小和温度的高低而异。在恒定温度下改变应力，或在恒定应力下改变温度，蠕变曲线的变化分别如图 2-56 所示。由图可见，当应力较小或温度较低时，蠕变第二阶段持续时间较长，甚至可能不产生第三阶段。相反，当应力较大或温度较高时，蠕变第二阶段便很短，甚至完全消失，试样将在很短的时间内断裂。

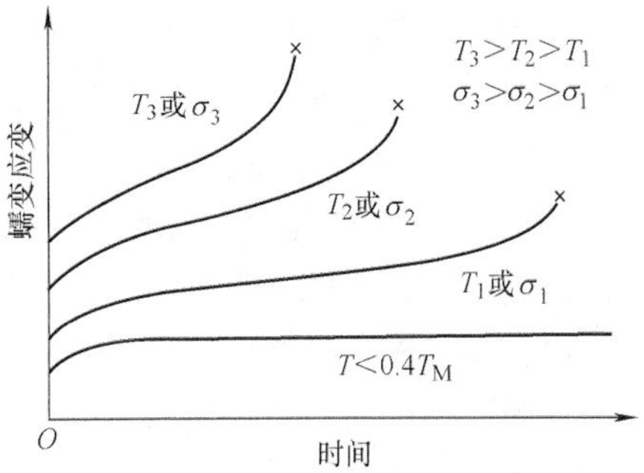

图 2-56　不同条件下的蠕变曲线

由于高温下工作的构件所要求的寿命都设定在蠕变的第二阶段，因此人们对蠕变的第二阶段特别关注。在一定的温度下，多数金属和合金的蠕变速率可以表示为

$$\dot{\varepsilon}_C = A\sigma^n \tag{2-17}$$

式中　A——常数；

n——指数，对纯金属 n 通常为 4～5；对固溶体合金 n 值在 3 左右；对弥散强化和沉淀强化合金 n 值可高达 30～40。

式(2-17) 称为幂定律蠕变方程。当应力增高到使蠕变速率超过 10^{-5}/h 时，幂定律的蠕变方程便不再适用。

3. 蠕变与疲劳交互作用

在高温下工作的零部件与在常温下工作的零部件的显著区别，在于受载部件会发生随时间缓慢变化的蠕变效应。高温部件受恒定载荷引起的单纯蠕变损伤破坏的情况是很少见的，往往受到变动载荷的作用，从而产生疲劳损伤。这些蠕变损伤和疲劳损伤不是各自独立发展，而是在一定条件下，两者交互作用，使部件寿命大大减少。

在蠕变温度范围内，疲劳寿命随拉应变保持时间的延长而降低，这归因于许多因素，如晶格孔洞的形成、环境的影响、平均应力的变化、热时效引起的显微组织失稳和缺陷的形成等。在高温发生的这些变化都与时间有关，因此高温疲劳又称与时间有关的疲劳，需要考虑蠕变与疲劳的交互作用。图 2-57 所示为蠕变-疲劳交互作用示意图，表示的是拉应变保持时间一定的条件下，总应变范围与疲劳寿命的关系。图中共有四条曲线，疲劳裂纹萌生线和疲劳断裂线，以及蠕变裂纹萌生线和蠕变断裂线。当应变范围较大时，低周疲劳是主要的失效方式，拉应变保持时间和应变速率对材料的疲劳性能影响不大；当应变范围较小时，属于高周疲劳，也不需要考虑拉应变保持时间内引起的蠕变损伤；中间应变范围区为蠕变-疲劳交互作用区，疲劳寿命受拉应变保持时间和应变速率的强烈影响，材料在该区的行为是高温疲劳研究的重点。

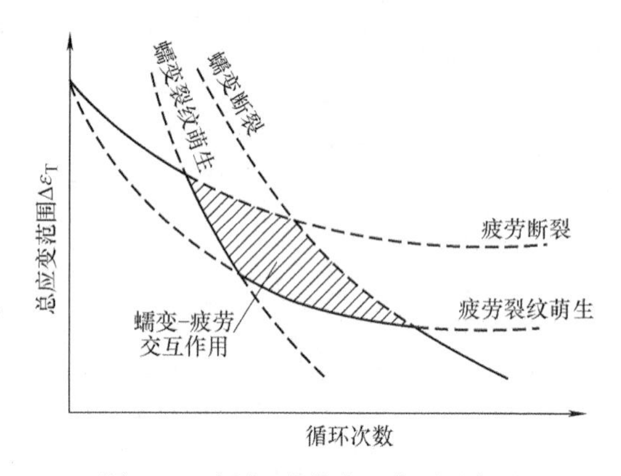

图 2-57　蠕变-疲劳交互作用示意图

4. 焊接接头的蠕变强度

在不考虑焊接缺口效应的情况下，焊接接头的蠕变强度与焊缝和母材的蠕变性能组合密切相关。如图 2-58 所示，横向受拉伸的焊接接头蠕变（整体应变）与时间的关系沿母材的蠕变曲线发展，由于母材和焊缝受到同样的应力作用，蠕变强度由蠕变寿命的短者来决定。例如，由母材 B 和焊缝 W_1 组成的焊接接头，焊缝先于母材发生断裂，其断裂时间 t_{W_1} 比母材的断裂时间 t_B 小。由母材 B 和焊缝 W_2 组成的焊接接头，母材先于焊缝发生断裂，其断裂时间 t_B 比焊缝 W_2 的断裂时间 t_{W_2}小。在这种接头中，焊缝金属的蠕变强度比蠕变塑性更为重要。纵向受拉伸的焊接接头的母材和焊缝产生的应变相同，接头的断裂时间取决于焊缝的蠕变塑性。这时焊缝的蠕变塑性比蠕变强度更为重要。

焊缝和母材的稳态蠕变应变速率的差异是焊接接头的蠕变失配。根据材料蠕变规律的表示方法，焊接接头的蠕变失配性有多种定义，如蠕变变形失配、蠕变速率失配、蠕变强度或寿命失配等。焊接接头蠕变失配研究可通过单轴蠕变试验来分析接头或母材与焊缝材料的蠕变性能，从而获得稳态蠕变速率、蠕变强度及寿命等规律。

根据焊缝和母材两者的蠕变性能，特别是稳态蠕变应变速率之间的差异，焊接接头可分

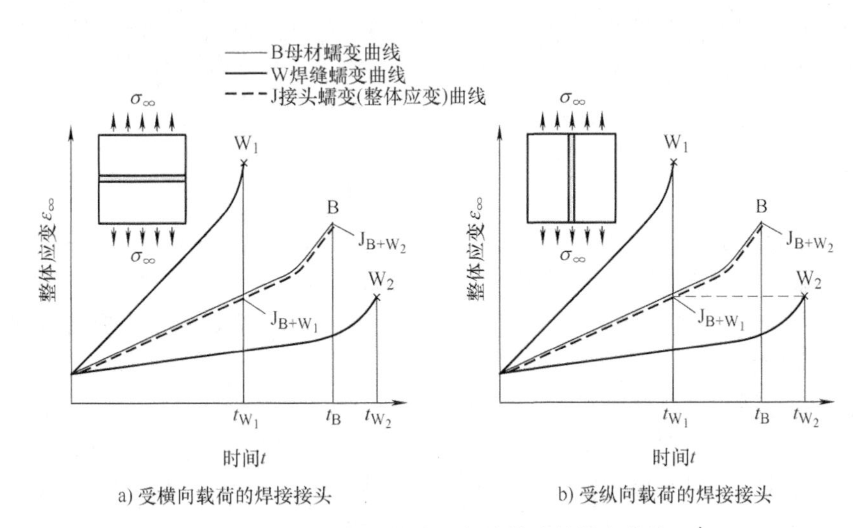

图 2-58　强度与塑性失配焊接接头的蠕变曲线

为以下类型。

1）蠕变匹配的焊缝：在相同的应力水平下，表现出与母材相近的稳态蠕变应变速率。

2）蠕变低匹配焊缝：在相同的应力水平下，焊缝表现出比母材高的稳态蠕变应变速率。

3）蠕变高匹配焊缝：在相同的应力水平下，焊缝表现出比母材低的稳态蠕变应变速率。

对于图 2-58a 所示的横向拉伸焊接接头的蠕变曲线，可定义蠕变速率失配系数为

$$R_{\dot{\varepsilon}}=\frac{A_{\mathrm{W}}}{A_{\mathrm{B}}} \tag{2-18}$$

式中　$R_{\dot{\varepsilon}}$——蠕变强度失配系数；

A_{W}、A_{B}——与式(2-17）相对应的焊缝和母材的常数。

在横向拉伸作用下，焊接接头各截面的应力关系为

$$\sigma=\sigma_{\mathrm{W}}=\sigma_{\mathrm{B}} \tag{2-19}$$

式中　σ——远场应力；

σ_{W}——焊缝应力；

σ_{B}——母材应力。

根据式(1-17）有

$$\left(\frac{\dot{\varepsilon}_{\mathrm{B}}}{A_{\mathrm{B}}}\right)^{1/n_{\mathrm{B}}}=\left(\frac{\dot{\varepsilon}_{\mathrm{W}}}{A_{\mathrm{W}}}\right)^{1/n_{\mathrm{W}}} \tag{2-20}$$

整理可得

$$\dot{\varepsilon}_{\mathrm{W}}=\frac{A_{\mathrm{W}}^{n_{\mathrm{W}}}}{A_{\mathrm{B}}^{n_{\mathrm{B}}}}\dot{\varepsilon}_{\mathrm{B}}^{n_{\mathrm{B}}} \tag{2-21}$$

由此可见，对于蠕变低匹配焊缝（$R_{\dot{\varepsilon}}<1$），其焊缝的蠕变速率高于母材，蠕变集中在焊缝区；对于蠕变高匹配焊缝（$R_{\dot{\varepsilon}}>1$），其焊缝的蠕变速率低于母材，蠕变集中在母材区。图 2-58 中的 W_1 曲线为蠕变低匹配的情况，W_2 曲线为蠕变高匹配的情况。

焊接接头存在的应力集中和组织不均匀性对其蠕变强度有较大的影响。采用标准试样测

定的焊接接头蠕变强度与实际焊接接头的蠕变强度有较大的差别。实际焊接接头在焊趾等应力集中区易萌生裂纹，去除焊缝余高或降低缺口效应，可提高蠕变强度。

2.3.3 氢致损伤

1. 概述

氢致损伤是指金属中由于含有氢或金属中的某些成分与氢反应，使金属材料的塑性和强度显著降低，甚至引起构件破坏的现象。电镀、酸洗、潮湿环境下的焊接、高温临氢环境（加氢反应、氮氢气合成氨的反应）、非高温临氢环境（含硫化氢和氰化物的溶液）均能引起不同性质的氢致损伤。

根据氢引起金属材料损伤的条件、机理和形态，氢致损伤可分为氢蚀、脱碳、氢鼓泡和氢脆四种基本类型。氢蚀是指在高温高压下氢与合金成分发生化学反应，从而使材料劣化或破坏的现象。脱碳是一种氢腐蚀的特殊情况，是指碳钢在高温湿氢中，氢原子渗入钢内与碳化合成甲烷，使钢材脱碳，并在材料中形成裂纹或鼓泡，最终使材料的力学性能下降。氢鼓泡是由于金属内部溶入原子氢，然后形成分子态氢，并聚集在显微孔洞或缺陷处，特别是夹杂物与基体的交界处，从而在局部形成高氢压，使金属表面出现鼓泡或内部开裂。氢脆是由于氢扩散到金属内部形成固溶态或金属氢化物导致材料韧性和强度下降的现象。

按照氢致损伤敏感性与应变速率的关系，氢致损伤可分为两大类。第一类是氢致损伤的敏感性随应变速率的增加而增加，其本质是在加载前材料内部已存在某种裂纹源，故加载后在应力作用下加快了裂纹的形成和扩展。第二类是氢致损伤的敏感性随应变速率的增加而降低，其本质是加载前材料内部并不存在裂纹源，加载后由于应力与氢的交互作用逐渐形成裂纹源，最终导致材料脆性断裂。第一类氢致损伤又称为不可逆氢脆，第二类氢致损伤又称为可逆氢脆。

氢脆是氢致损伤中最主要的类型，这里仅针对这种形式的氢致损伤进行分析。

2. 氢脆的类型

金属材料由于受到含氢气氛的作用而引起的脆化或断裂统称为氢脆或氢致开裂。

氢脆可分成两大类：一类为内部氢脆，它是由于金属材料在冶炼、锻造、焊接或电镀、酸洗过程中吸收了过量的氢气而造成的；第二类为环境氢脆，它是在应力和氢气氛或其他含氢介质的联合作用下引起的一种脆性断裂，如储氢的压力容器中出现的高压氢脆。

一般认为，内部氢脆和环境氢脆在微观范围（原子尺度范围内）的本质是相同的，都是由氢引起的材料脆化，但就宏观范围而言，还是有一定差别。因为它们所包含的某些过程（如氢的吸收）、氢和金属的相互作用、应力状态及温度、微观结构的影响等均不相同。

3. 氢致延迟断裂

在氢气氛的作用下，材料发生延迟断裂的应力与时间之间的关系如图 2-59 所示。随着应力值的降低，断裂时间延长；当应力降低到某一临界值时，材料便不会产生断裂。

在环境氢作用下，氢致裂纹的亚临界扩展速率 $\mathrm{d}a/\mathrm{d}t$ 与应力场强度因子的关系一般也可以分成三个阶段（图 2-60）。

当应力场强度因子 K_{I} 超过门槛值 K_{th}时，裂纹扩展速率 $\mathrm{d}a/\mathrm{d}t$ 受 K_{I} 的影响很大，$\mathrm{d}a/\mathrm{d}t$ 随 K_{I} 值的升高而增加（图 2-60 曲线的第 Ⅰ 阶段）。

在第 Ⅱ 阶段，$\mathrm{d}a/\mathrm{d}t$ 在一个较大的应力场强度因子范围内基本保持不变，$\mathrm{d}a/\mathrm{d}t$ 与 K_{I} 无

关（图 2-60 曲线的第Ⅱ阶段）。

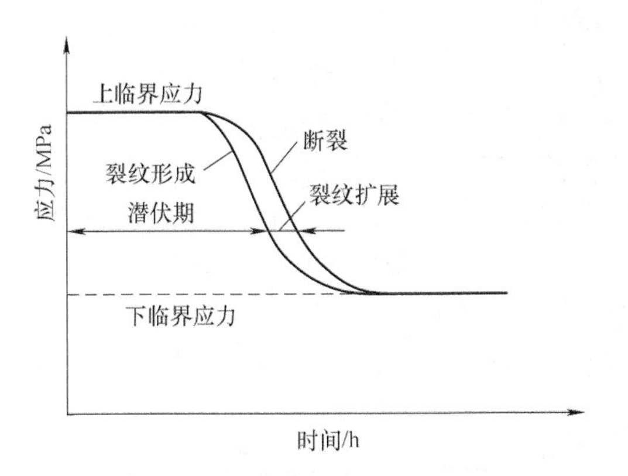

图 2-59　氢致延迟断裂的应力与时间的关系

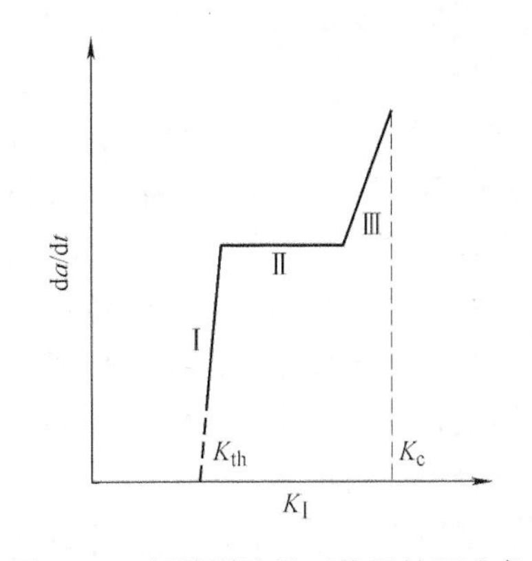

图 2-60　氢致裂纹的亚临界扩展速率与应力场强度因子的关系

当 K_I 超过某一数值而接近材料的 K_C 时，da/dt 又随 K_I 的升高而增加（图 2-60 曲线的第Ⅲ阶段），直到材料断裂。

图 2-61 所示为应力场强度因子对氢致裂纹扩展的影响。在高应力场强度因子的作用下，裂纹扩展为微孔聚集机制；在中等应力场强度因子的作用下，裂纹穿晶扩展；在低应力场强度因子的作用下，裂纹沿晶扩展。

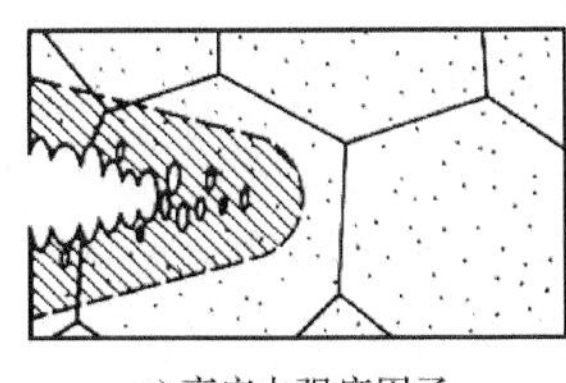

a) 高应力强度因子

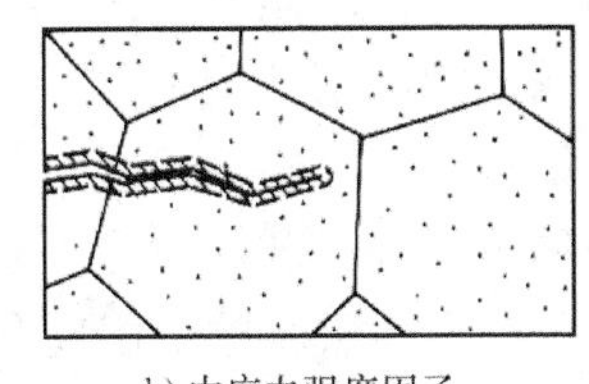

b) 中应力强度因子

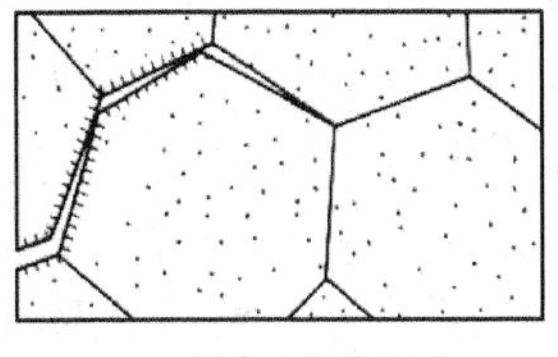

c) 低应力强度因子

图 2-61　应力场强度因子对氢致裂纹扩展的影响

4. 应力腐蚀开裂和氢脆的关系

应力腐蚀和氢脆的关系十分密切，除内部氢脆（白点）外，通常应力腐蚀总和氢脆是共同存在的，因此一般很难严格地区分到底是应力腐蚀，还是氢脆造成的断裂。就断口形态而言，应力腐蚀断口的微观形态与氢脆断口的微观形态十分相似，因此试图从断口形态上来区分应力腐蚀和氢脆是十分困难的。

从化学反应来看，应力腐蚀是阳极溶解控制过程。而氢脆则是阴极控制过程，即溶液中的氢离子在阴极产生吸氢和放氢的过程，氢分子在阴极放出，但是阴极的氢离子也可不形成氢气，而是进入金属内部，使结合力降低，造成氢脆。图 2-62 比较了应力腐蚀与氢脆的过程。

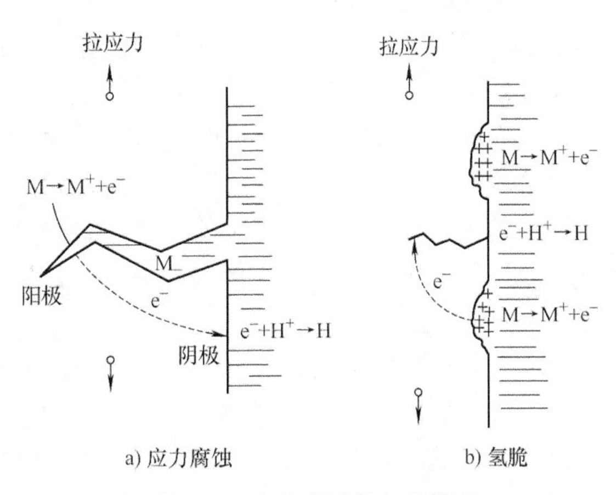

a) 应力腐蚀　　b) 氢脆

图 2-62　应力腐蚀与氢脆模型

5. 焊接接头的氢脆及冷裂纹

（1）焊接接头的氢脆　研究表明，碳钢焊接接头的氢脆倾向对焊缝硬度比较敏感。在易导致氢脆的环境中，碳钢焊缝的硬度应不大于200HBW。在碳钢焊接中若发现硬度超过200HBW的焊缝，应铲掉重焊或进行热处理，使其硬度不大于200HBW；无论进行返修所用的焊接工艺或热处理工艺如何，修复后的焊缝均应重新检验，以确保其硬度不大于200HBW。

由于焊接接头组织的不均匀性，使焊缝硬度的分布也具有不均匀性。如果焊接材料和焊接参数选择不当，或为了保证焊缝强度大于原材料强度，或焊缝金属中含有较多的Mn、Si等原因，都可能造成焊缝部位的硬度增大。采用热处理的方法虽可降低焊缝的硬度，但由于硬度的降低程度有差异，可能存在局部微区硬度值高于规定的最高值，因此对焊缝部位的硬度规定比母材严格得多。

通常结构钢具有优良的抗氢脆性能，可是却经常在焊缝部位发生破裂，究其原因，一方面是受到焊接残余应力的影响，另一方面则是由于焊缝金属、熔合线及热影响区部位出现了淬硬组织。如果在焊接过程中有扩散氢的形成，那么即使不在导致氢脆的环境中工作，也会产生氢致裂纹，即所谓的焊接冷裂纹。因此焊接接头的氢脆还要考虑焊接过程中引起氢致裂纹的问题，环境引起的氢脆和焊接引起的氢致裂纹的叠加将加速焊接接头的劣化。这里将重点介绍焊接冷裂纹及其预防措施。

（2）焊接冷裂纹　氢在钢中的分布有固溶氢和扩散氢两种类型，只有扩散氢才会对钢的焊接冷裂纹产生直接影响。焊接时氢的主要来源是电弧中水蒸气的分解。焊接材料中的水分及环境的湿度也是增氢的重要因素。母材表面的铁锈、油污也会使电弧气氛富氢。在焊接过程中，会有大量的氢溶入熔池金属，随着熔池金属的冷却及结晶，氢的溶解度急剧下降，使氢逸出，但因焊接熔池的冷却速度极快，氢来不及逸出而过饱和地保留于焊缝金属中，随后氢将进行扩散。氢在不同组织中的溶解和扩散能力是不同的，在奥氏体中氢具有较大的溶解度，扩散系数较小；在铁素体中氢却具有较小的溶解度和较大的扩散系数。

必须指出，在焊接接头冷却的过程中，氢在金属中的扩散是不均匀的，常在应力集中或缺口等有塑性应变的部位聚集，使该处最早达到氢的临界浓度。

焊接延迟裂纹机理与充氢钢的断裂情况类似。在充氢钢拉伸试验时，只有在一定的应力条件之下，才会出现由氢引起的延迟断裂现象。加载一段时间后，裂纹萌生并扩展，直到断裂。从断裂曲线（图2-59）看，存在两个临界应力——上临界应力和下临界应力。当拉应力超过上临界应力时，试件很快断裂；当拉应力低于下临界应力时，则无论经过多长时间，试件始终不会断裂。应该指出，临界应力值的大小与扩散氢的含量及材质有关。氢含量增加一倍，临界应力约降低20%～30%。钢的类型不同，临界应力比也会产生明显差异。此外，缺口越尖锐，最大硬度值越高，临界应力也越低。

裂纹的生成除了与时间有关外，也与温度有关。延迟裂纹只出现在－100～100℃的温度区间。如果温度过高，氢易从金属中逸出；如果温度过低，则氢难以扩散，故都不会出现延迟断裂现象。

由上述可知，产生延迟开裂均与金属中的氢有关，也可以说，冷裂纹的延迟现象，主要是由氢引起的，因此一般也可称之为氢致裂纹或氢助裂纹。

冷裂纹形成时温度较低，如结构钢焊接冷裂纹一般在马氏体转变温度范围（200～300℃）以下发生，所以冷裂纹又称低温裂纹。

焊后不立即出现的冷裂纹又叫延迟裂纹，且大多数是氢致裂纹。具有延迟性质的冷裂纹会造成预料不到的重大事故，因此它比一般裂纹具有更大的危险性，必须充分重视。

冷裂纹一般在焊接低合金高强度钢、中碳钢等易淬火钢时容易发生，而低碳钢、奥氏体不锈钢焊接时较少出现。高强度钢焊接接头中冷裂纹与热裂纹之比有时可达 9 ∶1 左右。

研究表明，钢种的淬硬倾向，焊接接头扩散氢含量及分布，以及接头所承受的拉伸拘束应力是高强度钢焊接时产生冷裂纹的三大主要因素。这三个因素相互促进，相互影响。前者反映了每种被焊材料所固有的一种特性，后两者取决于工艺因素（包括焊接材料的选择）和结构因素。

图 2-63 所示为典型的焊接冷裂纹。

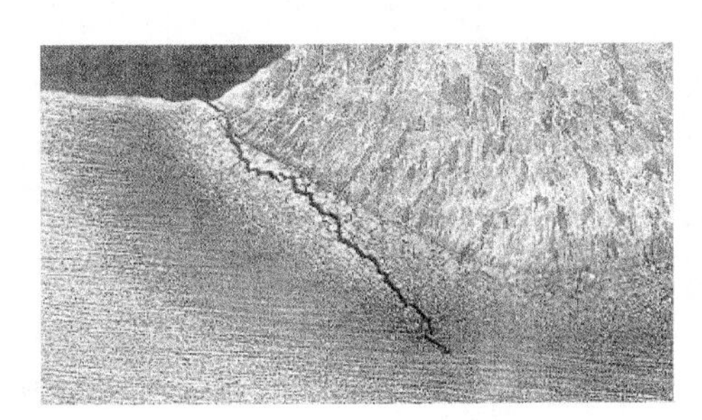

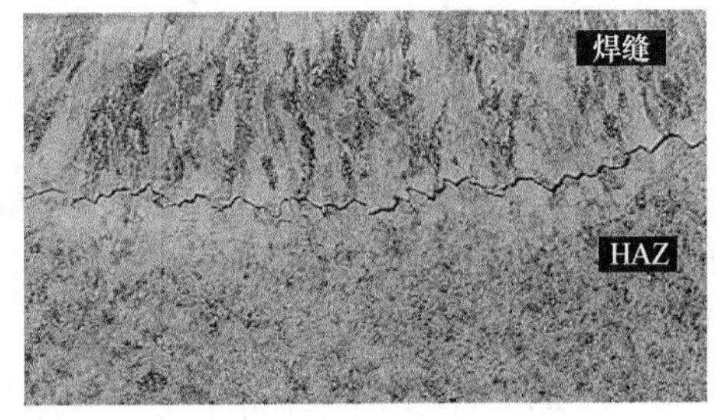

图 2-63　焊接冷裂纹

2.3.4　辐照损伤

辐照损伤是指材料受载能粒子轰击后产生的微观缺陷所引起的材料性能劣化的现象，其中最为突出的问题是材料的辐照脆化问题。辐照脆化对核反应堆的安全和寿命影响很大。在核反应堆压力容器（以下简称核压力容器）的结构设计、制造和运行过程中需要予以高度重视。

1. 辐照脆化

辐照下的金属材料强度增加较快，塑性、韧性下降较大，使材料变脆，被称为辐照脆化。辐照对材料性能的影响如图 2-64 ~ 图 2-66 所示。辐照脆化导致核压力容器结构的抗脆性断裂能力在核电设备寿命周期内不断下降，防止核压力容器结构脆性断裂设计的要点是充分估计辐照脆化作用，以合理的安全裕度来保证核压力容器结构在核电站寿命末期的可靠性和结构完整性。

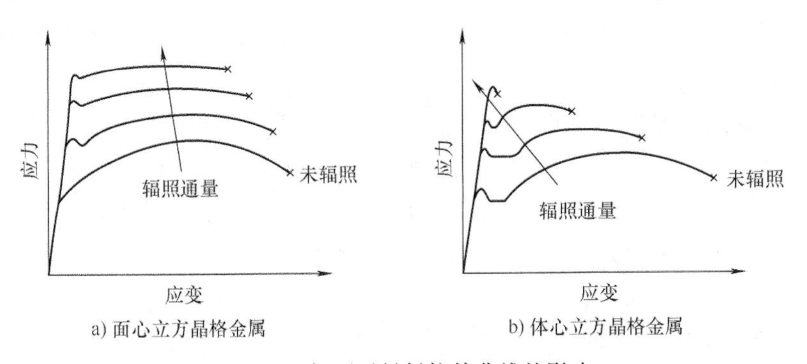

图 2-64　辐照对材料拉伸曲线的影响

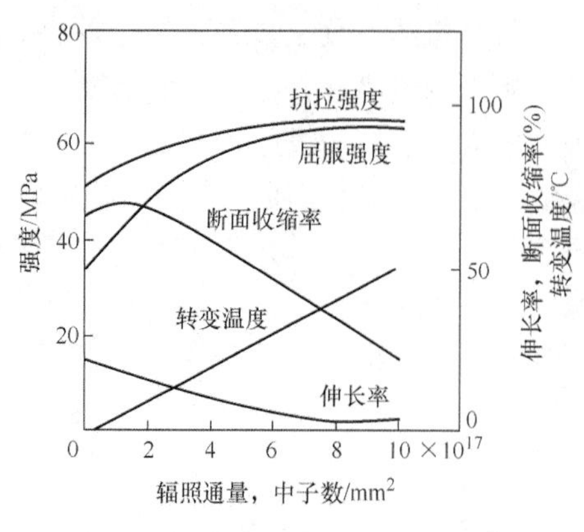

图 2-65　辐照对材料性能的影响

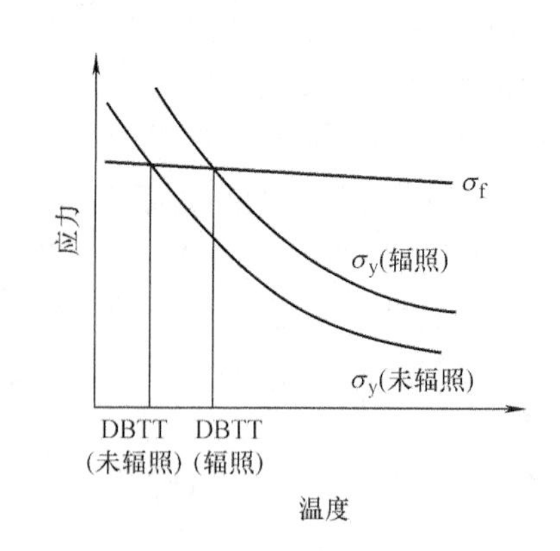

图 2-66　辐照对韧-脆转变温度（DBTT）的影响机制

铁素体不锈钢经过中子辐照后，其韧-脆转变温度将向高温方向移动（图 2-67），因此韧-脆转变温度是评价核压力容器材料抗脆性断裂能力的重要依据。辐照脆化通常采用辐照前后夏比冲击试验的冲击吸收能量与温度关系曲线的韧-脆转变温度迁移量（图 2-67 中的 ΔT_{56J}）或采用上平台能量的变化 ΔUSE 来表示，这些指标的变化就是材料辐照脆化效应的重要度量。若材料的这些指标在辐照前后变化大，则材料辐照脆化效应大，即辐照脆化敏感性高。

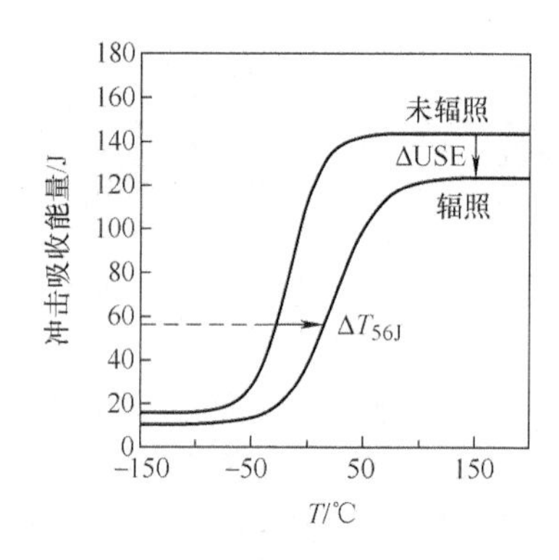

图 2-67　辐照引起的材料韧-脆转变温度的提高

核压力容器需要工作 20～30 年，在这期间，将一直承受中子辐照，累积中子通量可达 10^{19}～10^{20}中子数/cm²。辐照脆化是核压力容器结构面临的主要问题。承受的中子通量大于 10^{18}中子数/cm² 时，尤其是辐照温度在 230℃以下时，铁素体不锈钢的脆化现象非常显著。

研究表明，核压力容器用钢的主要脆化机制是辐照产生的稳定缺陷团和辐照与热老化共同作用引起的富 Cu 沉淀和 P 沉淀造成的。钢中杂质越多、晶粒和组织越粗、气体含量越高，尤其是 C、N、Cu、P 含量和痕迹元素（Sn、Sb、Bi 等）含量越高时，辐照脆化倾向越大；加工时塑性变形量越大，辐照脆化倾向越小；焊接时 Cu 元素容易进入焊缝，因此焊缝比母材的辐照脆化倾向更大。

此外，辐照参数的影响也比较敏感。温度高，通量低，则辐照脆化小。当温度超过 250℃时，辐照脆化明显减小，中子通量超过 3×10^{19}中子数/cm² 时，辐照脆化变缓，因此受到辐照损伤的核压力容器，在处于比辐照温度更高的环境下，其辐照产生的缺陷会恢复，从而使材料性能得到恢复。

辐照脆化和介质、拉应力的共同作用，会加速应力腐蚀开裂。辐照导致晶界弱化，微小的应力也能产生应力腐蚀开裂，高应力具有加速作用。辐照脆化也会对合金的蠕变产生影响（图2-68）。

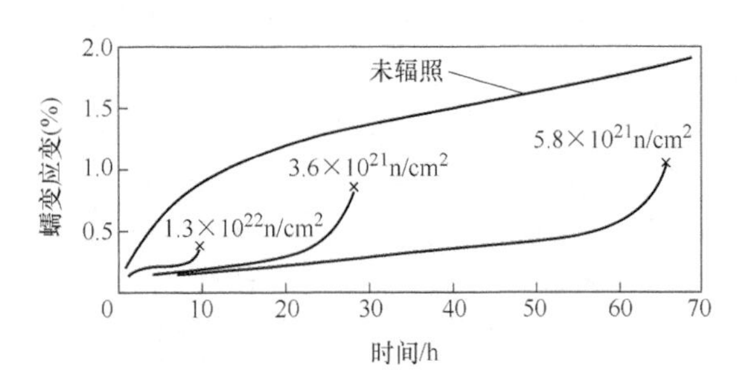

图2-68　辐照对306不锈钢蠕变性能的影响

注：辐照温度：460℃，试验应力：245MPa，试验温度：550℃。

2. 焊接结构的辐照脆化

核压力容器无论是环锻结构还是板焊结构，都涉及焊缝辐照问题，焊接区的辐照敏感性因焊接方法、焊接材料（焊丝、焊剂）、焊接条件和焊后热处理而异。辐照试验表明：铸态的焊缝比加工态的母材辐照效应大，由于焊接条件和焊后热处理的不同，热影响区的辐照敏感性也有很大差异。这表明焊缝是保证安全的薄弱环节。

焊缝中的Cu含量对辐照脆化转变温度的影响较大。如图2-69所示，当焊缝中Cu含量从0.06%（质量分数）增加到0.30%时，辐照脆化转变温度向高温测发生较大的迁移，上平台能量损失显著。

如前所述，核压力容器结构的辐照脆化虽然比较明显，但若加热到高于辐照温度时，辐照缺陷将会部分消失，辐照脆化转变温度随之降低，使核压力容器结构的韧性得到部分恢复，即增加了保证安全的韧性储备。核压力容器的设计温度高于运行温度（高工况），如能实现高工况现场退火，可降低脆化转变温度（图2-70），因而具有很大的工程价值，它对确保安全、延长反应堆的寿命有很大的实际意义和经济效益。

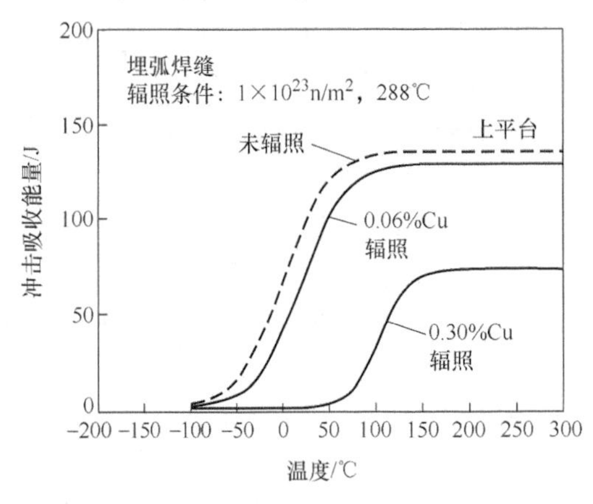

图2-69　焊缝中Cu含量对辐照脆化的影响

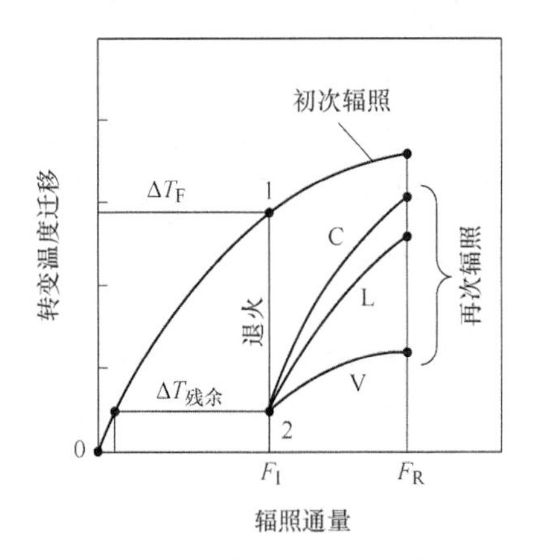

图2-70　核压力容器辐照后退火的影响

研究压力容器钢辐照规律的目的是为了减小辐照效应，提高使用性能。为此，需要从冶金和辐照规律及二者的关系中寻找方向与改进措施。

参考文献

[1] BIGGS W D. The brittle fracture of steel [M]. London: Macdonald and Evans Ltd, 1960.

[2] TIPPER C F. The brittle fracture story [M]. Cambridge: Cambridge University Press, 1962.

[3] HERTZBERG R W, VINCI R P, HERTZBERG J L. Deformation and fracture mechanics of engineering materials [M]. 5th ed. Hoboken: John Wiley & Sons Inc, 2013.

[4] SWINGLER J. The physics of degradation in engineered materials and devices: Fundamentals and principles [M]. New York: Momentum Press LLC, 2015.

[5] WOLÉ SOBOYEJO. Mechanical Properties of Engineered Materials [M]. New York: Marcel Dekker Inc, 2003.

[6] KOBAYASHI T. Strength and toughness of materials [M]. Tokyo: Springer Japan, 2004.

[7] MILELLA P P. Fatigue and corrosion in metals [M]. Milan: Springer-Verlag Italia, 2013.

[8] SUN X. Failure mechanisms of advanced welding processes [M]. Cambridge: Woodhead Publishing Limited, 2010.

[9] RADAJ D, VORMWALD M. Advanced mehods of fatigue assessment [M] . Berlin: Sciencet Business Media, 2013.

[10] HAYES B. Classic brittle failures in large welded structures [J]. Engineering Failure Analysis, 1996, 3 (2): 115 - 127.

[11] FRANCOIS D, PINEAU A, ZAOUI A. Mechanical behaviour of materials [M]. Dordrecht: Springer Science + Business Media, 2013.

[12] MILNE I, RITCHIE R O, KARIHALOO B. Comprehensive structural integrity [M]. Oxford: Elsevier Science Ltd, 2003.

[13] 佐藤邦彦，向井喜彦，丰田政南. 焊接接头的强度与设计 [M]. 张伟昌，严鸢飞，等译. 北京：机械工业出版社，1979.

[14] 增渊兴一. 焊接结构分析 [M]. 张伟昌，等译. 北京：机械工业出版社，1985.

[15] 孟广喆，贾安东. 焊接结构强度和断裂 [M]. 北京：机械工业出版社，1986.

[16] 田锡唐. 焊接结构 [M]. 北京：机械工业出版社，1982.

[17] RADAJ D, SONSINO C M. Fatigue assessment of welded joint by local approaches [M]. 2nd ed. Cambridge: Woodhead Publishing Limited, 2006.

[18] SCHIJVE J. Fatigue of structures and materials [M]. 2nd ed. Berlin: Springer Science + Business Media, 2009.

[19] ANDERSON T L. Fracture mechanics: Fundamentals and applications [M]. 3rd ed. Boca Raton: Taylor & Francis Group LLC, 2005.

[20] MACDONALD K A. Fracture and fatigue of welded joints and structures [M]. Cambridge: Woodhead Publishing Limited, 2011.

[21] SUN X. Failure mechanisms of advanced welding processes [M]. Cambridge: Woodhead

Publishing Limited, 2010.
[22] LASSEN T, RÉCHO N. Fatigue life analyses of welded structures [M]. ISTE Ltd, 2006.
[23] RÖSLER J, HARDERS H, BÄKER M. Mechanical behaviour of engineering materials [M]. Berlin: Springer-Verlag Berlin Heidelberg, 2007.
[24] Iaea Nuclear Energy Series. Integrity of reactor pressure vessels in nuclear power plants: Assessment of irradiation embrittlement effects in reactor pressure vessel steels: NP - T - 3. 11 [S]. Vienna: International Atomic Energy Agency, 2009.
[25] HEERENS J, SCHÖDEL M. On the determination of crack tip opening angle, CTOA, using light microscopy and δ_5 measurement technique [J]. Engineering fracture Mechanics, 2003, 70: 417 - 426.
[26] ZERBST U, PEMPE A, SCHEIDER I, et al. Proposed extension of the SINTAP/FITNET thin wall option based on a simple method for reference load determination [J]. Engineering Fracture Mechanics, 2009, 76: 74 - 87.
[27] LAZZARI L, PEDEFERRI M. Corrosion science and engineering [M]. Cham: Springer Nature Switzerland AG, 2018.
[28] 乔利杰. 应力腐蚀机理 [M]. 北京: 科学出版社, 1993.
[29] RAYMOND L. Hydrogen embrittlement: prevention and control [M]. Philadelphia: ASTM Special Technical Publication, 1988.
[30] 褚武杨. 氢损伤和滞后断裂 [M]. 北京: 冶金工业出版社, 1988.
[31] CHARIT I, ZHU Y T, MALOY S A, et al. Mechanical and creep behavior of advanced materials [M]. Cham: The Minerals, Metals & Materials Society, 2017.
[32] BEACHEMC D. A new model for hydrogen-assisted cracking (hydrogen "embrittlement") [J]. Metall Mater Trans B, 1972, 3 (2): 441 - 455.
[33] 张俊善. 材料的高温变形与断裂 [M]. 北京: 科学出版社, 2007.
[34] ASHBY M F, GANDHI G, TAPLIN D M R. Overview No. 3 fracture mechanism maps and their construction for f. c. c. metals and alloys [J]. Acta Metallurgica, 1979, 27 (5): 699 - 729.
[35] WAS G S. Fundamentals of radiation materials science [M]. 2nd ed. New York: Springer Science + Business Media, 2017.
[36] CRONVALL O. Structural lifetime, reliability and risk analysis approaches for power plant components and systems [M]. Vuorimiehentie: VTT Publications, 2011.
[37] 刘建章. 核结构材料 [M]. 北京: 化学工业出版社, 2007.
[38] 上海发电设备成套设计研究院. 压水堆核电站核岛主设备材料和焊接 [M]. 上海: 上海科学技术文献出版社, 2008.

第3章　焊接结构的断裂韧力分析

结构的断裂韧力是描述结构完整性的关键参数之一。焊接结构断裂韧力分析是研究缺陷对焊接构件完整性的影响及焊接接头的抗断裂性能的方法，前者是缺陷评定或合于使用评定的重点，后者是焊接结构断裂控制及断裂性能评定的基本内容。

3.1　断裂力学判据

断裂韧力分析的主要目的是确定含缺陷结构是否合于使用或结构在工作条件下的缺陷容限或剩余强度。断裂力学判据是含缺陷结构的断裂韧力评定的基本准则。断裂力学判据经历了线弹性断裂力学的应力强度因子（K）判据、弹塑性断裂力学的 J 积分和裂纹尖端张开位移（CTOD）判据到考虑脆性断裂和塑性失稳两种失效机制的双判据方法的发展历程。

3.1.1　线弹性断裂力学判据

1. 应力强度因子

根据线弹性断裂力学理论，裂纹尖端区（图3-1）某点的应力、位移和应变完全由 K 决定，K 称为应力强度因子，它是衡量裂纹尖端区应力场强度的重要参数。Ⅰ型（张开型）裂纹、Ⅱ型裂纹（滑开型）和Ⅲ型裂纹（撕开型）的应力强度因子分别表示为 K_{I}、K_{II} 和 K_{III}。受单向均匀拉伸应力作用的无限大平板，含长度 $2a$ 的中心裂纹（Ⅰ型）的应力强度因子为

$$K_{\mathrm{I}}=\sigma\sqrt{\pi a} \tag{3-1}$$

即应力强度因子 K_{I} 取决于裂纹的形状和尺寸及应力的大小，同时还受应力与裂纹形状及尺寸的综合影响。

当裂纹应力强度因子 K_{I}（也是裂纹扩展驱动力）达到某一临界值时，带裂纹的构件就会发生断裂，这一临界值称为断裂韧度 K_{IC}，K_{IC} 是材料对裂纹扩展的抗力。因此断裂准则为

$$K_{\mathrm{I}}\geqslant K_{\mathrm{IC}} \tag{3-2}$$

应当注意，应力强度因子 K_{I} 与应力和裂纹长度有关，与材料本身的固有性能无关；而断裂韧度 K_{IC} 反映材料阻止裂纹扩展的能力，是材料本身的特性。K_{IC} 值可通过有关标准试验方法来获得。

2. K_{IC} 试验

测定 K_{IC} 的常用试件为紧凑拉伸试件（图3-2a）和三点弯曲试件（图3-2b）。测定

K_{IC}时，为保证裂纹尖端塑性区尺寸远小于周围弹性区的尺寸，即小范围屈服并处于平面应变状态，试件尺寸必须满足如下要求

$$B \geqslant 2.5(K_{\mathrm{IC}}/R_{\mathrm{eL}})^2 \tag{3-3}$$

$$a \geqslant 2.5(K_{\mathrm{IC}}/R_{\mathrm{eL}})^2 \tag{3-4}$$

$$W - a \geqslant 2.5(K_{\mathrm{IC}}/R_{\mathrm{eL}})^2 \tag{3-5}$$

由于实际材料的各向异性，断裂韧度对试件取向较敏感。对于轧制金属板，可制备6种不同的试件（图3-2c）。分别用L、T、S表示板材的纵向（轧制方向）、横向及厚度方向。用两个字母作为取样标记，第一个字母表示与裂纹面垂直的拉伸载荷方向，第二个字母为裂纹扩展方向。例如，按$T-L$标记取样表示试件沿横向加载，裂纹沿纵向扩展。

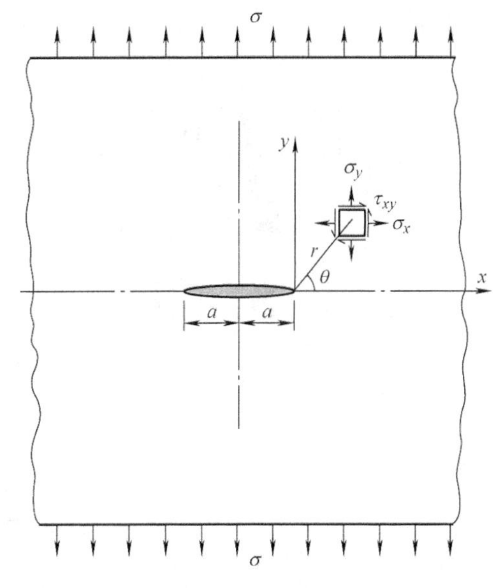

图3-1 裂纹尖端区域的坐标系统

r——材料上某点到裂纹尖端的距离

焊接接头断裂力学试验需要将裂纹尖端预置在接头不同的区域，以获得接头不同区域的断裂性能。图3-3所示为焊接接头断裂力学试件及厚板接头取样。厚板接头焊缝区的试件也可参照图3-2c的要求进行取样（图3-3c）

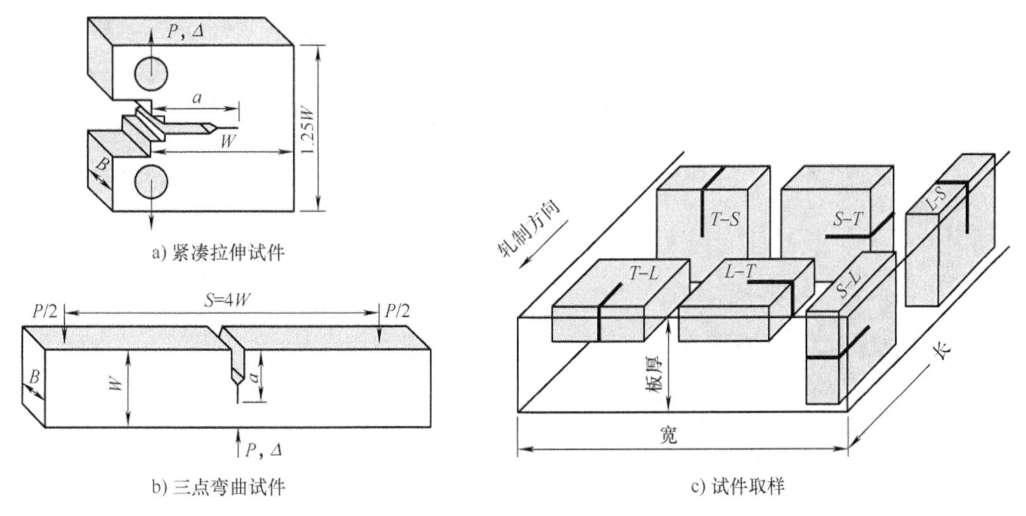

图3-2 试件类型及取样

试件毛坯经粗加工、热处理和磨削，随后在钼丝切割机上开切口，再在疲劳试验机上预制裂纹。预制裂纹的长度不小于1.5mm。裂纹总长是切口深度与预制裂纹的长度之和，应在$0.45 \sim 0.55W$之间，平均为$0.5W$，故韧带尺寸$W-a=0.50W$。

试验时记录载荷P与裂纹嘴张开位移V的关系曲线。载荷P由载荷传感器测量，裂纹嘴张开位移V用夹式引伸计测量（图3-4）。根据$P-V$曲线，可求出裂纹失稳扩展时的临界载荷P_Q。P_Q相当于裂纹扩展量$\Delta a/a=2\%$时的载荷。对于标准试件，$\Delta a/a=2\%$大致相当于$\Delta V/V=5\%$。为求P_Q，从$P-V$曲线的坐标原点画OP_5直线，其斜率比$P-V$曲线的直线

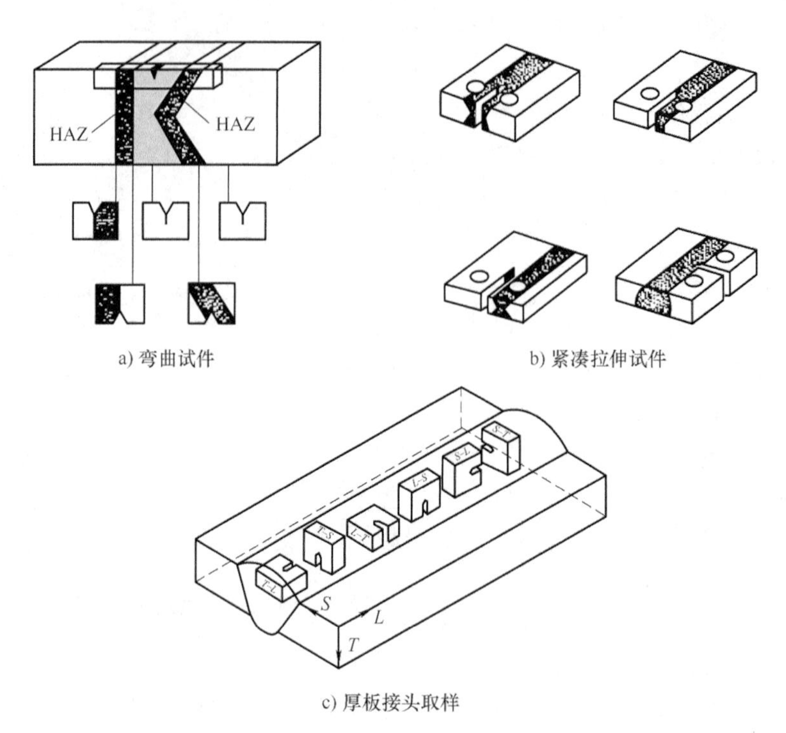

a) 弯曲试件　　b) 紧凑拉伸试件

c) 厚板接头取样

图 3-3　焊接接头断裂力学试件及厚板接头取样

部分的斜率小 5%，如图 3-5 所示。$P-V$ 曲线与 OP_5 的交点对应的载荷为 P_5，这个条件相当于 $\Delta V/V=5\%$。图 3-5 表示了确定 P_Q 的不同方法。若在 P_5 之前，没有比 P_5 大的载荷，则取 $P_Q=P_5$。若在 P_5 前有一比 P_5 大的载荷，则取该载荷为 P_Q。

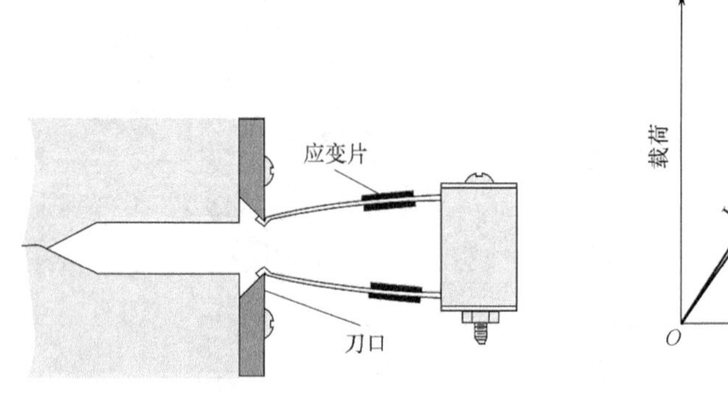

图 3-4　裂纹张开位移的测量

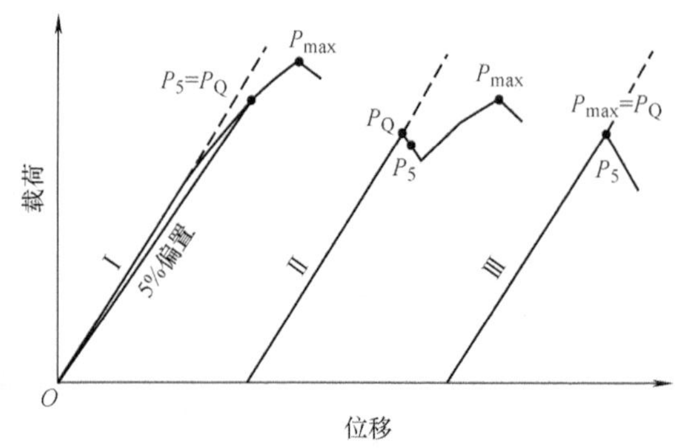

图 3-5　载荷与位移的关系

试件压断后，用工具显微镜测量平均裂纹长度 a。求得 P_Q 和 a 值后，即可代入相应的 K_{I} 表达式，从而计算出 K_Q。最后按标准要求进行有效性检验。若满足有效性规定，则 K_Q 即为 K_{IC}；否则，应将原试件尺寸加大 50%，并重新测定 K_{IC}值。

3. 断裂韧度与材料厚度

K_{IC}一般是指材料在平面应变下的断裂韧度，平面应力状态下的断裂韧度（用 K_C 表示）和试样厚度有关，而当板材厚度增加，达到平面应变状态时，断裂韧度会趋于一个稳定的最低值，这时的 K_C（$=K_{\mathrm{IC}}$）便与板材或试样的厚度无关了（图 3-6a）。

K_{IC}反映了最危险的平面应变断裂情况，从平面应力向平面应变过渡的相对厚度取决于材料的强度，较高的屈服强度意味着较小的塑性区，K_{C} 和 K_{IC}一般随屈服强度增大而降低。材料的屈服强度越高，达到平面应变状态的板材厚度越小。任意厚度板材的 K_{C} 和 K_{IC}的关系可以表示为

$$K_{\mathrm{C}}^2 = K_{\mathrm{IC}}^2(1 + 1.4\beta_{\mathrm{IC}}^2) \tag{3-6}$$

式中　β_{IC}——系数，$\beta_{\mathrm{IC}} = \frac{1}{B}\left(\frac{K_{\mathrm{IC}}}{R_{\mathrm{eL}}}\right)^2$（$B$——壁厚）。

K_{C} 和 K_{IC}与厚度的关系也可用简化的折线来表示（图 3-6b）。有关研究表明，A 点和 C 点所对应的厚度 B_1 和 B_2 近似为

$$B_1 = \frac{1}{3\pi}\left(\frac{K_{\mathrm{IC}}}{R_{\mathrm{eL}}}\right)^2 \tag{3-7}$$

$$B_2 = 2.5\left(\frac{K_{\mathrm{IC}}}{R_{\mathrm{eL}}}\right)^2 \tag{3-8}$$

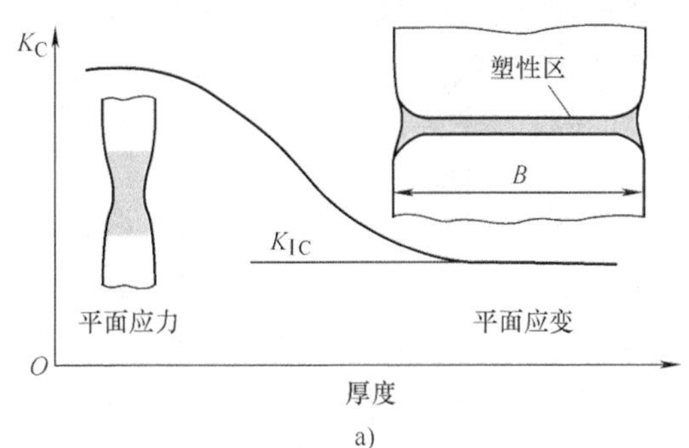

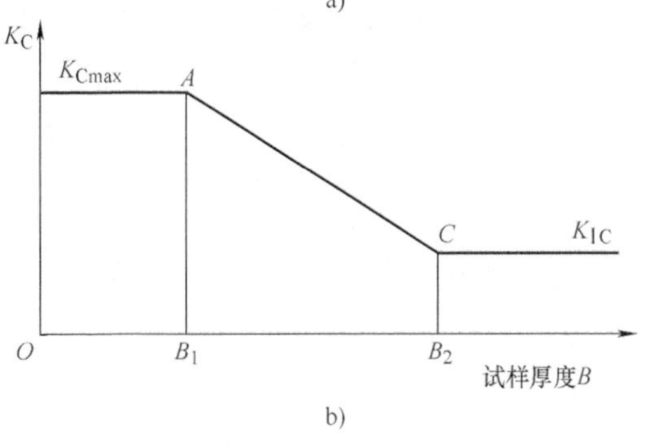

图 3-6　断裂韧度与厚度的关系

$K_{\mathrm{IC}}/R_{\mathrm{eL}}$代表了平面应变程度及约束能力。由此可见，当 $K_{\mathrm{IC}}/R_{\mathrm{eL}}$值较小时，保持平面应变的厚度也较小；而 $K_{\mathrm{IC}}/R_{\mathrm{eL}}$值较大时，则保持平面应变的厚度也随之增加。对于特定的板厚，可以测量的 $K_{\mathrm{IC}}/R_{\mathrm{eL}}$最大值即可作为约束能力的指标。当截面尺寸小于平面应变约束最小厚度的 40% 时，欲使裂纹扩展，应力需要超过屈服强度，这种约束不足以使其保持平面应变。若已知 K_{IC}值，当厚度满足式(3-9）时，约束松弛就足以使名义应力超过屈服强度。

$$B \leqslant \left(\frac{K_{\mathrm{IC}}}{R_{\mathrm{eL}}}\right)^2 \tag{3-9}$$

在实际应用中，应尽量避免平面应变的脆性断裂，K_{IC}的选取应保证平面应力的韧性断裂，简单的方法是采用发生穿透厚度屈服的条件，即

$$K_{\mathrm{IC}} \geqslant R_{\mathrm{eL}}\sqrt{B} \tag{3-10}$$

3.1.2　弹塑性断裂力学参数及断裂判据

线弹性断裂力学的应用受限于小范围屈服条件。对于延性较好的金属材料，裂纹尖端区已不满足小范围屈服条件，线弹性断裂力学理论已不再适用，需要采用弹塑性断裂力学的方法分析构件裂纹尖端的应力-应变场。

1. 韧性断裂过程

韧性断裂过程具体表现为裂纹尖端前方一定距离处孔洞成核、长大和汇合（图 3-7）。当对含裂纹体结构加载到一定程度时，会使裂纹尖端局部的应力和应变越来越大，最终迫使孔洞成核。当裂纹尖端钝化时孔洞继续成长，最终与主裂纹汇合；裂纹扩展是这一过程的持续。

为了描述弹塑性断裂问题，需要寻找新的断裂控制参数。J 积分和裂纹张开位移（COD）是常用的弹塑性断裂力学参数。

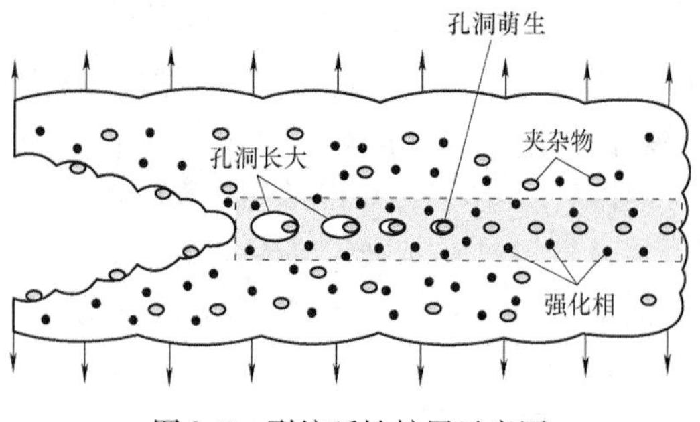

图 3-7　裂纹延性扩展示意图

2. J 积分判据

（1）J 积分定义　Rice 于 1968 年提出用 J 积分表征裂纹尖端附近应力-应变场的强度。如图 3-8 所示，设有一单位厚度（$B=1$）的Ⅰ型裂纹体，逆时针取一回路 Γ，其所包围的体积内应变能的密度为 ω，Γ 回路上任一点作用应力为 T，积分回路边界上的位移为 u，J 积分的定义为

$$J = \int_{\Gamma}\left(\omega \mathrm{d}y - T\frac{\partial u}{\partial x}\mathrm{d}s\right) \tag{3-11}$$

可以证明，J 积分与积分路径无关，即 J 积分具有守恒性。

在小范围屈服条件下，J 积分与应力强度因子 K 和能量释放率 G 具有对应关系，例如平面应力的Ⅰ型裂纹，有

$$J = \frac{K_{\mathrm{I}}^2}{E} = G_{\mathrm{I}} \tag{3-12}$$

由此可见，J 积分上具有能量释放率的物理意义。J 积分是表征材料弹塑性断裂行为的特征参数，断裂准则为

$$J \geqslant J_{\mathrm{IC}} \tag{3-13}$$

J_{IC}是平面应变条件下的 J 积分的临界值，即弹塑性断裂韧度，为材料常数，可以通过标准试验方法来测定。

需要指出，塑性变形是不可逆的，因此求 J 值必须单调加载，不能有卸载现象。但裂纹扩展意味着部分区域卸载，所以通常 J 积分不能处理裂纹的连续扩展问题，其临界值只是开裂点，不一定是失稳断裂点。

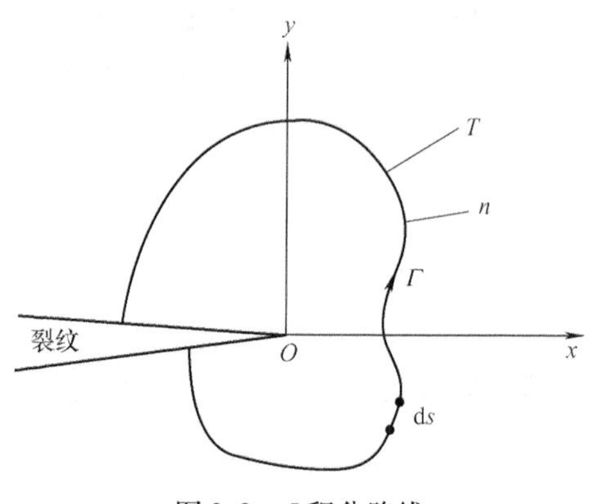

图 3-8　J 积分路线

（2）J 积分试验　J_{IC}的测定是根据 J 积分的变形功差率所定义的，通过加载过程中载荷 P 与加载点的位移 Δ 的关系曲线来计算。当根据 $P-\Delta$ 曲线（见图 3-9）计算 J 值时，可将 J 分为弹性和塑性两部分

$$J = J_{\mathrm{e}} + J_{\mathrm{P}} \tag{3-14}$$

式中　J_{e}——J 的弹性分量；

　　　J_{P}——J 的塑性分量。

$$J_{\mathrm{e}} = \frac{(1-\nu^2)K_{\mathrm{I}}^2}{E} \tag{3-15}$$

式中　E——弹性模量；

　　　ν——泊松比。

$$J_{\mathrm{P}}=\frac{2U_{\mathrm{P}}}{B(W-a_0)} \tag{3-16}$$

J_{IC}试验中需要测定起裂点J_{i}，可采用声发射或电位法等物理方法检测起裂点，也可以采用J积分阻力曲线法确定。应用J积分阻力曲线法测定J_{IC}可参见有关标准。J积分阻力曲线是J积分值（裂纹扩展阻力J_{R}）随裂纹扩展量Δa之间的关系曲线，也称J_{R}曲线。如图3-10a所示，当外加J积分值小于临界值J_{IC}时，裂纹钝化并不扩展；当外加J积分值超过J_{IC}时，裂纹起裂并稳定扩展。在标准阻力曲线的绘制中，常将裂纹钝化的影响除去，得到图3-10b所示的J_{R}曲线。

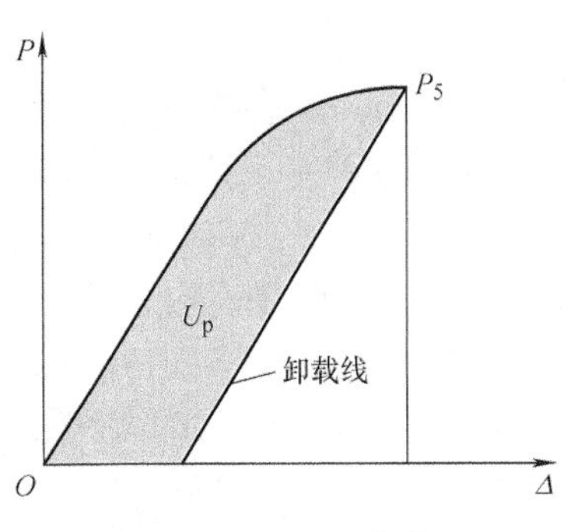

图3-9　$P-\Delta$曲线

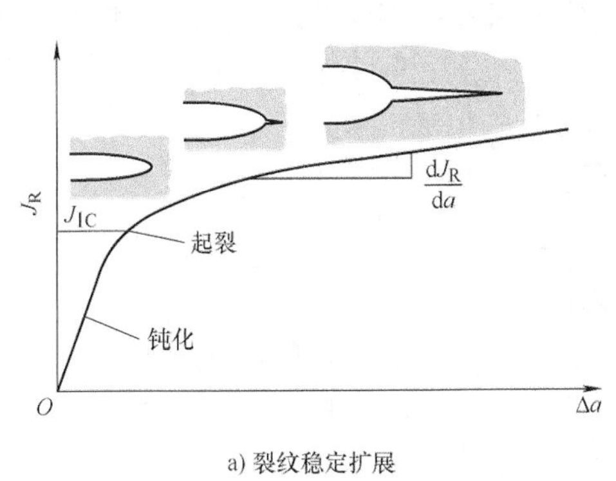

a) 裂纹稳定扩展

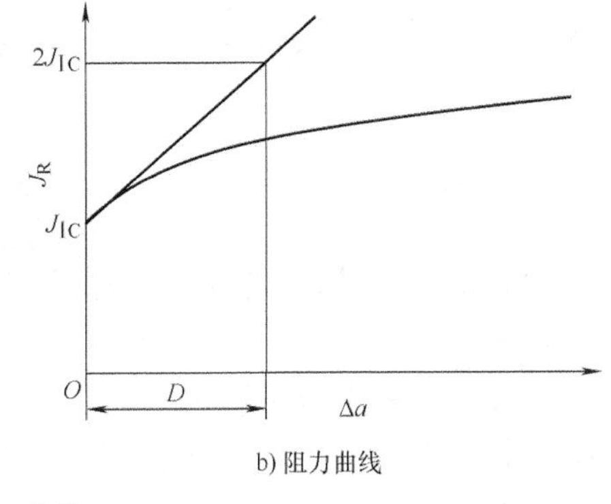

b) 阻力曲线

图3-10　J_{R}曲线

对于韧性材料，J_{R}会随Δa的增加而迅速上升，$J_{\mathrm{R}}-\Delta a$曲线展示了韧性材料随裂纹扩展而表现出来的抗裂潜力，可由式(3-17)表示的具有长度量纲的材料常数D来度量

$$D=\frac{J_{\mathrm{IC}}}{(\mathrm{d}J_{\mathrm{R}}/\mathrm{d}\Delta a)_{\Delta a\to 0}} \tag{3-17}$$

D的物理意义如图3-10b所示。若裂纹扩展量Δa很小，则扩展段阻力曲线可用起裂点的切线来近似表示。D表示沿此切线使J_{R}值至J_{IC}加倍时裂纹扩展的距离。D值越大，表明材料抗裂纹扩展的能力越弱；D值越小，表明材料抗裂纹扩展的能力越强。

（3）J积分弹塑性解的估算方法　一般而言，直接按照定义求解J积分是比较困难的，因此美国电力研究院（EPRI）发展了弹塑性断裂分析工程方法，提出了J积分弹塑性解的工程估算方法，如图3-11所示，其表达式为

$$J=J_{\mathrm{e}}(a_{\mathrm{e}})+J_{\mathrm{p}}(a,n) \tag{3-18}$$

式中　$J_{\mathrm{e}}(a_{\mathrm{e}})$——按等效裂纹长度$a_{\mathrm{e}}$协调后的弹性分量；

$J_{\mathrm{p}}(a,\ n)$——按材料硬化指数划分的塑性分量。

对于应力-应变关系符合Ramberg-Osgood本构关系的材料，即

$$\frac{\varepsilon}{\varepsilon_0}=\frac{\sigma}{\sigma_0}+\alpha\left(\frac{\sigma}{\sigma_0}\right)^n \tag{3-19}$$

式中　α、n——材料相关的常数；

ε_0、σ_0——参考应力、参考应变。

式(3-18) 可以表示为

$$J = f_1(a_e)\frac{P^2}{E'} + h_1(a/W, n)\alpha\sigma_0\varepsilon_0 a\left(\frac{P}{P_0}\right)^{n+1} \tag{3-20}$$

式中 $f_1(a_e)$——裂纹构建几何形状及尺寸的函数；

$h_1(a/W,\ n)$——a/W 和 n 的函数；

P——载荷，P_0 为构件的极限载荷；

E'——平面应力或平面应变状态下的弹性模量，平面应力：$E'=E$，平面应变：$E'=E/(1-\nu)$。

用工程估算方法求出裂纹驱动力 J 积分再与试验测定的材料临界 J 积分（裂纹扩展阻力）J_{IC}相比较，便可预测裂纹起裂、失稳扩展等断裂行为。

在实际生产中很少用 J_{IC}来计算裂纹体的承载能力，这是因为 J 积分的数学表达式中的应力和裂纹尺寸等参数的关系不像应力强度因子那样直接，即使知道 J_{IC}值，也很难用来计算含裂纹结构的断裂强度。目前，J 积分判据主要是通过用小试样测出 J_{IC}，再换算成大试样的 K_{IC}，

$$K_{\mathrm{IC}} = \sqrt{\frac{J_{\mathrm{IC}}E}{1-\nu^2}} \tag{3-21}$$

然后再根据 K_{I} 判据去解决中、低强度钢大型件的断裂问题。

3. 裂纹张开位移判据

对承载裂纹体的结构，由于裂纹尖端的应力高度集中，会使该区域的材料发生塑性滑移，进而导致裂纹尖端的钝化，裂纹面随之张开。根据不同的度量方法和应用目的，裂纹张开位移（COD）常用裂纹尖端张开位移（CTOD）和裂纹尖端张开角（CTOA）来表征。

(1) 裂纹尖端张开位移（CTOD） Wells 认为裂纹尖端张开位移可以表征裂纹尖端附近的塑性变形程度，因此提出了 CTOD 判据。在裂纹体受 I 型载荷时，裂纹尖端张开位移 δ 达到极限值 δ_C 时，裂纹会起裂、扩展，断裂准则为

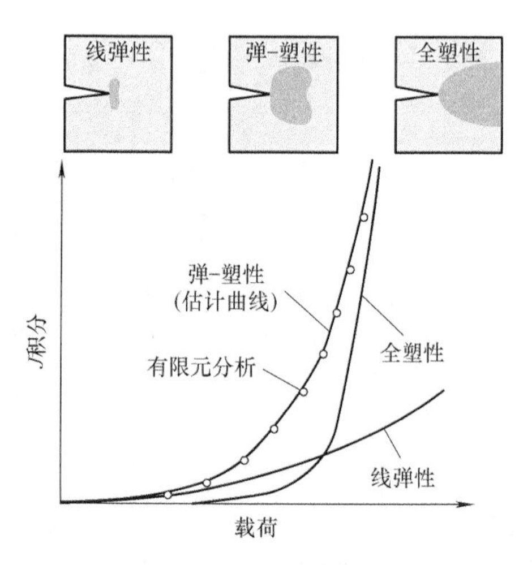

图 3-11 EPRI 工程估算方法说明

$$\delta \geqslant \delta_C \quad (\mathrm{mm}) \tag{3-22}$$

式中 δ_C——材料的裂纹扩展阻力，可通过标准试验方法测定。

与 J 积分判据一样，CTOD 只是一个起裂判据，无法预测裂纹是否稳定扩展。

为了便于试验测定和数值计算，CTOD 常用的定义方法如图 3-12 所示。图 3-12a 采用裂纹扩展时原始裂纹顶端位置的张开位移作为 CTOD。采用这个定义直观易懂，所以应用较广，缺点是从理论上讲原始裂纹顶端的位置难以确定。图 3-12b 采用变形后裂纹表面上弹塑性区交界点处的位移量作为 CTOD，这一定义具有明显的力学意义，但实验中不容易测得。图 3-12c 将变形后裂纹顶端对称于原裂纹中线作一直角，把与上下裂纹表面的交点之间的距离定义为 CTOD，这一定义被广泛地应用于中心穿透裂纹问题的研究之中，更便于有限元分

析。图 3-12d 定义 COTD 为过原始裂纹尖端作变形后钝化裂纹自由表面轮廓线的两条切线，两切点间的距离，或原裂纹面延长线外推与过裂纹顶端的切垂线交点的距离，这个定义不但便于测定，而且在大多数情况下有满意的精度。

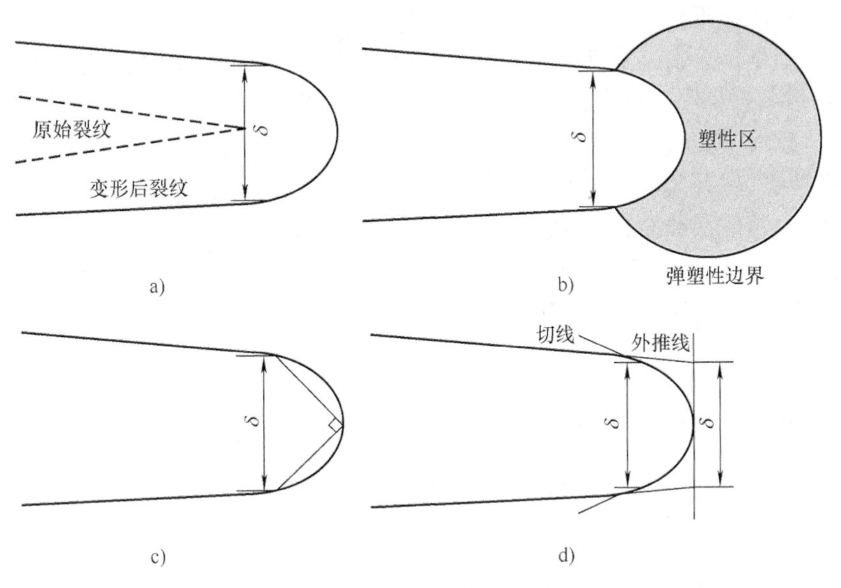

图 3-12　CTOD 常用的定义方法

鉴于标准断裂韧度试验的局限性，可采用局部 CTOD(δ_5) 测试方法，即测量跨越裂纹尖端 5mm 标距的位移值（图 3-13 中两个小不通孔之间的距离）。研究表明 δ_5 与标准 CTOD 和 J 积分是有关系的，δ_5 在试件表面测量，而标准 CTOD 和 J 积分则代表整个厚度的平均值，因此 δ_5 与这两个量的关系取决于厚度方向上裂纹的曲率。

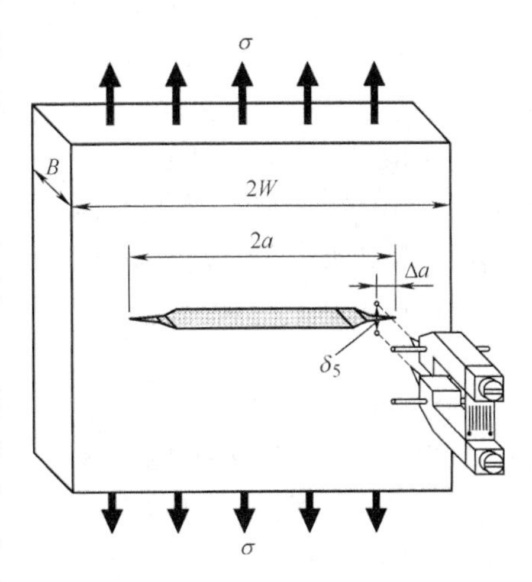

图 3-13　局部 CTOD 测量示意图

CTOD 是裂纹顶端变形的直接度量，在材料发生整体屈服之前均适用。与 J 积分相似，小范围屈服条件下 CTOD 与应力强度因子或应变能释放率是等价的。Irwin 和 Dugdale 分别给出了平面应力条件下的小范围屈服时，无限大平板中心裂纹受到单向拉伸时的 δ 与 K_{I} 的关系

$$\delta=\begin{cases}\dfrac{4K_{\mathrm{I}}^2}{\pi E R_{\mathrm{eL}}} & \text{Irwin 模型}\\[2ex] \dfrac{K_{\mathrm{I}}^2}{E R_{\mathrm{eL}}} & \text{Dugdale 模型}\end{cases} \tag{3-23}$$

二者只相差一个系数 $4/\pi$。因此小范围屈服条件下，δ 与 K_{I} 的一般关系可写为

$$\delta=a\,\frac{K_{\mathrm{I}}^2}{E R_{\mathrm{eL}}} \tag{3-24}$$

J 积分与 CTOD 之间的一般关系为

$$J = kR_{eL}\delta \tag{3-25}$$

k 值在 1.1～2.0 之间，其数值主要由试件的几何形状、约束条件和材料的硬化特性等决定。

受控于材料的弹塑性转变温度特性，临界应力强度因子、J 积分与 CTOD 值都与温度有关。其中临界 J 积分与 CTOD 为弹塑性判据，因此存在转变温度，而应力强度因子为脆性断裂判据，一般认为不存在转变温度。

（2）裂纹尖端张开角（CTOA）　CTOA 可以定义为裂纹尖端到距裂尖后部特征距离 d 处裂纹两表面上两点之间所连直线的夹角 ψ，如图 3-14 所示。

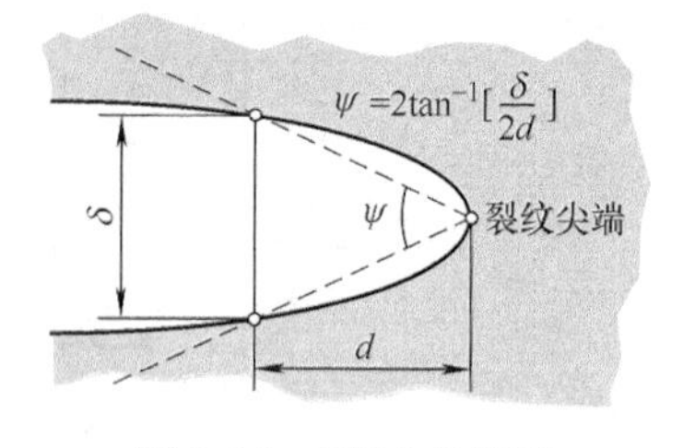

图 3-14　CTOA 的定义

依据上述定义，CTOA 计算式为

$$\text{CTOA} = 2\arctan\left(\frac{\delta}{2d}\right) \tag{3-26}$$

除此之外，还存在其他的定义方法，如：

$$\text{CTOA} = 2\arctan\left(\frac{1}{2} \times \frac{\mathrm{d}\delta}{\mathrm{d}a}\right) \tag{3-27}$$

式中　$\mathrm{d}a$——裂纹扩展微量；

$\mathrm{d}\delta$——与 $\mathrm{d}a$ 对应的张开位移。

考察式(3-27) 关于 CTOA 的定义可知，由于 $\mathrm{d}\delta/\mathrm{d}a$ 实质为 $\delta-a$ 曲线的斜率，那么 CTOA 必然与张开位移量 δ 一一对应。研究表明，裂纹处于稳定扩展阶段时 CTOA 保持为常数，也就是说 $\mathrm{d}\delta/\mathrm{d}a$ 为常数，表明此时 $\delta-a$ 呈线性关系。

对Ⅰ型裂纹，当裂尖张开位移达到临界值 δ_C 时，裂纹开始扩展，之后裂纹扩展由 CTOA 控制。假设在裂纹稳定扩展阶段 CTOA 存在最大值 $(\text{CTOA})_{max}$，那么可以认为它代表了裂纹扩展的最大驱动力。该值在经过一个瞬时阶段后达到稳定值 $(\text{CTOA})_C$，因而裂纹扩展临界条件为

$$(\text{CTOA})_{max} = (\text{CTOA})_C \tag{3-28}$$

如果 $(\text{CTOA})_{max} < (\text{CTOA})_C$，即使存在裂纹也不会扩展，更不会产生大范围的延性断裂。$(\text{CTOA})_C$ 仅与材料性能、结构的几何形状有关。

采用 CTOD 与 CTOA 作为裂纹起始判据具有相同的效果。试验结果表明，裂纹扩展初期为非稳态阶段，CTOD 仍会控制裂纹微量扩展，而 CTOA 会随裂纹扩展而降低，如图 3-15 所示。当裂纹稳定扩展后，随着裂尖的不断前进，CTOD 已经失效，而 CTOA 为定值。

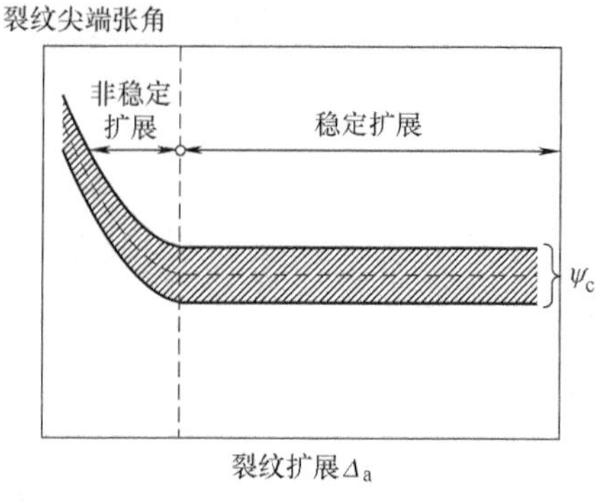

图 3-15　CTOA 与裂纹扩展

4. 裂纹张开位移试验

（1）CTOD 试验　CTOD 试验一般采用三点弯曲试样，试验时记录载荷与裂纹嘴张开位移之间的关系，然后用裂纹嘴的张开位移 V 换算出 CTOD 值。图 3-16 所示为 CTOD 试验原理。

弹塑性情况下，裂纹嘴张开位移包括弹性和塑

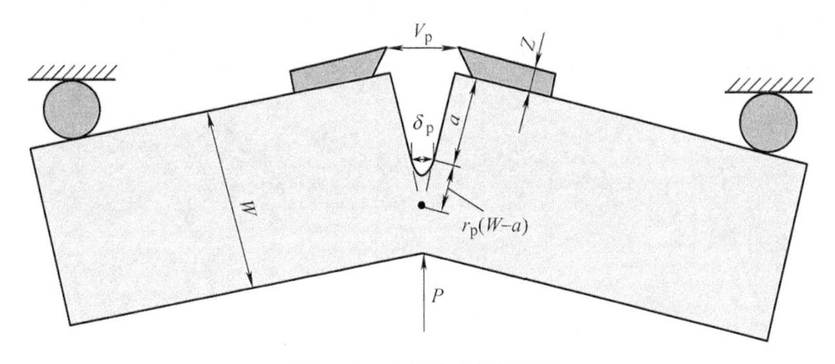

图 3-16　CTOD 试验原理

性两部分，即

$$V = V_e + V_p \tag{3-29}$$

CTOD 也包括弹性和塑性两部分，即

$$\delta = \delta_e + \delta_p \tag{3-30}$$

且

$$\delta_e = \frac{K_I^2(1-\nu^2)}{2R_{eL}E} \tag{3-31}$$

$$\delta_p = \frac{r_p(W-a)V_p}{r_p(W-a)+a+z} \tag{3-32}$$

式中　r_p——转动因子，一般取 $r_p = 0.45$；

V_p——裂纹嘴张开位移的塑性分量，按图 3-17 确定。

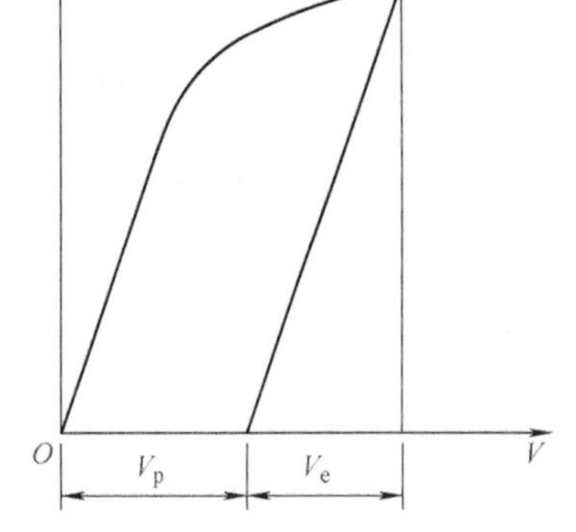

图 3-17　CTOA 试验 $P-V$ 曲线

根据 $P-V$ 曲线的类型，可获得不同的临界 CTOD 的特征值。

1）延性起裂 CTOD 值 δ_i：原始裂纹起裂时的 CTOD 值，如图 3-18 中（4）~（6）曲线 V_u、V_m 前的起裂点。

2）脆性起裂 CTOD 值 δ_c：原始裂纹稳态扩展小于 0.05mm 的脆性失稳断裂点或突进点所对应的 CTOD 值，图 3-18 中的（1）、（2）两种情况。

3）脆性失稳 CTOD 值 δ_u：原始裂纹稳态扩展大于 0.05mm 的脆性失稳断裂点或突进点所对应的 CTOD 值，图 3-18 中的（3）、（4）两种情况。

4）最大载荷 CTOD 值 δ_m：$P-V$ 曲线中最大载荷点或最大载荷平台开始点所对应的 CTOD 值，图 3-18 中的（5）、（6）两种情况。

根据载荷（P）-位移（V）曲线确定临界载荷与位移，代入式(3-30)~式(3-32)即可求得临界 CTOD 值 δ_C。

（2）CTOA 试验　测定临界 CTOA 也可采用三点弯曲或紧凑拉伸等断裂力学试验方法直接测量，也可通过试验曲线或数值模拟方法进行计算。三点弯曲 CTOA 试验如图 3-19 所示。该方法测得的临界 CTOA 值受试样尺寸、初始裂纹长度和加载条件等因素的影响较大。

可采用剖面法直接测量并计算 CTOA 值，如图 3-20 所示，在裂纹剖面上距离裂尖一定间隔 L_i 测量 δ_i 值，在 CTOA 较小的条件下，$\psi_i = \delta_i / d_i$，求均值可得 CTOA

$$\text{CTOA} = \frac{1}{N}\sum_{i=1}^{N}\psi_i \tag{3-33}$$

CTOA 的单位为弧度，可进一步换算为度。

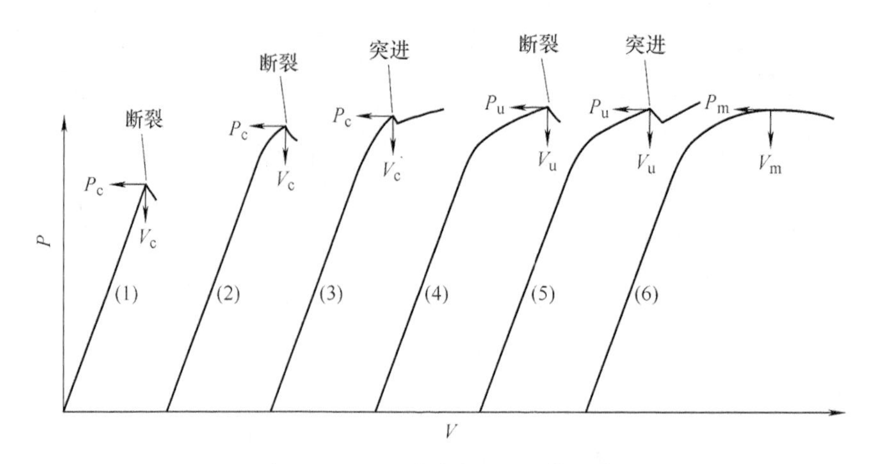

图 3-18　$P-V$ 曲线与 CTOD 特征值

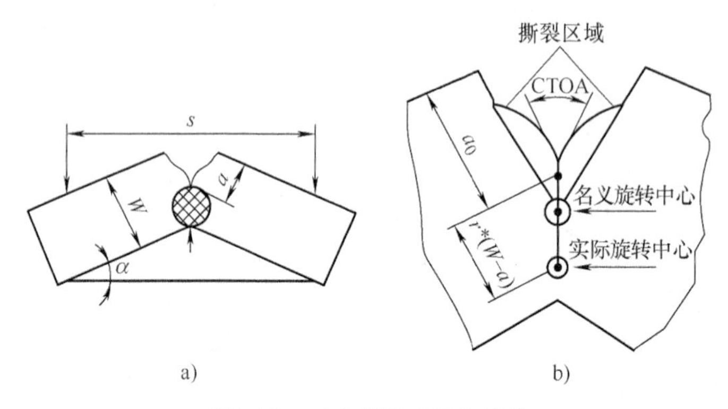

图 3-19　三点弯曲 CTOA 试验

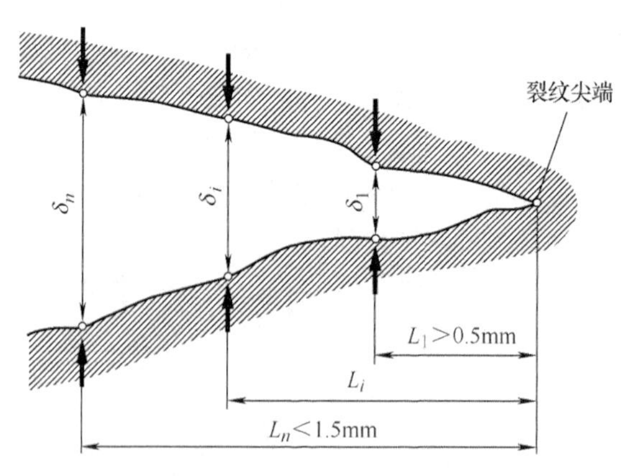

图 3-20　CTOA 的测量

3.1.3　基于约束的断裂力学判据

研究表明，只有在高的约束条件下 K 因子或 J 积分才能作为裂纹尖端场的唯一描述参数。在中等约束或低约束的条件下，构件几何及载荷条件会对裂纹尖端场产生较大的影响。

通常用来测量断裂韧性的标准试件是处于高约束水平的深裂纹试件，而实际含裂纹构件可能处于不同的约束水平。这样就存在标准试验结果应用到不同约束裂纹体的问题，因此裂纹尖端约束效应的分析在断裂评估中就显得十分重要。

为了克服单参数断裂准则存在的不足，考虑裂纹尖端约束效应的双参数理论得到发展，主要方法有 $J-T$、$J-Q$ 和 $J-h$ 判据。

1. $J-T$ 判据

在线弹性条件下，应力强度因子控制的裂纹尖端应力场仅考虑了奇异项，而忽略了非奇异项。非奇异项主要是指平行于裂纹方向的常数，即 T 应力。考虑 T 应力作用的裂纹尖端应力场为

$$\begin{pmatrix}\sigma_{11} & \sigma_{12}\\ \sigma_{21} & \sigma_{22}\end{pmatrix}=\frac{K_{\mathrm{I}}}{\sqrt{2\pi r}}\begin{pmatrix}f_{11} & f_{12}\\ f_{21} & f_{22}\end{pmatrix}+\begin{pmatrix}T & 0\\ 0 & 0\end{pmatrix} \tag{3-34}$$

式中　T——非奇异应力项（即 T 应力）；

$f_{ij}(\theta)$——角度函数；

r——焊趾过渡半径，见图 3-1；

$\sigma_{21}=\sigma_{12}$，$f_{21}=f_{12}$。

T 应力不仅会影响裂纹的扩展，还会对断裂阻力产生影响。T 应力被认为是裂纹前端“约束”的一种度量。图 3-21 所示为断裂韧性试件几何形状与约束的关系。基于 K 因子和 T 应力两个参数而建立的断裂准则称为 $K-T$ 准则。对于裂纹前端有塑性变形的情况，T 应力由于影响塑性区的形状和大小，因此被认为是裂纹前端“约束”的一种度量，并与 J 积分一起作为弹塑性裂纹尖端区的两个特征。基于 J 积分和 T 应力两个参数而建立的断裂准则称为 $J-T$ 判据。

2. $J-Q$ 判据

弹塑性材料裂纹尖端的实际应力可通过有限元进行求解，图 3-22 所示为裂纹尖端应力有限元分析结果与理论解（HRR 解）的比较。理论解未考虑约束作用，其应力高于实际应力，因此弹塑性裂纹尖端实际应力也可以表示为两项和，即

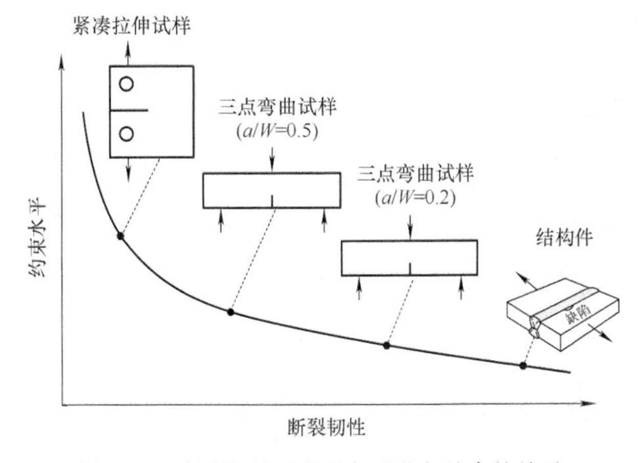

图 3-21　断裂韧性试件几何形状与约束的关系

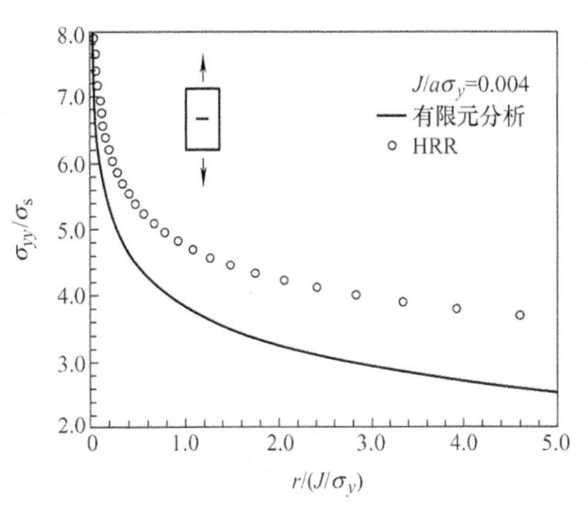

图 3-22　裂纹尖端应力分布的有限元分析结果与 HRR 解的比较

$$\sigma_{ij} = (\sigma_{ij})_{\mathrm{HRR}} + Q\sigma_0\delta_{ij} \tag{3-35}$$

式中　Q——对 HRR 场的静水应力修正，也称三轴约束因子；

δ_{ij}——Kronecker delta 符号。

基于 J 积分和 Q 值两个参数而建立的断裂准则称为 $J-Q$ 判据。这里 J 积分可以作为裂纹尖端变形区的量度，Q 值也可以反应裂纹尖端峰值应力的高低。Q 值可以表示为

$$Q = \frac{\sigma_{yy} - (\sigma_{yy})_{T=0}}{\sigma_0} \tag{3-36}$$

Q 值与裂纹几何形状、尺寸、外载条件及塑性变形程度有关。图 3-23 所示为典型幂硬化材料裂纹体 Q 参数的变化趋势。由此可见，随延性变形的增大，三轴约束不断下降。

幂硬化材料 Q 参数和 T 应力之间的关系如图 3-24 所示。

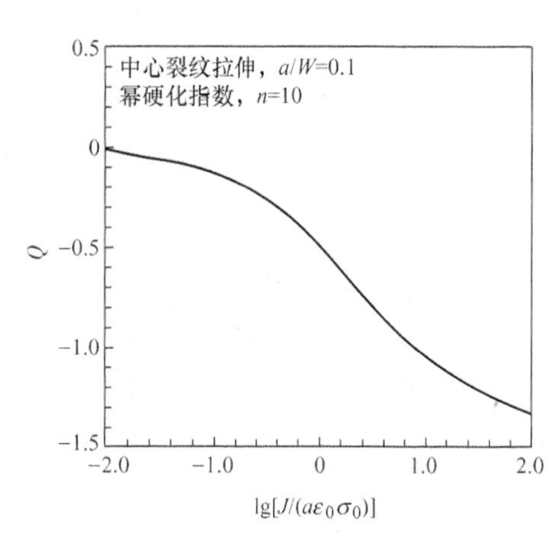

图 3-23　Q 参数的变化趋势

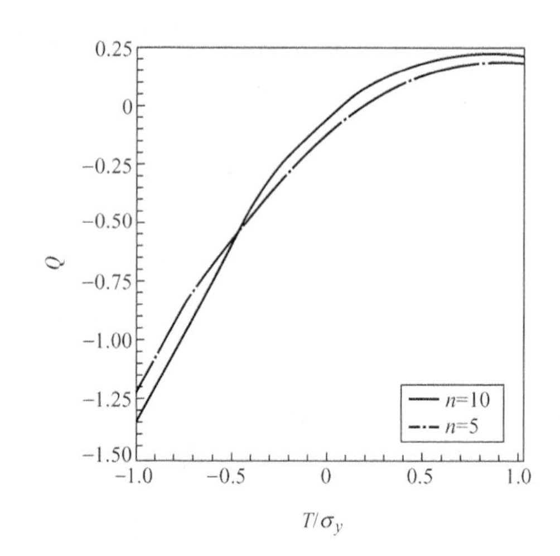

图 3-24　幂硬化材料 Q 参数和 T 应力之间的关系

在小范围屈服条件下，Q 参数和 T 应力的关系可表示为

$$Q = \begin{cases} T/\sigma_y & -0.5 < T/\sigma_y \leqslant 0 \\ 0.5T/\sigma_y & 0 < T/\sigma_y \leqslant 0.5 \end{cases} \tag{3-37}$$

3. $J-h$ 判据

裂纹尖端的约束作用可直接使用应力三轴度来表征，裂纹尖端应力三轴度为

$$h(r,\theta) = \sigma_h/\sigma_e \tag{3-38}$$

$$\sigma_h = \frac{\sigma_1 + \sigma_2 + \sigma_3}{3} \tag{3-39}$$

$$\sigma_e = \sqrt{\frac{(\sigma_1 - \sigma_2)^2 + (\sigma_2 - \sigma_3)^2 + (\sigma_1 - \sigma_3)^2}{2}} \tag{3-40}$$

基于 J 积分和 h 值两个参数而建立的断裂准则称为 $J-h$ 判据。

采用 $J-T$、$J-Q$ 和 $J-h$ 判据时，需要比较考虑同样约束的 J 积分和断裂阻力，断裂判据为

$$J(\kappa) \geqslant J_c(\kappa) \tag{3-41}$$

式中　κ——约束参数；

J_c——J 积分临界值。

或

$$J(\kappa)\geqslant J_R(\Delta a,\kappa) \tag{3-42}$$

式中　J_R——裂纹扩展阻力。

3.1.4　异种材料连接界面断裂判据

1. 异种材料连接界面裂纹

界面断裂力学研究表明，由于界面两侧材料在力学性质上的失配，界面裂纹尖端的弹性应力场不仅表现出 $r^{-1/2}$ 的奇异性，而且不断改变正负号，即所谓的振荡奇异性。这种振荡奇异性源于两种不同性质的材料连接在一起时要满足连续条件。在断裂前裂纹尖端同时作用有正应力和切应力，裂纹面上既有张开位移又有滑开位移，因而包含张开型和滑开型应力强度因子。

异种材料连接裂纹尖端应力场的奇异性主要由两部分产生，一是由于裂纹尖端本身的几何形状而产生的奇异性，二是由于构成界面结构的材料物化性能、力学性能的差异而产生的奇异性。这两部分因素实际上是相互影响且相互交织在一起的，因此异种材料连接裂纹尖端应力场的奇异性是不可避免的。

均匀的各向同性材料断裂时，有纯Ⅰ型断裂和纯Ⅱ型断裂；而界面裂纹的断裂问题，只有在特殊情况下才可以区分为纯Ⅰ型和纯Ⅱ型，一般情况下，两者总是耦合在一起（图3-25）。载荷的对称性及几何的对称性无法抵消材料性质的非对称性。

研究表明，界面裂纹的断裂韧性是相位角 ψ 的函数。

$$\psi=\arctan(K_{\mathrm{II}}/K_{\mathrm{I}}) \tag{3-43}$$

用能量释放率表示的界面的混合断裂条件为：

$$G(\psi)\geqslant G_C(\psi) \tag{3-44}$$

式中　$G(\psi)$——界面裂纹应变能释放率；

$G_C(\psi)$——界面裂纹临界应变能释放率。

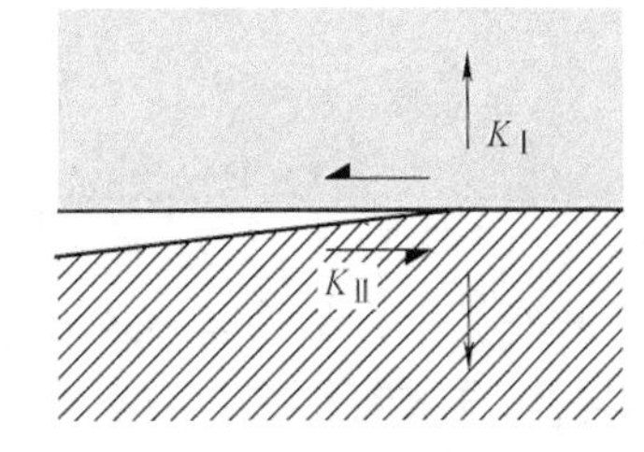

图3-25　异种材料连接界面裂纹

已有研究表明，对于实际应用而言，采用界面裂纹应变能释放率作为描述界面的断裂韧性参数较为方便。

或采用 $K_{\mathrm{I}}-K_{\mathrm{II}}$ 联合控制断裂韧性准则

$$\left(\frac{K_{\mathrm{I}}}{K_{\mathrm{IC}}}\right)^2+\left(\frac{K_{\mathrm{II}}}{K_{\mathrm{IIC}}}\right)^2=1 \tag{3-45}$$

及 $G_{\mathrm{I}}-G_{\mathrm{II}}$ 联合控制断裂准则

$$\frac{G_{\mathrm{I}}}{G_{\mathrm{IC}}}+\frac{G_{\mathrm{II}}}{G_{\mathrm{IIC}}}=1 \tag{3-46}$$

2. 界面裂纹的弹塑性扩展

在弹塑性条件下，界面裂纹受到拉伸载荷时的张开角 α_1 和 α_2 一般情况下不相等（图3-26），裂纹总张开角 $\alpha=\alpha_1+\alpha_2$，这两种材料都存在着相应的临界值 $(\mathrm{CTOA})_C$，α_1 和 α_2 应分别根据相应的临界值作为裂纹扩展的临界条件，寻找两者中易发生破坏的临界值作为裂纹起始判据（假设两种材料的

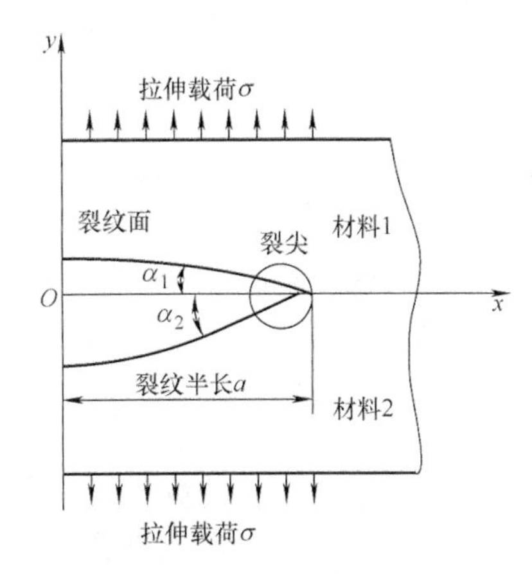

图3-26　异种材料的界面裂纹的张开行为

界面强度足够大)。对于两种物理性能相差较大的连接界面裂纹，如果相对于材料 2 的裂纹张开角 α_2 来说，材料 1 的裂纹张开角 α_1 非常小（≈0)，那么这种连接的构件 $(\mathrm{CTOA})_{\max} \approx \alpha_2$。如果界面强度足够大，则可以考虑用材料 2 的裂纹扩展临界条件对含裂纹的异种材料构件进行起始判断。

3.1.5 动态裂纹扩展与止裂判据

1. 动态裂纹扩展

动态裂纹扩展通常有两类情况，其一是含静止裂纹的结构承受迅速变化的动载荷作用引起的裂纹扩展；其二是在静载荷或缓慢变化的载荷作用下的裂纹快速扩展。在线弹性材料特性的范围内，第一类问题中的裂纹起裂准则为

$$K_{\mathrm{I}}=K_{\mathrm{IC}} \tag{3-47}$$

式中 K_{I}——动载荷下的应力强度因子；

K_{IC}——临界应力强度因子，取决于加载速度和温度的材料特性参数（图 3-27)。

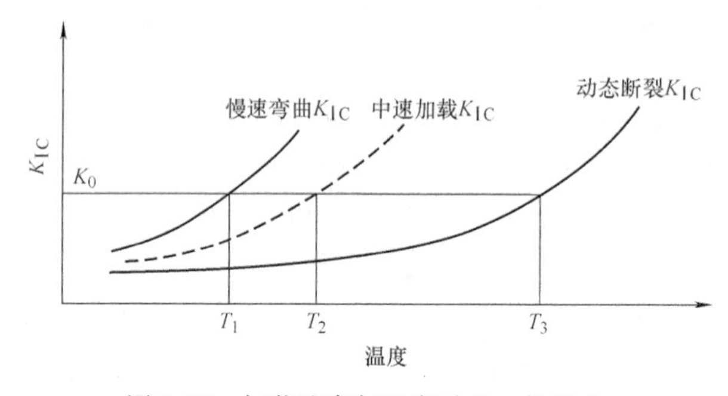

图 3-27 加载速率与温度对 K_{IC}的影响

相对而言，第一类问题较容易解决。第二类问题涉及裂纹扩展速率及止裂问题。本节将重点讨论这些问题。

根据能量平衡原理，在裂纹失稳扩展开始以后，由于裂纹扩展驱动力 G 大于裂纹扩展阻力 R，多余的能量 $(G-R)$ 将转化为裂纹快速扩展时扩展路径两侧材料运动的动能，因此 $(G-R)$ 的大小决定了裂纹扩展速率的快慢。若裂纹扩展在恒应力下进行，则 G 与裂纹扩展速率无关，且材料的裂纹扩展阻力 R 为常数，裂纹扩展速率可以表示为

$$V=0.38C_0\left(1-\frac{a_{\mathrm{c}}}{a}\right) \tag{3-48}$$

式中 C_0——弹性波的一维传播速度，即声速，$C_0=\sqrt{E/\rho}$。

由式(3-48) 可以看出，裂纹扩展速率有一个极限值，即当 $a_{\mathrm{c}}/a \to 0$ 时，$V=0.38C_0$。实验证明，裂纹扩展速率确实有一个极限值，但所测得的极限值比理论极限值要小。例如，钢材在低温下发生脆性断裂，其裂纹扩展速率可达 1000 ~ 1400m/s，$V/C_0=0.20 \sim 0.28$。

实际上，当裂纹快速扩展时，应力强度因子与瞬时裂纹扩展速率有关，即

$$K(V)=k(V)K(0) \tag{3-49}$$

式中 $K(V)$——动态应力强度因子；

$K(0)$——同一载荷及当前裂纹长度下的静态应力强度因子；

$k(V)$——裂纹扩展速率的函数。

能量释放率与应力强度因子的关系，在动态情况下要比静态情况下复杂。Craggs 得到了瞬时能量释放率 G 与应力强度因子 K 的关系为

$$G = A(V)\frac{K^2}{E'} \tag{3-50}$$

式中　$A(V)$——裂纹扩展速率的函数。

Freund 导出了动态裂纹能量释放率与静态裂纹能量释放率之间的关系为

$$G(V) = g(V)G(0) \tag{3-51}$$

式中　$G(V)$——动态裂纹能量释放率；

$G(0)$——静态裂纹能量释放率；

$g(V)$——裂纹扩展速率的函数。

2. 裂纹止裂的基本原理

裂纹止裂和动态裂纹扩展一样，也可以利用能量平衡来进行研究。最初，人们把裂纹止裂问题看作能量平衡，如果 G 稍微降低到 R 以下，则裂纹止裂。当 R 为常数时，情况确实如此。然而有些材料的 R 并非常数，而取决于裂纹的扩展速率。对应变速率敏感的材料而言，其屈服强度随应变速率增加而增大。较高的屈服强度将降低裂纹尖端塑性变形量，使 R 降低。图 3-28a 所示为平面应力状态下裂纹止裂的能量平衡。

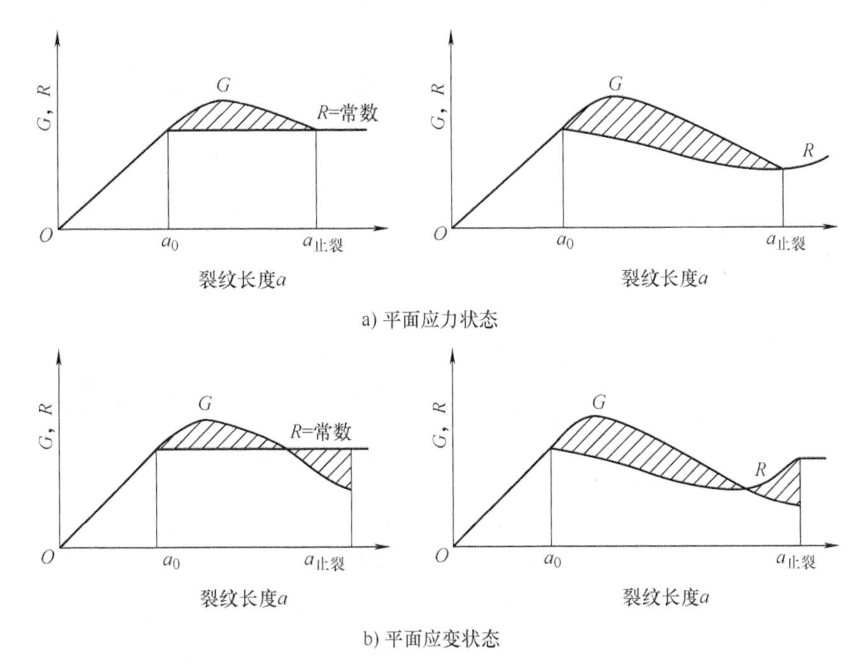

图 3-28　裂纹止裂的能量平衡

实际上能量平衡判据是一种过于简化的判据。如果失稳以后的剩余能量被转化为动能，并用于裂纹扩展，对应变速率敏感的材料，当逼近止裂点时，R 将增加。这是因为动能的降低将伴随裂纹扩展速率降低，也就是具有低的应变速率及在裂纹前沿具有较低的屈服强度。

图 3-28b 所示为平面应变状态下裂纹止裂的能量平衡。在止裂时 G 不是材料的常数，它取决于随裂纹长度和扩展速率而变化的 G 和 R 之间的变量。也就是说，即使对相同的最大 G 值和常数 R 而言，在不同的初始裂纹长度下，止裂时的 G 值也不相同。材料断裂阻力 R 的

增加是不容易达到的，但是可以通过结构进行止裂控制。例如，选定结构的断面尺寸，从而使失稳伴随着从平面应变到平面应力状态的转变，形成快速上升的 R 曲线，即使 G 继续增大也能使裂纹迅速止裂。

3.2 焊接接头断裂力学分析

3.2.1 焊接接头应力强度因子

焊接接头应力集中区的断裂力学分析的主要问题之一是计算应力强度因子。对形状复杂的裂纹和接头几何形状，应力强度因子的计算分析也较为复杂。这里仅介绍典型熔焊接头的焊趾表面裂纹和根部裂纹应力强度因子的分析方法。

1. 焊趾表面裂纹应力强度因子

在工程断裂力学分析中，通常将各种不同构件裂纹的应力强度因子的计算公式表示为

$$K_{\mathrm{I}} = Y\sigma\sqrt{\pi a} \tag{3-52}$$

式中 Y——几何修正系数；

σ——拉伸应力；

a——裂纹半长。

由此可见，实际构件应力强度因子的计算可归结为几何修正系数的计算问题。

在断裂评定中，需要分别考虑一次应力和二次应力，因此有

$$Y\sigma = (Y\sigma)_{\mathrm{p}} + (Y\sigma)_{\mathrm{s}} \tag{3-53}$$

式中 $(Y\sigma)_{\mathrm{p}}$ 和 $(Y\sigma)_{\mathrm{s}}$——一次应力和二次应力对应力强度因子的影响。

对于焊接接头，$(Y\sigma)_{\mathrm{p}}$ 和 $(Y\sigma)_{\mathrm{s}}$ 具有如下一般形式

$$(Y\sigma)_{\mathrm{p}} = Mf_{\mathrm{w}}\{k_{\mathrm{tm}}M_{\mathrm{km}}M_{\mathrm{m}}\sigma_{\mathrm{m}}^{\mathrm{P}} + k_{\mathrm{tb}}M_{\mathrm{kb}}M_{\mathrm{b}}[\sigma_{\mathrm{b}}^{\mathrm{P}} + (k_{\mathrm{m}} - 1)\sigma_{\mathrm{m}}^{\mathrm{P}}]\} \tag{3-54}$$

式中 $\sigma_{\mathrm{m}}^{\mathrm{P}}$ 和 $\sigma_{\mathrm{b}}^{\mathrm{P}}$——一次应力引起的膜应力和弯曲应力；

M、f_{w}、M_{m} 和 M_{b}——自由表面修正系数、有限宽度修正系数、膜应力和弯曲应力修正系数；

k_{tm}和 k_{tb}——应力集中系数；

k_{m}——应力放大系数；

M_{km}和 M_{kb}——应力集中修正系数。

$$(Y\sigma)_{\mathrm{s}} = M_{\mathrm{m}}\sigma_{\mathrm{m}}^{\mathrm{s}} + M_{\mathrm{b}}\sigma_{\mathrm{b}}^{\mathrm{s}} \tag{3-55}$$

式中 $\sigma_{\mathrm{m}}^{\mathrm{s}}$ 和 $\sigma_{\mathrm{b}}^{\mathrm{s}}$——二次应力的膜应力和弯曲应力。

图 3-29 中受力条件下焊趾表面裂纹短轴顶端的应力强度因子可以简化为

$$K = \frac{M_{\mathrm{S}}M_{\mathrm{T}}M_{\mathrm{K}}}{\phi_0}\sigma\sqrt{\pi a} \tag{3-56}$$

式中 M_{S}、M_{T} 和 M_{K}——自由表面修正系数、有限厚度修正系数和应力集中修正系数。

ϕ_0——第二类完全椭圆积分，$\phi_0 = \int_o^{\pi/2}\left[1 - \left(1 - \frac{a^2}{c^2}\right)\sin^2\varphi\right]^{1/2}\mathrm{d}\varphi$，对于浅长裂纹 $a/c \approx 0$，$\phi_0 \approx 1$。

M_{S} 值决定于裂纹深度与宽度的比值 $a/2c$。

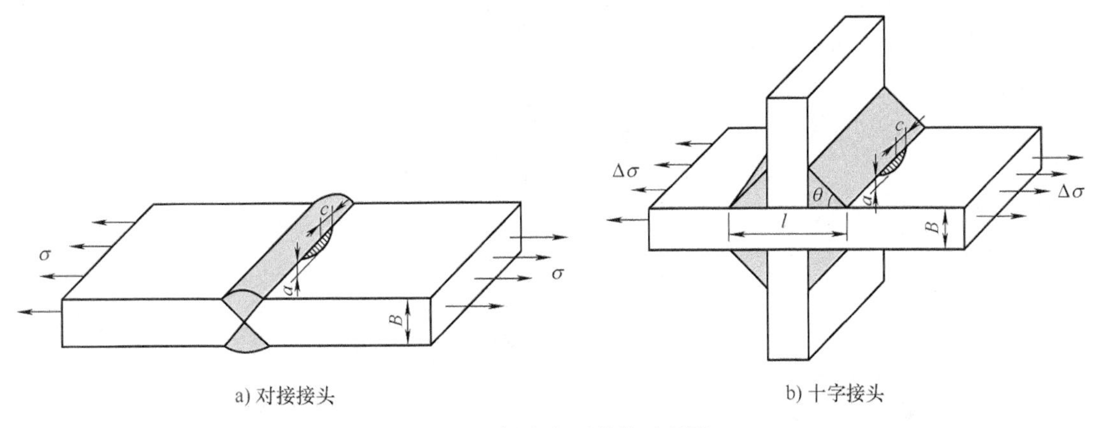

图 3-29　焊趾表面裂纹示意图

$$M_S = 1 + 0.12\left(1 - 0.75\frac{a}{c}\right) \tag{3-57}$$

M_T 为有限厚度修正系数，其数值取决于裂纹的轮廓、$a/2c$ 及裂纹深度与板厚的比值 a/B。在 $2c = 6.71 + 2.58a$ 的条件下，可采用联合修正系数$\frac{M_S M_T}{\phi_0}$

$$\frac{M_S M_T}{\phi_0} = 1.122 - 0.231\left(\frac{a}{B}\right) + 10.55\left(\frac{a}{B}\right)^2 - 21.7\left(\frac{a}{B}\right)^3 + 33.19\left(\frac{a}{B}\right)^4 \tag{3-58}$$

图 3-30 所示为联合修正系数$\frac{M_S M_T}{\phi_0}$与 $a/2c$ 和 a/B 的关系。

M_K 为应力集中修正系数。对于深度无限小的裂纹，M_K 可取应力集中系数。当裂纹深度增加时，裂纹尖端逐渐远离焊趾应力集中区，因此 M_K 随裂纹深度的增加而减小。对于对接接头，$a/B = 0.4$ 时，$M_K = 1.0$；不承载角焊缝，$a/B \geqslant 0.6$ 时，$M_K = 1.0$；承载角焊缝，$a/B \geqslant 0.7$ 时，$M_K = 1.0$。

图 3-31 所示为十字接头角焊缝焊趾裂纹的应力强度因子与裂纹深度 a/B 的关系。由图可见，厚板中的裂纹深度方向近焊趾处的高应力强度因子比在薄板中延伸得更远些，因此对于两个具有相同尺寸的初始裂纹而板厚不同的接头而言，厚板中裂纹应力强度因子要高于薄板中裂纹应力强度因子，从而导致厚板焊趾裂纹扩展快于薄板焊趾裂纹。这与前一章中有关分析结果是一致的。

2. 焊缝根部裂纹应力强度因子

焊缝根部裂纹（图 3-32）应力强度因子可以表示为

$$K = M_K \sigma \sqrt{\pi a \sec\left(\frac{\pi a}{W}\right)} \tag{3-59}$$

$$M_K = \frac{A_1 + A_2 \dfrac{2a}{W}}{1 + \dfrac{2h}{B}} \tag{3-60}$$

A_1 和 A_2 是 h/B 的多项式。

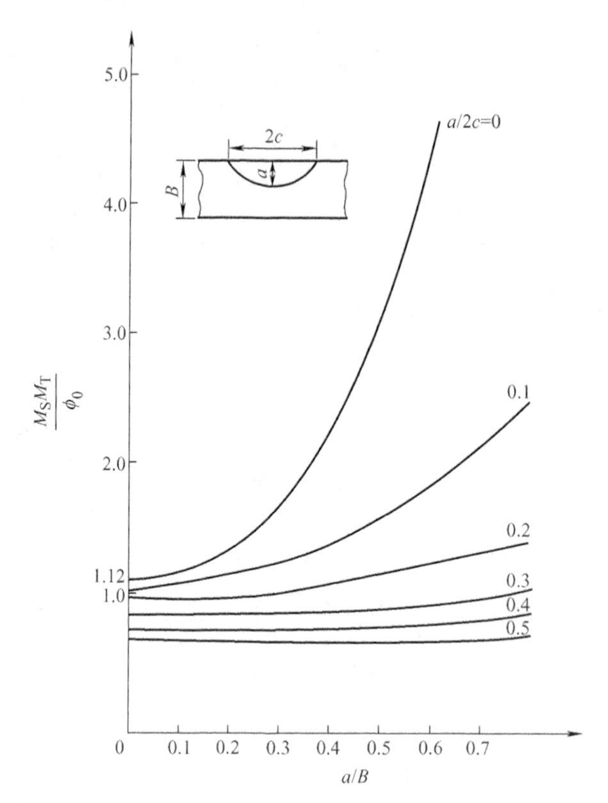

图 3-30　联合修正系数 $M_S M_T/\phi_0$ 与 $a/2c$ 和 a/B 的关系

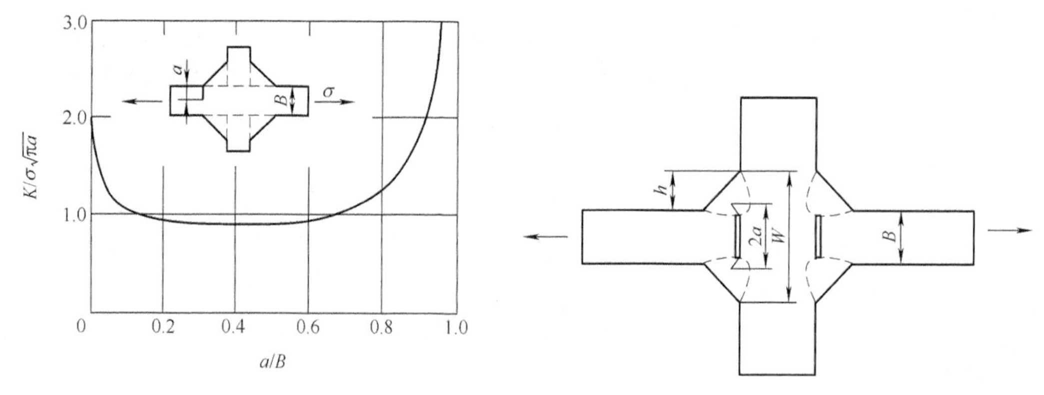

图 3-31　十字接头角焊缝焊趾裂纹的应力强度因子与裂纹深度 a/B 的关系

图 3-32　横向承载十字接头角焊缝根部裂纹

$$A_1 = 0.528 + 3.278\left(\frac{h}{B}\right) - 4.361\left(\frac{h}{B}\right)^2 + 3.696\left(\frac{h}{B}\right)^3 - 1.875\left(\frac{h}{B}\right)^4 + 0.425\left(\frac{h}{B}\right)^5 \tag{3-61}$$

$$A_2 = 0.218 + 2.717\left(\frac{h}{B}\right) - 10.171\left(\frac{h}{B}\right)^2 + 13.122\left(\frac{h}{B}\right)^3 - 7.755\left(\frac{h}{B}\right)^4 + 1.783\left(\frac{h}{B}\right)^5 \tag{3-62}$$

图 3-33 所示为十字接头根部裂纹的应力强度因子与裂纹长度、焊角尺寸和焊缝坡口角度的关系。

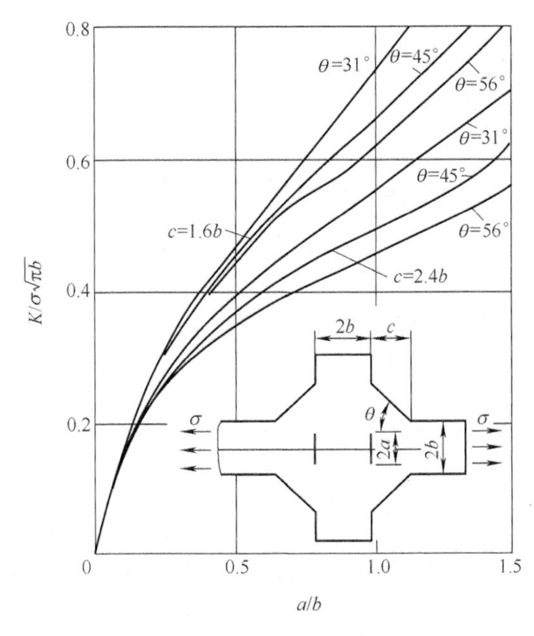

图 3-33　十字接头根部间隙（裂纹）的应力强度因子与裂纹长度、焊角尺寸和焊缝坡口角度的关系

3. 残余应力强度因子

焊接结构的断裂力学分析必须考虑焊接残余应力的影响。在焊接残余应力作用下，应力强度因子的变化较为复杂，其符号可能为正，也可能为负。如图 3-34 所示，当裂纹位于残余拉应力区时，其作用与外载应力一样，会发挥驱动断裂的作用。在弹性条件下，残余应力强度因子与外载应力强度因子线性叠加构成了断裂驱动力。但是当残余应力与外载应力叠加超过材料的屈服强度时，残余应力会有所释放，这时断裂驱动力就不能简单地进行线性叠加了，需要进行塑性修正。

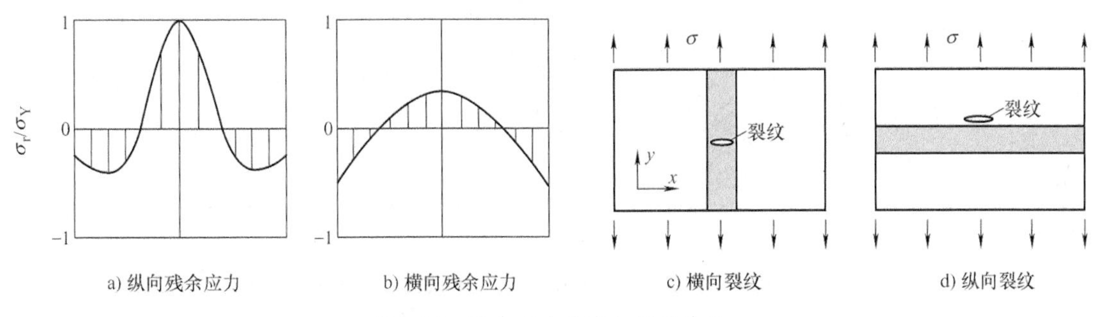

图 3-34　残余应力分布与裂纹位置

焊接残余应力场中的应力强度因子可采用权函数方法来进行计算。根据权函数方法的原理，在相同形状构件和裂纹几何情况下（图 3-35），如果已知一个简单应力分布（称为参考系统）的应力强度因子，则可计算其他特殊应力分布（待求系统）的应力强度因子。若残余应力的分布函数为 $\sigma(x)$，则残余应力强度因子可以表示为

$$K_{\mathrm{R}} = \int_0^a h(x,a)\sigma(x)\,\mathrm{d}x \tag{3-63}$$

式中　$h(x, a)$——权函数。

$$h(x,a)=\frac{E'}{K_r}\frac{\partial u_r(x,a)}{\partial a} \tag{3-64}$$

式中 K_r——已知应力分布的应力强度因子，称为参考应力强度因子；

$u_r(x,\ a)$——与 K_r 对应的裂纹张开位移函数。

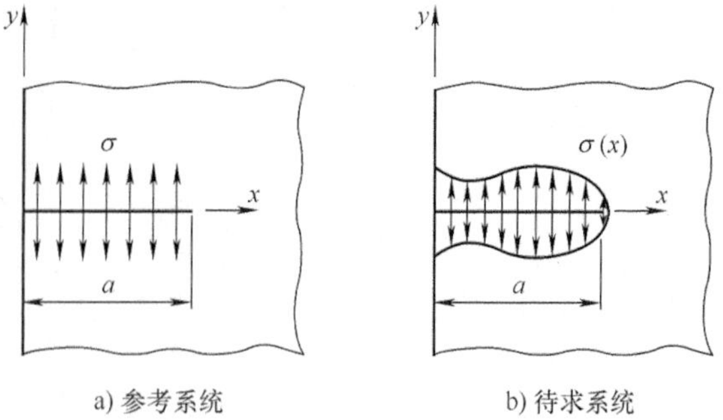

例如，应用权函数方法计算对接接头中心裂纹的纵向残余应力强度因子时，参考应力强度因子可选为 $K_r=\sigma\sqrt{\pi a}$，$u_r(x,\ a)=\frac{\sigma}{E'}\sqrt{a^2-x^2}$，代入式(3-64) 可得

a) 参考系统　　b) 待求系统

图 3-35　权函数方法原理

$$h(x,a)=\frac{1}{\sqrt{\pi a}\sqrt{1-(x/a)^2}} \tag{3-65}$$

若纵向残余应力 $\sigma_R^L(x)$ 关于焊缝中心对称分布（图 3-36），在板厚方向皆为此分布，则有

$$K_R=\frac{2}{\sqrt{\pi a}}\int_0^a\frac{\sigma_R^L(x)}{\sqrt{1-(x/a)^2}}dx \tag{3-66}$$

为积分方便，可将残余应力分布简化为分段线性函数，如图 3-37 所示。

若 $a\leqslant b$，则有

$$K_R=\sigma_0\sqrt{\pi a} \tag{3-67}$$

若 $b<a\leqslant l$，则有

$$K_R=\sigma_0\sqrt{\pi a}(2/\pi)\left\{\frac{\pi}{2}-\frac{1}{l-b}\left[\sqrt{(a^2-b^2)}-\frac{b\pi}{2}+b\sin^{-1}\left(\frac{b}{a}\right)\right]\right\} \tag{3-68}$$

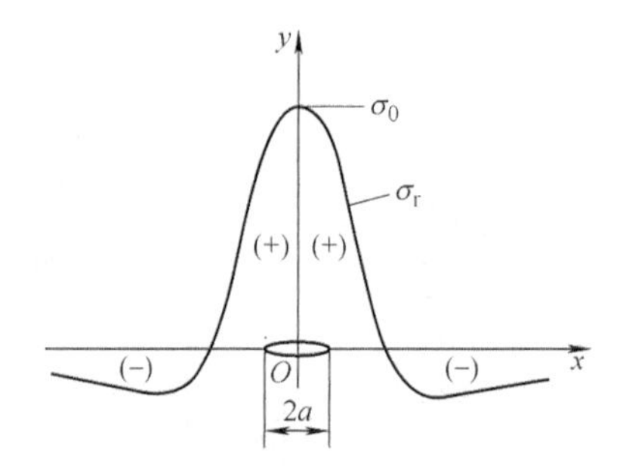

图 3-36　残余应力场中的裂纹

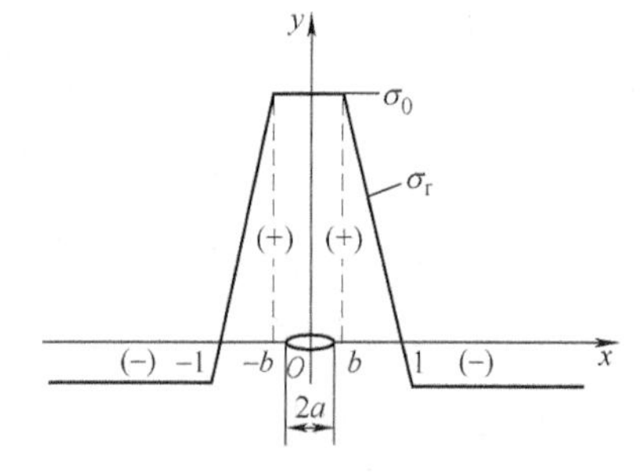

图 3-37　残余应力分布的简化

图 3-38 所示为对接接头横向穿透裂纹和表面裂纹的残余应力强度因子随相关参数的变化。在残余应力分布一定的条件下，穿透裂纹的残余应力强度因子随裂纹尺寸增大到某一峰值后，会下降直至零点及零点以下。当裂纹扩展至负应力强度因子区时，将会受到明显的抑制。如果仅考虑裂纹扩展的驱动力，则仅计及正应力强度因子。

图 3-38 中的穿透裂纹残余应力强度因子曲线可拟合为

$$K_R=\sigma_0\sqrt{\pi a}\,e^{-0.42(a/l)^2}\left[1-\frac{1}{\pi}\left(\frac{a}{l}\right)^2\right] \tag{3-69}$$

即当 $a/l>\sqrt{\pi}$ 时出现负应力强度因子，负应力强度因子的出现取决于残余应力的分布。

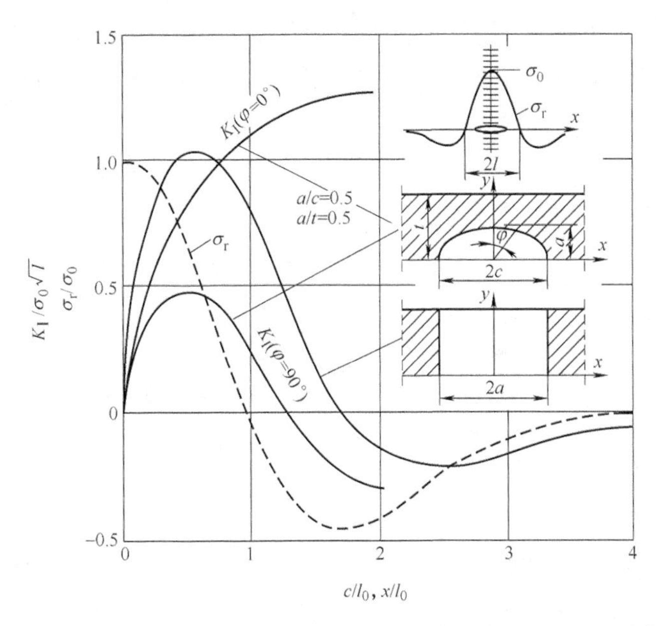

图 3-38　对接接头横向穿透裂纹和表面裂纹的残余应力强度因子随相关参数的变化

对于上述残余应力场中的半椭圆表面裂纹，裂纹前沿各点处的应力强度因子分布不同。在裂纹嘴处（$\varphi=\pi/2$）的应力强度因子变化规律类似但低于穿透裂纹，而裂纹最深处（$\varphi=0$）的应力强度因子会随表面裂纹长度增大而增大，这样就容易导致裂纹沿板厚方向的扩展速率将高于在板表面方向上的扩展速率，表面裂纹转变为穿透裂纹。对于厚板（$t>20$mm）焊接结构，残余应力在表面和内部有较大差异，许多情况下表面为拉应力而内部可能会出现压应力，因而表面裂纹沿深度方向的扩展就会受到抑制。而垂直于纵向残余应力的埋藏裂纹沿厚度方向的扩展则处于进入表面高应力区的过程，这是决定构件剩余寿命的主要因素。

3.2.2　焊接结构的弹塑性断裂力学分析

焊接结构瞬时断裂评定的关键是确定裂纹驱动力和断裂准则，同时必须考虑焊缝强度非匹配的影响。因此建立考虑焊缝强度失配作用的裂纹驱动力分析方法和失效评定曲线是焊接结构瞬时断裂评定的重要内容。

1. 失配性对焊缝裂纹驱动力的影响

含缺陷焊缝宽板试验和有限元计算的断裂研究表明，焊接接头力学失配对接头断裂韧度有较大的影响。在高匹配焊缝中心裂纹宽板（CCT 试件）的横向拉伸过程中，裂纹尖端张开位移（CTOD）与匹配因子 M、焊缝宽度与板厚比 $2H/B$、韧带宽度比 $2H/(W-a)$ 等参数有关。

在 $2H/B$ 和 W 一定的条件下，存在一临界裂纹尺寸 a_{c1}，当 $a\leqslant a_{c1}$ 时，焊缝 CTOD 随外载增加到一定数值后发生所谓的“冻结”现象（图 3-39a），即总应变增加，CTOD 值恒定不变。此时塑性变形集中在母材，当母材的形变硬化与焊缝变形能力同步时，CTOD 才开始继续增加，达到其临界值 δ_C，并发生全面屈服断裂，这一现象还与焊缝和母材的硬化特性有关。若 $a>a_{c1}$，则 CTOD 随载荷单调增加，变形集中在韧带部分，发生韧带屈服断裂或小范围屈服断裂。如果再深入分析，还存在另外一个裂纹临界尺寸 $a_{c2}<a_{c1}$，若 $a\leqslant a_{c2}$，随着

总应变的增加，CTOD 进入“冻结”后将不再“解冻”。当 CTOD 达不到局部材料的临界值 δ_C 时，接头的断裂行为将由接头的极限载荷决定。在 $a_{c2} < a < a_{c1}$ 范围内，CTOD 将在焊接宽板进入全面屈服后达到其临界值 δ_C。

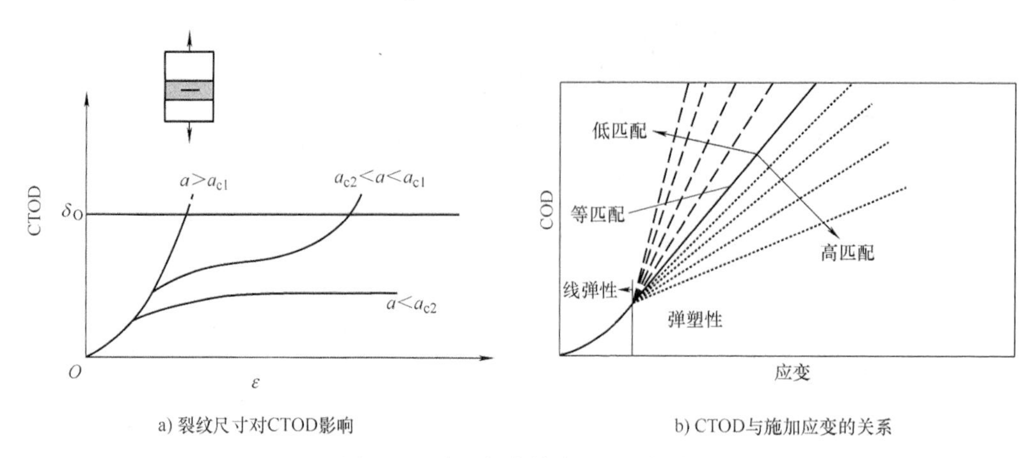

a) 裂纹尺寸对CTOD影响　　b) CTOD与施加应变的关系

图 3-39　失配焊接接头 CTOD 行为

有限元计算的结果显示，随着失配因子 M 的增大，CTOD－ε 曲线将会降低，如图 3-39b 所示。即随着失配因子 M 的增加，CTOD 更容易进入永久冻结状态。由此可知，在一定的裂纹尺寸范围内，高匹配对焊接裂纹具有屏蔽作用（图 3-40a），断裂的发生与否不受裂纹所在区域材料的断裂韧度参数控制。即高匹配接头的断裂受整体极限载荷和焊缝区局部断裂临界条件的双重控制。发生何种机制的破坏取决于控制参数。若 $a \leqslant a_{c2}$，则接头强度由极限载荷决定；若 $a_{c2} < a < a_{c1}$，则断裂的发生是两种控制参数相互竞争的结果；若 $a > a_{c1}$，断裂的发生取决于焊缝的韧性水平。

在低匹配焊缝中心裂纹宽板（CCT 试件）的横向拉伸过程中，裂纹尖端张开位移（CTOD）由焊缝的断裂韧性决定。接头的 CTOD 随着外载单调增加，此时变形集中于韧带部分（图 3-40b），发生韧带屈服断裂或小范围屈服断裂。这一现象也与母材金属和焊缝金属的硬化特性有关。

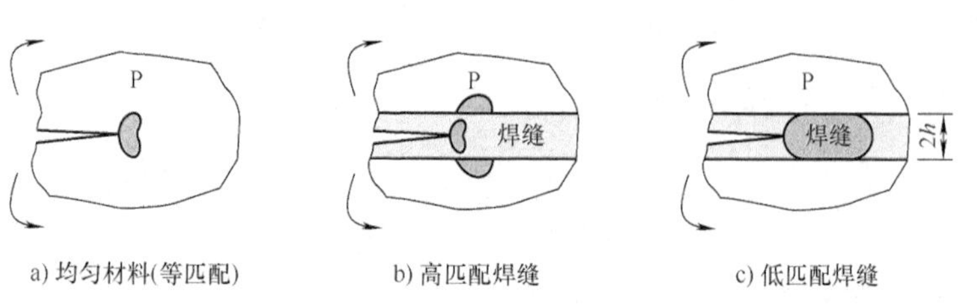

a) 均匀材料(等匹配)　　b) 高匹配焊缝　　c) 低匹配焊缝

图 3-40　焊缝强度非匹配对裂纹尖端塑性区的影响

通常情况下，焊接接头都处于失配状态，因此 CTOD 设计曲线并不能准确地表达焊接接头一定缺陷尺寸的 CTOD 与应变之间的关系。由图 3-39b 可知 CTOD 设计曲线（相当于等匹配情况）明显低估了低匹配裂纹的驱动力，尤其是在较大应变水平范围时；而对于高匹配则相反，即在较大应变水平范围内，CTOD 设计曲线高估了裂纹驱动力，表现过于保守。因此在焊接接头断裂分析中要充分考虑失配因素的影响。

失配焊接接头熔合区或热影响区裂纹张开位移出现不对称（图 3-41），类似于界面裂纹，不仅产生了与作用力方向一致的张开型位移（Ⅰ型裂纹），还有剪切滑移型位移（Ⅱ型裂纹），形成了复合型裂纹。这种裂纹一般是向低强度区偏转和扩展，扩展方向取决于焊缝、熔合区或热影响区的强韧性组配状态和受力情况，其断裂判据比均匀材料要复杂。

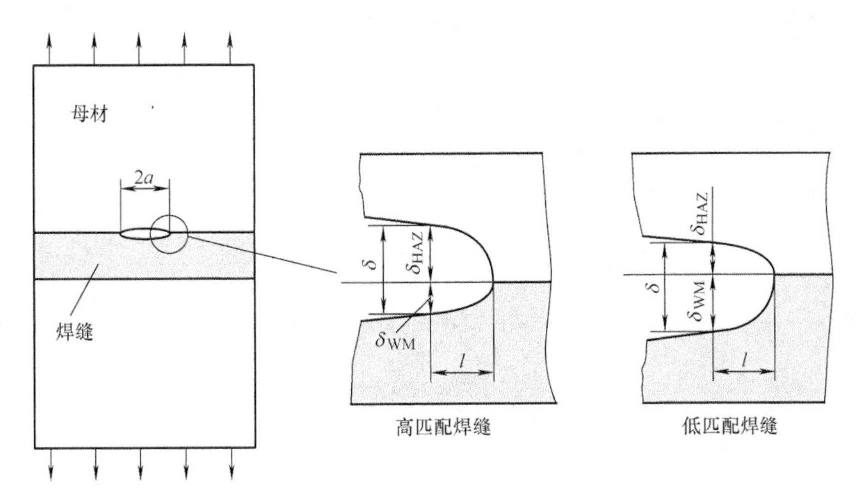

图 3-41　焊接接头熔合区或热影响区的裂纹张开位移

2. 强度失配焊接接头断裂分析的工程模型

强度失配焊接接头的裂纹尖端张开位移直接求解是比较困难的，为此，类似美国 EPRI 的弹塑性断裂分析工程方法，德国 GKSS 提出了强度失配焊接接头的裂纹尖端张开位移弹塑性解的工程处理模型。

考虑强度失配效应的裂纹驱动力分析的工程处理模型（ETM），可根据裂纹尖端张开位移与应变的关系来确定裂纹驱动力。根据 ETM 模型，受横向载荷作用的构件（图 3-42）裂纹尖端张开位移与应变的关系可类比为材料的应力-应变关系（图 3-43），即

$$\delta \propto f(\varepsilon) = f\left(\frac{F}{F_Y}\right) \tag{3-70}$$

在 ETM 模型中 δ 为局部裂纹尖端张开位移 δ_5（本节以下各式中 δ 均为 δ_5）。

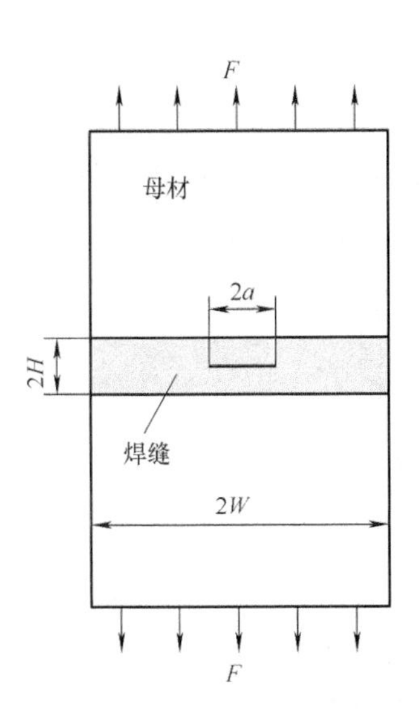

图 3-42　焊缝中心裂纹体几何模型

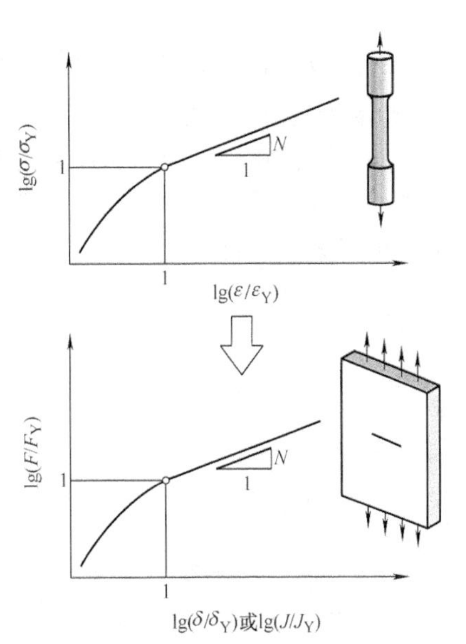

图 3-43　工程处理模型原理

根据材料的应力-应变关系，含裂纹的焊接构件的焊缝裂纹尖端张开位移由两阶段组成（图 3-44）。当施加载荷 F 小于或等于屈服载荷 F_Y 时

$$\delta = \frac{K_{eff}^2}{ER_{eL}} \tag{3-71}$$

$$K_{eff} = \sigma \sqrt{\pi a_{eff}} Y(a_{eff}/W) \tag{3-72}$$

式中　$Y(a_{eff}/W)$ 为几何修正因子。

$$a_{eff} = a + \frac{K^2}{2\pi R_{eL}^2} \tag{3-73}$$

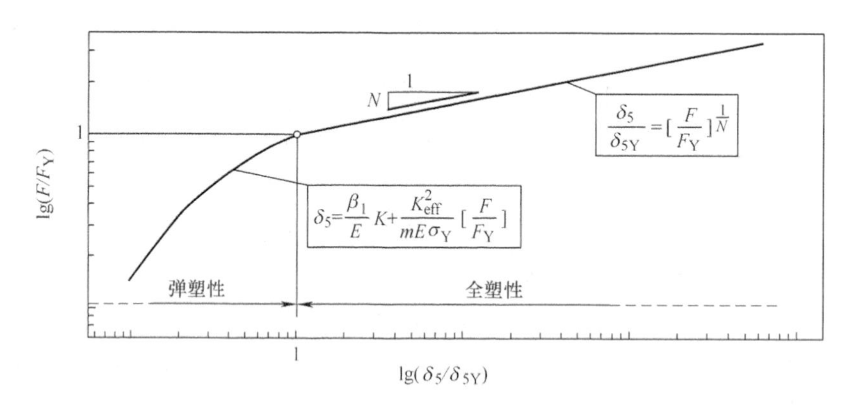

图 3-44　载荷与裂纹张开位移的关系

当施加载荷 F 大于屈服载荷 F_Y 时，材料的应力-应变关系满足幂硬化规律

$$\frac{\sigma}{R_{eL}} = \left(\frac{\varepsilon}{\varepsilon_Y}\right)^n \qquad \sigma \geqslant R_{eL} \tag{3-74}$$

则有

$$\frac{\delta}{\delta_Y} = \frac{\varepsilon}{\varepsilon_Y} = \left(\frac{F}{F_Y}\right)^{1/n} \tag{3-75}$$

式中　δ_Y——$F = F_Y$ 时的局部裂纹尖端张开位移；

　　ε_Y——$F = F_Y$ 时的应变。

在分析受横向拉伸载荷下的失配接头的裂纹驱动力时，为了能够简化分析过程，通常假设接头由母材和焊缝两部分组成；贯穿型裂纹位于焊缝中心；不考虑残余应力的影响；施加应变 ε 取自模型远端的母材；接头的两部分材料的塑性应力-应变关系遵守幂硬化规律，即：

$$\frac{\sigma_B}{R_{eL_B}} = \left(\frac{\varepsilon_B}{\varepsilon_{YB}}\right)^{n_B} \qquad （母材） \tag{3-76}$$

$$\frac{\sigma_W}{R_{eL_W}} = \left(\frac{\varepsilon_W}{\varepsilon_{YW}}\right)^{n_W} \qquad （焊缝） \tag{3-77}$$

且

$$\sigma_W = \sigma_B = \sigma \tag{3-78}$$

式中　σ_W、σ_B——焊缝应力、母材应力；

　R_{eL_W}、R_{eL_B}——焊缝的屈服强度、母材的屈服强度；

　　n_W、n_B——焊缝的应变硬化指数、母材的应变硬化指数。

接头韧性匹配比值为

$$\delta_{R}=\frac{\delta_{W}}{\delta_{B}} \tag{3-79}$$

在平面应力条件下，根据载荷范围可对以下情况进行分析：

1）母材和焊缝都只发生弹性变形。

2）母材发生塑性变形，而焊缝仍处于弹性变形（高匹配）。

3）母材发生弹性变形，而焊缝处于塑性变形（低匹配）。

4）母材和焊缝都处于完全塑性变形状态。

图3-45所示为不同失配性焊接接头的接头韧性失配比 δ_R 与应变水平 $\varepsilon/\varepsilon_{YB}$ 的关系曲线。其中，母材的应变硬化指数 $n_B=6.5$。焊缝强度失配因子 M 分别为0.6、0.8、1.2、1.4，所对应的焊缝应变硬化指数为4.21、5.26、8.05、10.07。图中每一条曲线分为三段，每条曲线都有一个最大值 δ_R^{max}。

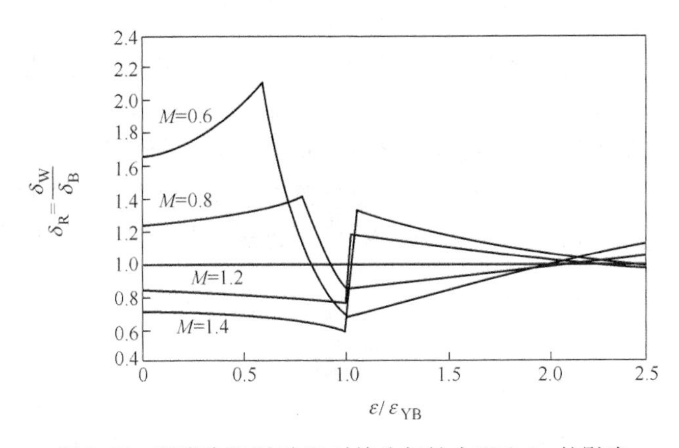

图3-45 强度失配因子 M 对接头韧性失配比 δ_R 的影响

3. 失配性对极限载荷的影响

焊接接头的极限载荷与焊缝强度失配有着直接的关系。在极限条件下，对于深度高匹配或深度低匹配的焊缝，滑移线场理论为其提供了完整的求解公式。对于失配程度低的情况，极限载荷计算需要借助于有限元数值分析。

（1）平面应变　对于含中心裂纹的无焊缝的金属板，极限载荷为

$$F_{YB}=\frac{4}{\sqrt{3}}R_{eL_B}B(W-a) \tag{3-80}$$

1）高匹配焊接接头：对于含中心裂纹焊接接头（图3-46）整体屈服模式，极限载荷为

$$\frac{F_{YM}}{F_{YB}}=\frac{1}{(1-a/W)} \tag{3-81}$$

当塑性变形发生在韧带区时，极限载荷为

$$\frac{F_{YM}}{F_{YB}}=\begin{cases} M & 0\leqslant\psi\leqslant\psi_1 \\ \dfrac{24(M-1)}{25}\left(\dfrac{\psi_1}{\psi}\right)+\dfrac{(M+24)}{25} & \psi_1\leqslant\psi \end{cases} \tag{3-82}$$

$$\psi=(W-a)/H;\psi_1=e^{-(M-1)/5} \tag{3-83}$$

当 $M=1$ 时，$\psi_1=1$。当 M、ψ 和 a/W 一定时，由式(3-81) 和式(3-82) 中得出两个解，选择较小的解作为焊接接头的实际极限载荷。

2）低匹配：对于低匹配焊接接头，如果母材和焊缝的屈服强度 R_{eL_B}、R_{eL_W} 的差异不很大，则极限载荷求解式为

$$\frac{F_{YM}}{F_{YB}}=\begin{cases} M & 0\leqslant\psi\leqslant1.0 \\ 1-(1-M)/\psi & 1.0\leqslant\psi \end{cases} \tag{3-84}$$

当塑性变形被限制于焊缝中时，极限载荷的求解式为

$$\frac{F_{YM}}{F_{YB}}=\begin{cases} M & 0\leqslant\psi\leqslant1.0 \\ M[1.0+0.462(\psi-1)^2/\psi-0.044(\psi-1)^3/\psi] & 1.0\leqslant\psi\leqslant3.6 \\ M(2.571-3.254/\psi) & 3.6\leqslant\psi\leqslant5.0 \\ M(1.291+0.125\psi+0.019/\psi) & 5.6\leqslant\psi \end{cases} \tag{3-85}$$

当 M，ψ 和 a/W 一定时，低匹配焊接接头实际极限载荷取式(3-84) 和式(3-85) 所得结果的最小值。

图 3-47 所示为在平面应变条件下，$a/W=0.5$ 时，低匹配和高匹配接头的极限载荷与韧带系数［$\psi=(W-a)/H$］的关系。由图 3-47 可知，随着焊缝韧带尺寸的增加，高匹配和低匹配接头的极限载荷值都将无限接近于无焊缝的金属板的极限载荷值。对于高匹配接头，随着韧带系数的增大，接头的极限载荷值将逐渐降低，直至达到母材的极限载荷值；对于低匹配接头，随着韧带系数的增大，接头极限载荷将逐渐增大，最终达到母材金属极限载荷值。

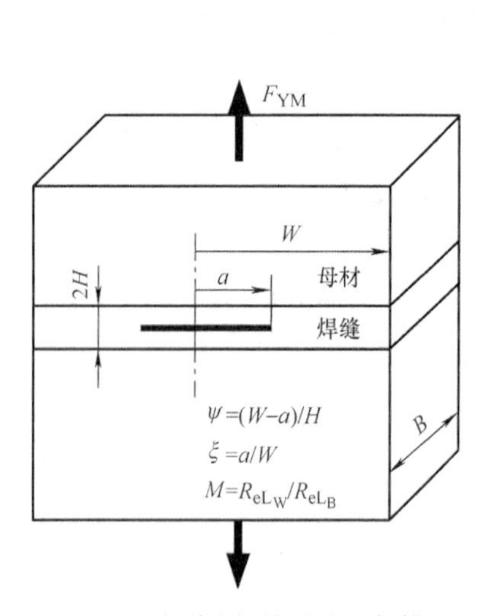

图 3-46　含裂纹焊接接头几何模型

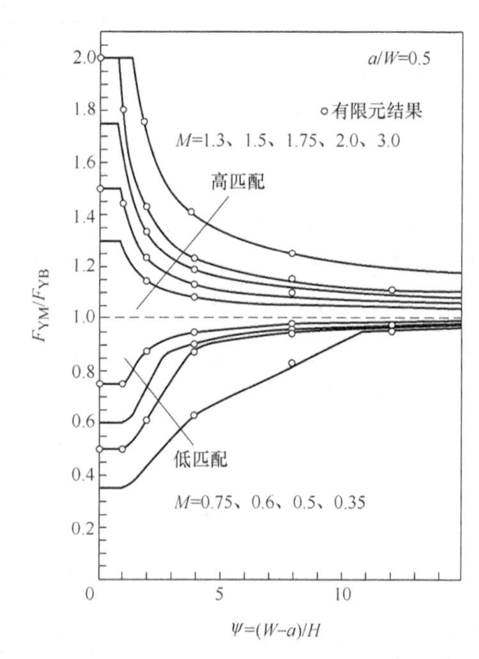

图 3-47　平面应变条件下的焊接接头极限载荷

（2）平面应力　对于无焊缝的金属板，其极限载荷为

$$F_{YB}=2R_{eL_B}B(W-a) \tag{3-86}$$

1）高匹配：对于接头整体屈服模式可采用与平面应变相同的计算式，即式(3-80)。当

塑性变形仅发生于韧带区，极限载荷按式(3-82)计算，其中 $\psi_1 = [1+0.43e^{-5(M-1)}]e^{-(M-1)/5}$；当 M、ψ 和 a/W 值一定时，焊接接头的实际极限载荷取上述两种情况计算结果的最小值。

2）低匹配：对于低匹配焊接接头，极限载荷为

$$\frac{F_{YM}}{F_{YB}}=\begin{cases}M & 0\leqslant\psi\leqslant1.43\\1-1.43(1-M)/\psi & 1.43\leqslant\psi\end{cases}\tag{3-87}$$

当塑性变形限制于焊缝时，极限载荷为

$$\frac{F_{YM}}{F_{YB}}=\begin{cases}M & 0\leqslant\psi\leqslant1.43\\M(1.155-0.2212/\psi) & 1.43\leqslant\psi\end{cases}\tag{3-88}$$

当给定 M、ψ 和 a/W，接头的实际极限载荷取式(3-87)和式(3-88)所得结果中的最小值。

焊接接头极限载荷 F_{YM} 与母材的极限载荷 F_{YB} 的比值 F_{YM}/F_{YB} 还与裂纹位置及载荷类型等因素有关。图3-48与图3-49分别为含裂纹焊接接头承受拉伸载荷的几何模型、承受弯曲载荷的几何模型。

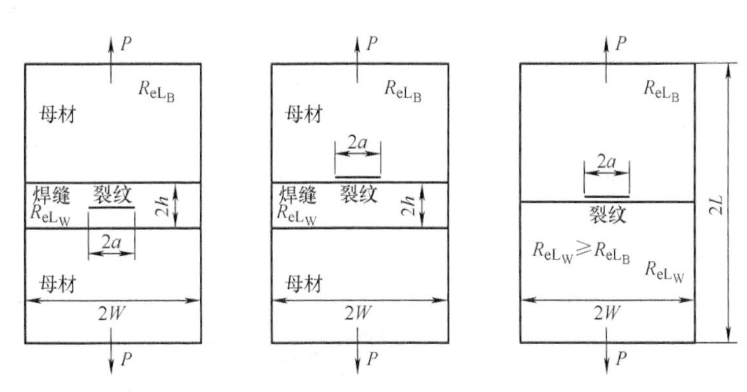

图3-48　含裂纹焊接接头承受拉伸载荷的几何模型

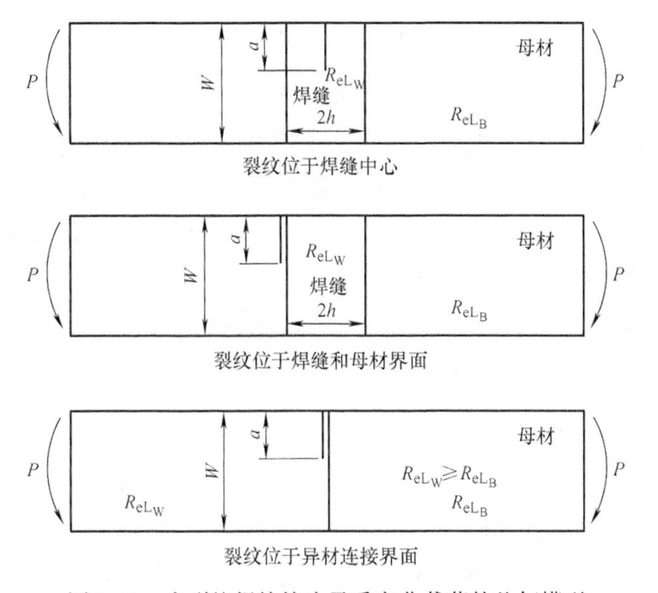

图3-49　含裂纹焊接接头承受弯曲载荷的几何模型

3.3 含缺陷结构的临界评定

3.3.1 含裂纹结构的剩余强度

1. 均质板材的剩余强度

这里首先以宽为 W 的中心裂纹板为例，分析结构的剩余强度问题。根据线弹性断裂准则，当 $K=\sigma\sqrt{\pi a}=K_C$ 时，结构发生断裂。由此得结构的剩余强度为

$$\sigma_c=\frac{K_C}{\sqrt{\pi a}} \tag{3-89}$$

σ_c 与裂纹长度 $2a$ 的关系曲线（临界线）如图 3-50 所示，临界线将平面分为安全区和失效区。图中 A_0 点为安全区，A_c 点为临界状态。提高 K_C 值可扩大安全区范围，表明结构具有更大的裂纹容限。

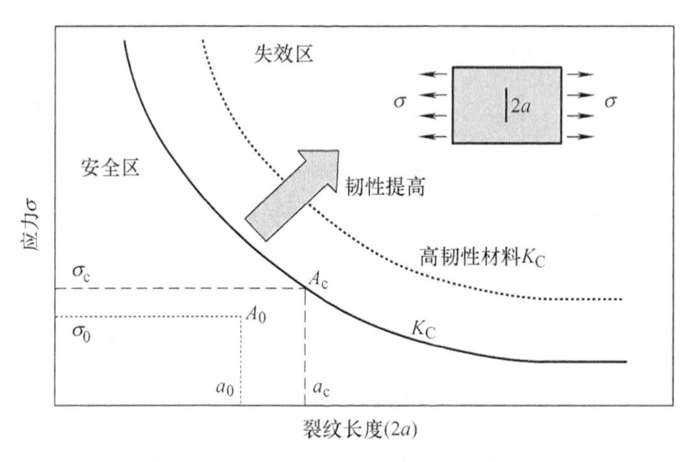

图 3-50 剩余强度与裂纹长度的关系

对于高韧性材料，构件上的应力会高到使整个净截面在断裂发生前先产生屈服，后导致构件破坏。对于这种净截面屈服破坏，可以直接用截面上的净应力与材料的屈服强度的关系建立破坏判据。图 3-51 中的实线为净截面发生屈服的应力与裂纹长度 a 的关系，该线上的点表示未开裂的韧带部分（$W-2a$）的净应力已达到屈服应力。在远场应力 σ 的作用下，发生净截面屈服断裂的最大裂纹尺寸 a_n 为

$$(W-2a_n)R_{eL}=W\sigma$$

即

$$a_n=\left(1-\frac{\sigma}{R_{eL}}\right)\frac{W}{2} \tag{3-90}$$

从图中可以看出，在 $2a$ 很小（A 点以左）或 $2a$ 较大（B 点以右）时，根据断裂准则计算出的断裂应力 σ_c 已超过净截面屈服应力，即在裂纹失稳扩展以前，净截面已发生屈服。当裂纹长度小于某一数值时，在净截面断裂前，材料的应变硬化能力可以使韧带屈服向全面屈服转变。发生全面屈服的最大裂纹尺寸 a_g 为

$$(W-2a_g)\sigma_u=WR_{eL}$$

即
$$a_g=\left(1-\frac{R_{eL}}{R_m}\right)\frac{W}{2} \tag{3-91}$$

式中　R_m——材料的抗拉强度。

由此可见，板宽一定的情况下，a_g 的大小取决于 R_{eL}/σ_u。脆性材料的 R_{eL}/σ_u 接近于1，因此不可能发生全面屈服断裂。

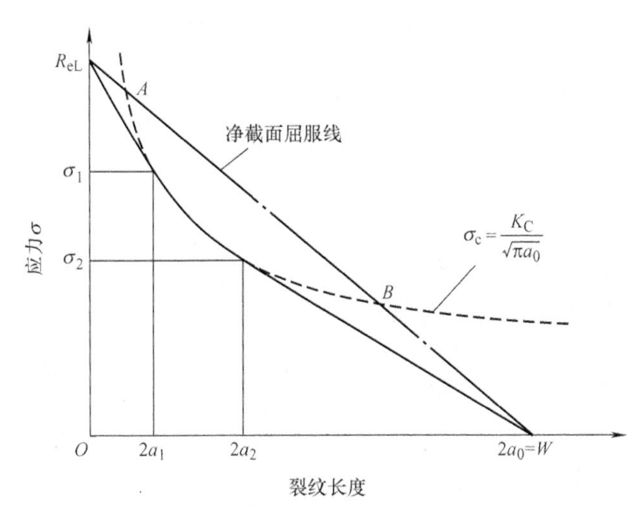

图3-51　剩余强度图

在线弹性断裂和净截面屈服断裂之间还存在另一种断裂类型，即净截面屈服还未发生，但裂纹尖端塑性区已不符合小范围屈服的条件，这种情况就属于弹塑性断裂问题。为了简化分析，工程上常采用一些近似方法来处理这类问题，切线法就是其中一种。含中心裂纹有限宽板剩余强度分析的切线法是分别从 $\sigma=R_{eL}$ 和 $2a=W$ 两点向线弹性断裂曲线作切线，两条切线与原线弹性断裂曲线共同组成弹塑性断裂线。线弹性断裂曲线的斜率为

$$\frac{d\sigma}{d(2a)}=\frac{d\sigma}{d(2a)}\left(\frac{K_C}{\sqrt{\pi a}}\right)=-\frac{\sigma}{4a} \tag{3-92}$$

通过（0，R_{eL}）点与线弹性断裂曲线相切的切点（$2a_1$，σ_1）满足

$$-\frac{\sigma}{4a_1}=-\frac{R_{eL}-\sigma_1}{2a_1}$$

即
$$\sigma_1=\frac{2}{3}R_{eL} \tag{3-93}$$

这表明左切点的纵坐标总等于 $2/3R_{eL}$。又因为 $\sigma_1=K_C/\sqrt{\pi a_1}$，所以有

$$2a_1=\frac{9}{2\pi}\left(\frac{K_C}{R_{eL}}\right)^2 \tag{3-94}$$

通过（W，0）点与线弹性断裂曲线相切的切点（$2a_2$，σ_2）满足

$$-\frac{\sigma_2}{4a_2}=-\frac{\sigma_2}{W-2a_2} \tag{3-95}$$

由此得 $2a_2=\frac{W}{3}$。这表明右切点的横坐标总位于板宽的1/3处。

在实际应用中，可以将按线弹性断裂力学确定的剩余强度曲线，净截面屈服的塑性断裂

曲线，以及按切线近似的弹塑性断裂曲线绘制在一起，根据具体问题来判断应该选择哪条曲线作为剩余强度分析的依据。

图 3-52 表明，当裂纹尺寸 a 小于容限裂纹尺寸 a_{gy} 时，板材能发生整体屈服（GSY），此时，裂纹的存在不会对板材的抗断性能产生影响，因此是安全的；当裂纹尺寸 a 大于容限裂纹尺寸 a_{gy} 时，在横向拉伸载荷作用下，裂纹韧带区将发生净截面屈服（NSY），此时裂纹的存在将影响板材的抗断性能。

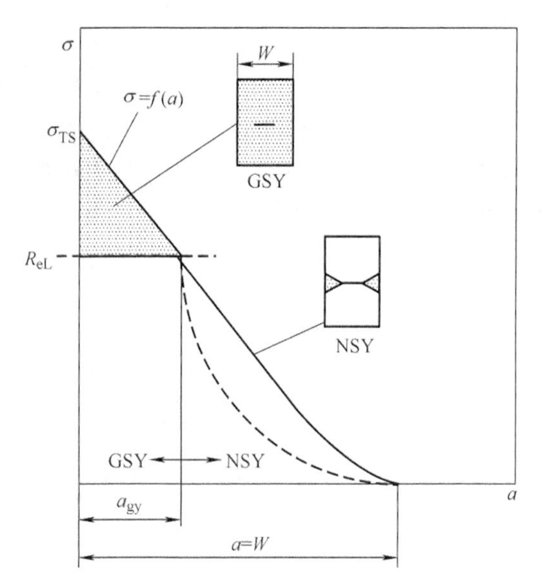

图 3-52　匀质板材受横向拉伸载荷作用时总应变与裂纹尺寸 a 的关系示意图

2. 焊接接头的剩余强度

焊缝含裂纹的接头剩余强度不仅与裂纹尺寸有关，还与焊缝与母材的强度失配及两者的应变硬化性能相关。根据焊缝含中心裂纹焊接接头的断裂模式，可以定义几个主要影响剩余强度的临界裂纹尺寸。

焊接接头发生全面屈服的最大裂纹尺寸 a_g 由式(3-96) 决定

$$(W-2a_g)R_m^W = WR_{eL}^B \tag{3-96}$$

即

$$a_g = \left(1-\frac{R_{eL}^B}{R_m^W}\right)\frac{W}{2} = \left(1-\frac{1}{M}\frac{R_{eL}^W}{R_m^W}\right)\frac{W}{2} \tag{3-97}$$

式中　R_m^W——焊缝的抗拉强度；

R_{eL}^B——母材屈服强度；

R_{eL}^W——焊缝屈服强度。

由此可见，板宽一定的情况下，a_g 的大小与失配性及焊缝的应变硬化特性有关。

焊接接头母材发生屈服并断裂的最大裂纹尺寸 a_{bg} 由式(3-98) 决定

$$(W-2a_{bg})R_{eL}^W = WR_m^B \tag{3-98}$$

即

$$a_{bg} = \left(1-\frac{R_m^B}{R_{eL}^W}\right)\frac{W}{2} = \left(1-\frac{1}{M}\frac{R_m^B}{R_{eL}^B}\right)\frac{W}{2} \tag{3-99}$$

式中　R_m^B——母材的抗拉强度。

由此可见，板宽一定的情况下，a_{bg} 的大小与失配性以及母材的应变硬化特性有关。

在高匹配条件下，焊缝发生小范围屈服而母材发生屈服断裂的最大裂纹尺寸 a_n 可根据线弹性断裂力学判据来确定，即

$$a_W = \frac{1}{\pi}\left(\frac{K_C^W}{R_m^B}\right) \tag{3-100}$$

式中　K_C^W——焊缝的断裂韧度。

一般而言，焊接接头发生整体屈服模式(GSY) 受缺陷尺寸、母材和焊缝应变硬化能力及屈服强度失配比等因素的影响。

在均质板材中断裂应力与缺陷尺寸、缺陷横截面积、板材抗拉强度之间的关系为

$$\sigma = \alpha R_{\mathrm{m}}\left(1 - \frac{ld}{tw}\right) \tag{3-101}$$

式中　t——板厚；

w——板宽；

l 和 d——缺陷的长度和深度；

α——考虑到应力集中影响的校正因子；

R_{m}——母材的抗拉强度；

$\frac{ld}{tw}$——缺陷所占的面积比。

式(3-101）表明断裂应力随缺陷尺寸的增加而减少。对于 GSY，最大缺陷尺寸 a_{gy} 是当断裂应力等于母材屈服强度时的缺陷尺寸。当给定缺陷深度，根据式(3-101）可以计算出最大缺陷长度 a_{gy}

$$a_{\mathrm{gy}} = \frac{tw}{d}\left(1 - \frac{R_{\mathrm{eL}}}{\alpha R_{\mathrm{m}}}\right) \tag{3-102}$$

式中　R_{eL}——屈服强度。

用 R 代替式(3-105）中的 $\frac{R_{\mathrm{eL}}}{R_{\mathrm{m}}}$ 比值（屈强比），则可以证明 a_{gy} 随着 R 值的增大（应变硬化能力减少）而减少。

在含缺陷接头中发生的屈服模式不同于匀质母材的屈服模式，如图 3-53 所示。由于焊接接头由两种材料组成，焊缝裂纹容限尺寸不仅与焊缝的屈服强度有关，而且与母材的屈服强度及两者的应变硬化性能相关。图 3-53 还表明两个特殊的缺陷尺寸需要考虑（假定将缺陷简化为贯穿缺陷）。缺陷尺寸 a_{bm} 定义了从母材断裂向焊缝断裂的转变，而 a_{gy} 定义了从 GSY 向 NSY 的转变。图 3-53 也给出了不同的屈服模式下相应的断裂位置（虚线所示）。a_{gy} 的值为缺陷容限评定提供了工程基础，因为当缺陷尺寸小于 a_{gy} 时，母材发生屈服。此外，母材和焊缝的硬化特性也会对含裂纹焊接接头的屈服模式及裂纹容限有较大的影响。

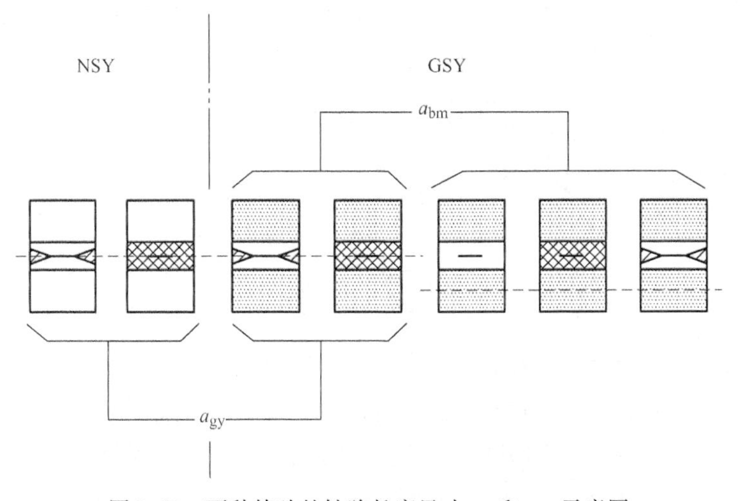

图 3-53　两种特殊的缺陷长度尺寸 a_{gy} 和 a_{bm} 示意图

3.3.2 失效评定图

1. 失效评定图的基本原理

如前所述，含裂纹构件有两种失效机制，即由裂纹尖端应力-应变场特征参数所控制的脆性断裂和以极限载荷控制的塑性失稳破坏。出现何种机制的破坏，取决于两种控制参数的竞争结果，因此很难用单一参数作为判据评定含裂纹结构的弹塑性断裂行为，如图3-54和图3-55所示。双判据法综合考虑了两种破坏机制对构件失效的作用，建立了两种失效机制共存情况下的断裂评定准则。双判据法使用失效评定图（失效评定曲线）对含缺陷结构的完全性进行评定。

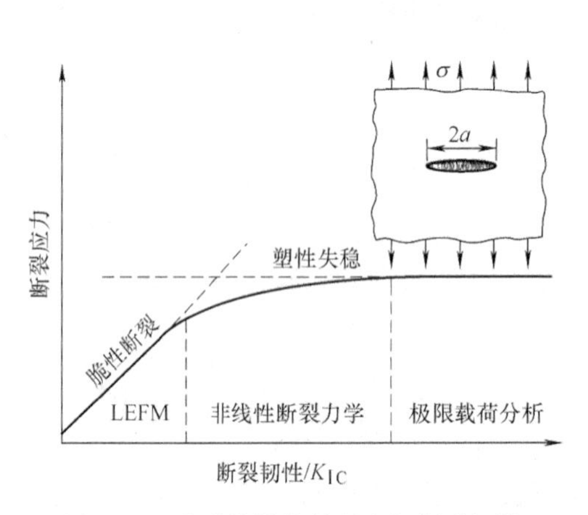

图3-54 含裂纹结构的强度与断裂韧性

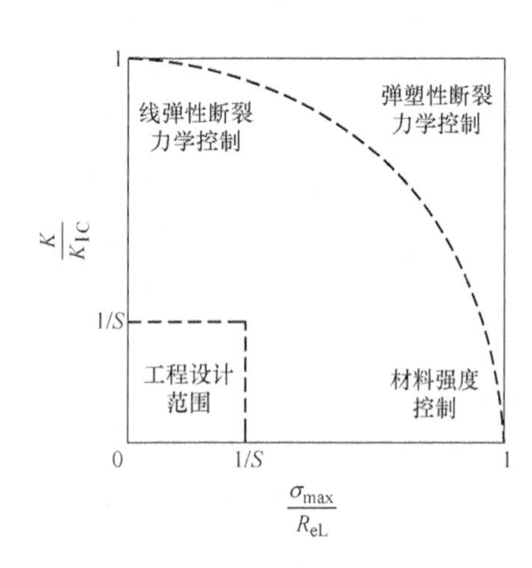

图3-55 基于断裂力学的失效边界
（S—安全系数）

失效评定图的概念最早是由英国中央电力局（CEGB）提出的，又称为R6评定方法。CEGB R6评定方法——《带缺陷结构的完整性评定》于1976年发表，2000年第四次修订，以下记为R6-4。该方法集中反映了弹塑性断裂力学的发展。

失效评定图（图3-56a）纵轴和横轴分别代表断裂驱动力与断裂韧性的比率及施加载荷与塑性失稳载荷的比率，以 K_r 和 L_r 表示：

$$K_r=\frac{K}{K_{mat}}\text{或}K_r=\sqrt{\delta_r}=(\delta/\delta_{mat})^{1/2} \tag{3-103}$$

式中 K 或 δ——断裂驱动力；

K_{mat} 或 δ_{mat}——断裂阻力。

$$L_r=\frac{P}{P_L(R_{eL})} \tag{3-104}$$

式中 P——作用载荷；

P_L——含缺陷结构的极限载荷。

K_r、L_r 取决于施加载荷、材料性能及裂纹尺寸、形状等几何参数。

采用上述方法对有缺陷的构件进行失效分析时，需要按有关规范要求对缺陷进行规则化处理，然后分别计算 K_r 和 L_r 并标在失效评定图上作为评定点。如果评定点位于坐标轴与失效评定曲线之间，则结构是安全的。根据评定点的位置可评估结构的危险程度；如果评定点

$A(K_r, L_r)$ 位于失效曲线外的区域，则结构是不安全的。如评定点落在失效评定曲线、截断线（$L_r = L_r^{max}$）及纵横坐标之间，则结构是安全的，否则结构是不安全的。若评定点落在失效曲线上，则结构处于临界状态。

截断线（$L_r = L_r^{max}$）的位置取决于材料。对于奥氏体不锈钢，$L_r^{max} = 1.8$；对于无平台的低碳钢及奥氏体不锈钢焊缝，$L_r^{max} = 1.25$；对于无平台的低合金钢及焊缝，$L_r^{max} = 1.15$；对于具有长屈服平台的材料，$L_r^{max} = 1.0$。

根据评定点在失效评定图所处的区域，可判断结构断裂的模式(图 3-56b)，结构的不同断裂模式与其断裂控制参数相对应。随着 K_r 增大，脆性断裂风险增大；随着 L_r 增大，塑性失稳风险增大。

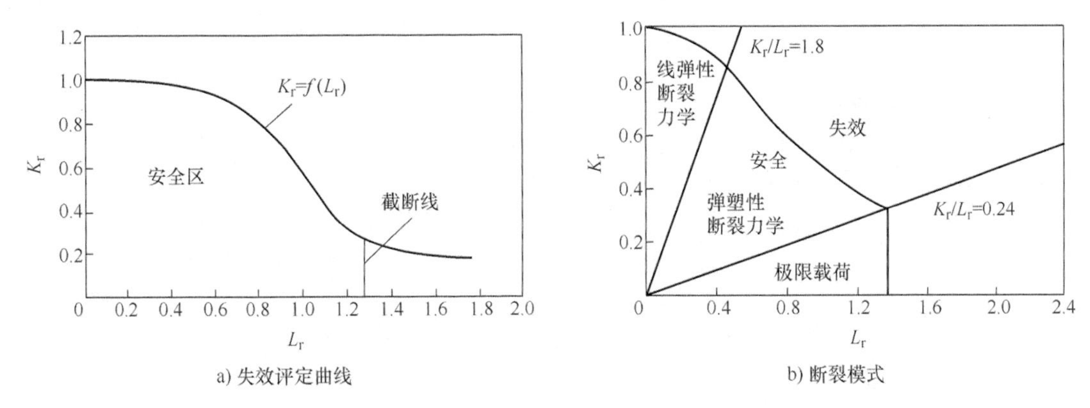

图 3-56　失效评定曲线及断裂模式

2. 失效评定曲线的选择

R6－4 失效评定曲线根据已知材料、载荷数据的不同，共有三种类型评定曲线供选择。当仅知道材料屈服强度时，可以采用 1 类曲线；2 类曲线评定则需要材料的应力-应变关系曲线；3 类曲线相对复杂，要有材料性能、裂纹尺寸等详细数据，但可大大降低评定结果的保守性。

在断裂评定图中，失效评定曲线由函数 $f(L_r)$ 定义。

（1）R6 方法中的 1 类曲线

1）无屈服平台的材料失效评定曲线的函数为

$$\begin{cases} f(L_r) = (1+0.5L_r^2)^{-1/2}[0.3+0.7\exp(-0.6L_r^6)] & L_r \leqslant L_r^{max} \\ f(L_r) = 0 & L_r > L_r^{max} \end{cases} \tag{3-105}$$

截断线为：

$$L_r^{max} = \frac{R_{eL} + R_m}{2R_{eL}} = 1 + (150/R_{eL})^{2.5} \tag{3-106}$$

计算中所需的抗拉强度 R_m 是由屈服强度 R_{eL} 保守估算的。图 3-57 所示为 1 类曲线的截断线位置。

2）当材料具有屈服平台或者不能排除材料不具有屈服平台时，失效评定曲线的函数为

$$\begin{cases} f(L_r) = (1+0.5L_r^2)^{-1/2} & L_r \leqslant L_r^{max} \\ f(L_r) = 0 & L_r > L_r^{max} \end{cases} \tag{3-107}$$

截断线为 $L_r^{max}=1$。

（2）R6－4 中的 2 类曲线

1）已知材料应力-应变关系数据时，2 类曲线为：

$$\begin{cases} f_2(L_r)=\left(\dfrac{E\varepsilon_{ref}}{L_rR_{eL}}+\dfrac{L_r^3R_{eL}}{2E\varepsilon_{ref}}\right)^{-1/2} & L_r\leqslant L_r^{max} \\ f(L_r)=0 & L_r>L_r^{max} \end{cases} \tag{3-108}$$

式中 ε_{ref}——参考应变，是单轴拉伸真实应力-应变曲线上真实应力 $\sigma_{ref}=L_rR_{eL}$ 时的真实应变（图 3-58）。

截断线为 $L_r^{max}=\dfrac{1}{2}\left(1+\dfrac{R_m}{R_{eL}}\right)$。

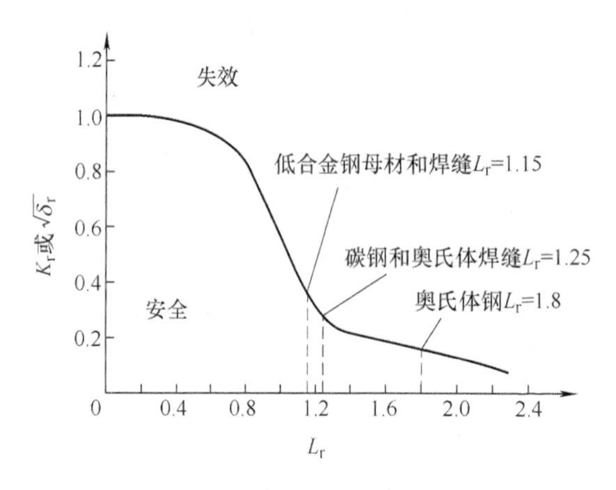

图 3-57　1 类曲线的截断线位置

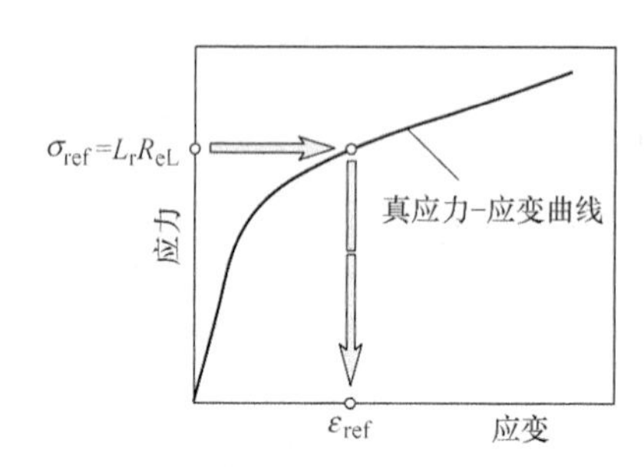

图 3-58　参考应力-应变的确定

在不知道材料应力-应变关系数据时，采用 SINTAP 第 1 级（基本级）失效评定曲线的研究成果，给出的两种可供选择的近似曲线，分别用于无屈服平台的连续屈服材料和有屈服平台的非连续屈服材料，只需要知道材料的屈服强度、抗拉强度和弹性模量，不需要知道应力-应变关系曲线。

2）具有连续屈服（即无屈服平台）材料选用的近似 2 类曲线（图 3-59）的分段函数为

$$\begin{cases} f(L_r)=(1+0.5L_r^2)^{-1/2}[0.3+0.7\exp(-0.6\mu L_r^6)] & L_r\leqslant 1 \\ f(L_r)=f(1)L_r^{(N-1)/2N} & 1<L_r\leqslant L_r^{max} \\ f(L_r)=0 & L_r>L_r^{max} \end{cases} \tag{3-109}$$

截断线为 $L_r^{max}=\dfrac{1}{2}\left(1+\dfrac{R_m}{R_{eL}}\right)$，其中 $\mu=\min\ [0.001\ (E/R_{eL}),\ 0.6]$。

$f(1)$ 是 $L_r=1$ 时的 $f(L_r)$，以保证 $f(L_r)$ 在 $L_r=1$ 连续。

N 为材料应力-塑性应变关系用幂函数拟合得到的指数，其估计值为 $N=0.3\ [1-R_{eL}/R_m]$，这是根据 19 种材料数据整理得到的下限值，实际值可能是计算值的 1～5 倍，也就是说 $L_r>1$ 时 $f(L_r)$ 的计算是非常保守的。

图 3-60 所示为式(3-105) 和式(3-109) 所表示的失效评定曲线的比较。

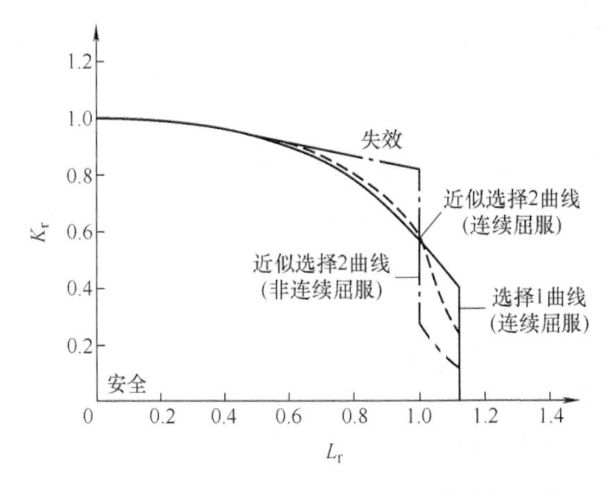

图 3-59　近似选择 2 曲线与选择 1 曲线的比较

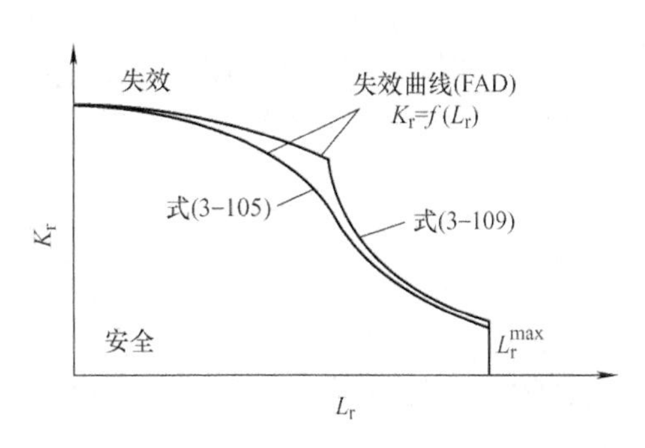

图 3-60　失效评定曲线的比较

3）具有不连续屈服（有屈服平台）材料的近似 2 类曲线（图 3-59）的分段函数为：

$$\begin{cases} f(L_r)=(1+0.5L_r^2)^{-1/2} & L_r<1 \\ L_r=1 & f(1^-)<f(L_r)<f(1^+) \\ f(L_r)=f(1^+)L_r^{(N-1)/2N} & 1<L_r\leqslant L_r^{max} \\ f(L_r)=0 & L_r>L_r^{max} \end{cases} \tag{3-110}$$

从式(3-110）可以看出该曲线在 $L_r=1$ 处出现陡降的直线段（图 3-60），从 $f(1^-)$ 下降至 $f(1^+)$。其中 $f(1^-)$ 是 $L_r=1$ 时的 $f(L_r)$；$f(1^+)=(\lambda+1/2\lambda)^{0.5}$，$\lambda=1+E\Delta\varepsilon/R_{eL}$。这里 $\Delta\varepsilon$ 为屈服平台长度（图 3-61），其估计值为 $\Delta\varepsilon=0.0375(1-R_{eL}/1000)$。

式(3-110）中的 μ、N 值及截断线与式(3-109）相同。

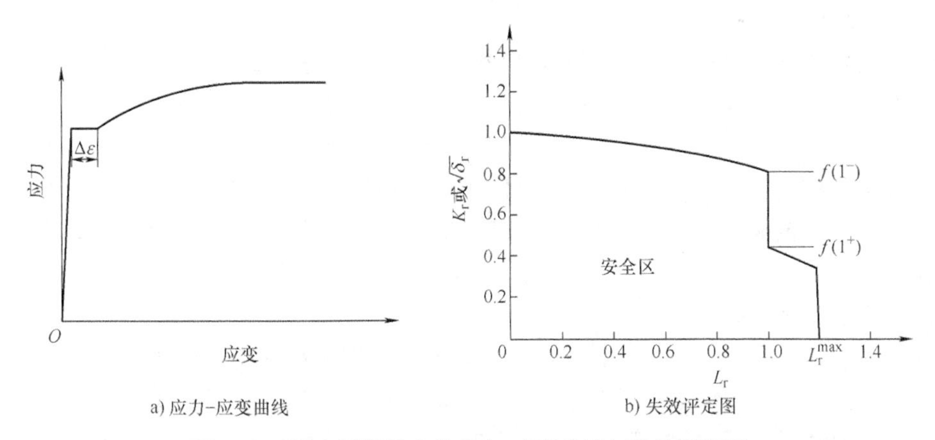

图 3-61　具有屈服平台的应力-应变曲线与失效评定图

如果既无应力-应变关系数据，又不知道其是否是非连续屈服（有屈服平台）材料，可根据材料屈服强度、化学组成及热处理方式按规范要求判断是否为不连续屈服材料。

（3）R6－4 中的 3 类曲线　如果知道 J 积分，就可以进行 3 类曲线评定。3 类曲线为

$$\begin{cases} f(L_r)=(J/J_e)^{-1/2} & L_r\leqslant 1 \\ f(L_r)=0 & L_r>L_r^{max} \end{cases} \tag{3-111}$$

式中　J 和 J_e——在同一载荷下用弹塑性分析和弹性分析得到的 J 积分值。

截断线为 $L_r^{max}=\dfrac{1}{2}\left(1+\dfrac{R_m}{R_{eL}}\right)$

该方程同时取决于材料性能和试样的几何形状，J 积分通常表示为 $J=K^2[E'f(L_r)^2]$。

R6 方法还包括了混合应力作用下的评定规则，对一次和二次应力混合情况做出如下处理：

$$K_r=\frac{K^P+K^S}{K_{mat}}+\rho \text{ 或 } J=\frac{(K^P+K^S)^2}{E'[f(L_r)-\rho]^2} \tag{3-112}$$

式中上角标 P、S 分别代表一次和二次应力作用，ρ 为交互作用参数。但是这一步骤按弹性计算二次应力的值可能过于保守，因为当弹性应力峰值超过屈服强度时应力分布会出现塑性松弛。

R6－4 中加入了裂纹止裂方法、接头匹配效应、局部方法和有限元方法等新的内容。在接头强度失配效应的处理上，与以前相比，降低了保守程度。该方法以双材料模型给出，将接头性能以等效材料的形式进行处理。对于如热影响区等复杂的情况，可以通过适当的合并简化，转化为双材料模型。其给出的接头等效应力为

$$\sigma_e(\varepsilon_p)=\frac{(F_{YM}/F_{YB}-1)\sigma_W(\varepsilon_p)+(M-F_{YM}/F_{YB})\sigma_B(\varepsilon_p)}{M-1} \tag{3-113}$$

式中　$\sigma_W(\varepsilon_p)$、$\sigma_B(\varepsilon_p)$——焊缝与母材在给定塑性应变 ε_p 条件下的应力；

ε_p——塑性应变；

M——接头失配比，通常为塑性应变的函数。

3.3.3　考虑焊缝强度失配的失效评定曲线

1. R6 中的 1 类曲线

当评定对象不涉及焊缝或强度失配程度相对等匹配不超过 10% 时，在仅可得到材料的屈服强度和抗拉强度，而不具有材料的应力-应变关系数据时，可以采用 R6 中的 1 类曲线作为评定曲线。

对于强度失配的焊接接头，若已知母材和焊缝的屈服强度和抗拉强度，仍可采用 R6 中的 1 类曲线，但在截断线计算中要考虑极限载荷、母材和焊缝应变硬化指数比值及接头匹配因子 M 的影响。

2. R6 中的 2 类曲线

（1）已知材料的应力-应变关系数据和韧度值　评定对象不涉及焊缝或焊缝失配程度相对等匹配不超过 10% 的评定曲线采用式(3-105)。当焊缝失配程度超过 10% 时，式(3-105)中的 σ_{ref}、ε_{ref} 和 L_r 值的计算均应采用含缺陷焊接接头的当量 $\sigma_e-\varepsilon^p$ 关系曲线，该曲线与母材 $\sigma_B-\varepsilon_B$ 曲线、焊缝 $\sigma_W-\varepsilon_W$ 曲线、匹配因子 M、F_{YM} 及 F_{YB} 有关。截断线的位置与当量流动应力、匹配因子 M 及焊缝韧带参数 ψ 等因素相关。

（2）已知材料的屈服强度、抗拉强度和弹性模量

1）当评定对象不涉及焊缝或强度失配程度相对等匹配不超过 10% 时，存在两种近似的 2 类曲线形式。

① 无屈服平台材料的近似 2 类曲线：在 $L_r<1$ 的范围内

$$f_2^{cr}(L_r)=(1+0.5L_r^2)^{-\frac{1}{2}}[0.3+0.7\exp(-\mu L_r^6)] \quad (3\text{-}114)$$

在 $1<L_r<L_r^{max}$ 的范围内

$$f_2^{cr}(L_r)=f_2^{cr}(1)L_r^{(N-1)/2N} \quad (3\text{-}115)$$

$$\mu=\min[0.001(E/R_{eL}),0.6] \quad (3\text{-}116)$$

式中 $f_2^{cr}(1)$——按式(3-114) 在 $L_r=1$ 时的值；

N——材料应力-塑性应变关系用幂函数表示时的指数，$N=0.3\ [1-R_{eL}/R_m]$。

② 有屈服平台材料的近似2类曲线：

在 $L_r<1$ 处

$$f_2^{cr}(L_r)=(1+0.5L_r^2)^{-\frac{1}{2}} \quad (3\text{-}117)$$

在 $L_r=1$ 处

$$f_2^{cr}(1)=(\lambda+1/2\lambda)^{-1/2} \quad (3\text{-}118)$$

$$\lambda=1+E\Delta\varepsilon/R_{eL} \quad (3\text{-}119)$$

$$\Delta\varepsilon=0.0375(1-R_{eL}/1000) \quad (3\text{-}120)$$

在 $1<L_r<L_r^{max}$ 的范围内

$$f_2^{cr}(L_r)=f_2^{cr}(1)L_r^{(N-1)/2N} \quad (3\text{-}121)$$

2）当评定对象焊缝失配程度超过10%时，则必须知道母材和焊缝两者的拉伸性能，因而分三种情况。

第1种情况：母材及焊缝两种材料均无屈服平台时，仍使用式(3-114) ~ 式(3-116)，但其中的 μ 值和 N 值应改用失配时的值 μ_M 和 N_M，μ_M 取决于母材的 μ_B、焊缝的 μ_W、失配焊接接头的极限屈服载荷 F_{YM} 及母材的极限屈服载荷 F_{YB}。截断线要考虑匹配因子 M 等因素的影响。

第2种情况：焊缝及母材均具有屈服平台时，仍可应用式(3-117) ~ 式(3-120)，但式(3-119)中的 λ 应用 λ_M 代替，式(3-121) 中的 N 用 N_M 代替。λ_M 取决于母材的 λ_B、焊缝的 λ_W、失配焊接接头的极限屈服载荷 F_{YM} 及母材的极限屈服载荷 F_{YB}。截断线要考虑匹配因子 M 等因素的影响。

第3种情况：焊缝或母材之一具有屈服平台时，在 $L_r<1$ 时可以采用第1种情况的失效评定曲线，只是在计算 μ_M 时不计有长屈服平台材料的 μ 值。$L_r=1$ 时按第2种情况具有屈服平台材料时的办法保守地取得较低的 $f(1)$ 值，将无屈服平台的那个材料的 λ 取为0。$L_r>1$ 时与第2种情况的处理相同。

3. R6 -4 中的3类曲线

应用R6 -4 中的3类曲线评定时，要求已知材料的应力-应变关系曲线以计算 J 积分，可以是没有焊缝的结构，也可以是强度失配的焊接接头（这时要求焊缝及母材的应力-应变关系都已知)，需要进行严格的有限元计算。

3.3.4 断裂评定的基本参数

根据失效评定图对含裂纹结构的韧力进行分析时需要确定评定点，根据评定点的位置与失效曲线的距离可分析结构的韧力裕度，从而对结构的完整性进行评估。

1. **评定点的计算**

（1）载荷比 L_r 的计算　R6 评定方法中将载荷及由此而形成的应力分为两类：可能导致塑性破坏的载荷所产生的应力 σ^P（即一次应力）；由对塑性破坏无影响的载荷所产生的应力 σ^S（即二次应力）。由压力、自重或与其他部件相互作用等施加的外载荷所产生的应力为一次应力，一般而言，这类应力是不会自平衡的。二次应力是由内部变形不协调而产生的应力，如温度梯度和焊接过程所产生的应力等，这些应力是可以自平衡的，不会对载荷比产生影响，因此只在断裂比中考虑二次应力的作用。有些内应力在整个结构上是平衡的，但在有裂纹的截面上可能是不平衡的，此时可假定为一次应力，这样会更安全。

在失效评定图中考虑了塑性极限的影响，这项影响是用横坐标参数 L_r 表达的，它表示有裂纹结构接近塑性屈服的程度。计算 L_r 值所用的外加载荷是那些对塑性破坏起作用的载荷，也就是产生一次应力的载荷。L_r 的计算是所评定的受载条件与引起结构塑性屈服的载荷之比，即；

$$L_r = \frac{\text{能产生 } \sigma^P \text{ 应力的总外加载荷}}{\text{有裂纹结构的塑性屈服载荷}} = \frac{P}{P_0} = \frac{\sigma^P}{\sigma_F} \tag{3-122}$$

式中　σ_F——塑性屈服应力。

塑性屈服载荷依赖于材料的屈服应力和所评定缺陷的性质。对于穿透裂纹，屈服载荷是指总体屈服载荷或结构的弹塑性极限载荷。对于未穿透裂纹，屈服载荷是局部（韧带）极限载荷。焊接接头的极限载荷受焊缝强度匹配的影响。

（2）断裂比 K_r 的计算　K_r 值表示接近线弹性失效的程度。根据应力的分类，K_r 包括一次应力、二次应力及两者之间的相互作用，即

$$K_r = K_r^P + K_r^S + \rho(a) = \frac{K_r^P(a)}{K_{mat}} + \frac{K_r^S(a)}{K_{mat}} + \rho(a) \tag{3-123}$$

式中　$K_r^P(a)$——对应裂纹尺寸 a，一次应力产生的弹性应力强度因子；

$K_r^S(a)$——对应裂纹尺寸 a，二次应力产生的弹性应力强度因子。

$\rho(a)$——一次应力和二次应力之间相互作用在内的塑性修正系数，简记 ρ。

当无外载时（$L_r=0$），二次应力单独作用产生的 J 积分为 J^s，由 J^s 产生的当量弹塑性断裂驱动力为 $K_p^s=\sqrt{E'J^s}$，当 $K_p^s=K_{mat}$时就会发生二次应力引起的破坏。K_{mat}可以是 K_{IC}、K_C 或 $K_{0.2}$。

ρ 的简单计算方法如下：

$$\begin{cases} L_r \leqslant 0.8 \text{ 时}, & \rho = \rho_1 \\ 0.8 < L_r \leqslant 1.05, & \rho = 4\rho_1(1.05 - L_r) \\ L_r > 1.05, & \rho = 0 \end{cases} \tag{3-124}$$

其中，ρ_1 的计算方法如下：

令 $x = \dfrac{K_I^S L_r}{K_I^P}$，则

$$\begin{cases} x \leqslant 0, \rho_1 = 0 \\ 0 < x \leqslant 4, \rho_1 = 0.1x^{0.714} - 0.007x^2 + 0.00001x^5 \end{cases} \tag{3-125}$$

ρ_1 与 χ 的关系如图 3-62 所示。BS 7910 规定，当 $x>4$ 时要对 ρ 进行详细计算。

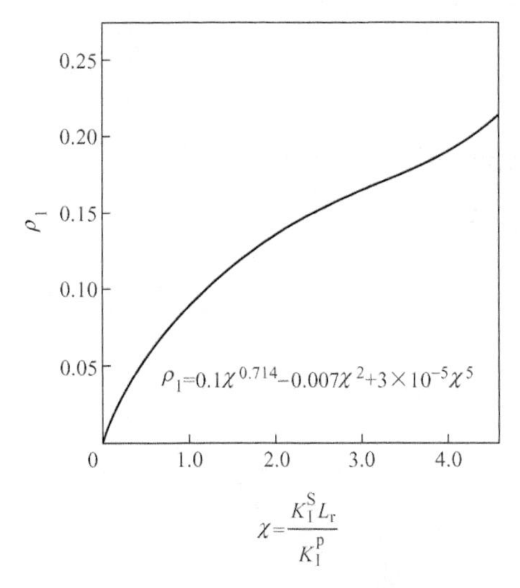

图 3-62　ρ_1 的计算曲线

在计算二次应力的作用方面，Smith 提出了 V 参数法，即

$$K_\mathrm{r}=(K_\mathrm{I}^\mathrm{p}+VK_\mathrm{I}^\mathrm{s})/K_\mathrm{mat} \tag{3-126}$$

当 L_r 增加时，V 值减少，相当于应力释放，应力全部释放则 $V=0$。

当一次应力为零（$L_\mathrm{r}=0$，$K_\mathrm{I}^\mathrm{p}=0$）时，令

$$V_0=\sqrt{E'J^\mathrm{s}}/K_\mathrm{I}^\mathrm{s}=K_\mathrm{p}^\mathrm{s}/K_\mathrm{I}^\mathrm{s} \tag{3-127}$$

V/V_0 与 L_r 的关系曲线如图 3-63 所示。

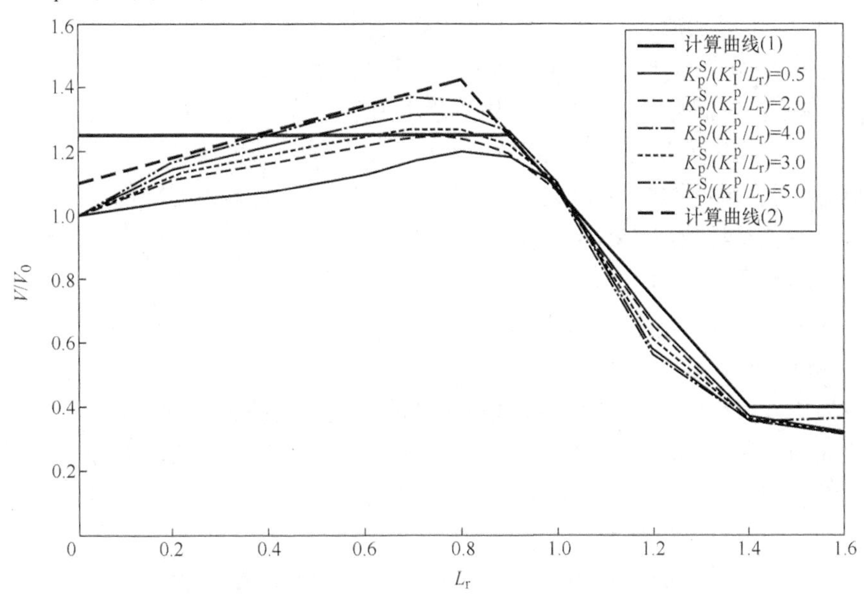

图 3-63　V/V_0 与 L_r 的关系曲线

焊缝强度失配对 $V/V_0\sim L_\mathrm{r}$ 有一定的影响，如图 3-64 所示。

焊接结构合于使用评定所需的参数包括应力或应变、缺陷尺寸、材料的断裂阻力等，这些参数的分析是焊接结构合于使用评定的基础。

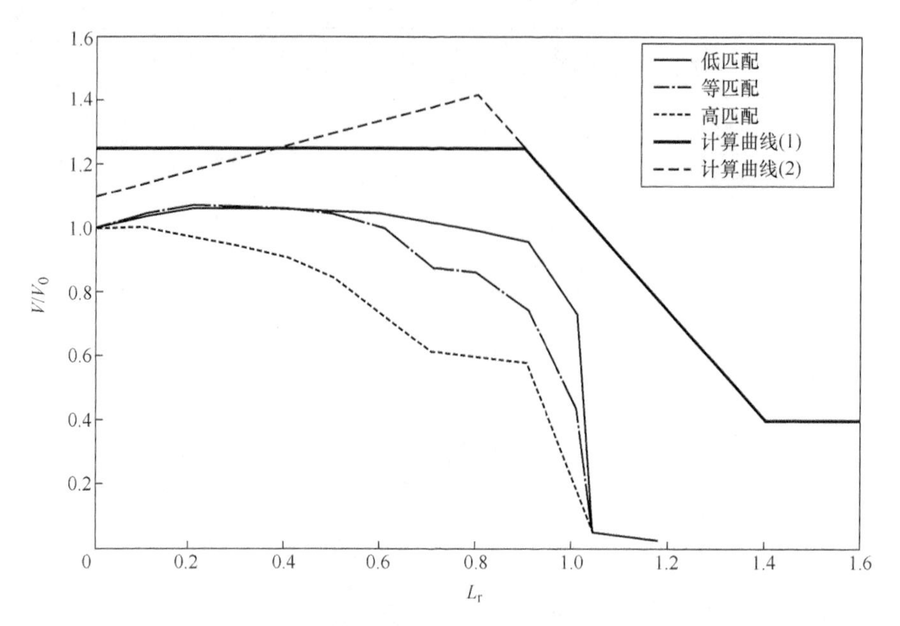

图 3-64 焊缝强度失配对 V/V_0-L_r 曲线的影响

2. 应力参数

（1）应力参数的分类 焊接结构合于使用评定所需的应力参数的获得需要对结构进行详细的应力分析，然后进行应力分类。根据应力产生的原因、应力分布及对失效的影响，应力参数可分为以下三种。

1）一次应力：包括薄膜应力（σ_m^P）和弯曲应力（σ_b^P），由外载（压力和其他机械载荷）在结构中产生的应力（正应力或切应力），满足外载-内力平衡。

2）二次应力：包括构件变形约束和边界条件引起的薄膜应力（σ_m^S）和弯曲应力（σ_b^S），及热应力和残余应力，满足变形协调条件。

3）峰值应力：包括构件局部形状改变所引起的应力，具有高度局部性，不会引起整个结构的明显变形，是导致疲劳破坏、脆性断裂的可能根源。峰值应力 σ^F 一般定义为一次应力乘以应力集中系数减 1，即

$$\sigma^F=(k_t-1)(\sigma_m^P+\sigma_b^P) \tag{3-128}$$

式中 k_t——理论集中系数。

总应力为构件截面的一次应力、二次应力和峰值应力的叠加（图 3-65）。缺陷区应力分布的线性化如图 3-66 所示。对于平面缺陷应采用垂直于缺陷平面的应力分量，所以必须将缺陷分解到垂直于最大主应力方向的平面上。当应力超过屈服应力时，应采用应变来表达，应变也是由上述应力分量引起的。

（2）应用 焊接结构合于使用评定中要对结构关键部位逐一进行详细的应力计算，然后进行应力分类。图 3-67 所示为一高压容器的部分断面，各区域的应力分类如下。

1）部位 *A* 属于远离形状变化的区域，受内压及径向温差载荷。由内压产生的应力分两种情况：当筒体属于薄壁容器时，其应力为一次总体薄膜应力（σ_m^P）；当筒体属于厚壁容器时，内外壁应力的平均值为一次总体薄膜应力（σ_m^P），而沿壁厚的应力梯度划为二次应力（σ^S）。

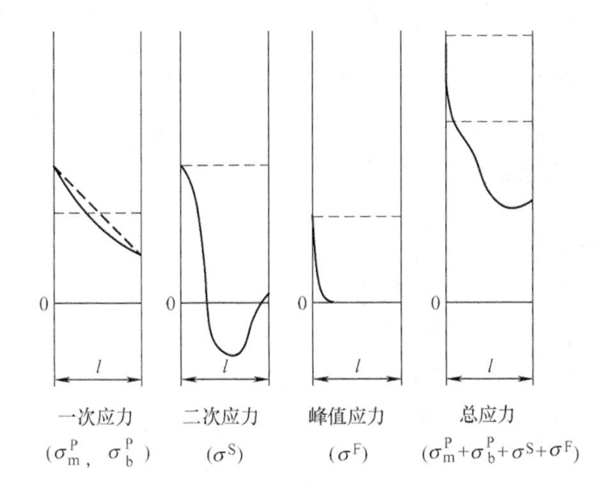

图 3-65　构件截面应力分布示意图

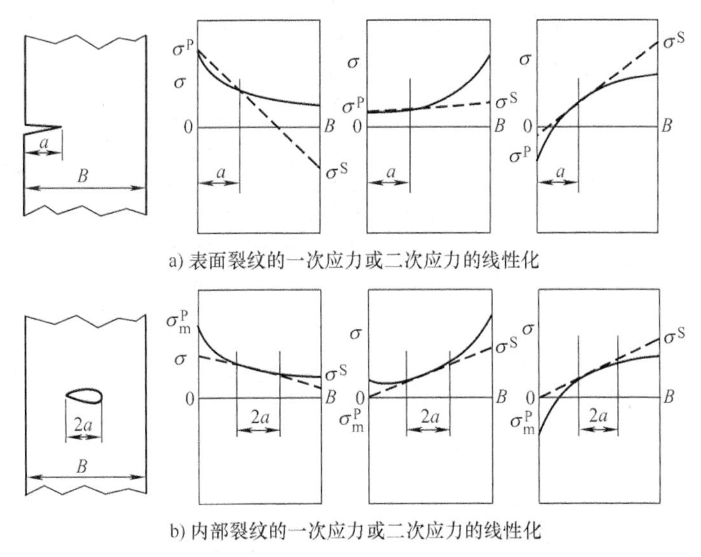

图 3-66　缺陷区应力分布的线性化

2）部位 B 包括 B_1、B_2 及 B_3 等 3 个形状变化部位。均存在由内压产生的应力，但由于处于形状变化区，该应力沿壁厚的平均值应划为一次局部薄膜应力（σ_{Lm}^P），应力沿壁厚的梯度为二次应力（σ^S）。由总体形状变化效应产生的弯曲应力也为二次应力（σ^S），而形状变化效应的周向薄膜应力应偏保守地划为一次局部薄膜应力（σ_{Lm}^P）。另外由径向温差产生的温差应力，作线性化处理后分为二次应力和峰值应力（$\sigma^S+\sigma^F$），因此 B_1、B_2 和 B_3 各部位的应力分类为（$\sigma_{Lm}^P+\sigma^S+\sigma^F$）。

3）部位 C 处存在四种应力：内压在球壳与接管中产生的应力（$\sigma_{Lm}^P+\sigma^S$）；球壳与接管总体形状变化效应产生的应力（$\sigma_{Lm}^P+\sigma^S$）；径向温差产生的温差应力（$\sigma^S+\sigma^F$）；因小圆角（局部形状变化）应力集中产生的峰值应力（σ^F），总计应为（$\sigma_{Lm}^P+\sigma^S+\sigma^F$）。由于部位 C 未涉及管端的外加弯矩，管子横截面中的一次弯曲应力 σ_b^P 便不存在。又由于部位 C 为拐角处，内压引起的薄膜应力不应划分为总体薄膜应力 σ_m^P，应分类为一次局部薄

膜应力 σ_{Lm}^{P}。

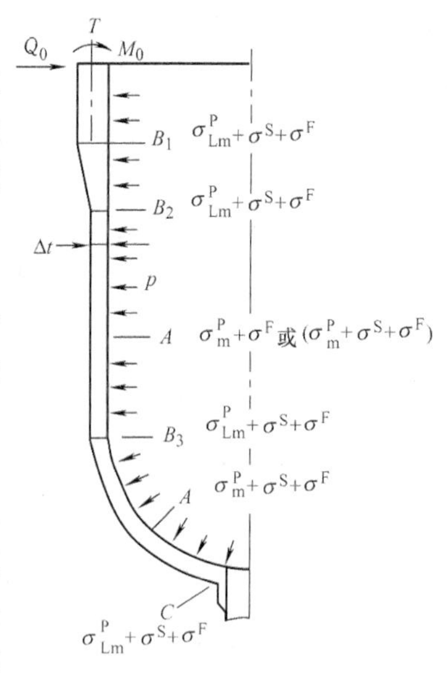

图 3-67　压力容器的应力分类

圆筒壳中轴向温度梯度所引起的热应力，接管和与之相接壳体间的温差所引起的热应力，壳壁径向温差引起的热应力的当量线性分量及厚壁容器由压力产生的应力梯度都属于二次应力。

3. 缺陷规则化和再表征

（1）缺陷规则化　焊接结构合于使用评定将缺陷分为平面缺陷和体积缺陷。平面缺陷对焊接结构断裂的影响最大，因此这里只讨论平面缺陷。平面缺陷根据其位置不同，又分为穿透缺陷、埋藏缺陷和表面缺陷（图 3-68）。

在对缺陷进行评定时，需要将缺陷进行规则化处理。表面缺陷和埋藏缺陷分别假定为半椭圆形裂纹和椭圆形埋藏裂纹。简化时要考虑多个缺陷的相互作用，应根据有关规范进行复合化处理。最后将表面缺陷和埋藏缺陷换算成当量（或称等效的）穿透裂纹尺寸，换算曲线如图 3-69 所示，其中 a 为当量穿透裂纹的半长。

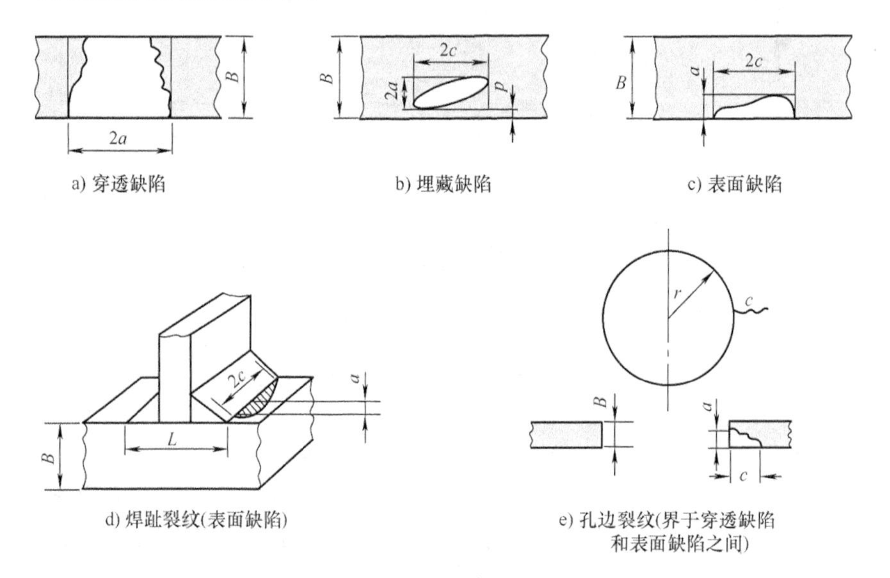

图 3-68　缺陷形状

构件的同一截面上的多个相邻缺陷会产生相互作用，在缺陷评定时要进行复合处理。表 3-1给出了典型共面平面缺陷的复合准则。

（2）缺陷再表征　如果根据缺陷规则化处理得到的埋藏或表面缺陷经评定后被判为局部韧带失效，则需要进行缺陷再表征。缺陷再表征就是将埋藏或表面缺陷进一步表征为表面或穿透缺陷。再表征的缺陷要考虑裂纹动态效应和扩展行为，即将缺陷尺寸适当放大，如图 3-70所示。对再表征的缺陷做进一步评定，以确定含再表征缺陷结构的整体安全性。若韧带失效为脆性，则再表征缺陷评定时的断裂阻力应采用动态或止裂韧度。在泄漏评定时，缺陷再表征要与破前泄漏（LBB）分析相结合。

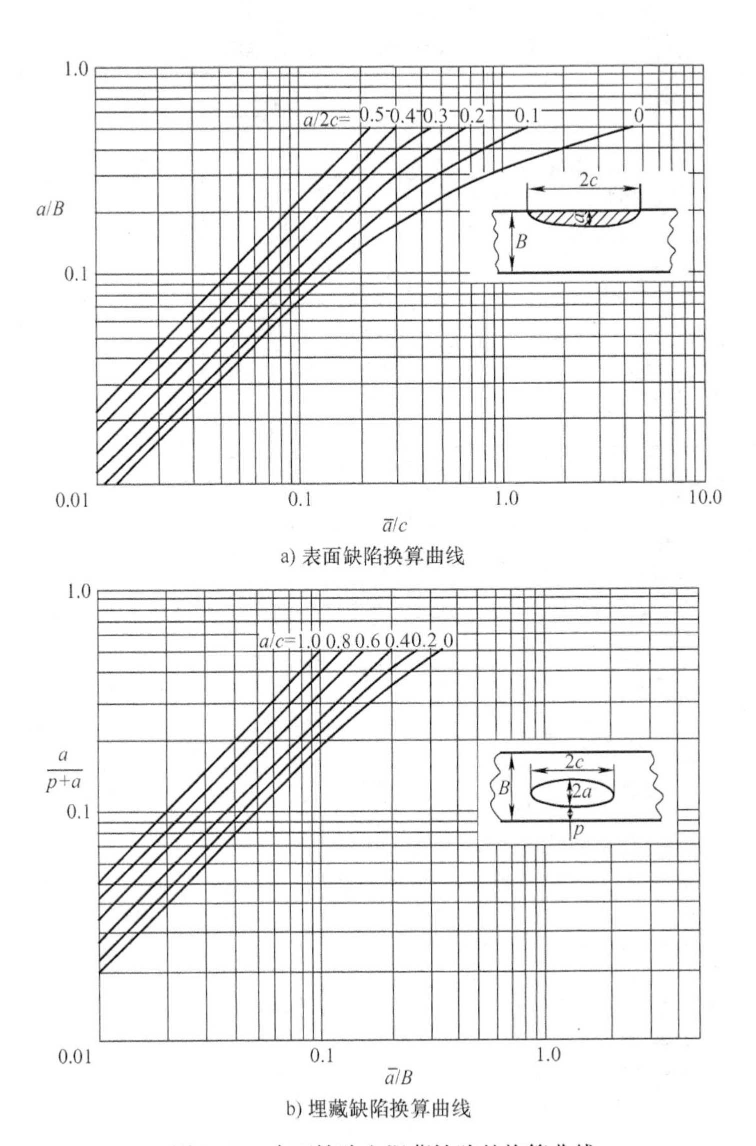

a) 表面缺陷换算曲线

b) 埋藏缺陷换算曲线

图 3-69　表面缺陷和埋藏缺陷的换算曲线

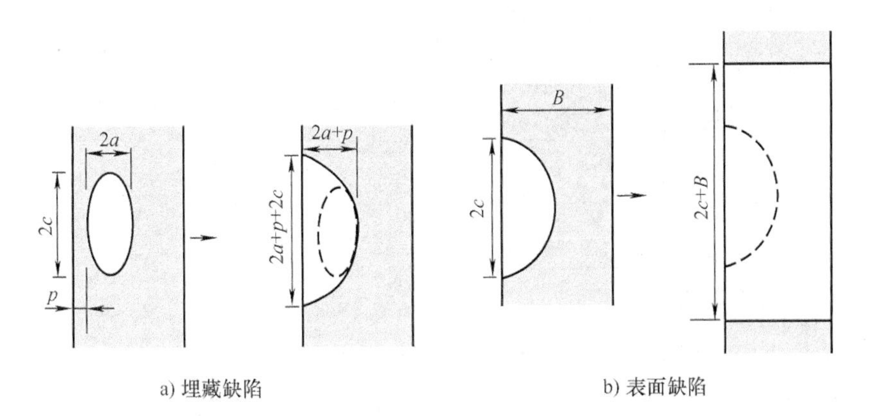

a) 埋藏缺陷

b) 表面缺陷

图 3-70　缺陷再表征

表 3-1　共面平面缺陷复合准则

缺陷形式	相互影响准则	当量化有效尺寸
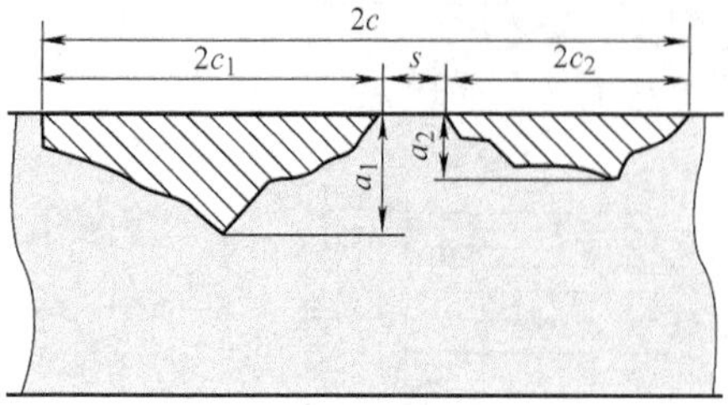	$s \leqslant c_1 + c_2$	$2c = 2c_1 + 2c_2 + s$ $a = a_1$ 或 $a = a_2$ （取较大值）
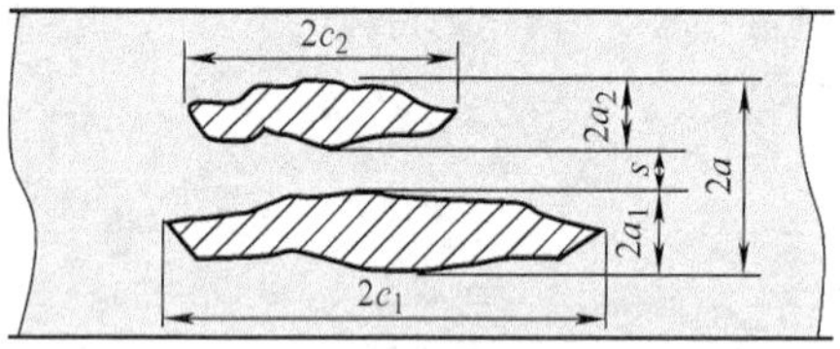	$s \leqslant a_1 + a_2$	$2a = 2a_1 + 2a_2 + s$ $2c = 2c_1$ 或 $2c = 2c_2$ （取较大值）
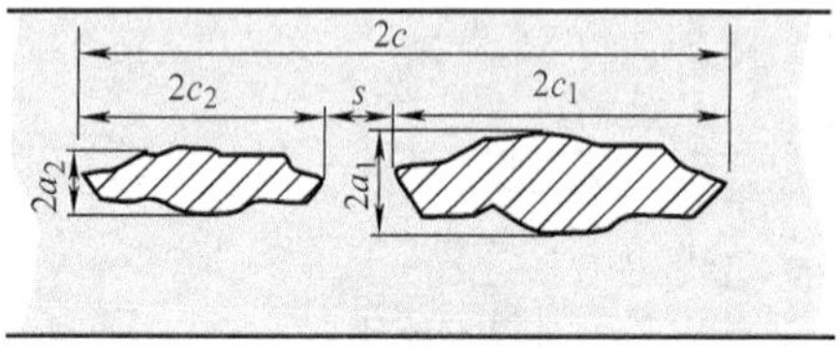	$s \leqslant c_1 + c_2$	$2c = 2c_1 + 2c_2 + s$ $2a = a_1$ 或 $2a = a_2$ （取较大值）
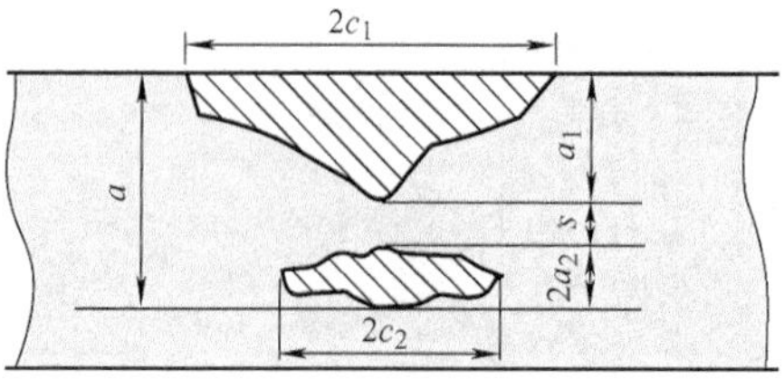	$s \leqslant a_1 + a_2$	$a = a_1 + 2a_2 + s$ $2c = 2c_1$ 或 $2c = 2c_2$ （取较大值）
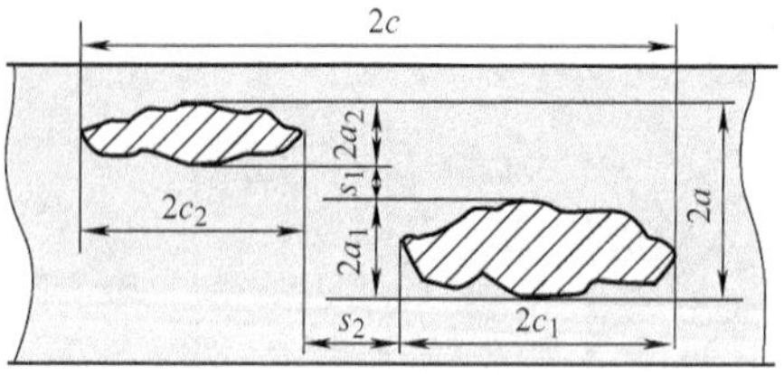	$s_1 \leqslant a_1 + a_2$ $s_2 \leqslant c_1 + c_2$	$2c = 2c_1 + 2c_2 + s_2$ $2a = 2a_1 + 2a_2 + s_1$
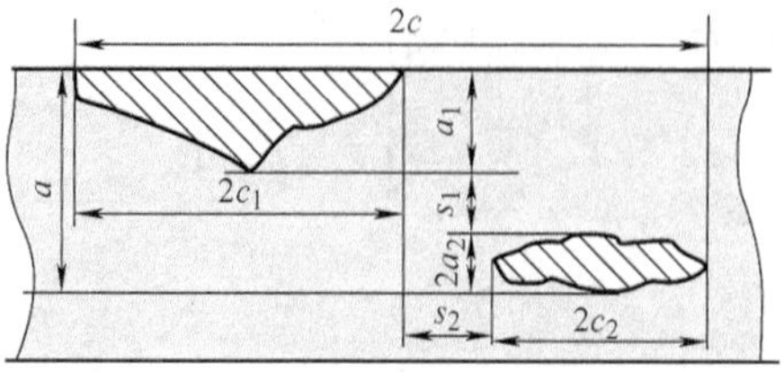	$s_1 \leqslant a_1 + a_2$ $s_2 \leqslant c_1 + c_2$	$2c = 2c_1 + 2c_2 + s_2$ $a = a_1 + 2a_2 + s_1$

4. 材料性能

(1) 断裂参数 断裂参数主要包括断裂驱动力和断裂阻力。断裂驱动力由断裂应力、缺陷尺寸和结构形式所决定，断裂阻力一般用材料的断裂韧度来表征。

评定中所采用的断裂韧度（即 K_{mat}或 δ_{mat}）取决于分析的类别，主要参数定义如下。

K_{IC}：线弹性平面应变断裂韧度，应符合材料平面应变断裂韧度试验标准中有关有效性的要求。

K_C：线弹性平面应力断裂韧度，不完全符合材料平面应变断裂韧度试验标准中有关有效性的要求。

$K_{0.2}$：发生 0.2mm 的钝化和裂纹扩展后的断裂韧度，这一断裂韧度值提供了以裂纹起裂韧度作为评定依据的工程近似值，可由 J 积分实验值转换而来，即

$$K_{0.2}=\left(\frac{EJ_{0.2}}{1-\nu^2}\right)^{1/2} \tag{3-129}$$

式中 $J_{0.2}$——裂纹有 0.2mm 钝化和裂纹扩展后的 J 积分值。

K_g：裂纹发生有限延性扩展 Δa_g 后的断裂韧度，此值也由 J 积分实验值转换而来，即

$$K_g=\left(\frac{EJ_g}{1-\nu^2}\right)^{1/2} \tag{3-130}$$

式中 J_g——阻力曲线上对应扩展量为 Δa_g 的 J_R 值。

$K_R(\Delta a)$：裂纹发生延性扩展 Δa 后的断裂韧度，这一断裂韧度可以大于 K_g 值，K_R (Δa) 的值由韧性撕裂 J 积分阻力曲线转换而得，即

$$K_R(\Delta a)=\left(\frac{EJ_R(\Delta a)}{1-\nu^2}\right)^{1/2} \tag{3-131}$$

式中 $J_R(\Delta a)$ ——J 积分与裂纹扩展量 Δa 的关系曲线上相应取值。

根据断裂韧度与厚度的关系可比较不同厚度材料的断裂韧度。例如，通过厚度 $B<25$mm 试件的断裂韧度 K_B 可估计同样材料厚度（$B=25$mm）试件的断裂韧度的当量值 K_i

$$K_i=K_{25}=20+(K_B-20)\left(\frac{B}{25}\right)^{0.25} \tag{3-132}$$

式中 K_{25}——厚度 $B=25$mm 试件的断裂韧度。

如果采用 δ_{mat}作为断裂韧度，同样可根据评定需要分别选择 δ_c、δ_u、δ_i、δ_g、$\delta_{0.2}$等参数，有关定义见断裂力学实验部分。

在某些情况下，当 K_{IC}、J_{IC}、δ_C 等韧度值测定有困难时，可采用 V 形缺口冲击试验值进行估计。常用的关系如

$$\frac{K_{IC}^2}{E}=0.221KV^{1.5} \tag{3-133}$$

式中 KV——夏比 V 形缺口冲击吸收能量（J）。

K_{IC}的单位为N/mm$^{3/2}$，E 的单位为N/mm^2。根据钢材的韧-脆转变温度行为，可分段对断裂韧度进行估算。

1）在下平台温度区间（$KV<27$J）

$$K_{mat}=(12\sqrt{KV}-20)\left(\frac{25}{B}\right)^{0.25} \tag{3-134}$$

式中　B——材料厚度。

2）在转变温度区间

$$K_{mat}=20+\{11+77\exp[0.019(T-T_{27J}+3℃)]\}\left(\frac{25}{B}\right)^{0.25}\left(\ln\frac{1}{1-P_f}\right)^{0.25} \tag{3-135}$$

式中　P_f——断裂韧度低于K_{mat}的概率。

3）在上平台温度区间（100%延性断口）

$$K_{mat}=\sqrt{\frac{E(0.53KV_{上}^{1.28})(0.2^{0.133KV_{上}^{0.256}})}{1000(1-\nu^2)}} \tag{3-136}$$

式中　$KV_{上}$——上平台冲击吸收能量。

可简化为

$$K_{mat}\approx 11.9KV_{上}^{0.545} \tag{3-137}$$

上述关系只适用于特定的材料，在要求精确评定的场合不能使用。

（2）拉伸性能

屈服强度 R_{eL}：由单轴拉伸试验得到的下限屈服应力或对应0.2%应变的条件屈服应力。

抗拉强度 R_m：由单轴拉伸试验得到的工程应力-应变曲线上的拉伸极限应力。

流变应力 $\bar{\sigma}$：控制材料不发生塑性破坏的应力水平，取值为 $\bar{\sigma}=(R_{eL}+R_m)/2$。

弹性模量 E：材料在单向受拉或受压且应力和应变呈线性关系时，截面上正应力与对应正应度的比值。选用时要考虑环境温度的影响。

参考应变 ε_{ref}：为单轴拉伸真实应力-应变曲线上应力为 L_rR_{eL} 时的真实应变。当 $L_r=1$ 时，$\varepsilon_{ref}=\frac{R_{eL}}{E}+0.002$。

5. 考虑裂纹尖端约束的失效评定

在含裂纹构件的失效评定中也需要考虑裂纹尖端的约束效应，引入结构约束参数，采用T应力和Q参数可分别定义结构约束参数为

$$\begin{cases}\beta_T=\dfrac{\sigma_T^P}{L_rR_{eL}}+\dfrac{\sigma_T^S}{L_rR_{eL}}\\[2ex]\beta_Q=\dfrac{Q}{L_r}\end{cases} \tag{3-138}$$

式中　σ_T^P、σ_T^S——一次应力和二次应力产生的T应力。

失效评定曲线修正为

$$K_r=f(L_r)[1+\alpha(-\beta L_r)^k];L_r\leqslant L_{max} \tag{3-139}$$

式中　α、k——与材料有关的系数。断裂阻力参数修正为

$$\begin{cases}K_{mat}^C=K_{mat};\beta L_r>0\\K_{mat}^C=K_{mat}[1+\alpha(-\beta L_r)^k];\beta L_r<0\end{cases} \tag{3-140}$$

例如，考虑约束作用的主曲线可以表示为

$$K_{mat}^C=20\text{MPa}\sqrt{\text{m}}+(K_{mat}-20)\exp[0.019(-\sigma_T/10\text{MPa})] \tag{3-141}$$

式中　σ_T——T应力。

一次应力和二次应力的塑性干涉系数修正为

$$\rho_1=\rho[1+\alpha(-\beta L_r)^k] \tag{3-142}$$

图 3-71 所示为约束对评定结果的影响。

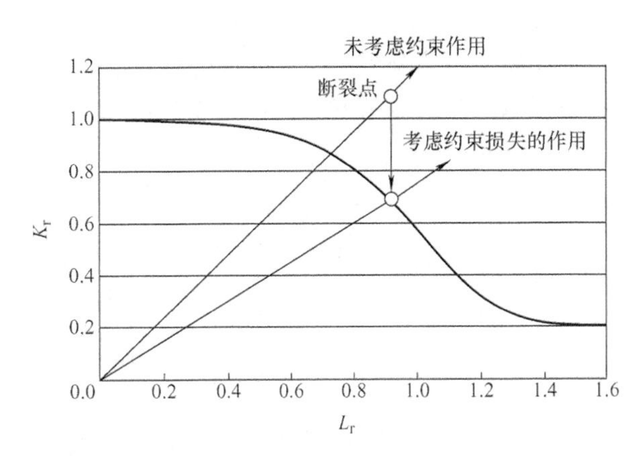

图 3-71　约束对评定结果的影响

6. 焊接残余应力的处理

焊接残余应力对结构完整性有重要影响。对焊接残余应力作用估计不足，将会影响断裂风险评价，过低估计焊接残余应力则会增大断裂风险，过高估计焊接残余应力则可能导致结构成本提高。在焊接结构合于使用评定中，焊接残余应力归类为二次应力，但在某些情况下与一次应力的作用相同。例如，当裂纹位于残余拉应力区时，其作用与一次应力一样会驱动断裂。残余应力的作用在结构承载的不同阶段表现出的作用不同。在弹性阶段，残余应力与外载应力线性叠加，从而降低了结构的承载能力，随着载荷增加，残余应力集中区的总应力达到了材料屈服强度，残余应力得到释放，对结构承载能力的影响降低。

一般认为，焊接残余应力是自平衡力系，对失效评定曲线及载荷比不产生影响，因此在失效评定中只考虑残余应力对断裂比的影响。在计算断裂比时要估计焊接残余应力的大小或分布，然后按照二次应力的计算方法计算断裂比。根据评定的级别要求，残余应力的处理也可分为简化处理、限定分布和详细分析。

焊接残余应力的简化处理是偏保守的估计，焊态下横向残余应力取母材或焊缝二者屈服强度的最低值，纵向残余应力取母材或焊缝二者屈服强度的最高值，修复焊接状态的残余应力取母材或焊缝二者屈服强度的最高值，热处理状态的残余应力取焊缝金属屈服强度的10%（也有规定 30%）。

焊接残余应力的限定分布是针对典型的构件所规定残余应力分布的计算方法。计算时不考虑压缩残余应力的作用，仅需要获得拉伸残余应力的分布。焊接残余应力的分布包括表面的分布和沿厚度方向的变化。

焊接残余应力的详细分析需要根据具体材料、结构形式和焊接条件，通过试验测量和数值计算等方法获得更为接近实际的残余应力分布。

3.3.5　评定结果分析

弹塑性断裂力学分析表明，裂纹起裂并不意味着结构就失去承载能力。由断裂阻力曲线可知，延性好的材料，裂纹起裂后存在稳态扩展阶段，材料断裂抗力会稳定增加。当达到临界状态时构件才发生失稳断裂。以何种准则作为失效评定的依据，取决于分析目的、用途和材料韧度数据的置信度等条件。可使用失效评定图（FAD）和裂纹驱动力图（CDFD）两种方法分别进行起裂和撕裂分析（图 3-72）。其中起裂分析适用于由无明显韧性撕裂的脆性机理引起失效的情况，这是一种最简单的分析类别；撕裂分析方法是参照详细的韧性撕裂阻力曲线来进行评定的，这类分析适合于失效前发生韧性撕裂的情况。

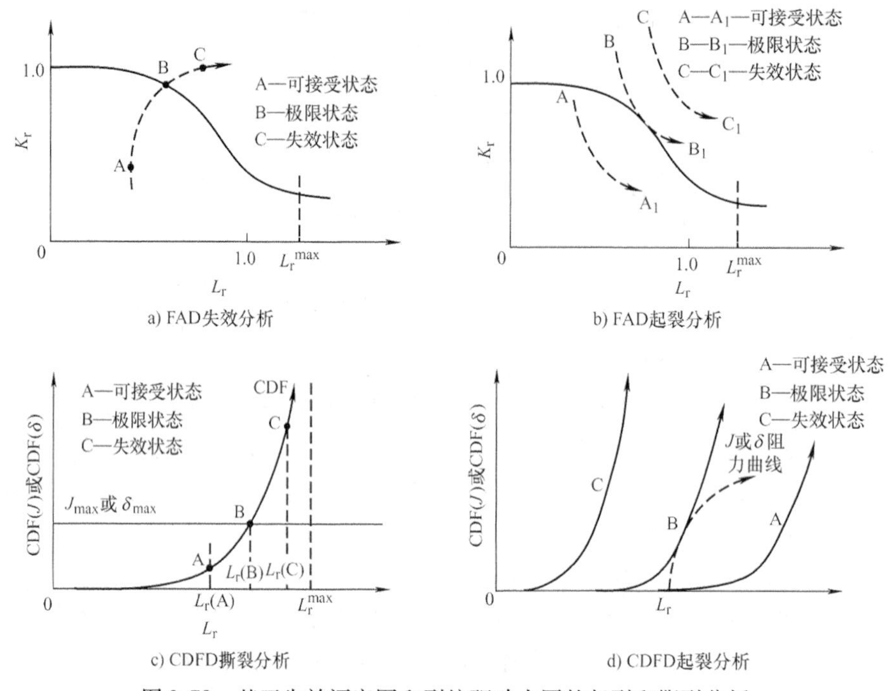

a) FAD失效分析　b) FAD起裂分析

c) CDFD撕裂分析　d) CDFD起裂分析

图 3-72　基于失效评定图和裂纹驱动力图的起裂和撕裂分析

按起裂计算 K_r、L_r 时，若裂纹尺寸 $a=a_0$，则直接按式(3-122)或式(3-123)进行计算。在进行裂纹扩展的稳定性分析时，需要计算一系列评定点。如图 3-73 所示，对于初始尺寸 a（即 $\Delta a=0$）的裂纹，随着载荷的增大评定点沿直线 OA 移动，与评定曲线相交于 C 点，对应的载荷为 P_2，此时裂纹开始扩展。此后，继续增大载荷时，评定点沿着评定曲线移动，在 D 点处等载荷线与评定曲线相切，对应的载荷为 P_3，此时裂纹开始失稳扩展，对应的裂纹长度为（$a_0+\Delta a_1$）。曲线段 CD 为裂纹稳态扩展区间，由 C 点开始起裂，稳态扩展至 D 点发生失稳断裂，对应 D 点即可确定相应的失稳载荷。

评定结果的随机特性和保留系数及敏感性分析可见第 6 章。

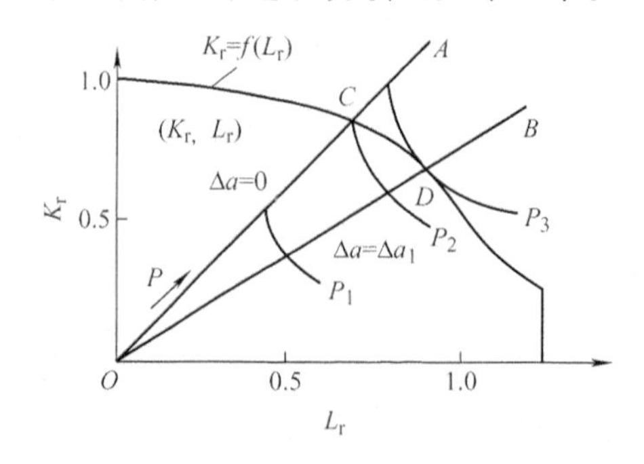

图 3-73　基于失效评定图的裂纹扩展过程分析

3.4 焊接结构的断裂控制

3.4.1 焊接结构的断裂控制原则

焊接结构在制造及运行的过程中不可避免地存在或出现各种各样的缺陷、材料组织性能劣化及外力损伤等，是对结构使用性能构成影响的因素。特别是随着结构服役时间的增长，各种损伤因素的累积导致破坏概率上升。断裂控制是焊接结构完整性的关键，是焊接结构合于使用的基础。焊接结构的断裂控制主要研究各种因素对焊接结构强度、耐久性和损伤容限等性能的影响，从而对影响焊接结构完整性的各种因素进行综合识别，科学评价焊接结构潜在失效的可能性，实现对焊接结构的完整性管理，以保证焊接结构合于使用。

焊接结构的整体性为设计制造合理的结构提供了可能性。但是焊接结构一旦发生开裂，裂纹很容易由一个构件扩展到另一构件，继而扩展到结构的整体，造成结构整体被破坏。然而铆接结构则不易发生整体破坏，因为铆接接头具有阻止裂纹跨越构件扩展的特点，即扩展中的裂纹可能会终止扩展，从而就有可能避免灾难性的脆性破坏，因此在许多大型焊接结构中，有时仍会保留着少量的铆接接头，其道理就在于此。

控制焊接结构断裂的主要因素有三个方面：①材料在一定的工作温度、加载速度和板厚条件下的断裂韧度；②结构断裂薄弱部位的裂纹和缺陷尺寸；③包括工作应力、应力集中、残余应力和温度应力在内的拉应力水平。根据断裂力学原理，当上述三方面因素的特定组合达到临界状态时，结构就会发生断裂破坏。

含裂纹的结构在外载的作用下，其裂纹会随时间而发生扩展，将含裂纹结构在连续使用中任何时刻所具有的承载能力称为该结构的剩余强度。结构的剩余强度通常随裂纹尺寸的增加而下降（图3-74）。如果剩余强度大于设计强度要求，则结构是安全的。如果裂纹扩展至某一临界尺寸，结构的剩余强度就不能保证设计强度要求，结构可能发生破坏。研究含裂纹结构的剩余强度问题是断裂力学理论工程应用的重要方面。含裂纹结构的断裂力学分析应解决的主要问题有如下几方面：

1）结构的剩余强度与裂纹尺寸之间的函数关系。

2）在工作载荷的作用下，结构中容许的裂纹尺寸，即临界裂纹尺寸或裂纹容限。

3）结构中一定尺寸的初始裂纹扩展到临界裂纹尺寸需要的时间。

4）结构在制造过程中容许的缺陷类型和尺寸。

5）结构在维修周期内，裂纹检查的时间间隔。

焊接结构的断裂包括裂纹起裂、稳态扩展和失稳断裂等过程，控制焊接结构断裂的基本方法与此相对应，即先是阻止裂纹起裂（起裂控制），其次是设法对失稳扩展的裂纹进行止裂（止裂控制），建立焊接结构断裂的第二道防线。其断裂控制的原则主要包括三个方面：①材料（包括焊缝）应具有足够的韧性以保证焊接结构在使用条件下的裂纹容限，以抵抗裂纹的起裂——抗开裂能力；②如果焊接结构发生破坏，其断裂性质应为延性，不允许发生脆性破坏；③一旦裂纹起裂，焊接结构要具有足够的能力吸收断裂能量，以阻止延性裂纹的扩展——对裂纹扩展的止裂能力。

控制裂纹的开裂（起裂）与扩展是焊接结构断裂控制的基本准则，分别为防止裂纹产

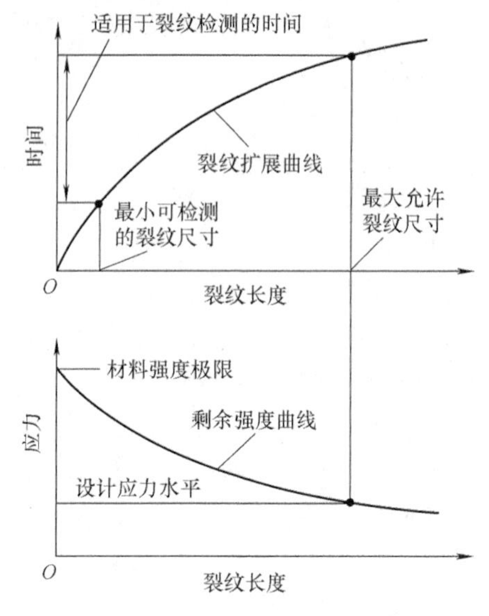

图 3-74　裂纹扩展与剩余强度

生准则（开裂控制）和止裂准则（扩展控制）。控制焊接结构断裂的主要因素有三个方面：①材料在一定的工作温度、加载速度和板厚条件下的断裂韧度；②结构断裂薄弱部位的裂纹和缺陷尺寸；③包括工作应力、应力集中、残余应力和温度应力在内的拉应力水平。根据断裂力学原理，当上述三方面因素的特定组合达到临界状态时，结构就会发生断裂破坏。

3.4.2　裂纹起裂控制

1. 脆性起裂控制

脆性断裂具有突然发生的特点，裂纹一旦产生，就会迅速扩展，直至断裂。脆性裂纹扩展的止裂是很困难的，因此脆性断裂控制的重点是起裂控制。防止焊接结构发生脆性断裂的方法主要有转变温度方法和断裂力学方法。

为了防止焊接结构发生脆性断裂事故，转变温度方法要求焊接结构的工作温度高于韧-脆转变温度。但是转变温度方法不能判定裂纹是否扩展，研究裂纹的扩展行为需要采用断裂力学方法。

为了防止焊接结构的脆性断裂，有关规范推荐采用线弹性断裂力学判据，当 $K_{\mathrm{I}} < K_{\mathrm{IR}}$ 时，裂纹不发生扩展。其中 K_{IR} 称为参考应力强度因子，是 K_{IC}、K_{Id} 和 K_{Ia} 数据的下包络线（图 3-75），可近似表示为

$$K_{\mathrm{IR}} = 29.43 + 1.344\exp[0.0261(T - RT_{\mathrm{NDT}} + 89)] \tag{3-143}$$

式中　T——工作环境温度；

RT_{NDT}——参考的无塑性温度。

含裂纹构件的脆性起裂可以采用失效评定曲线进行分析。如图 3-76 所示，含裂纹构件的评定点在失效评定曲线内侧时，裂纹就不会发生起裂，OA 线与评定曲线的交点 B 即为起裂的临界状态。比值 FL = OB/OA 称为载荷因数（以载荷表示的安全系数，又称保留因数），它说明了构件距离起裂状态的安全裕度。

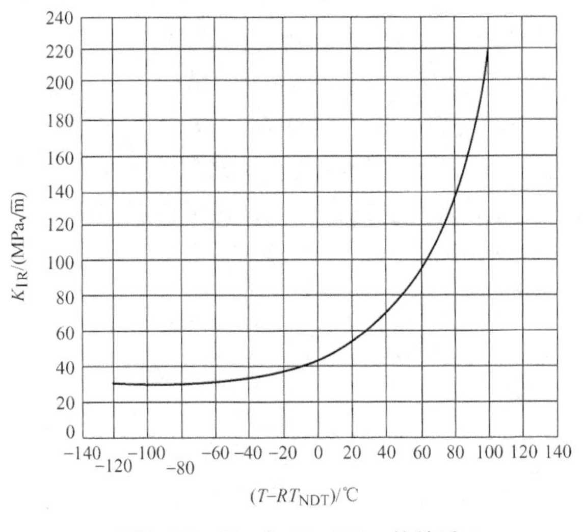

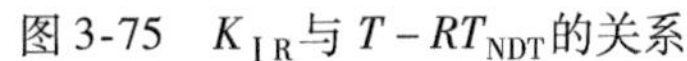

图3-75　K_{IR}与$T-RT_{NDT}$的关系

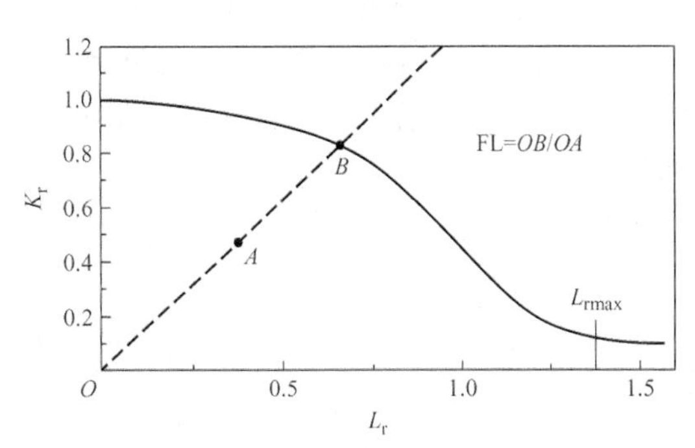

图3-76　脆性起裂分析

2. 延性起裂控制

延性起裂控制是以控制裂纹尺寸不达到临界尺寸，从而不产生失稳扩展为目的。通常采用延性起裂CTOD或J积分判据，但是在大范围屈服条件下，建立CTOD或J积分与应力、裂纹尺寸及构件几何等参数的关系是非常困难的。Burdekin和Stone在大量试验数据的基础上，提出了方便工程应用的设计曲线，即

$$\phi=\frac{\delta}{2\pi\varepsilon_s a}=\begin{cases}\left(\dfrac{\varepsilon}{\varepsilon_s}\right)^2 & \dfrac{\varepsilon}{\varepsilon_s}\leqslant 0.5\\[2ex] \dfrac{\varepsilon}{\varepsilon_s}-0.25 & \dfrac{\varepsilon}{\varepsilon_s}\geqslant 0.5\end{cases}\tag{3-144}$$

若获得临界CTOD值δ_c和应变水平$\varepsilon/\varepsilon_s$，可通过设计曲线计算临界裂纹尺寸，从而确定裂纹容限。或根据应变水平及允许的裂纹尺寸计算所需的δ_c，为选择材料韧度提供依据。在工程评定中，规定以裂尖张开位移的起裂值作为评定的临界值。对于高韧性钢来说，从起裂到破坏尚有一段距离，因此把起裂CTOD规定为临界值也包含了一定的安全裕度。

详细的延性起裂分析可采用J积分阻力曲线方法。可以通过裂纹扩展驱动力和阻力曲线进行韧性撕裂分析。图3-77中A、B、C线为裂纹驱动力随载荷变化的曲线，其中B线与阻力曲线相切，是裂纹失稳扩展的临界情况，根据切点可得临界载荷。A线的裂纹扩展驱动力始终高于阻力曲线，因此是不可接受的。C线与阻力曲线相交，会发生裂纹起裂，但在允许的裂纹扩展量范围内是可以接受的，应注意载荷不能高于相应的临界载荷。

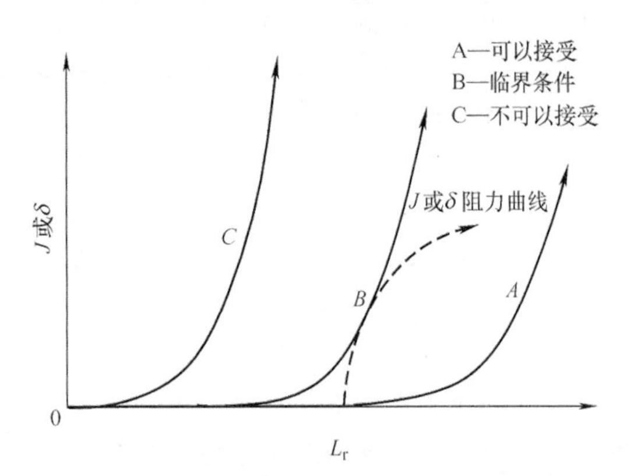

图3-77　基于阻力曲线的韧性撕裂分析

应用J_R阻力曲线（图3-77）和失效评定曲线（图3-78）也可以进行韧性撕裂分析。图3-78中B点为起裂点，当载荷增加至C点

时裂纹扩展 Δa。尽管裂纹扩展会造成驱动力增加，但材料的扩展阻力也会增加，而且增加得更快，从而使 K_r 值下降。同时，由于裂纹扩展后剩余有效承载面积（韧带）减小，其塑性失稳极限载荷将有所下降，使 L_r 也有所增加。因此随着裂纹扩展量的增加，评定点沿 CC' 移动，在 D 点处与评定曲线相切，此时裂纹开始失稳扩展，切点 B_1 为临界失稳点。曲线段 BB_1 为裂纹稳态扩展区间，确定 B_1 点即可确定相应的失稳载荷。如果裂纹扩展线与评定曲线相交（EE' 线），则只发生起裂和稳定扩展而不会发生失稳扩展，是可以接受的。当载荷增加至 F 点后，评定点沿 FF' 线在失效区产生变化，裂纹处于失稳扩展状态，因此是不能接受的。

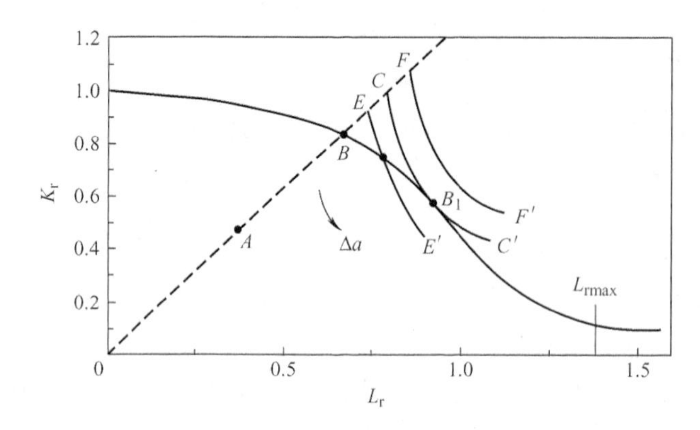

图 3-78　基于失效评定图的韧性撕裂分析

Δa—裂纹扩展量。

3.4.3　止裂控制

止裂控制和起裂控制不同，它不以消除裂纹失稳扩展为目标，而是承认裂纹发生失稳扩展的可能，并允许裂纹出现快速扩展，但要求裂纹扩展在严重损坏结构安全之前能被制止，从而避免灾难性事故的发生。止裂的工程方法有两种，其一是韧性止裂，其二是结构性止裂。

1. 韧性止裂

当裂纹扩展驱动力小于材料阻力时，即实现止裂。对于高强韧性材料，多是对母材及焊接接头的最小冲击吸收能量提出指标要求。例如，天然气管道的止裂控制就是在 Battelle 双曲线模型预测结果统计拟合的基础上，建立了管材及焊接接头最小冲击吸收能量和环向应力、直径和壁厚的关系

$$KV = 3.57 \times 10^5 \sigma_H^2 (Rt)^{1/3} \tag{3-145}$$

式中　KV——止裂所需最低夏比冲击吸收能量（J）；

σ_H——环向应力（MPa），$\sigma_H = pR/t$ [p 为全尺寸爆破试验管道内压（MPa）]；

R——管道半径；

t——壁厚。

在相同应力水平下，材料的 KV 越高越容易止裂；在相同应力水平和 KV 下，直径、壁厚、钢材等级的增加不利于止裂；当管道直径、壁厚、钢材等级一定时，止裂只能通过提高 KV 达到。由于夏比冲击吸收能量在工程条件下易于获得，因而式(3-145）广泛用于管道止

裂标准制定中。

但是标准试样冲击实验无法全面反映结构壁厚及约束和载荷的实际情况。为了计算分析结构的韧性断裂过程，近年来又将裂纹尖端张开角（CTOA）参数用于结构的断裂控制。例如，管道裂纹延性扩展（图3-79）研究中采用CTOA作为断裂控制参数对管道的断裂过程进行分析及预测。

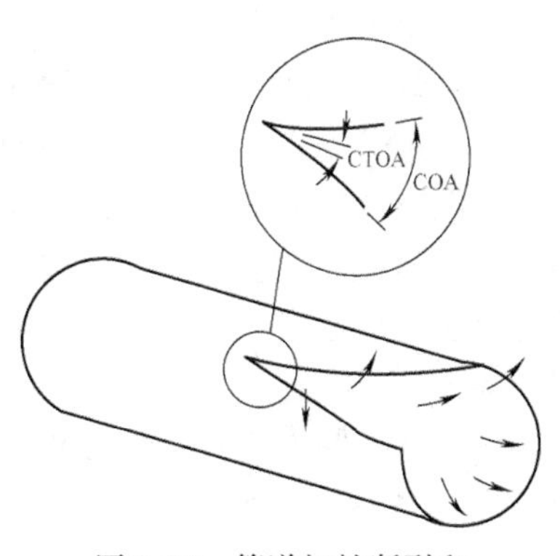

图3-79 管道韧性断裂和CTOA示意图

一般而言，在给定结构和载荷条件下，$(\mathrm{CTOA})_{\mathrm{C}}$越高，即裂纹的延性扩展驱动力越大，有利于止裂，裂纹扩展的长度也就越短，因此从韧性止裂的角度出发，需要较高的$(\mathrm{CTOA})_{\mathrm{C}}$。但过高的$(\mathrm{CTOA})_{\mathrm{C}}$是不现实的，这就需要从结构方面降低CTOA，使其满足止裂的条件，以控制裂纹扩展的长度。被止裂的裂纹延性扩展长度称止裂长度，根据结构断裂控制设计提出的止裂长度，可以确定所需的$(\mathrm{CTOA})_{\mathrm{C}}$，进而对断裂过程实行控制。

通过断裂分析软件PFRAC可对管道延性裂纹扩展过程进行数值计算，建立最大裂纹角张开位移$(\mathrm{CTOA})_{\max}$与管道几何尺寸和运行压力（通过环向应力表示）的关系

$$(\mathrm{CTOA})_{\max}=C\left(\frac{\sigma_{\mathrm{H}}}{E}\right)^{m}\left(\frac{\sigma_{\mathrm{H}}}{\sigma_{\mathrm{f}}}\right)^{n}\left(\frac{D}{t}\right)^{q} \tag{3-146}$$

式中 σ_{f}——断裂应力。

当输送介质为甲烷时，式中的常数$C=106°$、$m=0.752$、$n=0.778$、$q=0.65$。为了实现对延性裂纹扩展的控制，要求管材和焊缝的临界值$(\mathrm{CTOA})_{\mathrm{C}}$要大于按式(3-146)计算的最大裂纹角张开位移$(\mathrm{CTOA})_{\max}$。

2. 结构性止裂

要防止结构大范围断裂现象的发生，除了采用具有相应抵抗裂纹扩展驱动力的材料，另一种方法是采用结构性止裂措施，以达到尽可能使裂纹快速停止、扩展距离最小的目的。从原理上说，结构性止裂主要有两类：一类是降低裂纹扩展力；另一类则是增加结构局部抗裂纹扩展的阻力。

例如，在多路径的传力结构中，随着一个构件的开裂和裂纹扩展，其他构件会更多地承担载荷，因此含裂纹构件所承受的载荷会下降，开裂构件的裂纹可能停止扩展。图3-80所示的筋板结构，可以看作一个两条传力路径的结构，其主板与附板同时承受结构的载荷。当主板中有一扩展的裂纹时，随着这一主裂纹的扩展，附板承担的载荷也增加。由于主板的载荷减小，主裂纹可能止裂，但与此同时，附板也可能开裂。图3-80所示的三个裂纹尖端消耗了能量，因而主裂纹不会长距离地扩展。

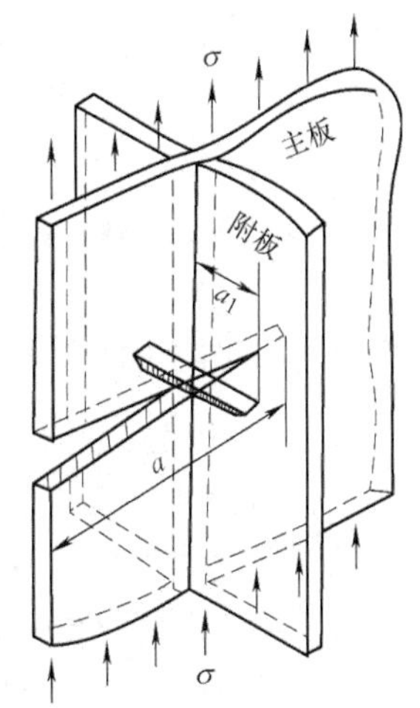

图3-80 筋板结构的开裂

还有一种称为止裂条或止裂板的结构，如图3-81所示，由于螺钉或铆钉能把原结构中的部分载荷传递到止裂板上，降低了裂纹尖端的应力，因而具有止裂效果。这一方法比较简便，但欲保证止裂条的有效性，要合理设计止裂条的尺寸和固定方式。若用

焊接代替螺钉，则要用点焊且要注意焊点间的距离；若采用连续焊缝连接止裂条和主板，则应防止裂纹进入焊缝和止裂条，但这种连接方式应谨慎采用。

结构性止裂还可以在结构的局部设置高韧性止裂构件，使大量裂纹扩展在结构破坏前被制止。增加裂纹扩展阻力最常用的方法就是在预计裂纹扩展的路径上镶嵌韧性较好的材料制作的止裂条（或止裂环、止裂带等）。图 3-82 所示为嵌进止裂带的情况，这种止裂带的材料韧性高于母材韧性。若不考虑动能的影响，当裂尖到达止裂带边缘时，断裂阻力大于断裂驱动力，裂纹可能会停止扩展。但由于动能的影响，裂纹可能进入止裂带，直到裂纹的扩展速率为零才停止。这种止裂带的韧度及宽度都需要进行计算。应当注意，止裂带所用材料的韧性较好，其屈服强度就会比较低，从而会带来静强度的问题。所以应按止裂要求设计止裂带，同时要进行好强度校核。

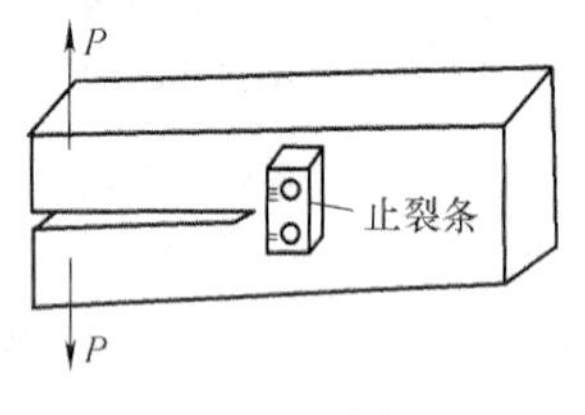

图 3-81　止裂条结构

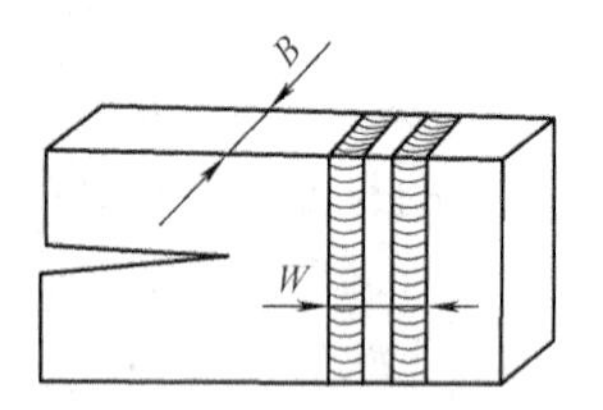

图 3-82　止裂带结构

例如，在船体甲板或船底壳板设置高韧性止裂钢板（图 3-83），在管道线路上每隔一定距离，就插入高韧性管段（或加大壁厚），如果高韧性管段的断裂抗力足以抵消裂纹扩展时所需的能量，那么裂纹将在高韧性管段停止。天然气管道结构性止裂措施还可以在高风险段安装止裂套环（图 3-84），以增大管道的断裂抗力和裂纹扩展阻力。

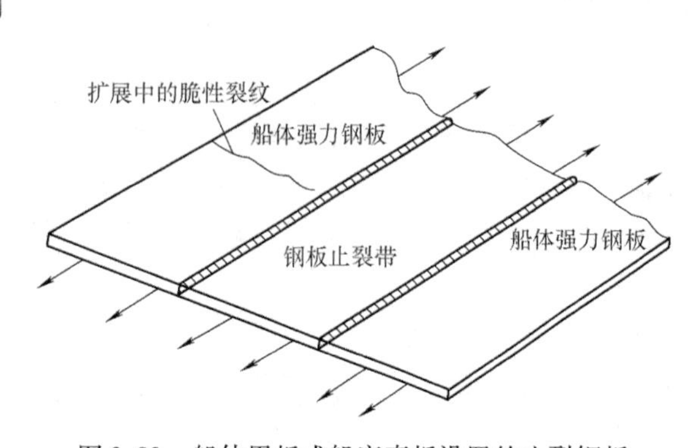

图 3-83　船体甲板或船底壳板设置的止裂钢板

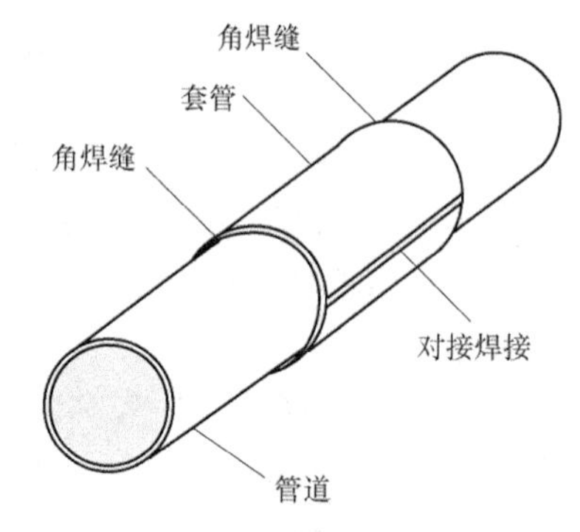

图 3-84　管道止裂套环

3.4.4　泄漏和塑性失稳控制

1. 破裂前渗漏准则

（1）破裂前渗漏的基本概念　表面裂纹是压力容器结构中常见的一种缺陷，所引起压力容器的失效主要有两种形式，即爆破（break）和先漏后断（leak-before-break）。爆破是指表面裂纹在载荷或载荷和腐蚀作用下沿壁厚及壁面方向引起的亚临界扩展，在裂纹穿透壁厚前或刚穿透壁厚时，壁面方向裂纹长度达到失稳扩展临界值而发生容器的快速整体破坏。先漏后断（LBB）是指表面裂纹在外加载荷和其他因素的作用下逐渐发展，甚至穿透壁厚

（可以是厚度方向的失稳穿透），形成贯穿裂纹，造成容器内介质的泄漏。当泄漏量达到一定程度后，即可以被相应的泄漏监测系统发现。但壁面方向裂纹长度仍有足够的安全裕度，达到一定长度后才会发生失稳扩展，从而导致压力容器彻底断裂。如果从发现泄漏到破坏之间有足够长的时间来采取安全处理措施（如卸压、修理等），能够避免由于快速整体破坏而引起的灾难性事故，则认为这种容器满足 LBB 的条件。

先漏后断（LBB）过程可由图 3-85 简单表示，其中 $2c_c$ 是穿透裂纹失稳扩展的临界长度。用来判别某一压力容器所含的裂纹在工作载荷和（或）介质环境作用下能否获得先漏后断行为的评定准则，称先漏后断准则（简称 LBB 准则）。根据“破裂前渗漏”准则设计时，临界穿透裂纹长度应考虑安全裕度，而临界应力中应包括残余应力、热应力等。

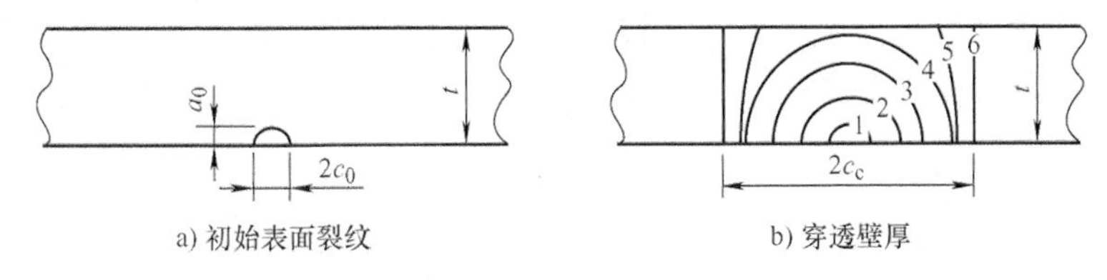

图 3-85　先漏后断（LBB）示意图

图 3-86 给出了 LBB 及非 LBB 的比较。如图 3-86a 所示，随裂纹的扩展，泄漏率提高，断裂载荷下降。若可检泄漏率所对应的可检裂纹尺寸低于临界裂纹尺寸，则对应的断裂载荷具有一定的安全裕度，泄漏发生在断裂之前。若可检泄漏率所对应的可检裂纹尺寸高于临界裂纹尺寸，则断裂前不发生泄漏（图 3-86b），即非 LBB。LBB 准则可定义裂纹尺寸和载荷的安全裕度。

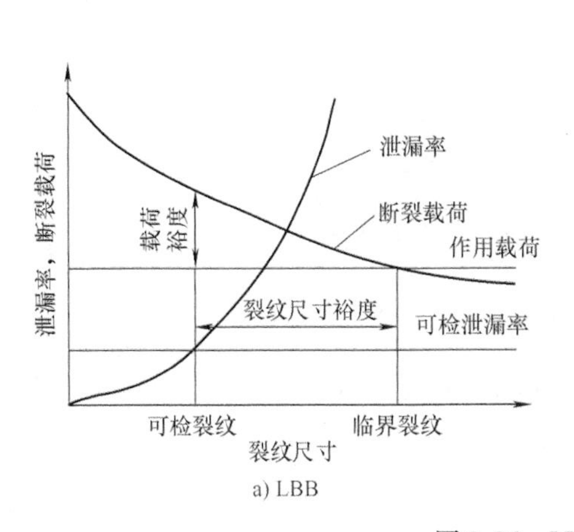

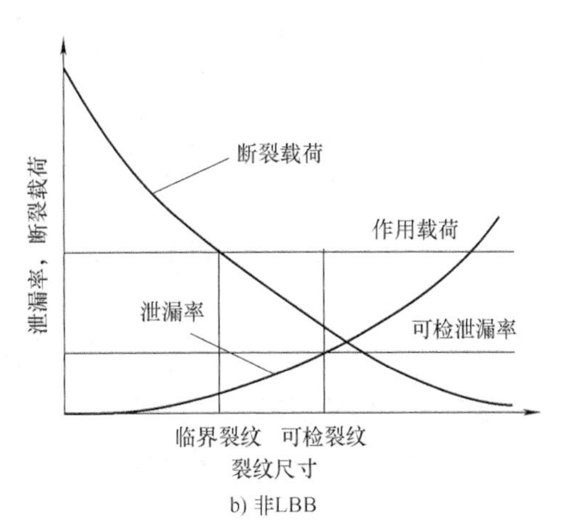

图 3-86　LBB 与非 LBB 的比较

对于允许泄漏的流体（指无毒、非易燃易爆流体）而言，含缺陷压力容器大多有连接部件，泄漏往往是不可避免的；而灾难性爆破（爆炸）事故，则是人们竭力希望避免的。在传统的断裂评定中，只要表面裂纹一起裂或穿透壁厚即认为含裂纹结构已失效，这样由于评定时存在着较大的保守性，因而被判为失效的含裂纹结构实际上常能继续安全运行。这种情况下应该采用先漏后断的失效模式进行进一步的评定，不能简单地判其为失效。若存在先漏后断的情况，即使裂纹穿透壁厚（图 3-87），只要相应的穿透裂纹长度没有达到失稳扩展的临界值（$2c_c$），则可以通过先漏后断的分析和计算，预测其使用寿命（图 3-88）。这将使在役含缺陷压力容器等承压构件的安全评定更具合理性和科学性，并可带来巨大的经济效益和社会效益。因此 LBB 准则是比传统断裂评定更为精确而又不过分保守的评定理论。

（2）泄漏率与裂纹张开面积　泄漏率是 LBB 分析中的重要参数，泄漏率与裂纹的几何形状、压力、流体性质及流体与壁的摩擦等因素有关。对于单相流体，流体通过穿透裂纹的泄漏率可以表示为

$$Q = C\sqrt{p\rho}A \tag{3-147}$$

式中　C——由于泄漏造成的压力降的参数；

p——流体压力；

ρ——流体密度；

A——裂纹张开面积。

B

穿透时裂纹长度

a) 假设裂纹

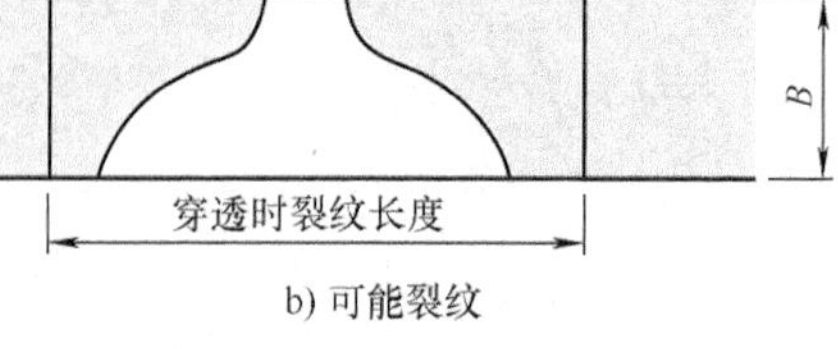

图 3-87　裂纹穿透壁厚

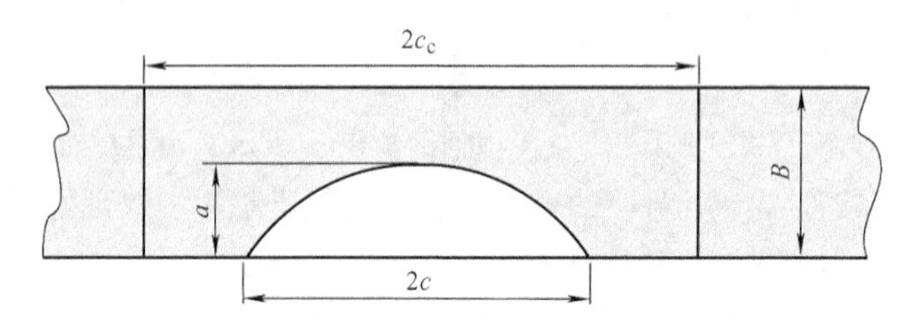

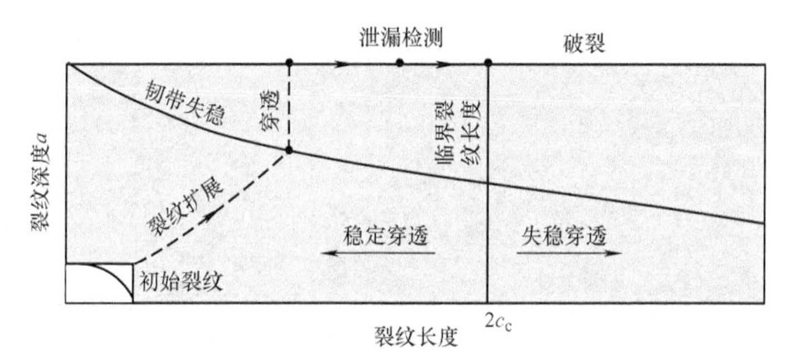

图 3-88　表面裂纹 LBB 分析图

其他条件一定的情况下，裂纹张开面积越大，泄漏率越大，泄漏越容易被检测到。裂纹张开面积（COA）可通过裂纹中心张开位移（COD）来表示

$$A = \frac{\pi a\delta}{2} \tag{3-148}$$

式中　δ——含环向穿透裂纹管道中心张开位移（图 3-89），可根据线弹性断裂力学或弹塑性断裂力学进行计算。

2. 塑性失稳控制

对于高韧性、低强度材料的结构，当缺陷尺寸较小时，其主要矛盾往往是强度不足而韧性有余，对裂纹不敏感。特别是在 $\bar{a} \ll \bar{a}_m$ 的情况下，结构失效不是由材料的断裂韧性控制，而是由于强度不足导致塑性失稳破坏。在这种情况下，需按下述塑性失稳准则进行评定，即满足以下条件，则缺陷是允许存在的：

$$\sigma < \sigma_F \tag{3-149}$$

式中 σ_F——极限应力。

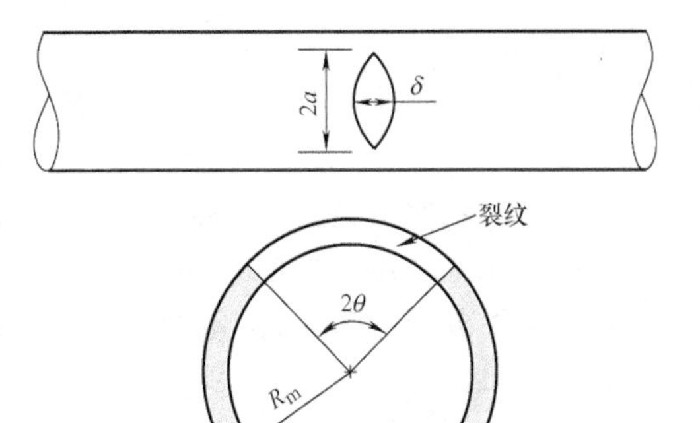

图 3-89 含环向穿透裂纹的管道

对于承受内压的含缺陷结构（如管道或容器），在缺陷评定中，需要将缺陷尺寸依据其位置、大小、方向等换算为对应的规则尺寸（图 3-90 和图 3-91）。按塑性失稳准则进行评定时，则要求

$$p < p_m \tag{3-150}$$

式中 p——工作压力（MPa）；

p_m——极限压力（MPa）。

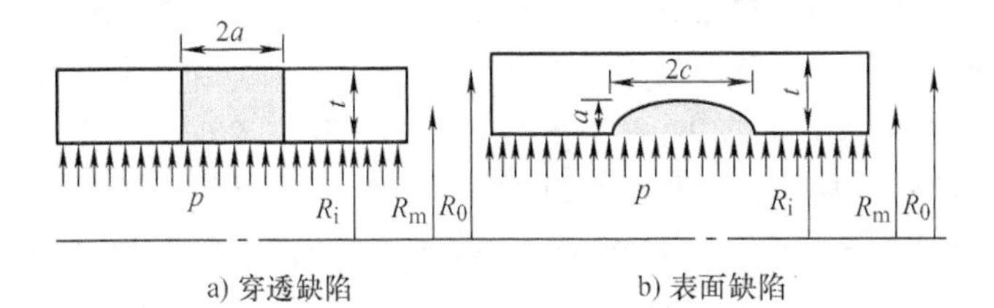

图 3-90 轴向缺陷的几何规则化

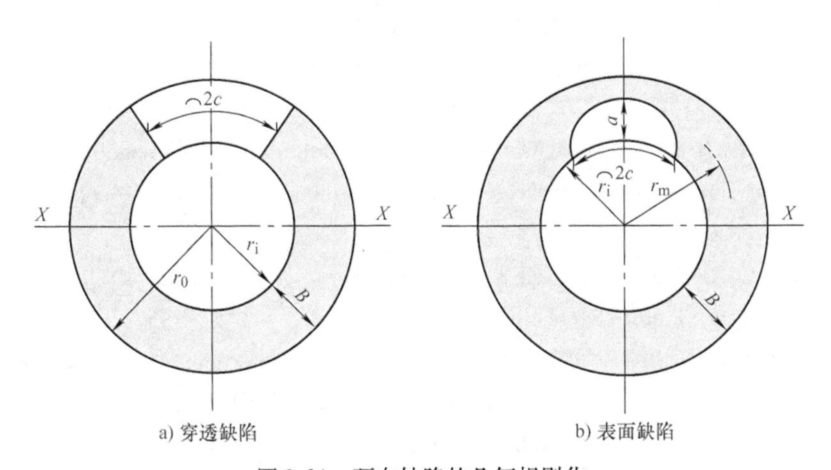

图 3-91 环向缺陷的几何规则化

含轴向穿透裂纹管道极限压力的预测模型可以表示为

$$\frac{p_m r_m}{R_{eL} t} = f(\rho) \tag{3-151}$$

式中 ρ——裂纹因子，$\rho = a/\sqrt{r_m t}$（a 为裂纹半长，mm）；

p_m——极限压力（MPa）；

R_{eL}——屈服强度（MPa）；

r_m——管道中径（mm）；

t——管道壁厚（mm）。

$f(\rho)$ 的表达式及含其他类型裂纹的管道极限压力计算方法可参考有关标准选用。

参考文献

[1] ANDERSON T L. Fracture mechanics: fundamentals and applications [M]. 4th ed. Boca Raton: Taylor & Francis Group LLC, 2017.

[2] NESTOR PEREZ. Fracture mechanics [M]. 2nd ed. Switzerland: Springer International Publishing, 2017.

[3] American Society Testing Materials. Standard test method for measurement of fracture toughness: ASTM E1820 – 21: 2022 [S]. West Conshohocken: ASTM International, 2012.

[4] American Society Testing Materials. Standard test method for measurement of creep crack growth rates in metals: ASTM E1457: 2019 (E1) [S]. West Conshohocken: ASTM International, 2013.

[5] RICE J R. A path independent integral and the approximate analysis of strain concentration by notches and cracks [J]. Journal of Applied Mechanics, 1968, 35 (2): 379 – 386.

[6] HEERENS J, SCHöDel M. On the determination of crack tip opening angle, CTOA, using light microscopy and δ_5 measurement technique [J]. Engineering Fracture Mechanics, 2003, 70 (34): 417 – 426.

[7] ZERBST U, PEMPE A, SCHEIDER I, et al. Proposed extension of the SINTAP/FITNET thin wall option based on a simple method for reference load determination [J]. Engineering Fracture Mechanics, 2009, 76 (1): 74 – 87.

[8] ZERBST U, HEINIMANN M, DONNE C D, et al. Fracture and damage mechanics modelling of thin-walled structures-An overview [J]. Engineering Fracture Mechanics, 2009, 76 (1), 5 – 43.

[9] NEWMAN J C, JAMES M A, ZERBST U. A review of the CTOA/CTOD fracture criterion [J]. Engineering Fracture Mechanics, 2003, 70 (34): 371 – 385.

[10] RUDLAND D L, WILKOWSKI G M, FENG Z, et al. Experimental investigation of CTOA in linepipe steels [J]. Engineering Fracture Mechanics, 2003, 70 (34): 567 – 577.

[11] ZHU X K, Joyce J A. Review of fracture toughness (G, K, J, CTOD, CTOA) testing and standardization [J]. Engineering Fracture Mechanics, 2012, 85: 1 – 46.

[12] MARTINELLI A, VENZI S. Tearing modulus, J-integral, CTOA and crack profile shape obtained from the load-displacement curve only [J]. Engineering Fracture Mechanics, 1996, 53 (2): 263 – 277.

[13] 英国中央电力局. 有缺陷结构完整性的评定标准: R/H/R6 – ReV1 [S]. 华东化工学院极限研究所译. 北京: 化工部设备设计技术中心, 1988.

[14] EDF Energy. Assessment of the integrity of structures containing defects: R/H/R6 – ReV4 [S]. Gloucester: British Energy Generation Ltd, 2015.

[15] British Standards Institution. Guide to methods for assessing the acceptability of flaws in metallic tructures: BS 7910 – 2013 [S]. London: British Standards Institution, 2013.

[16] American Petroleum Institute. Fitness-for-service: API RP 579 – 1/ASME FFS – 1 [S]. 3

rd ed. Washington DC：American Petroleum Institute，2016.

[17] KOÇAK M，WEBSTER S，JANOSCH J J，et al. FITNET Fitness-for-service（FFS）procedure [S]. Geesthacht：GKSS Research Center，2008.

[18] MADDOX S J. An analysis of fatigue cracks in fillet welded joints [J]. International Journal of Fracture，1975，11（2）：221 –243.

[19] BOWNESS D，LEE M M K. Prediction of weld toe magnification factors for semi-elliptical cracks in T-butt joints [J]. International Journal of Fracture，2000，22（5）：369 –387.

[20] HOBBACHER A. Stress intensity factors of welded joints [J]. Engineering Fracture Mechanics，1993，46（2）：173 –182.

[21] MILLER A G. Review of limit loads of structures containing defects [J]. International Journal of Pressure Vessel and Piping，1988，32（1 –4）：197 –327.

[22] RADAJ D. Stress singularity，notch stress and structural stress at spot-welded joints [J]. Engineering Fracture Mechanics，1989，34（2）：495 –506.

[23] ZHANG S. Fracture mechanics solutions to spot welds [J]. International Journal of Fracture，2001，112（3）：247 –274.

[24] LIN P C，WANG D A，PAN J. Mode I stress intensity factor solutions for spot welds in lap-shear specimens [J]. International Journal of Solids and Structures，2007，44（34）：1013 –1037.

[25] BUECKNER H F. A novel principle for the computation of stress intensity factors [J]. Zeitschrift fur Angewandte Mathematik & Mechanik，1970，50（9）：529 –546.

[26] FETT T. Evaluation of the bridging relation from crack-opening-displacement measurements by use of the weight function [J]. Journal of the American Ceramic Society，1995，78（4）：945 –948.

[27] SCHWALBE K H，KOÇAK M. Mismatching of welds [M]. London：Mechanical Engineering Publications，1994.

[28] KOÇAK M. Weld Mis-Match Effect//Proceedings of the second intermediate meeting of the IIW sub comm X-F [C]. Geesthacht：GKSS Research Center，1995.

[29] HAO S，SCHWALBE K H，CORNEC A. The effect of yield strength mis-match on the fracture analysis of welded joints：slip-line field solutions for pure bending [J]. International Journal of Solids and Structures，2000，37（39）：5385 –5411.

[30] SCHWALBE K H，ZERBST U. The engineering treatment model [J]. International Journal of Pressure Vessels and Piping，2000，77（14 –15）：905 –918.

[31] KIM Y J，SCHWALBE K H，AINSWORTH R A. Simplified J-estimations based on the Engineering Treatment Model for homogeneous and mismatched structures [J]. Engineering Fracture Mechanics，2001，68（1）：9 –27.

[32] BUDDENA P J，SHARPLES J K，Dowling A R. The R6 procedure：recent developments and comparison with alternative approaches [J]. International journal of pressure vessels and piping，2000，77（14 –15）：895 –903.

[33] KIM Y J，KOÇAK M，AINSWORTH R A. SINTAP defect assessment procedure for strength

mismatched structures [J]. Engineering Fracture Mechanics, 2000, 67 (6): 529 -546.

[34] GUTIERREZ-SOLANA F, CICERO S. FITNET FFS procedure: A unified European procedure for structural integrity assessment [J]. Engineering Failure Analysis, 2009, 16 (2): 559 -577.

[35] ANDERSON T L, OSAGE D A. API 579: a comprehensive fitness-for-service guide [J]. International Journal of Pressure Vessels and Piping, 2000, 77 (14 -15): 953 -963.

[36] BURDEKIN F M, STONE D E W. The crack opening displacement approach to fracture mechanics in yielding [J]. Journal of Strain Analysis, 1966, 1 (2): 145 -153.

[37] Zhu X K. State-of-the-art review of fracture control technology for modern and vintage gas transmission pipelines [J]. Engineering Fracture Mechanics, 2015, 148: 260 -280.

第4章　焊接结构的疲劳韧力分析

焊接结构的疲劳韧力与焊接接头的局部细节应力-应变集中区裂纹的萌生和扩展特性密切相关。焊接接头的疲劳裂纹萌生取决于焊趾或焊根等应力集中区局部缺口的应力-应变状态，疲劳裂纹扩展受控于裂纹（包括缺口效应在内）的局部应力强度因子，因此焊接接头和焊接结构的疲劳韧力需要从不同的层次进行分析。

4.1　概述

4.1.1　影响焊接接头疲劳韧力的主要因素

1. 应力集中的影响

焊接结构的疲劳强度由于应力集中程度的不同而有很大的差异（图4-1）。焊接结构的应力集中包括接头区焊趾、焊根、焊接缺陷引起的应力集中和结构截面突变造成的结构应力集中。若在结构截面突变处有焊接接头，则其应力集中更为严重，最容易产生疲劳裂纹。

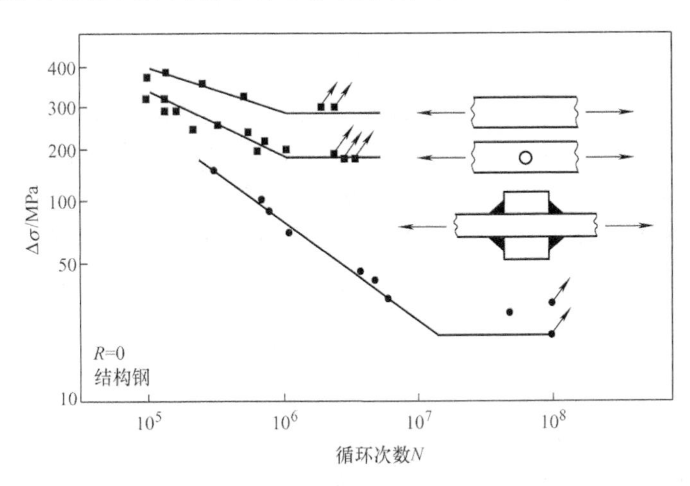

图4-1　应力集中对构件疲劳寿命的影响

应力集中对疲劳强度的影响可以用疲劳缺口系数 K_f 来衡量。K_f 定义为无缺口试件疲劳强度 S_A（应力幅）与缺口试件疲劳强度 S_{AK}（应力幅）的比值

$$K_f = \frac{S_A}{S_{AK}} \tag{4-1}$$

疲劳缺口系数 K_f 一般小于理论应力集中系数 K_t，这是由于缺口应力集中区的循环塑性应变使峰值应力降低的结果，如图 4-2 所示。

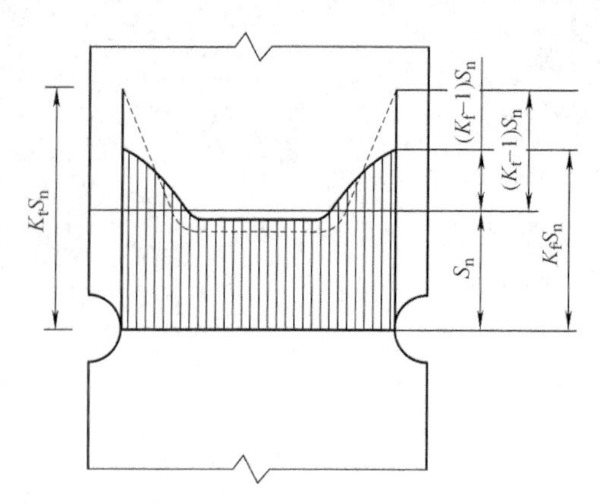

图 4-2　缺口应力的重新分布

为了表征应力集中对材料疲劳强度的影响，疲劳缺口敏感系数定义为

$$q=\frac{K_f-1}{K_t-1} \tag{4-2}$$

疲劳缺口敏感系数首先取决于材料的性质。一般来说，材料的强度提高时 q 增大，晶粒度和材料性质的不均匀性增大时 q 减小。材料性质的不均匀性增大使 q 减小的原因，是材质的不均匀相当于内在的应力集中，在没有外加的应力集中时它已经存在，因此减少了材料对外加应力集中的敏感性。此外，疲劳缺口敏感系数还与缺口的曲率半径有关，因此 q 并不是材料常数。疲劳缺口敏感系数 q 可用 Neuber 公式计算

$$q=\frac{1}{1+\sqrt{\dfrac{A}{r}}} \tag{4-3}$$

式中　r——缺口曲率半径；

　　A——与材料有关的参数。

或 Peterson 公式计算

$$q=\frac{1}{1+\dfrac{a^*}{r}} \tag{4-4}$$

式中　a^*——与材料有关的参数，$a^*=0.0254\left(\dfrac{2068}{R_m}\right)^{1.8}$。

对于焊接接头的焊趾和焊根所形成的缺口效应（图 4-3），可取一虚拟的曲率半径 r（如 $r=1\text{mm}$）通过式(4-4) 可计算疲劳缺口敏感系数 q。应用实验测定或数值计算可得应力集中系数 K_t，代入式(4-2) 可得焊接接头的疲劳缺口系数 K_f。

焊接接头区存在应力集中，即所谓的缺口效应。通常可用疲劳强度降低系数 γ 来描述焊接接头的疲劳强度特性，即

$$\gamma=\frac{S_W}{S} \tag{4-5}$$

式中　S——母材的疲劳强度；

　　S_W——焊接接头的疲劳强度。

焊接接头的疲劳强度 S_W 一般取条件疲劳极限。对于结构钢而言，焊接接头的疲劳降低系数 γ 与疲劳缺口系数 K_f 成反比，即

$$\gamma=\frac{1}{0.89K_f} \tag{4-6}$$

因此可用缺口效应来反映焊接接头的疲劳强度降低程度。

表 4-1 为典型焊接接头的缺口疲劳系数 K_f 和疲劳强度降低系数 γ。

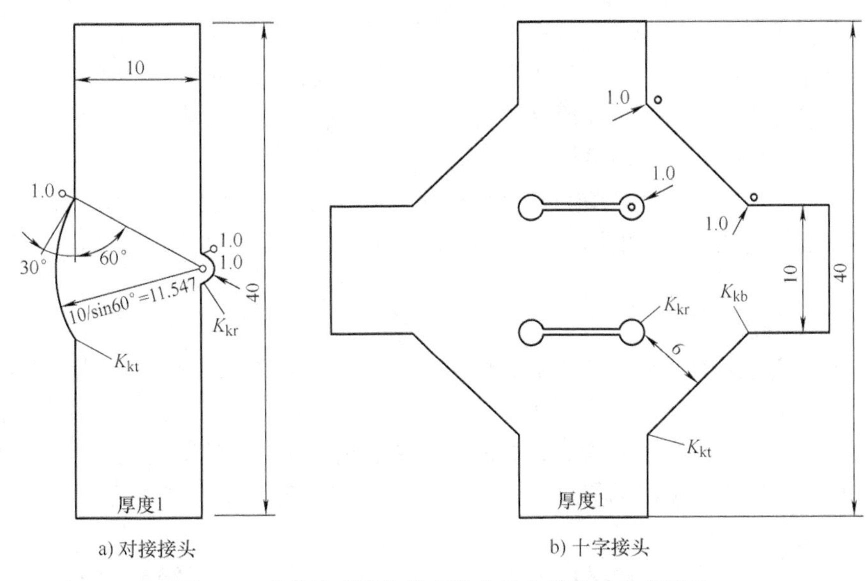

图 4-3　考虑微观结构约束效应的虚拟缺口曲率半径

表 4-1　典型焊接接头的缺口疲劳系数 K_f 和疲劳强度降低系数 γ

焊接接头（结构钢）	对接接头	横向筋板接头	K 形焊缝十字接头	盖板搭接接头	角焊缝十字接头
K_f 裂纹萌生部位	1.89 焊趾	2.45 焊趾	2.50 焊趾	3.12 焊趾	4.03 焊根
γ	0.595	0.459	0.449	0.36	0.279

缺口或者零件横截面积的变化使这些部位的应力和应变增大，在高周疲劳范围内，缺口应力不是裂纹萌生和起裂的唯一影响因素，但往往是决定性因素。在焊接结构中若焊缝外形导致尖锐缺口，不仅会降低整个结构的强度还会引起强烈的应力集中。应力集中部位是结构的疲劳薄弱环节，决定了结构的疲劳寿命。

2. 焊接残余应力的影响

焊接残余应力对疲劳强度的影响比较复杂。一般而言，焊接残余应力与疲劳载荷相叠加，如果是压缩残余应力，那么会降低原来的平均应力，从而提高疲劳强度。反之若是拉伸残余应力，就会提高原来的平均应力（图 4-4），因而降低焊接构件的疲劳强度。由于焊接构件中的拉、压残余应力是同时存在的，其疲劳强度分析要考虑拉伸残余应力的作用。若焊接残余应力与疲劳载荷叠加后在材料表面形成压缩应力，则有利于提高构件的疲劳强度。焊接残余应力与疲劳载荷叠加后在材料表面形成拉

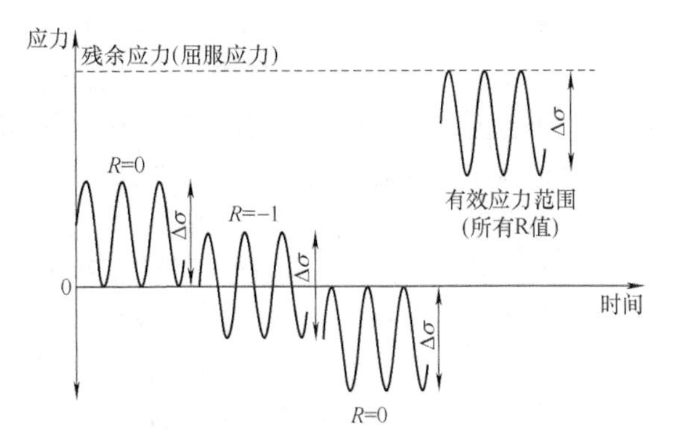

图 4-4　残余应力对应力循环的作用

伸应力，则不利于提高构件的疲劳强度。

残余应力在交变载荷的作用过程中会逐渐衰减，这是因为在循环应力的条件下，材料的屈服点比单调应力低，容易产生屈服和应力的重分布，使原来的残余应力峰值减小并趋于均匀化，残余应力的影响也就随之减弱。

在高温环境下，焊件的残余应力会发生松弛，材料的组织性能也会变化，由于这些因素的交叉作用，常常使残余应力的影响可以忽略。这种情况下，应注意温度变化引起的热应力疲劳所产生的影响。

3. 焊接缺陷的影响

焊接缺陷对疲劳强度的影响与缺陷的种类、尺寸、方向和位置有关。即使缺陷率相同，片状缺陷（如裂纹、未熔合、未焊透等）也比带圆角的缺陷（如气孔等）影响大；表面缺陷比内部缺陷影响大；与作用力表面垂直的片状缺陷比其他方向的影响大；位于残余拉应力场内的缺陷比残余压应力场内的影响大；位于应力集中区的缺陷（如焊趾处裂纹）比均匀应力区的缺陷大。

图 4-5 所示为缺陷尺寸对焊接接头疲劳强度的影响。随着缺陷严重程度的增加，焊接接头的疲劳强度显著降低。

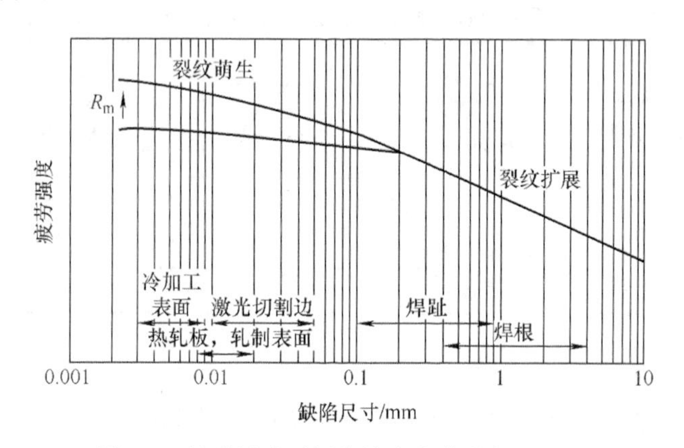

图 4-5 缺陷尺寸对焊接接头疲劳强度的影响

4. 焊接接头组织性能对疲劳强度的影响

在常温和空气介质条件下的疲劳试验研究表明，基本材料的疲劳强度与抗拉强度之间有比较好的相关性。焊接接头的组织性能具有很大的不均匀性，疲劳断裂发生在疲劳损伤集中的部位，即使是光滑试样，其断裂可能发生在母材，也可能发生在焊缝、熔合区或热影响区。因此焊接接头的疲劳强度与母材本身的抗拉强度不存在确定性关系，如图 4-6 所示。

有关试验结果表明，抗拉强度在 438 ~ 753MPa 范围内的钢材焊接接头，当疲劳寿命大于 10^5 次时疲劳强度无显著差异，只有疲劳寿命小于 10^5 次时，高强度材料接头的疲劳强度才高于低强度材料接头的疲劳强度。一般而言，钢的焊接接头近缝区组织性能的变化对接头的疲劳强度影响较小，因此在焊接钢结构的疲劳设计规范中，对于相同的构造细节，不同强度级别的钢材均采用相同的疲劳设计曲线。

5. 尺寸的影响

人们在疲劳强度试验中早就注意到了试件尺寸越大疲劳强度就越低这一现象。标准试件的直径通常在 6 ~ 10mm，通常比实际零部件的尺寸小，因此疲劳尺寸系数在疲劳分析中必

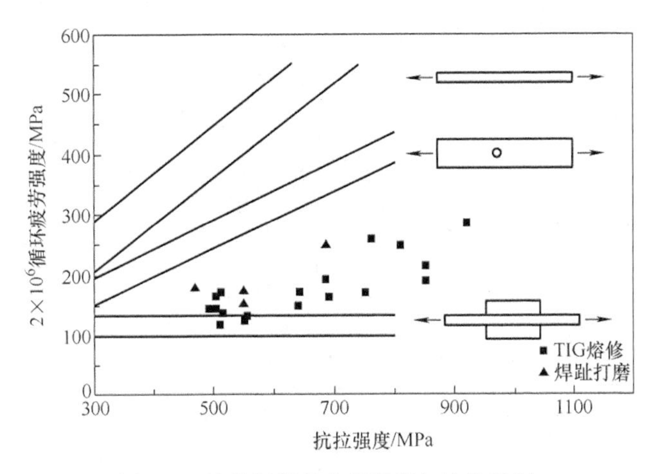

图 4-6　结构钢焊件疲劳强度与抗拉强度

须加以考虑。

导致大小试件疲劳强度有差别的主要原因有两个方面：①对处于均匀应力场的试件，大尺寸试件比小尺寸试件含有更多的疲劳损伤源；②对处于非均匀应力场中的试件，大尺寸试件疲劳损伤区的应力比小尺寸试件更大。显然前者属于统计的范畴，后者则属于传统宏观力学的范畴。

焊接构件的厚度对焊趾处应力集中有较大的影响（图 4-7）。图 4-8 所示为板厚对焊趾处应力梯度的影响。在同样裂纹深度和峰值应力的条件下，虽然薄板的应力梯度大于厚板的应力梯度，但是在裂纹深处的应力仍存在较大差异（$\sigma_2>\sigma_1$），因此裂纹在厚板中更容易扩展。

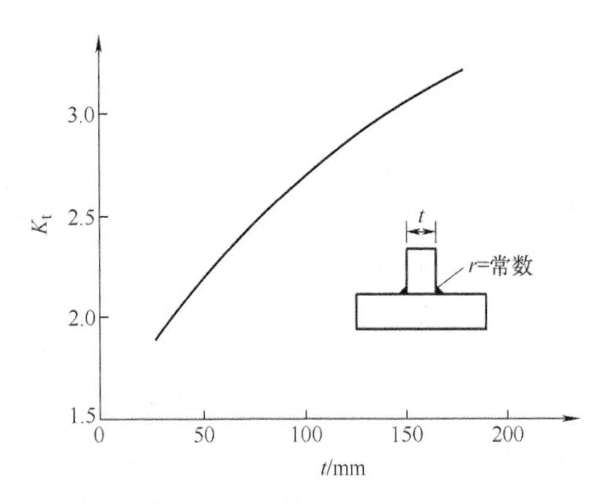

图 4-7　板厚对焊趾处应力集中系数的影响

在评定焊接构件的疲劳强度时，不可能对所有厚度的结构都进行疲劳试验，通常是根据已知厚度构件的疲劳强度推算其他厚度构件的疲劳强度。例如，在应用 $S-N$ 曲线进行疲劳评定时，若已知厚度 t_0 构件的疲劳强度 S_0，拟评定构件厚度为 t，其疲劳强度 S 可以表示为

$$S=\left(\frac{t_0}{t}\right)^n S_0 \tag{4-7}$$

式中　n——厚度修正系数，焊态下的焊缝一般取 0.33，修整后的焊缝取 0.20。

6. 载荷的影响

绝大多数材料的疲劳强度是由标准试件在对称循环正弦波加载情况下得到的，而实际零部件所受到的载荷十分复杂。不同载荷情况对疲劳强度的影响主要包括：载荷类型的影响、加载频率的影响、平均应力的影响、载荷波形的影响、载荷中间停歇和持续的影响等。

7. 疲劳性能数据的随机性

影响焊接接头疲劳强度的因素都具有较大的随机性，其疲劳裂纹萌生和扩展速率及疲劳

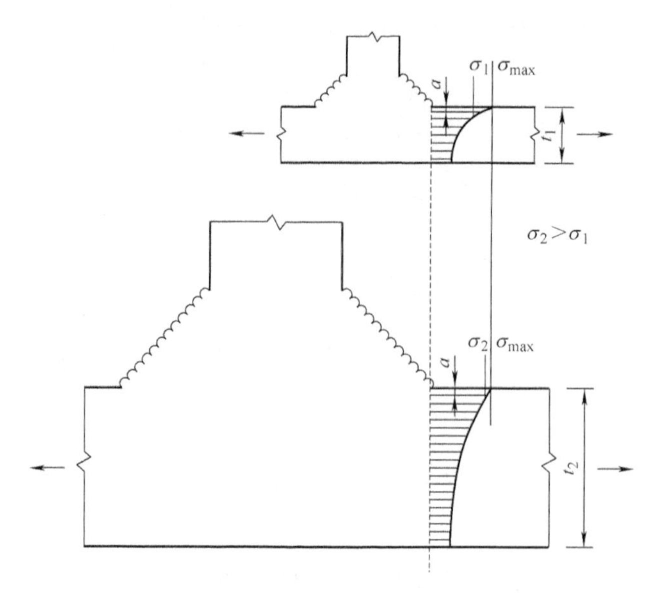

图 4-8　板厚对焊趾处应力梯度的影响

寿命则表现出离散性。研究焊接接头疲劳性能的统计特性是进行焊接结构疲劳韧力概率分析的基础，对于焊接结构的疲劳可靠性评定具有重要意义。有关内容将在第 6 章进行系统分析。

4.1.2　焊接结构疲劳强度的分析方法

焊接接头的疲劳裂纹多起源于焊趾或焊根等局部应力集中区，发生在焊趾或焊根处的疲劳裂纹会进入热影响区或母材，且焊趾与焊根处同时存在缺口效应和不均匀性。在焊接接头疲劳损伤中，局部最大应力起着主导作用，焊接接头和焊接结构的疲劳强度的工程评定已发展了 4 个不同层次的方法，即名义应力评定方法、结构应力评定方法、缺口应力-应变评定方法和断裂力学评定方法。

名义应力评定方法是根据结构细节的 $S-N$ 曲线进行疲劳强度设计，包括无限寿命设计和有限寿命设计两种方法。无限寿命设计法使用的是 $S-N$ 曲线的水平部分，即疲劳极限；而有限寿命设计法使用的是 $S-N$ 曲线的斜线部分，即有限寿命部分。无限寿命设计的设计应力要低于疲劳极限，比设计应力低的低应力对构件的疲劳强度没有影响。而有限寿命设计的设计应力一般高于疲劳极限，这时需要按照一定的累积损伤理论来估算总的疲劳损伤，因此有限寿命设计要解决的首要问题是确定恒幅载荷作用下各类结构细节的 $S-N$ 曲线。

结构应力评定方法要求除名义应力外还应确定焊接结构（受外载作用但无缺口效应）中的（非均匀）应力分布情况，为此需要对结构中的应力进行详细计算。一般而言，热点应力只有在结构应力集中较大的情况才适合作为疲劳强度的评定参数，如热点应力集中系数达 10～20 的管节点结构。热点法的两个关键问题是如何计算焊接结构接头处的几何应力，即怎样获得热点应力和怎样获得该“热点”对应的 $S-N$ 曲线。

缺口应力-应变评定方法和断裂力学评定方法又称为局部法，这种分析方法是名义应力评定方法和结构应力评定方法的发展和延伸。比较而言，名义应力评定方法又称为“整体法”，而结构应力评定方法是整体法与局部法之间的过渡。这种方法的基本原理认为焊接接头的疲劳破坏都是从应力集中处的最大应力处开始的。局部循环载荷是疲劳裂纹萌生和扩展的先决条件，只要局部循环参数相同，就具有相同的疲劳性能。这样采用应力集中区域应力场的“局部参数”作为疲劳断裂的控制参数，即可建立具有普遍适用性的“局部参数”与循环次数之间的关系。

图 4-9 表示了结构疲劳强度评定的整体法和局部法的递进关系。

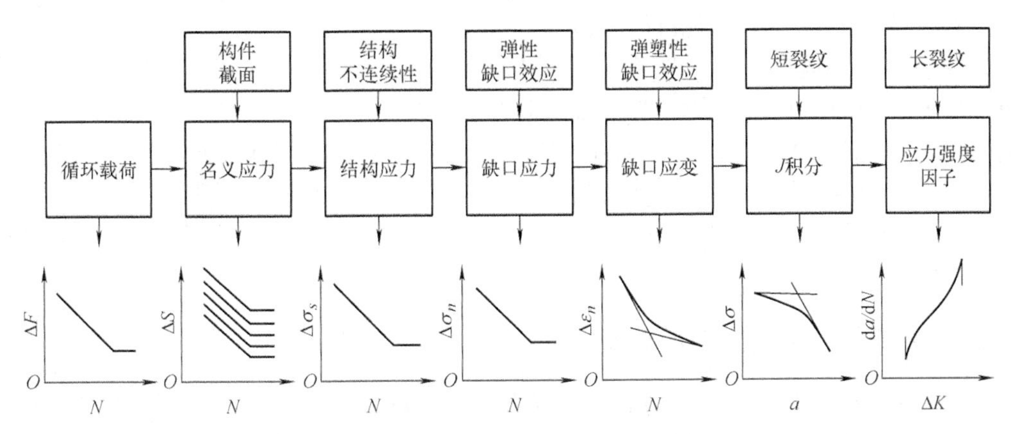

图 4-9 结构疲劳强度评定的整体法和局部法的递进关系

随着疲劳研究的不断深入，疲劳设计与分析方法也得到发展。从疲劳持久极限和应力强度因子门槛值控制的无限寿命设计到利用 $S-N$ 曲线、$\varepsilon-N$ 曲线和 Miner 理论进行的有限寿命设计，从裂纹萌生寿命评估到考虑疲劳裂纹扩展，综合控制初始缺陷尺寸、剩余强度及检查周期的损伤容限设计和耐久性经济寿命分析，人们对疲劳强度进行分析与寿命预测的能力不断提高。对于具体焊接构件而言，不同的疲劳设计与分析方法之间并不是相互取代的关系，而是相互补充的，以满足不同工况的要求。

4.2 名义应力评定方法

4.2.1 名义应力评定方法的基本原理

大量试验结果表明，影响焊接接头疲劳强度的主要因素是应力范围和结构构造细节，当然材料性质和焊接质量也有较大影响，而载荷循环特性的影响较小，因此以名义应力为基础的焊接结构的疲劳设计规范大多采用应力范围和结构细节分类进行疲劳强度设计，要求焊接结构设计疲劳载荷应力范围 $\Delta\sigma_D$ 不得超过规定的疲劳许用应力范围［ΔS］，即

$$\Delta\sigma_D \leqslant [\Delta S] \tag{4-8}$$

焊接构件的疲劳许用应力范围是根据疲劳强度试验结果，并考虑一定的安全系数来确定的。现行的焊接构件疲劳强度设计标准中，一般规定未消除应力的焊件的疲劳许用应力范围不再考虑平均应力的影响，但疲劳许用应力范围的最大值不得高于静载疲劳许用应力。

图 4-10 所示为对接接头和十字接头的名义应力幅与循环次数的关系，表明对接接头和十字接头具有不同的疲劳质量等级或疲劳许用应力，有关焊接接头的疲劳质量分级将在下节进行详细介绍。

目前一些有关疲劳设计和评定的标准多采用名义应力来表征典型焊接构件及接头的疲劳强度。例如，我国的《钢结构设计标准》GB 50017—2017、欧洲钢结构协会（European Convention for Constructional Steelwork）的《钢结构疲劳设计规范》、日本的《钢桥设计规范》、美国《铁路桥梁及高速公路设计规范》和作为许多标准依据的国际焊接学会的《循环加载焊接钢结构的设计规范》ⅡW DOC－639－81 等。这些规范均依据焊接接头的细节特征对其疲劳强度进行分类，形成了焊接接头疲劳质量分级方法，为各类焊接接头疲劳强度的工程评定提供了方便。

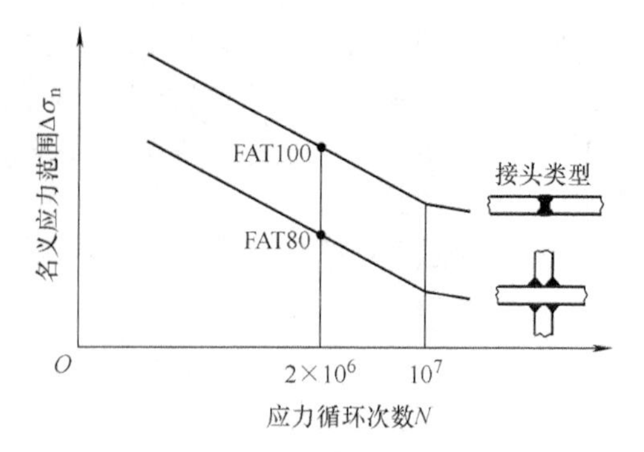

图 4-10　对接接头和十字接头的名义应力幅与循环次数的关系

4.2.2　焊接接头的疲劳强度分级

不同的焊接接头形式对应不同的缺口等级，而不同的缺口等级对应不同的疲劳质量等级，因此不同的焊接接头的疲劳质量就可以用疲劳等级来评定。焊接接头疲劳质量分级是将接头分为不同的缺口等级并对各缺口等级规定不同的 $S-N$ 曲线和工作寿命曲线。$S-N$ 曲线和工作寿命曲线通常是关于应力水平和循环次数的线性曲线，焊接接头在按其几何形状、焊缝种类、加载形式及制造等级分类后，便可归于一族许用应力或持久应力值不同的标准 $S-N$曲线和工作寿命曲线。

目前，国际上有关焊接接头的疲劳强度设计大多采用质量等级 $S-N$ 曲线确定焊接接头的疲劳质量。国际焊接学会第ⅩⅢ委员会提出的有关焊接结构和构件疲劳设计推荐标准，将焊接接头的疲劳设计要求或内在疲劳强度用 $S-N$ 曲线族来分级（图 4-11），所有级别的$S-N$ 曲线在双对数坐标系中互相平行，各疲劳曲线具有 97.7% 的存活率。每条曲线的应力范围和循环次数的关系为

$$S^3N=C \tag{4-9}$$

式中　C——常数。

质量等级根据疲劳寿命为 2×10^6 所对应的应力范围 $S_{2\times10^6}$ 确定（表 4-2）。例如，FAT125 表示疲劳寿命为 2×10^6 所对应的应力范围 $S_{2\times10^6}=125\text{MPa}$（即疲劳强度）。疲劳质量等级分别对应不同的结构细节。

表 4-2　疲劳质量等级

质量等级 FAT	常数 C（$N\leqslant10^7$）	应力范围 $S_{2\times10^6}$ /MPa	拐点应力范围 S_{10^7}/MPa
160	2.097×10^{17}	160	116
125	3.906×10^{12}	125	73.1
112	2.810×10^{12}	112	65.5
100	2.000×10^{12}	100	58.5
90	1.458×10^{12}	90	52.7

（续）

质量等级 FAT	常数 C（$N \leqslant 10^7$）	应力范围 $S_{2\times10^6}$ /MPa	拐点应力范围 S_{10^7}/MPa
80	1.024×10^{12}	80	46.8
71	7.158×10^{11}	71	41.5
63	5.001×10^{11}	63	36.9
56	3.512×10^{11}	56	32.8
50	2.500×10^{11}	50	29.3
45	1.823×10^{11}	45	26.3
40	1.280×10^{11}	40	23.4
36	9.331×10^{10}	36	21.1
32	6.554×10^{10}	32	18.7
28	4.390×10^{10}	28	16.4
25	3.125×10^{10}	25	14.6
22	2.130×10^{10}	22	12.9
20	1.600×10^{10}	20	11.7
18	1.166×10^{10}	18	10.5
16	8.192×10^{9}	16	9.4
14	5.488×10^{9}	14	8.2
12	3.456×10^{9}	12	7.0

图4-11为国际焊接学会推荐使用的结构钢与铝合金焊接接头疲劳质量等级 $S-N$ 曲线。

表4-2给出的数据是一般性原则。当采用名义应力评定方法评定焊接结构的疲劳强度时，应根据表4-2给出的一般性原则结合结构节点的形式、受力方向和焊接工艺，选取合适的疲劳等级 $S-N$ 曲线。由于各种结构设计标准不同，不同结构采用的焊接接头形式也存在很大差异，因此对于复杂的焊接结构，确定某一具体焊接接头究竟应该归于哪一个疲劳等级还是比较困难的。一般是根据疲劳危险区的主应力方向并结合该区域焊接接头的形式选择疲劳等级，同时要考虑焊接及其他处理工艺的影响。在设计阶段，结构中疲劳强度要求不高的区域可以选择较低级别的接头，疲劳强度要求高的区域就要选择较高级别的接头。在疲劳强度评定时，同等载荷条件下，要特别注意分析低级别接头的疲劳损伤。

图4-12所示为焊接接头疲劳等级的确定。应当指出，疲劳等级的确定不是固定的，其结果与设计标准和设计者密切相关。

4.2.3　变幅载荷谱下的疲劳强度

结构的疲劳是一个损伤的累积过程，疲劳载荷的每一个循环都将造成一定的损伤，从而消耗一定的结构寿命。若构件在某恒幅应力 $\Delta\sigma$ 作用下，循环至破坏的寿命为 N，则可定义其在经受 n 次循环时的损伤为

$$D=\frac{n}{N} \tag{4-10}$$

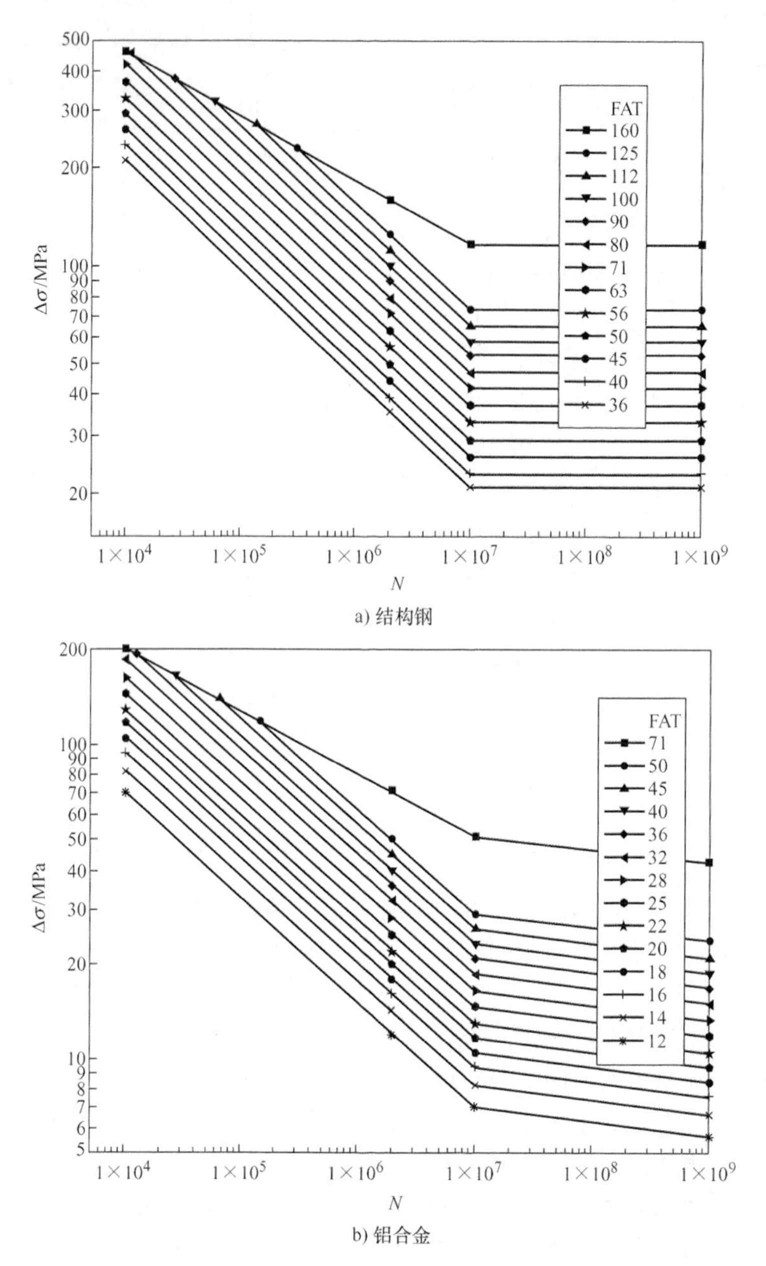

a) 结构钢

b) 铝合金

图 4-11　结构钢与铝合金焊接接头疲劳质量等级 $S-N$ 曲线

显然，在恒幅应力 $\Delta\sigma$ 作用下，若 $n=0$，则 $D=0$，构件未受疲劳损伤；若 $n=N$，则 $D=1$，构件发生疲劳破坏。

对于结构受变幅载荷作用的情况，结构总的疲劳损伤是不同幅值的应力循环所造成的疲劳损伤的叠加。构件在应力 $\Delta\sigma_i$ 下经 n_i 次循环的损伤为 $D_i=n_i/N_i$。若在 k 个应力 $\Delta\sigma_i$ 作用下，各经受 n_i 次循环，则可定义其总损伤为

$$D = \sum_{1}^{k} D_i = \sum n_i/N_i \qquad (i = 1,2,\cdots,k) \tag{4-11}$$

破坏准则为

$$D = \sum n_i/N_i = 1 \tag{4-12}$$

这就是最简单、最著名、使用最广的 Miner 线性累积损伤理论。其中，n_i 是在 $\Delta\sigma_i$ 作用下的循环次数，由载荷谱给出；N_i 是在 $\Delta\sigma_i$ 作用下循环到破坏的寿命，由 $S-N$ 曲线确定。

由式(4-12) 还可看到，Miner 累积损伤，是与应力 $\Delta\sigma_i$ 的作用先后次序无关的。

根据式(2-9) 有 $\Delta\sigma_i^3 N_i = C$，与式(4-12) 联立可得

$$\sum n_i \Delta\sigma_i^3 = C \tag{4-13}$$

设 S 为 10^5 次循环条件下的焊接接头疲劳强度，对于特定疲劳质量等级的 $S-N$ 曲线有 $10^5 S^3 = C$，结合式(4-13) 则有

$$S = \left(\frac{\sum n_i \Delta\sigma_i^3}{10^5}\right)^{\frac{1}{3}} \tag{4-14}$$

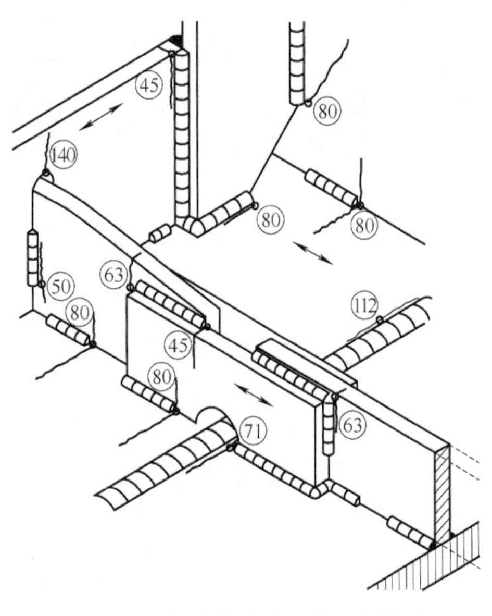

图 4-12　焊接接头疲劳等级的确定

注：图中数字表示疲劳质量等级 FAT。

这样就将变幅载荷的疲劳强度转化为等效的恒幅载荷疲劳强度，根据 S 值可确定相应的疲劳质量等级要求。以上转化中用 10^5 次循环作为寿命指标是任意选取的，也可以用其他数值；$S-N$ 曲线中的指数 $m=3$，也可以采用实际实验值。

经典的 $S-N$ 曲线理论认为，应力水平低于疲劳极限将不产生疲劳损伤，因此在线性累积损伤中往往将低于疲劳极限以下的应力循环略去（图 4-13），而不计及其产生的损伤，这也是影响线性累积损伤预测疲劳寿命精度的原因之一。低于疲劳极限的应力循环在载荷谱中所占的百分数很高，可能对疲劳损伤有影响。特别是当结构中萌生了裂纹，低于疲劳极限的应力循环也会导致裂纹（或损伤）扩展。为计及低于疲劳极限应力循环引起的损伤，必须将 $S-N$ 曲线做必要的修正。例如，一些标准规定了小于疲劳极限部分的 $S-N$ 曲线的斜率，如图 4-14 所示。

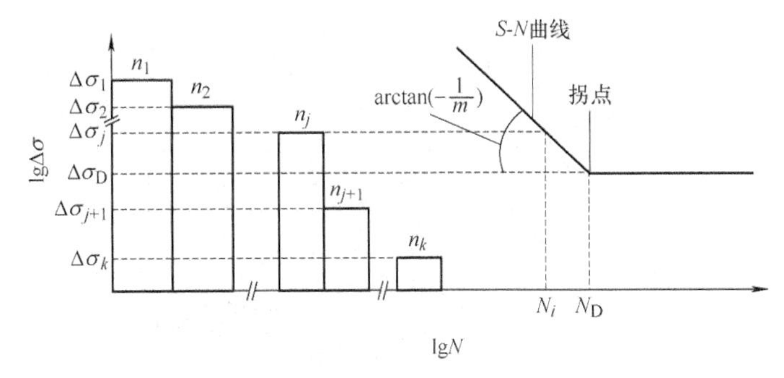

图 4-13　应力谱与 $S-N$ 曲线

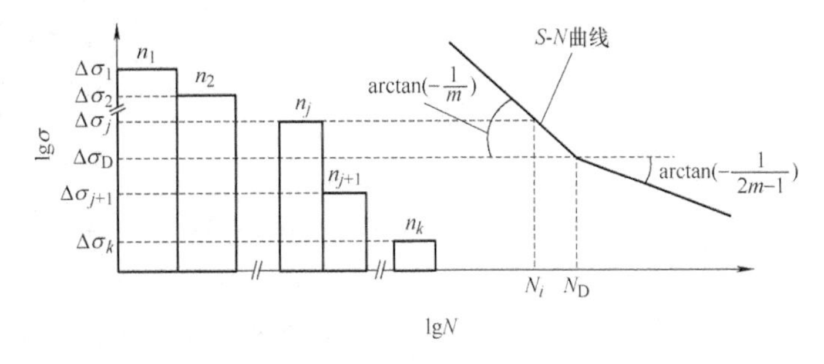

图 4-14　应力谱与修正的 $S-N$ 曲线

当低于常幅疲劳极限 S_{10^7} 的应力范围造成的损伤不可忽略时，国际焊接学会（IIW）建议按照图 4-15 所示方法对 $S-N$ 曲线进行修正。将 $S-N$ 曲线从常幅疲劳极限点开始按斜率 $m'=5$ 延伸至 10^8 次应力循环点，之后为水平截止线。10^8 次应力循环对应的疲劳强度为截止限 S_{10^8}，低于截止限的应力范围等级造成的疲劳损伤略去不计。$S-N$ 曲线经修正后，损伤比为

$$\frac{n_i}{N_i}=\begin{cases}\dfrac{n_i\ (\Delta\sigma_i)^3}{C} & (\Delta\sigma_i \geqslant S_{5\times10^6}) \\ \dfrac{n_i\ (\Delta\sigma_i)^5}{C} & (S_{10^8} \leqslant \Delta\sigma_i \leqslant S_{5\times10^6})\end{cases} \tag{4-15}$$

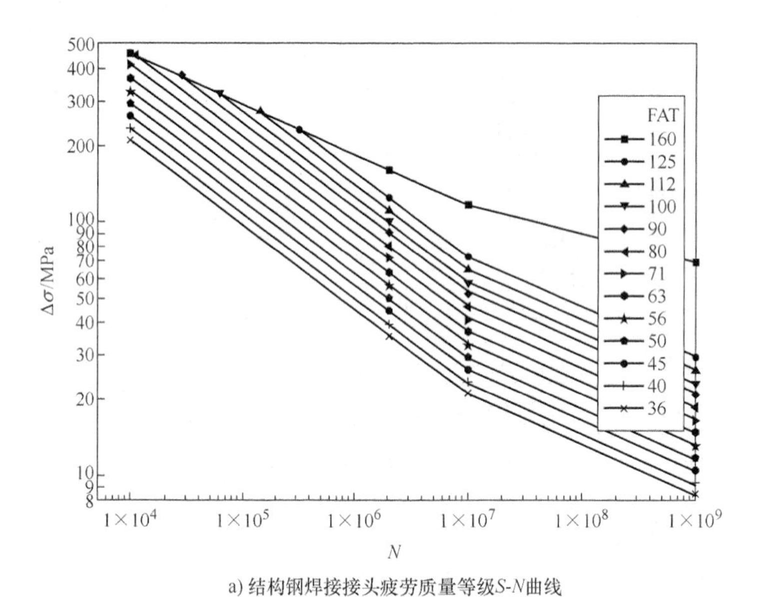

a) 结构钢焊接接头疲劳质量等级S-N曲线

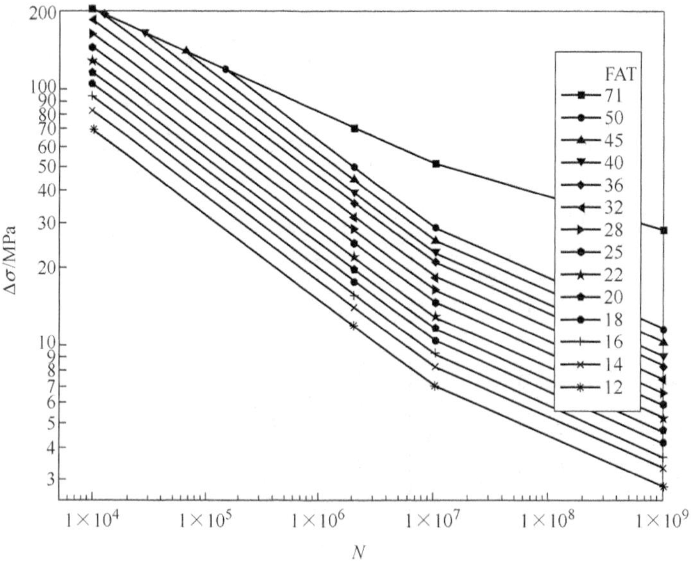

b) 铝合金焊接接头疲劳质量等级S-N曲线

图 4-15　用于累积损伤计算的焊接接头疲劳质量等级 $S-N$ 曲线

4.3　结构应力评定方法

4.3.1　结构应力与热点应力分析

1. 结构应力

在焊接节点中（图4-16），紧靠焊趾缺口或焊缝端部缺口前沿的局部应力称为结构应力，或称几何应力，其大小受整体几何参数的影响。

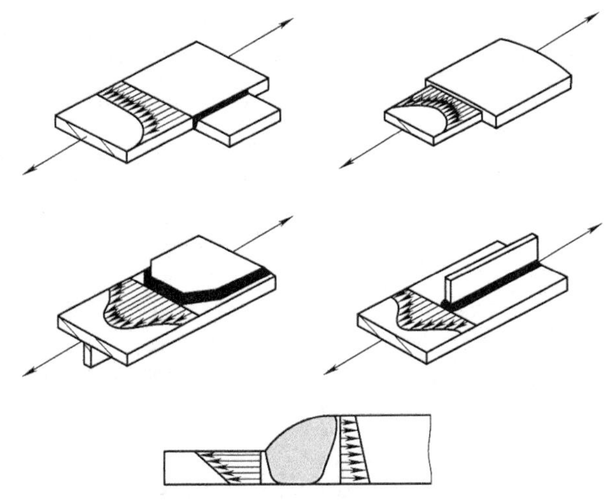

图4-16　结构细节与结构应力

分析时需要将结构应力从缺口应力中分离出来。一般而言，接头上应力分布具有高度的非线性，特别是在与构件表面垂直的截面缺口区内更是如此，如图4-17所示。将缺口应力分离，可将结构应力在一定范围内进行线性处理，并在外推后确定最大结构应力。结构应力增大可用结构应力集中系数 K_S 来表示

$$\sigma_S = K_S \sigma_n \tag{4-16}$$

式中　σ_S——结构应力；

σ_n——名义应力。

焊接节点焊趾的总应力集中系数 K_t 可表示为焊缝几何应力集中系数 K_W 和结构应力集中系数 K_S 的乘积。

$$K_t = K_W K_S \tag{4-17}$$

在结构应力不是很大的情况下，可采用厚度方向的应力分布线性化方法计算结构应力。焊趾处结构应力的分解如图4-18所示，分析时将厚度方向上的缺口应力分离，结构应力为

$$\sigma_s = \sigma_m + \sigma_b \tag{4-18}$$

式中　σ_s——结构应力；

σ_m——薄膜应力；

σ_b——弯曲应力。

$$\sigma_m = \frac{1}{t}\int_0^t \sigma(x)\,\mathrm{d}x \tag{4-19}$$

$$\sigma_b = \frac{1}{t^2}\int_0^t [\sigma(x) - \sigma_m](\frac{t}{2} - x)dx \tag{4-20}$$

式中 $\sigma(x)$——非均匀应力分布；

t——板厚。

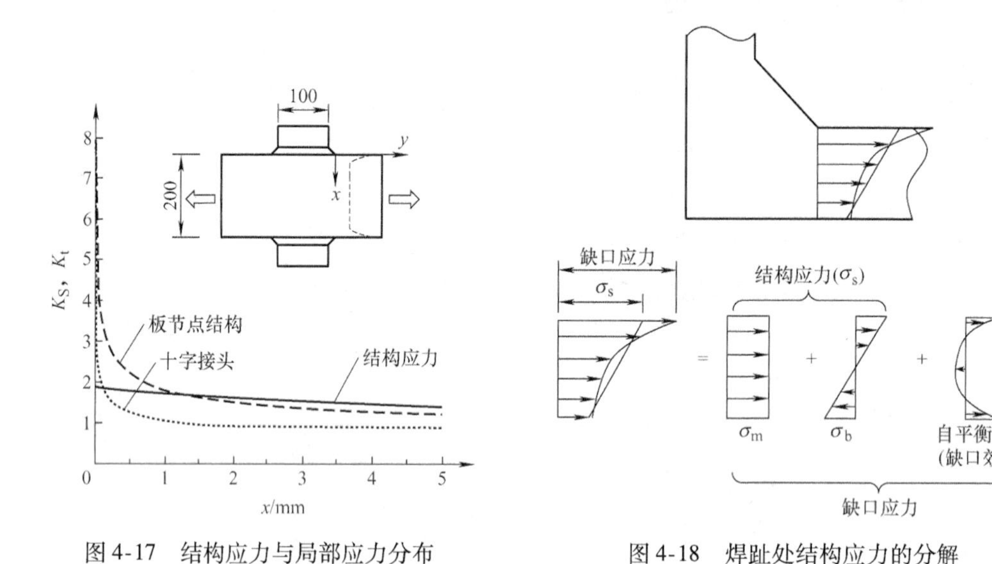

图 4-17 结构应力与局部应力分布

图 4-18 焊趾处结构应力的分解

2. 热点应力

结构应力的最大值称为热点应力，“热点”一词表明最大结构应力循环载荷的局部热效应。多数情况下的结构应力为热点处的表面应力（不考虑缺口效应）。热点应力计算是在缺口效应不产生作用的构件表面的一定区域内对结构应力进行线性外插（图 4-19）。

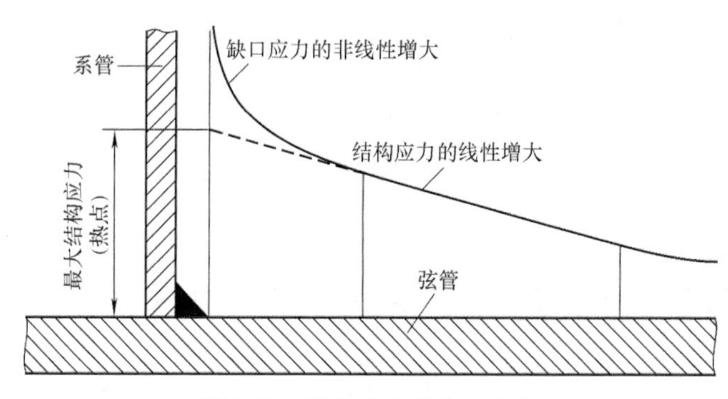

图 4-19 结构应力的确定方法

根据“热点”的位置与焊趾走向的关系，可将“热点”分为 3 类，如图 4-20 所示。其中 a 型“热点”位于主板表面的连接板端部的焊趾；b 型“热点”位于连接板边焊趾；c 型“热点”位于连接板面焊趾。

在利用线性外插法计算热点应力时，一般选择两个基点，第一个点靠近焊缝，第二个点离第一个点有适当的距离（与构件的几何有关），如图 4-21 所示。

热点应力可通过有限元方法进行计算，计算时可采用壳单元或实体单元（图 4-22）。图 4-23所示为采用不同网格时热点应力计算的基点位置。

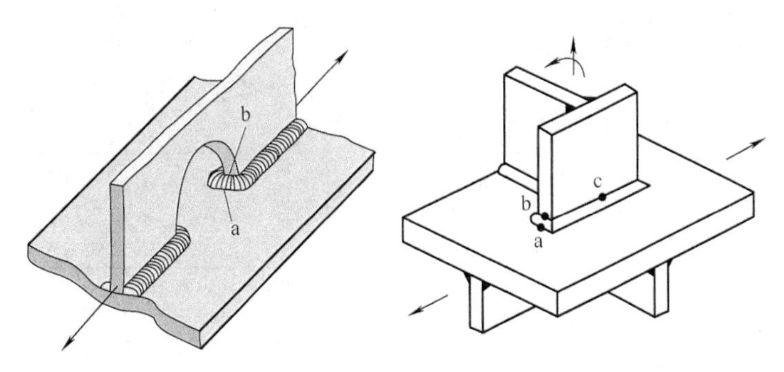

图4-20　热点类型

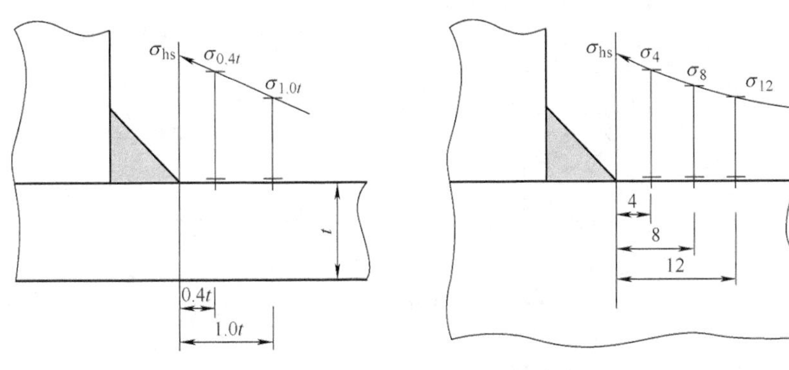

a) 表面应力拟合计算热点应力示意图

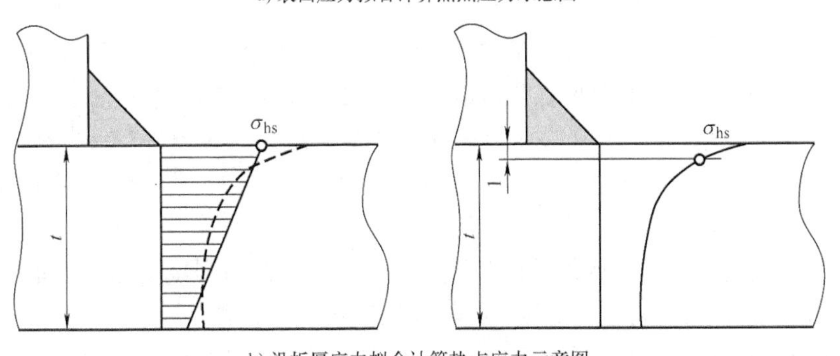

b) 沿板厚应力拟合计算热点应力示意图

图4-21　热点应力计算

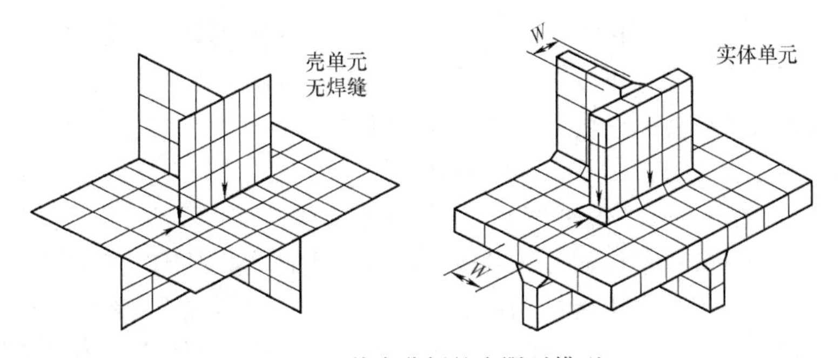

图4-22　热点分析的有限元模型

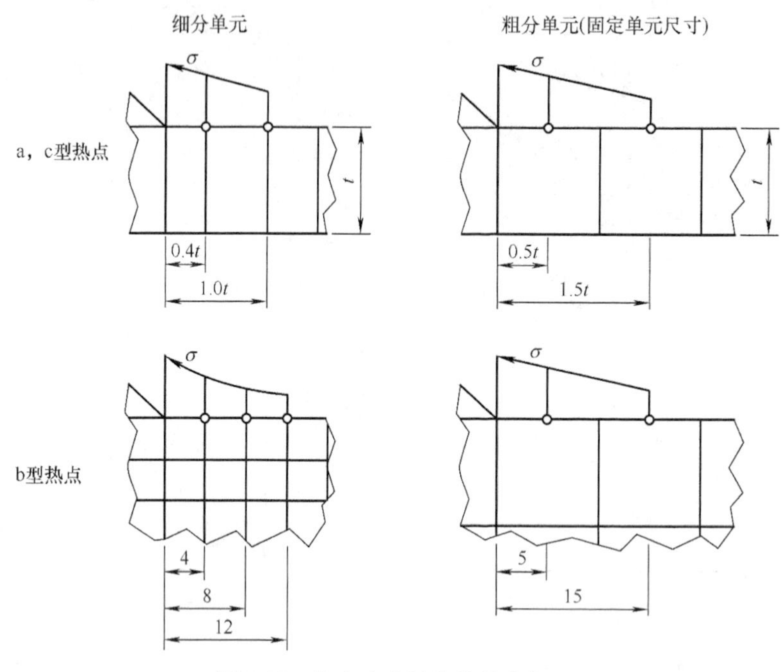

图 4-23　热点应力计算的基点位置

4.3.2　用热点应力表示的 $S-N$ 曲线

采用名义应力来进行疲劳校核依赖于焊接节点的结构形式，需要根据不同的焊接节点，采用不同的 $S-N$ 曲线。对于形状复杂难以明确定义名义应力的焊接接头，其疲劳寿命的分散性很大，很难建立精确的 $S-N$ 曲线。采用结构应力或热点应力进行疲劳分析要建立不同结构细节“共用”的 $S-N$ 曲线。图 4-24 所示为典型焊接构件用热点应力表示的 $S-N$ 曲线。

对于给定的材料，只要结构细节的热点应力相同，其疲劳强度就相当，不同热点应力的结构细节疲劳强度之间具有比例关系。若已知某结构细节的热点应力（称为参考热点应力 $\sigma_{hs,ref}$）及疲劳等级（参考疲劳等级 FAT_{ref}），拟评定结构细节的疲劳等级 FAT_{assess} 为

$$FAT_{assess} = \frac{\sigma_{hs,ref}}{\sigma_{hs,assess}} FAT_{ref} \tag{4-21}$$

式中　$\sigma_{hs,assess}$——拟评定结构细节的热点应力，可采用前述的计算方法进行计算。

这样就克服了名义应力分析方法的不足，为各类结构细节的疲劳强度分析提供了方便。表 4-3 给出了几种典型焊接接头热点应力参考疲劳等级。

一般而言，热点应力通常用于结构应力集中较大的构件疲劳强度评定，如热点应力集中系数达 10～20 的管节点结构（图 4-25）。管节点的“热点”区不仅会出现很高的应力集中而且存在焊接缺陷和焊接残余拉应力，多种不利因素叠加使管节点对交变荷载的抵抗能力较低，疲劳裂纹往往起源于高应力区的初始缺陷处，常常在“热点”附近，由表面裂纹扩展并穿透管壁、逐步扩展，而使节点破坏，导致整体结构承载力的丧失。为了降低热点的应力集中，常需要采用局部加强等措施。

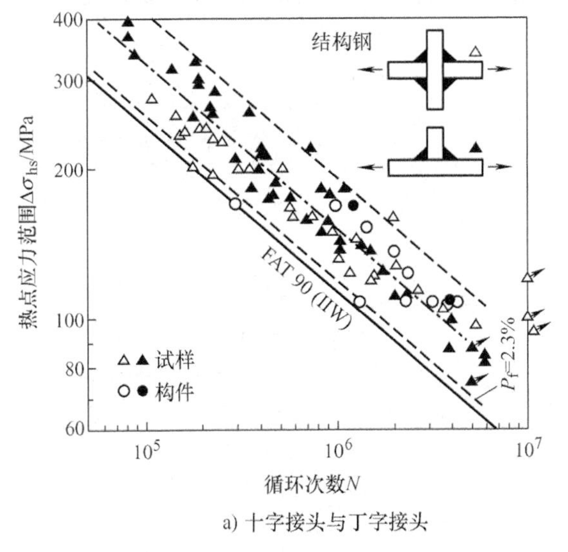

a) 十字接头与丁字接头

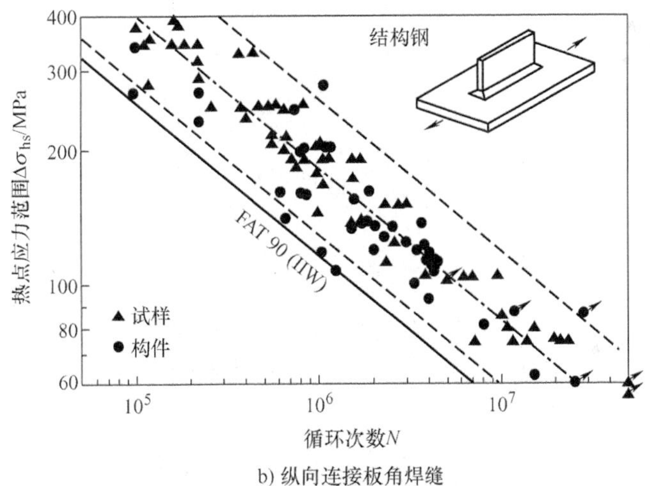

b) 纵向连接板角焊缝

图 4-24　典型焊接构件用热点应力表示的 $S-N$ 曲线

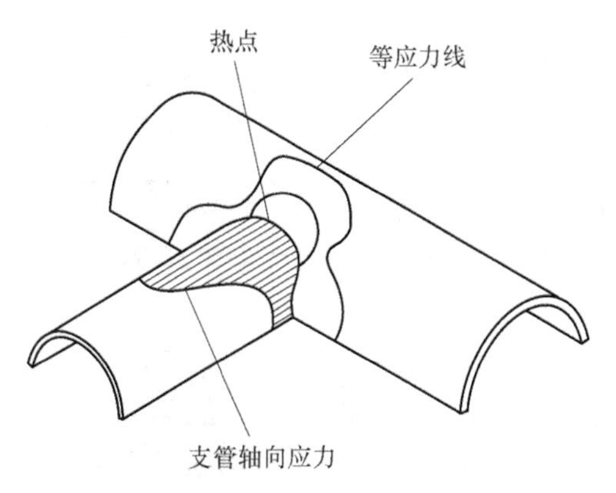

图 4-25　管节点的 T 形节点“热点”位置

表 4-3 典型焊接接头热点应力参考疲劳等级

序号	结构类型	描 述	要 求	FAT（钢）	FAT（铝合金）
1		全焊透对接接头，特殊质量要求	焊缝表面须沿载荷方向打磨平整 使用引弧板时，焊后应去除，板端焊缝表面须沿载荷方向打磨平整 双面焊，采用 NDT 检验 接头错位见注 1	112	45
2		全焊透对接接头，标准质量要求	焊缝不打磨 使用引弧板时，焊后应去除，板端焊缝表面须沿载荷方向打磨平整 双面焊 接头错位见注 1	100	40
3		全焊透十字接头（K 形对接焊缝）	焊脚小于 60°① 接头错位见注 1	100	40
4		非承力角焊缝	焊脚小于 60°① 裂纹萌生与扩展见注 2	100	40
5		纵向筋板角焊缝端部	焊脚小于 60°① 裂纹萌生与扩展见注 2	100	40
6		盖板角焊缝端部	焊脚小于 60°① 裂纹萌生与扩展见注 2	100	40
7		十字接头承力角焊缝	焊脚小于 60°① 接头错位见注 1 裂纹萌生与扩展见注 2	90	36

注：1. 本表不包括接头错位影响，确定应力时应考虑接头错位的影响。

2. 本表不包括疲劳裂纹在角焊缝焊根萌生及沿角焊缝厚度扩展的情况。

① 见图 1-32 中的 θ。

国际上通常使用由热点应力表示的 $S-N$ 曲线进行管节点疲劳分析和设计。图 4-26 所示为各国有关标准给出的管节点热点应力表示的 $S-N$ 曲线。

应当指出，许多情况下决定焊接构件疲劳强度的因素不完全是结构应力而是缺口应力，而结构应力分析时却将缺口应力分离。因此结构应力评定不能全面地反映接头细节的疲劳行为，仅局限于焊接接头焊趾的疲劳强度评估，尚不适用于裂纹起始于焊根或未焊透等处的疲

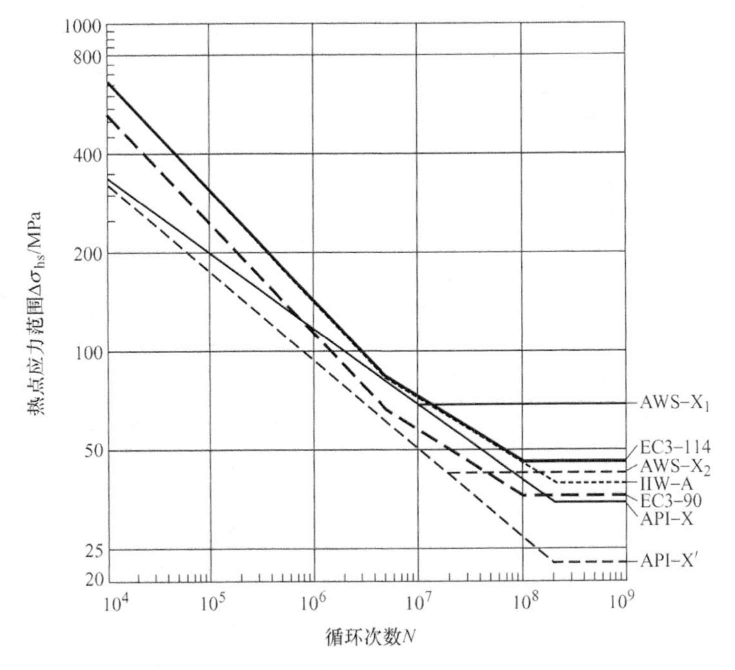

图 4-26　管节点热点应力表示的 $S-N$ 曲线

AWS—美国焊接学会　EC3—欧洲钢结构规范　IIW—国际焊接学会　API—美国石油协会

劳分析，详细的疲劳分析还需要辅之以缺口应力分析。

4.4　缺口应力-应变评定方法

4.4.1　焊接接头的缺口应力

构件中的缺口是典型的应力集中问题，其他应力集中现象可以等效为广义缺口。一般而言，缺口越尖锐，应力集中系数越大，应力梯度也越大。焊接结构中若焊缝外形导致尖锐缺口将引起强烈的应力集中，即所谓的焊接接头缺口效应。

图 4-27 所示为典型缺口件的应力分布。缺口应力指应力集中区的峰值应力。

在弹性条件下，缺口应力可用理论应力集中系数表征。当理论应力集中系数较高时，缺口区受周围材料的约束，其应力水平低于理论值，需要采用反映弹性约束效应的疲劳缺口系数来表征应力集中对疲劳强度的影响。

焊接接头疲劳强度的缺口应力评定方法常用于评定焊趾及焊根应力集中对疲劳强度的影响。为了评估焊趾及焊根的缺口效应，需要将焊趾及焊根的几何形状进行模型化处理，以便于有限元分析。

在采用缺口应力评定焊接接头的疲劳强度时，可不计算弹性缺口应力的平均值，也不计算应力梯度，而是直接计算一个包括焊趾或焊根及微观结构特征影响的最大缺口应力。通过引入虚拟缺口曲率半径（图 4-28）来反映焊趾及焊根的缺口效应（图 4-29），使用具有相同缺口效应的焊接接头简化计算模型来分析结构行为（图 4-30）。

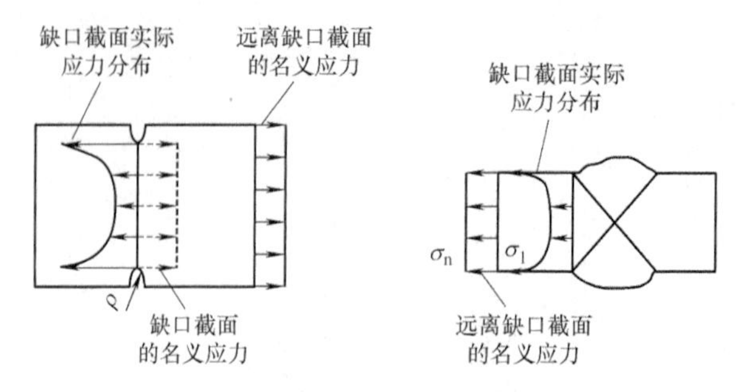

a) 缺口应力集中与焊趾应力集中的比较

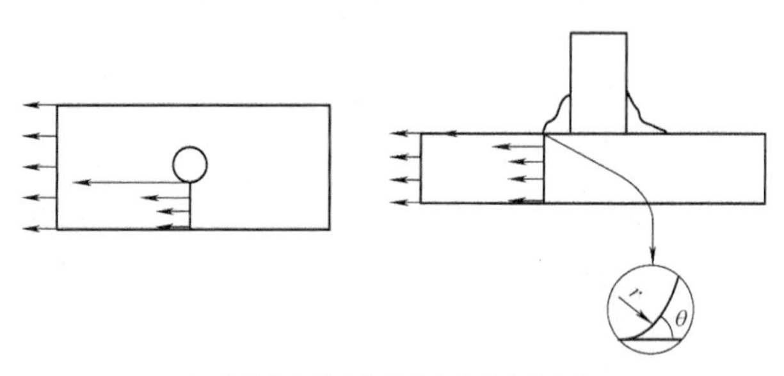

b) 孔边应力集中与焊趾应力集中的比较

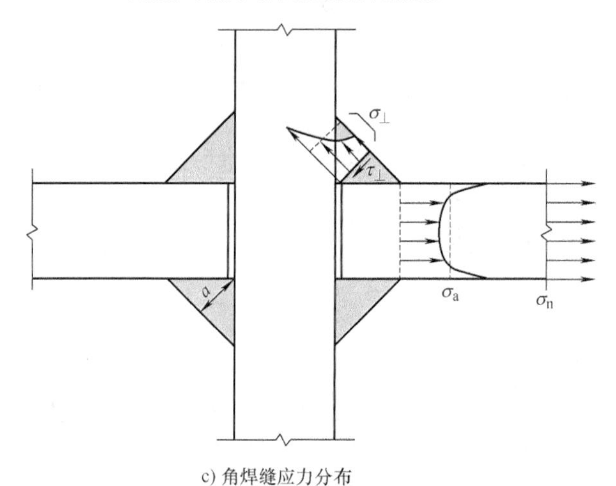

c) 角焊缝应力分布

图 4-27　焊接接头的缺口效应

a—角焊缝最大厚度

虚拟缺口曲率半径 r_f 定义为

$$r_f = r + sr^* \qquad (4\text{-}22)$$

式中　r——实际缺口曲率半径；

s——约束系数；

r^*——材料微观结构尺度。

为简化计算，有关研究结果建议焊趾或焊根的虚拟缺口曲率半径 r_f 可取 1mm。令式(4-4) 中的 $r = r_f$，可计算疲劳缺口敏感系数 q，应用实验测定或数值计算可得应力集中系数 K_t，代入式(4-2)

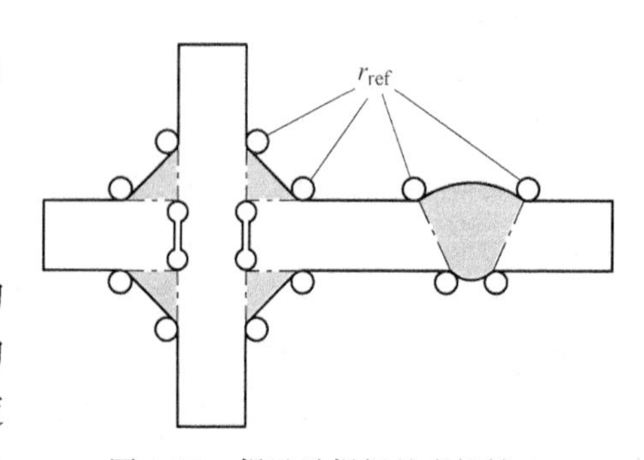

图 4-28　焊趾及焊根的虚拟缺口

可得焊接接头的疲劳缺口系数 K_f。由疲劳缺口系数按式(4-7) 可计算疲劳降低系数。

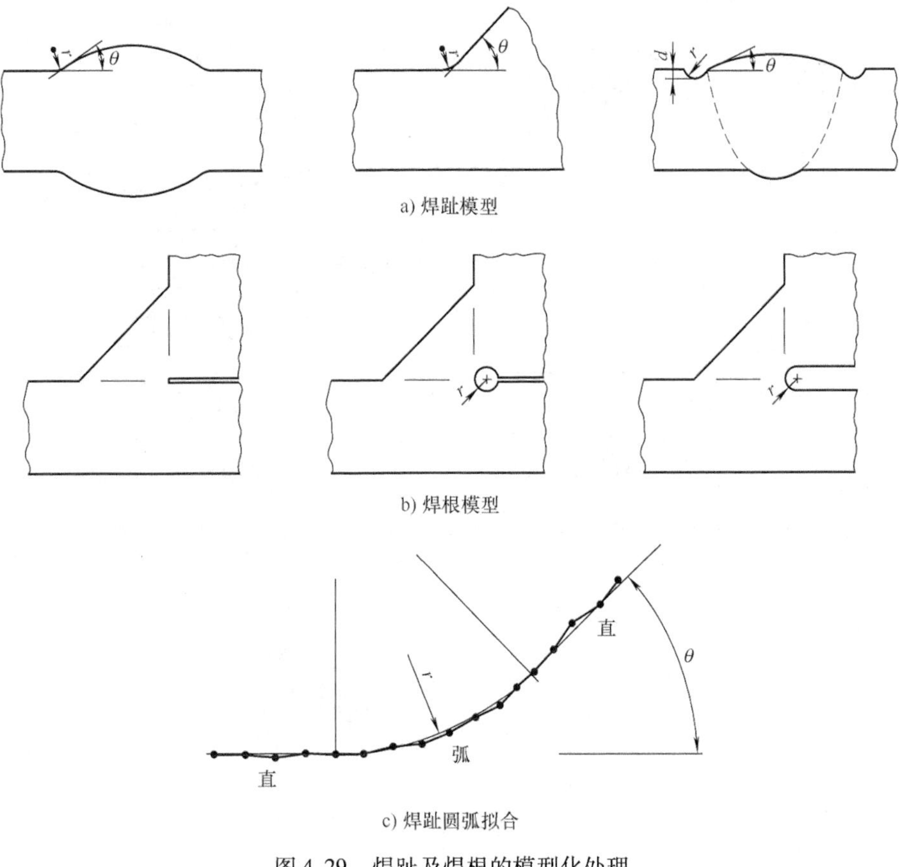

图 4-29　焊趾及焊根的模型化处理

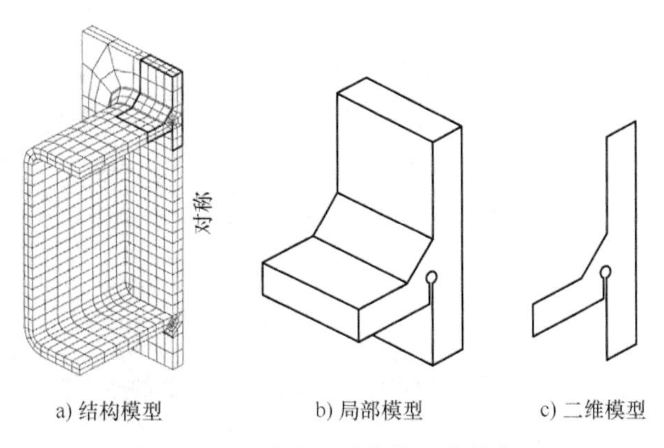

图 4-30　焊接接头的计算模型的简化过程

4.4.2　缺口应力评定方法

在高周疲劳范围，缺口应力对于裂纹萌生和裂纹扩展的初始阶段虽不是唯一的影响因素，但往往是决定性因素（图 4-31）。在焊接结构中若焊缝外形导致尖锐缺口，不仅会降低整个结构的强度，而且将引起强烈的应力集中，后者一般用弹性应力集中系数 K_t 表示。

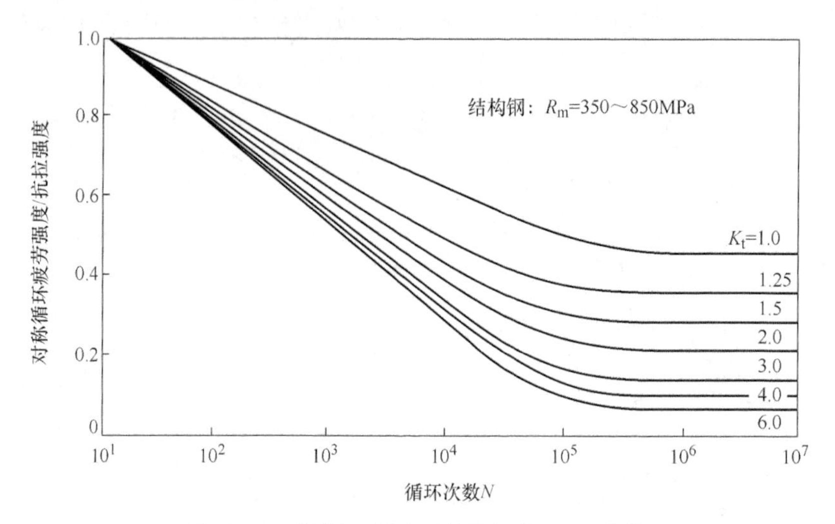

图 4-31　不同缺口效应时结构钢的 $S-N$ 曲线

焊接接头的缺口疲劳系数与材料的强度水平及有关参数之间具有很强的相关性，如图 4-32所示。

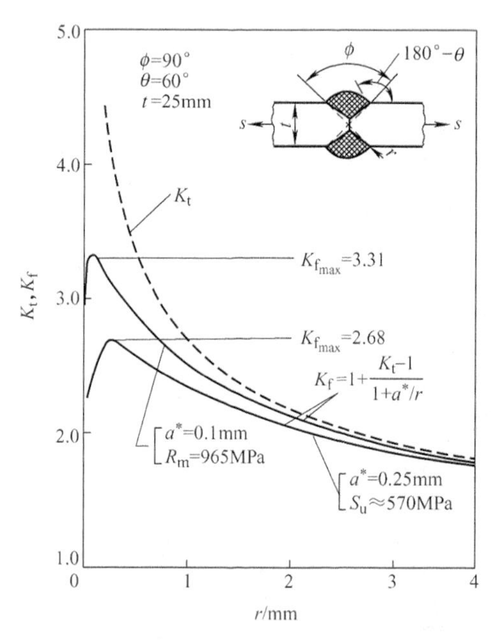

图 4-32　焊接接头缺口疲劳系数随有关参数的变化曲线

K_t—应力集中系数　K_f—疲劳缺口系数

根据式(4-1) 可得最大有效疲劳缺口应力或有效疲劳缺口应力范围分别为

$$\sigma_{fmax}=K_f\sigma_n \tag{4-23}$$

$$\Delta\sigma_f=K_f\Delta\sigma_n \tag{4-24}$$

通过引入虚拟缺口曲率半径 $r_f=1$mm，可对各种类型接头的缺口应力进行分析，就可以将用名义应力表示的焊接接头整体疲劳强度转化为用缺口应力表示的局部疲劳强度。

图 4-33 所示为结构钢对接接头和角焊缝接头用缺口应力范围表示的疲劳强度。由此可见，采用缺口应力范围可将不同接头类型的 $S-N$ 曲线归一化，其疲劳质量可共用 FAT225 表示，较结构应力评定方法更进一步。改变焊脚及板厚尺寸的焊趾或焊根缺口应力范围疲劳强度处在同一分散带内（图 4-34）。

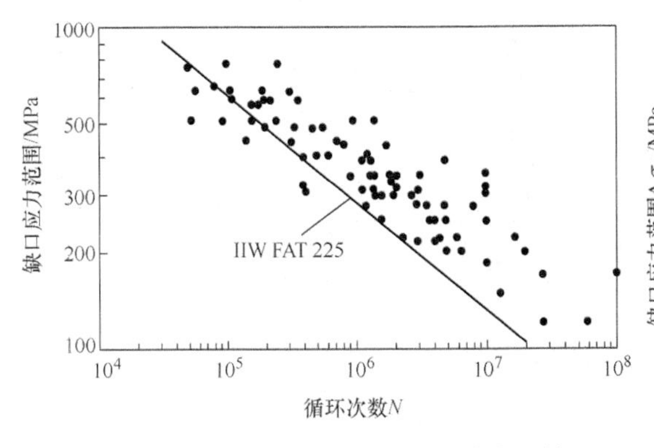

图 4-33　结构钢对接接头和角焊缝接头用缺口应力范围表示的疲劳强度

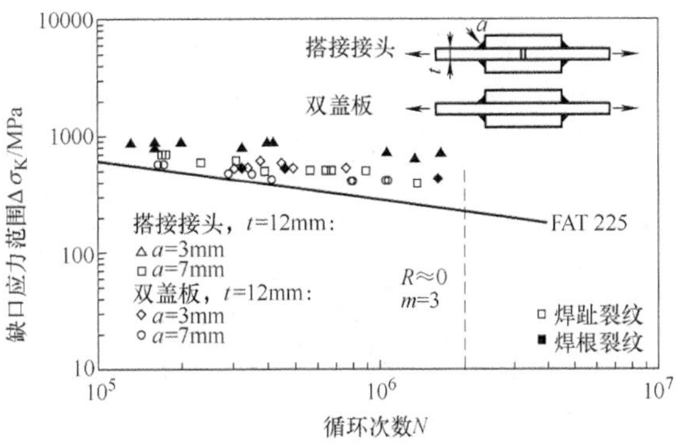

图 4-34　尺寸因素对缺口应力疲劳强度的影响

图 4-35 比较了用缺口应力 $\Delta\sigma_K$、结构应力 $\Delta\sigma_S$ 和名义应力 $\Delta\sigma_n$ 表示的 $S-N$ 曲线。

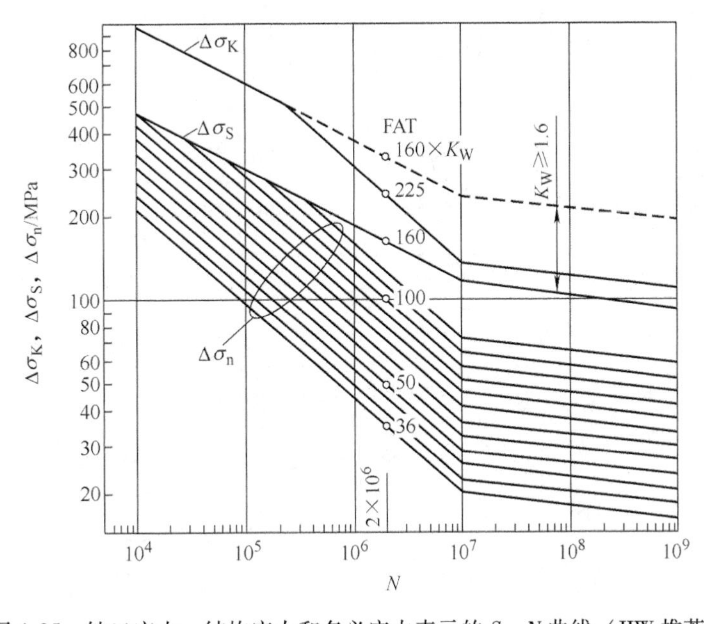

图 4-35　缺口应力、结构应力和名义应力表示的 $S-N$ 曲线（IIW 推荐）

根据疲劳缺口系数 K_f 可以把缺口分为不同的缺口等级，缺口处的应力集中越严重则其疲劳强度也就越低。表 4-4 为焊接接头形式与缺口等级。从表中可以看出，不同的焊接接头形式对应不同的缺口等级，与其对应的 $S-N$ 曲线如图 4-36 所示。这一评定方法与名义应力评定方法具有一致性。

表 4-4　焊接接头形式与缺口等级

焊接接头形式	缺口等级	$s_{2\times10^6}$
	C	43.0
	D	38.0
	E	31.0
	G	27.0
	H	22.3
	I	14.5

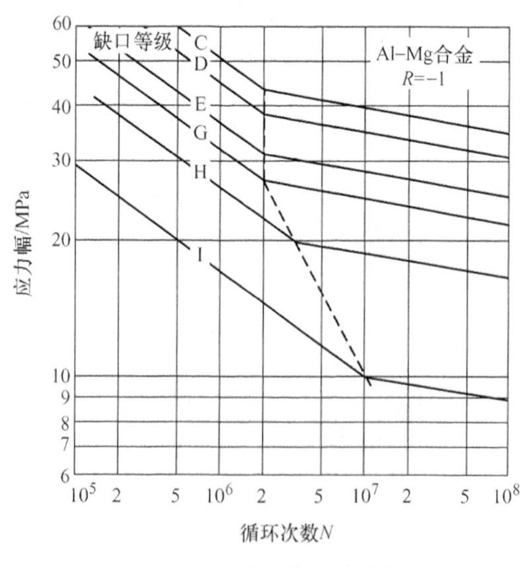

图 4-36　Al-Mg 合金焊接接头的缺口等级

4.4.3　弹塑性缺口应力-应变分析法

弹性缺口应力往往会超过材料的屈服应力形成弹塑性区，裂纹在塑性区中的扩展速率和在弹性区中的扩展速率有很大的不同（图4-37），此时需要考虑缺口区的弹塑性应力-应变。弹塑性缺口应力-应变分析法认为，只要最大缺口局部应力-应变相同，疲劳寿命就相同。因而有应力集中的构件，其疲劳寿命可以使用局部应力-应变相同的光滑试样（图4-38）的应变-寿命（低周疲劳）曲线进行计算，也可以使用局部应力-应变相等的试样进行疲劳试验来模拟。根据这一方法，只要知道构件应变集中区的局部应力-应变和材料疲劳试验数据，就可以估算构件的裂纹形成寿命，再应用断裂力学方法计算裂纹扩展寿命，从而得到总寿命。这就为研究各种缺口条件下的焊接接头的疲劳强度提供了方便。

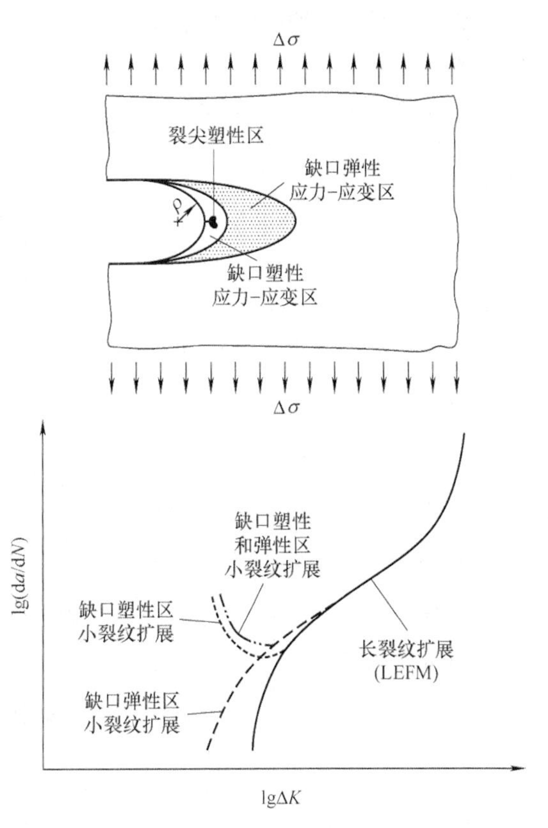

图4-37　缺口区的裂纹扩展特性

缺口效应引起应变集中。在缺口根部的局部应力不超过弹性极限的情况下，缺口根部的局部应变 ε 为

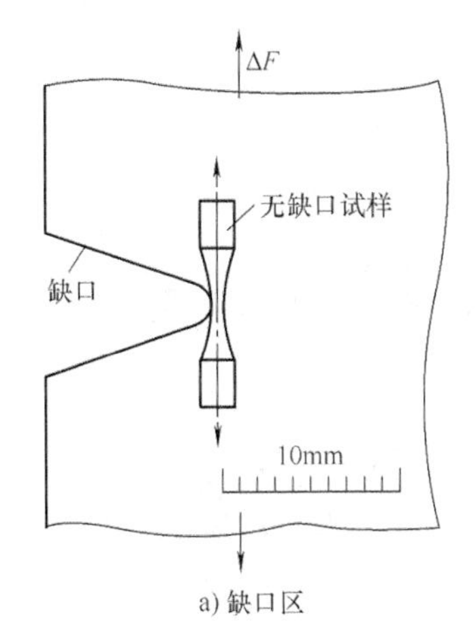

a) 缺口区

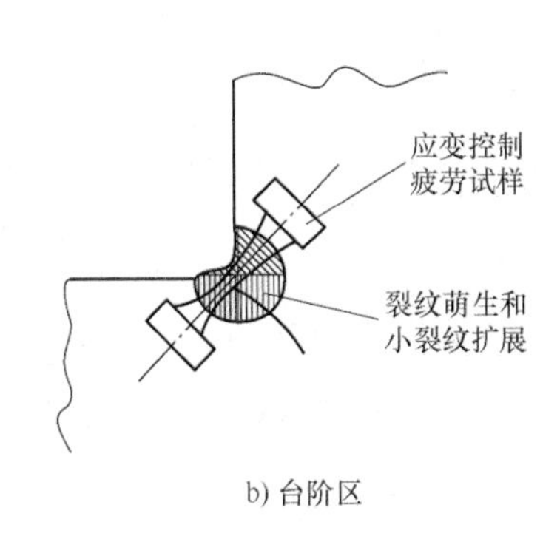

b) 台阶区

图4-38　局部应力-应变法

$$\varepsilon=\frac{\sigma_{\mathrm{t}}}{E}=\frac{K_{\mathrm{t}}\sigma_{\mathrm{n}}}{E}=K_{\mathrm{t}}\varepsilon_{\mathrm{n}} \tag{4-25}$$

即局部应变较名义应变 ε_{n} 增大了 K_{t} 倍（图4-39）。将局部应变对名义应变之比定义为应变集中系数，即 $K_{\varepsilon}=\varepsilon/\varepsilon_{\mathrm{n}}$。在缺口根部处于弹性状态下有 $K_{\varepsilon}=K_{\mathrm{t}}$。

当缺口根部发生塑性应变且处于弹塑性状态时，局部应力与名义应力之比为弹塑性应力集中系数 $K_\sigma=\sigma/\sigma_n$。

K_t、K_σ 的变化如图 4-40 所示。

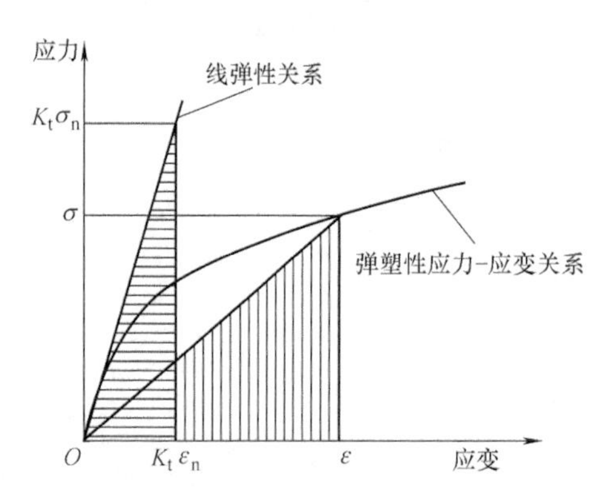

图 4-39　弹性应力集中与实际应力-应变关系

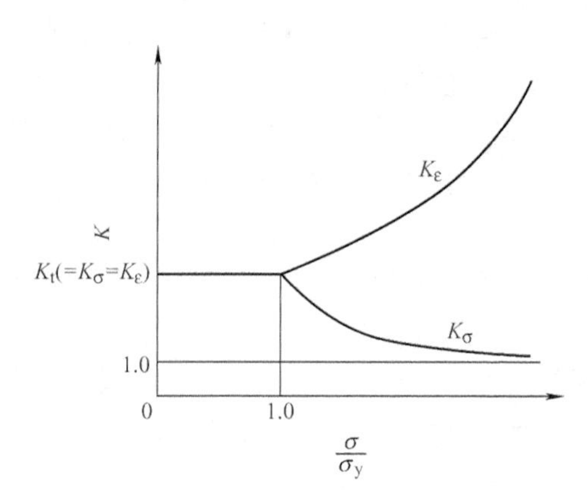

图 4-40　应力集中系数与应变集中系数

弹性应力集中系数 K_t 与弹塑性应力集中系数 K_σ、弹塑性应变集中系数 K_ε 之间的关系可用 Neuber 公式表示

$$K_t^2=K_\sigma K_\varepsilon=\frac{\sigma}{\sigma_n}\frac{\varepsilon}{\varepsilon_n} \tag{4-26}$$

或

$$\varepsilon\sigma=K_t^2\varepsilon_n\sigma_n \tag{4-27}$$

当缺口根部处于弹性状态时，$K_t=K_\sigma=K_\varepsilon$，则有

$$\varepsilon\sigma_t=\frac{(K_t\sigma_n)^2}{E} \tag{4-28}$$

在弹塑性状态下，材料的应力-应变关系可表示为

$$\varepsilon=\varepsilon_e+\varepsilon_p=\frac{\sigma}{E}+\left(\frac{\sigma}{K}\right)^{1/n} \tag{4-29}$$

式中　n——材料硬化指数。

ε_e 和 ε_p 见图 2-26。

式(4-29）与式(4-27）及式(4-28）联立可求得缺口根部的局部弹塑性应力

$$\frac{\sigma^2}{E}+\sigma\left(\frac{\sigma}{K}\right)^{1/n}=\frac{(K_t\sigma_n)^2}{E} \tag{4-30}$$

若名义应力 σ_n 给定，则式(4-28）的右端为一常数。故 σ 对 ε 的变化是一条双曲线，在这种情况下，式(4-29）与式(4-27）及式(4-28）联立求解过程如图 4-41 所示。

一般情况下，ε_e 很小，故 $\varepsilon=\varepsilon_e+\varepsilon_p\approx\varepsilon_p$，因此式(4-30）可化简为

$$\sigma=K\varepsilon^n \tag{4-31}$$

将式(4-31）代入式(4-27）或式(4-28）可得

$$\varepsilon=\left[\frac{(K_t\sigma_n)^2}{EK}\right]^{\frac{1}{1+n}} \tag{4-32}$$

由此可见，缺口根部局部应变可根据应力集中系数和材料的弹塑性应变特性来计算。

缺口根部的应力-应变分布可采用电测法、光弹性法、散斑干涉法、云纹法等实验手段

进行分析，随着计算技术的发展，有限元数值模拟已成为局部应力-应变分析的重要方法。

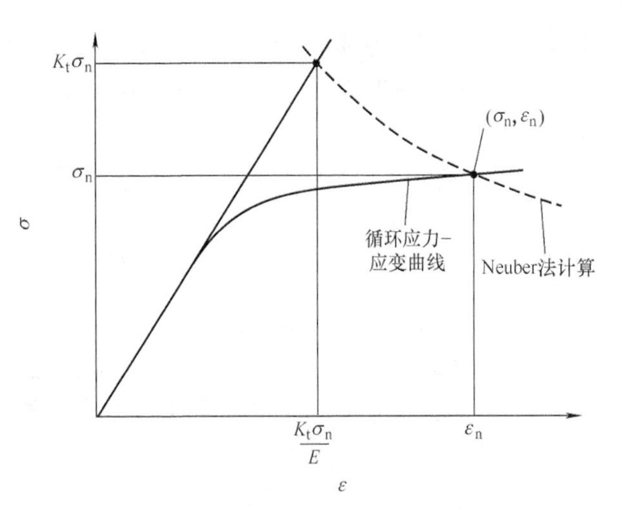

图 4-41　Neuber 法求解局部应力-应变

在焊接接头中，焊缝与母材过渡处外形变化及焊接缺陷都会引起应力集中而产生缺口效应（图 4-42），其疲劳裂纹萌生寿命均可采用弹塑性缺口应力-应变评定方法进行分析。应注意的是焊缝及热影响区的组织对 $\varepsilon-N$曲线有较大影响，其裂纹萌生寿命也有所差异。图 4-43 所示为 C-Mn 钢焊缝及热影响区的 $\varepsilon-N$ 曲线。

应用局部应力-应变法估算疲劳

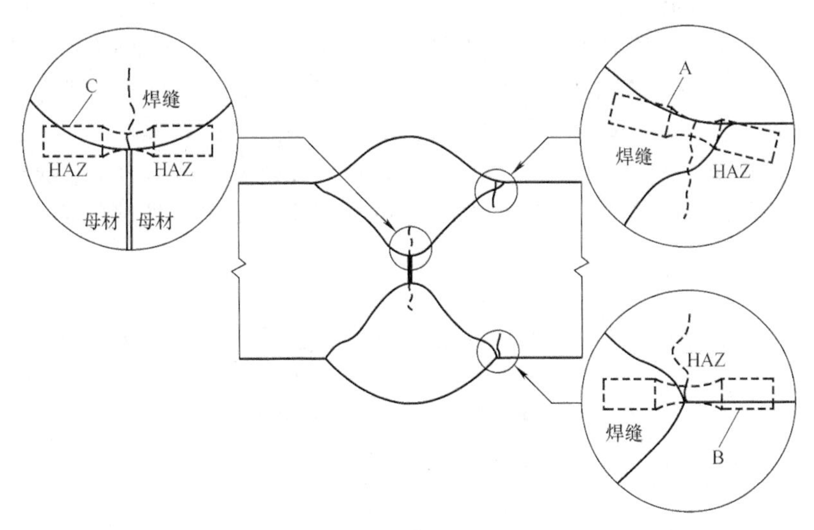

图 4-42　焊接接头缺口应力-应变模拟

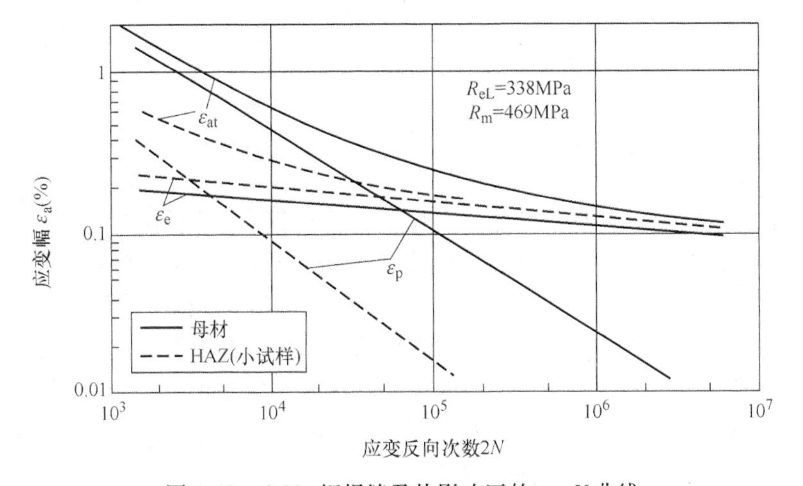

图 4-43　C-Mn 钢焊缝及热影响区的 $\varepsilon-N$ 曲线

寿命需要对应力集中引起的局部应变进行分析。局部应变可根据 Neuber 法进行计算。将 K_σ 与 K_ε 分别用名义应力范围 $\Delta\sigma_n$ 和名义应变范围 $\Delta\varepsilon_n$、局部应力范围 $\Delta\sigma$ 和局部应变范围 $\Delta\varepsilon$ 表示为

$$K_\sigma = \frac{\Delta\sigma}{\Delta\sigma_n} \tag{4-33}$$

$$K_\varepsilon = \frac{\Delta\varepsilon}{\Delta\varepsilon_n} \tag{4-34}$$

又因为 $\Delta\sigma_n = E\Delta\varepsilon_n$，$\Delta\varepsilon\Delta\sigma = K_t^2\Delta\varepsilon_n\Delta\sigma_n$，可得

$$K_t\Delta\sigma_n = (\Delta\sigma\Delta\varepsilon E)^{1/2} \tag{4-35}$$

式(4-35) 将局部应力-应变与名义应力建立了联系。在疲劳设计中常用疲劳缺口系数 K_f 代替 K_t，从而得

$$\Delta\sigma\Delta\varepsilon = \frac{(K_f\Delta\sigma_n)^2}{E} \tag{4-36}$$

式(4-36) 称为 Neuber 公式。

对于给定的名义应力范围 $\Delta\sigma_n$，式(4-36) 的右端为一常数。故 $\Delta\sigma$ 对 $\Delta\varepsilon$ 的变化是一条双曲线，同时 $\Delta\sigma$ 对 $\Delta\varepsilon$ 的变化又受到循环稳定的应力-应变迟滞回线的制约，在这种情况下，将式(4-36) 与式(2-12) 或式(2-13) 联立求解，即得 $\Delta\varepsilon$ 及 $\Delta\varepsilon_p$ 和 $\Delta\varepsilon_e$ 之值，这一求解过程如图 4-44 所示。将这些值代入式(2-14)，得出 N_f 的值，即零件的裂纹形成寿命。若零件受到变幅载荷，则应对每一个名义应力幅进行一次计算，然后按累积损伤原理得出零件的裂纹形成寿命。

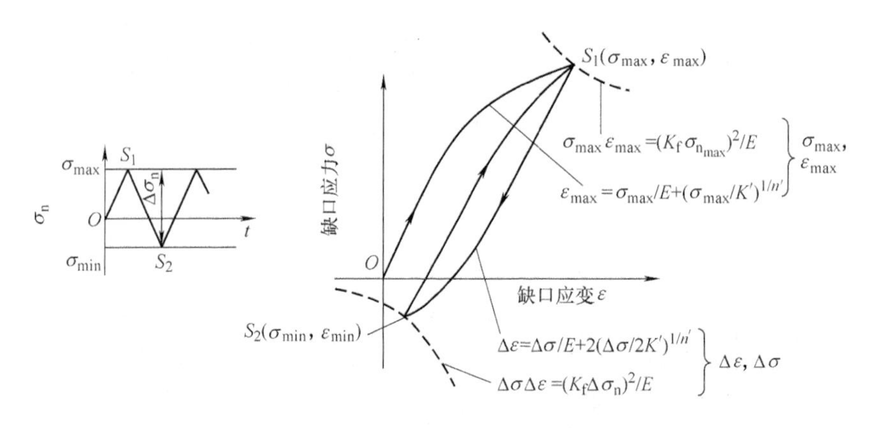

图 4-44　缺口应力-应变范围求解过程

图 4-45 给出了应用局部应力-应变法在焊接接头疲劳分析中的应用。

应当指出，含缺口构件的疲劳强度不仅取决于缺口的局部最大应力-应变，而且还与缺口根部有限体积内的整体应力水平（即局部应力梯度）有关。这一有限体积又称为局部应力影响区或疲劳过程区（图 4-46），该区内的平均应力水平是控制疲劳行为的局部参数，当这种平均应力达到临界值时，则发生疲劳失效。为简化计算过程，通常采用距离缺口端给定临界距离或用面积上的平均应力值表示局部参数，即临界距离法（critical distance method）。计算应力的方法包括点法、线法和面法（图 4-47）。

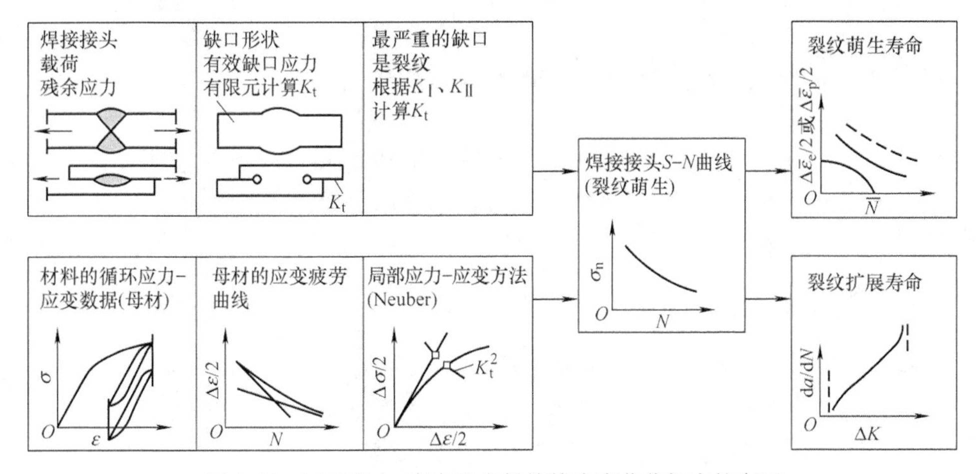

图 4-45　局部应力-应变法在焊接接头疲劳分析中的应用

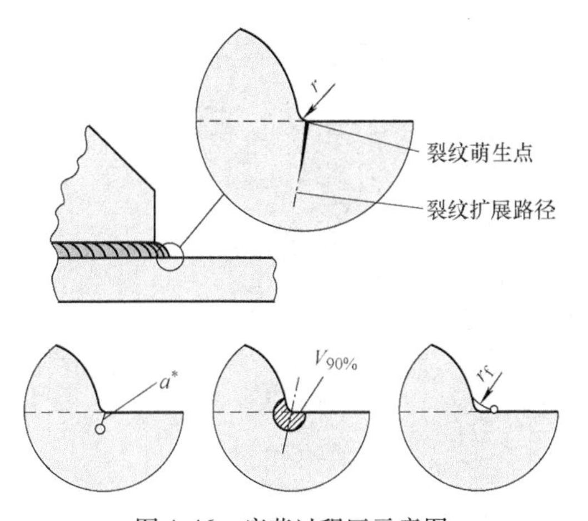

图 4-46　疲劳过程区示意图

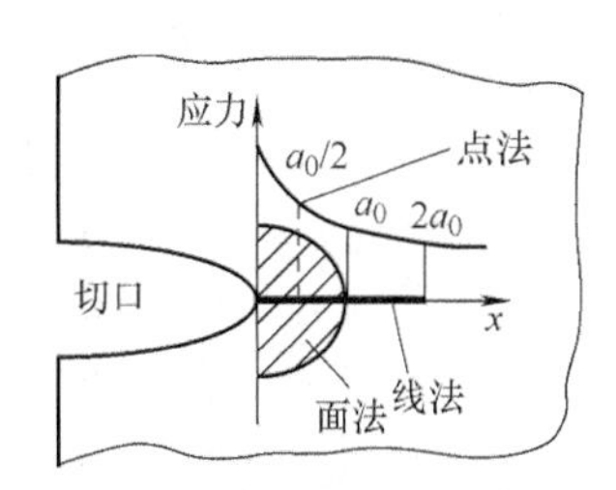

图 4-47　缺口端部平均应力计算的临界距离法

焊接接头应力集中区的缺口效应也可以采用临界距离法进行分析。如图 4-48 所示，可通过有限元分析求得焊趾或焊根处的应力场，然后利用面积法求局部平均应力，以进行疲劳评定。临界距离参数的确定是这种评定方法的关键，感兴趣的读者可参阅有关文献。采用这种方法进行焊接接头的疲劳分析需要较复杂的计算或测试，在实际应用和数据积累方面仍需要进一步加强。

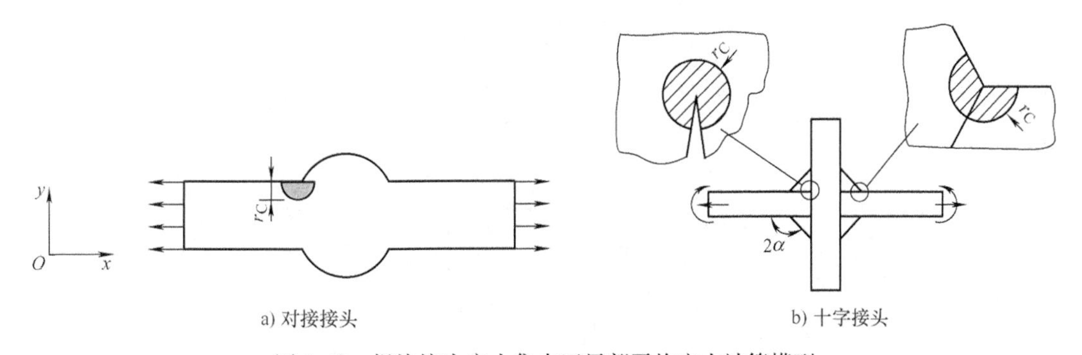

图 4-48　焊接接头应力集中区局部平均应力计算模型

4.5　焊接结构疲劳裂纹扩展断裂力学分析

根据断裂力学理论，焊接结构的疲劳断裂是指起源于接头应力集中区的疲劳裂纹扩展至临界裂纹尺寸而发生的破坏。焊接接头疲劳裂纹的形成受控于结构应力或缺口效应等局部条件，疲劳裂纹扩展需要进一步考虑断裂力学参数及焊接残余应力、组织不均匀性等因素的作用。

4.5.1　疲劳裂纹扩展

疲劳裂纹一般起源于局部应力峰值区（图 4-49），随裂纹的扩展，结构的有效承载截面减小，裂纹引起的局部应力-应变场会提高结构强度。裂纹萌生阶段的控制参数为结构的局部应力集中系数，裂纹扩展阶段的控制参数为应力强度因子，如图 4-50 所示。

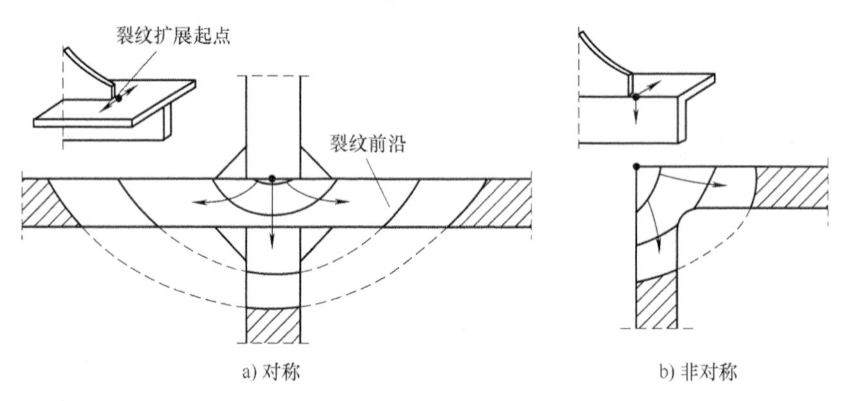

图 4-49　疲劳裂纹扩展示意图

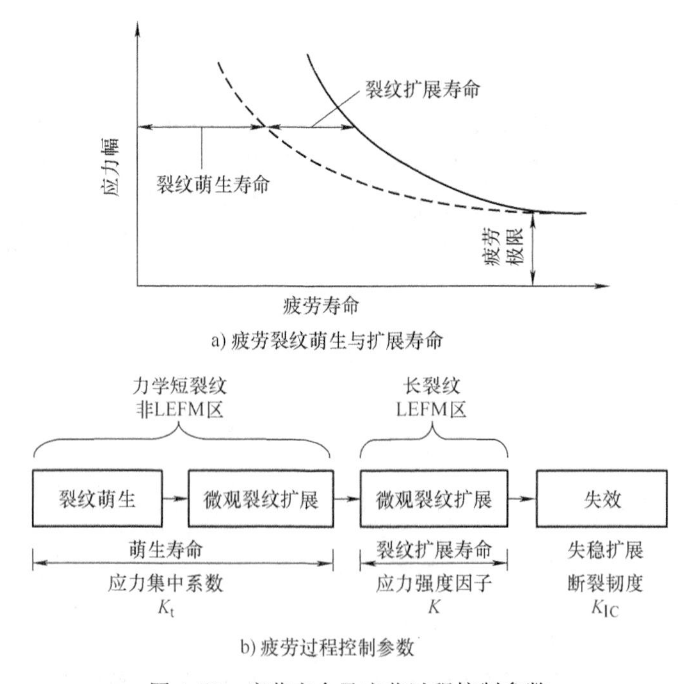

图 4-50　疲劳寿命及疲劳过程控制参数

根据断裂力学理论，一个含有初始裂纹（长度为 a_i）的构件（图4-51），当承受静载荷时，只有应力水平达到临界应力 σ_c 时，即裂纹尖端的应力强度因子达到临界值 K_{IC}（或 K_C）时，才会发生失稳破坏。若静载荷作用下的应力 $\sigma < \sigma_c$，则构件不会发生破坏。但是如果构件承受一个具有一定幅值的循环应力的作用，这个初始裂纹就会缓慢扩展，当裂纹长度达到临界裂纹长度 a_c 时，构件就会发生破坏。裂纹在循环应力作用下，由初始裂纹长度 a_i 扩展到临界裂纹长度 a_c 的这一段过程，称为疲劳裂纹的亚临界扩展。

采用带裂纹的试样，在给定载荷条件下进行恒幅疲劳试验，记录裂纹扩展过程中的裂纹尺寸 a 和循环次数 N，即可得到如图4-52 所示的 $a-N$ 曲线。图4-52 给出了3 种载荷条件下的 $a-N$ 曲线。

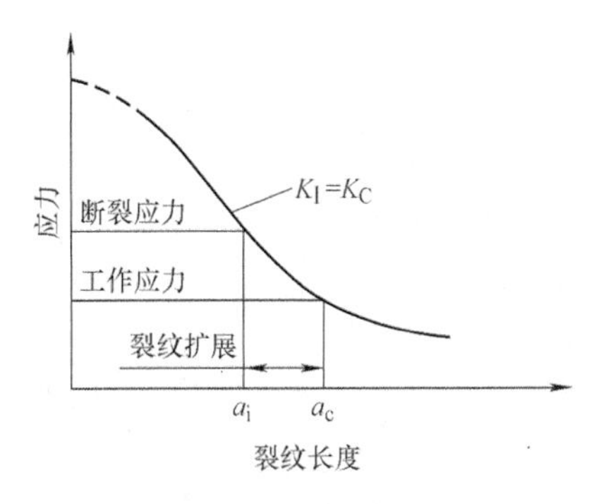

图4-51　应力与裂纹尺寸

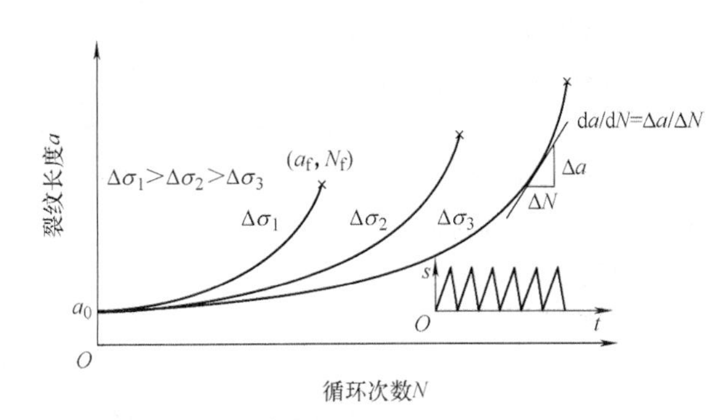

图4-52　$a-N$ 曲线

如果在应力循环 ΔN 次后，裂纹扩展为 Δa，则每一应力循环的裂纹扩展为 $\Delta a/\Delta N$，这称为疲劳裂纹亚临界扩展速率，简称疲劳裂纹扩展速率，即 $a-N$ 曲线的斜率，用 da/dN 表示。一般情况下，疲劳裂纹扩展速率可以表示为

$$\frac{da}{dN} = f(\sigma, a, C) \tag{4-37}$$

式中　C——与材料有关的常数。

Paris 指出，既然应力强度因子 K 能够描述裂纹尖端应力场强度，那么便可以认为 K 值也是控制疲劳裂纹扩展速率的主要力学参数。据此提出了描述疲劳裂纹扩展速率的重要经验公式——Paris 公式

$$\frac{da}{dN} = C\Delta K^m \tag{4-38}$$

式中　ΔK——应力强度因子幅度（$\Delta K = K_{max} - K_{min}$），$K_{max}$ 和 K_{min} 是与 σ_{max} 和 σ_{min} 分别对应的应力强度因子；

C、m——与环境、频率、温度和循环特性等因素有关的材料常数。

如将疲劳裂纹扩展速率 da/dN 与裂纹尖端应力强度因子幅度 ΔK 描绘在双对数坐标系中，则完整的 lg（da/dN） $-\lg\Delta K$ 曲线如图4-53 所示，曲线可分为低速率、中速率、高速率三个区域，对应疲劳裂纹扩展的三个阶段，其上边界为 K_{IC} 或 K_C（平面应变或平面应力断裂韧度），下边界为裂纹扩展门槛应力强度因子 ΔK_{th}。在第 I 阶段，随着应力强度因子幅度 ΔK 的降低，裂纹扩展速率迅速下降。当 ΔK 为门槛值 ΔK_{th} 时，裂纹扩展速率趋近于零。若 $\Delta K < \Delta K_{th}$，则认为疲劳裂纹不会扩展。

裂纹扩展从第Ⅰ阶段向第Ⅱ阶段过渡时，裂纹扩展方向在与最大拉应力相垂直的方向上扩展，此时便进入了扩展的第Ⅱ阶段（裂纹稳定扩展阶段）。在低周疲劳或表面有缺口、应力集中较大的情况下，第Ⅰ阶段可不出现，裂纹形核后直接进入扩展的第Ⅱ阶段。

在第Ⅲ阶段，裂纹扩展迅速而发生断裂。断裂的发生由 K_{IC} 或 K_C 控制。

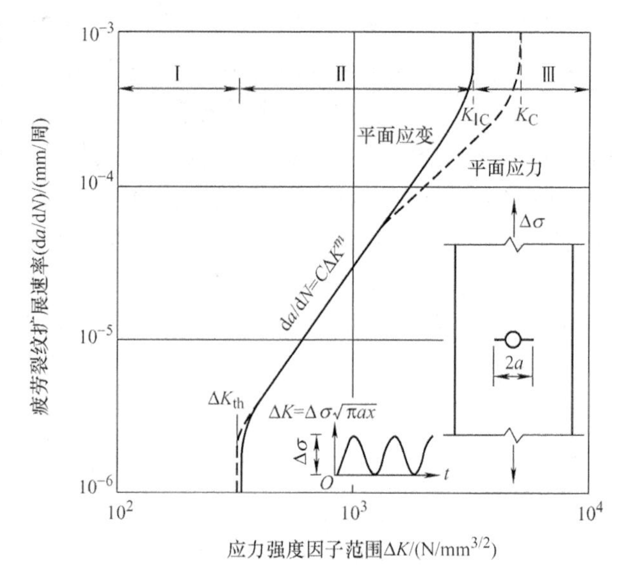

图 4-53　$da/dN-\Delta K$ 关系

大量试验证实，Paris 公式在一定的疲劳裂纹扩展速率范围内适用，对于大多数金属材料，该范围为 10^{-5} ~ 10^{-3}mm/周。对韧性材料来说，材料的组织状态对 da/dN 的影响不大，高、中、低强度级别的钢，其 m 值都相近；合金在不同热处理条件下的 C、m 值变化不大。试验还证明：疲劳裂纹在第Ⅱ阶段中的扩展速率不受试样几何形状及加载方法的影响，直接受交变应力下裂纹前端应力强度因子幅度 ΔK 的控制。随 ΔK 的增大，裂纹扩展速率加快。裂纹一般为穿晶扩展，对应每一循环应力下裂纹前进的距离为 10^{-6}mm 数量级。断口典型的微观特征——疲劳辉纹，主要在这一阶段形成。与疲劳裂纹形核阶段寿命（又称无裂纹寿命）相比，占总寿命 90% 的裂纹扩展阶段寿命是主要的，而其中亚临界扩展的第Ⅱ阶段又占最大比例，因而此阶段的裂纹扩展速率，就成了估算构件疲劳寿命的主要依据。脆性材料的第Ⅱ阶段较短，da/dN 受组织状态的影响，裂纹可呈跳跃式扩展。脆性很大的材料，甚至无稳定扩展的第Ⅱ阶段而直接由第Ⅰ阶段进入失稳扩展的第Ⅲ阶段，直至断裂。

研究表明，当 ΔK 及最大应力强度因子 K_{max} 较低时，其扩展速率由 ΔK 决定，K_{max} 对疲劳裂纹的扩展基本上没有影响；当 K_{max} 接近材料的断裂韧度时，如 $K_{max} \geqslant (0.5 \sim 0.7)\ K_C$（或 K_{IC}），K_{max} 的作用相对增大，Paris 公式往往低估了裂纹的扩展速率。此时的 da/dN 需要由 ΔK 和 K_{max} 两个参数来描述。此外，对于 K_{IC} 较低的脆性材料，K_{IC} 对裂纹扩展的第Ⅱ阶段也有影响。为了反映 K_{max}、K_{IC} 和 ΔK 对疲劳裂纹扩展行为的影响，Forman 提出了如下表达式

$$\frac{da}{dN}=\frac{C\Delta K^m}{(1-R)K_{IC}-\Delta K} \tag{4-39}$$

Forman 公式不仅考虑了平均应力对裂纹扩展速率的影响，而且也反映了断裂韧度的影响。即 K_{IC} 越高，da/dN 值越小。这一点对构件的选材非常重要。图 4-54 所示为平均应力对裂纹扩展速率的影响。

4.5.2　疲劳裂纹扩展寿命评定

1. 疲劳裂纹扩展寿命计算

根据疲劳裂纹扩展速率公式可对构件的疲劳裂纹扩展寿命进行估算。例如，在等幅循环载荷作用下，可对 Paris 公式直接求定积分得

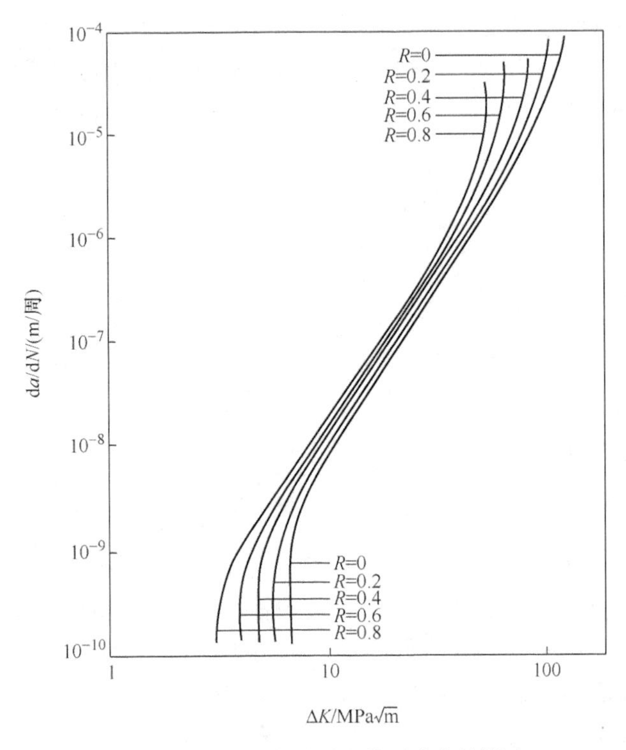

图 4-54 平均应力对裂纹扩展速率的影响

$$N = N_{\mathrm{f}} - N_0 = \int_{N_0}^{N_{\mathrm{f}}} \mathrm{d}N = \int_{a_0}^{a_{\mathrm{c}}} \frac{\mathrm{d}a}{C\,(\Delta K)^m} \tag{4-40}$$

式中 N_0——裂纹扩展至 a_0 时的循环次数（若 a_0 为初始裂纹长度，则 $N_0=0$）；

N_{f}——裂纹扩展至临界长度 a_{c} 时的应力循环次数。

对于无限大板含中心穿透裂纹的情况，$\Delta K = \Delta\sigma\sqrt{\pi a}$，代入式(4-41）积分后得到疲劳裂纹扩展寿命为

$$\begin{cases} N = N_{\mathrm{f}} - N_0 = \dfrac{1}{C}\dfrac{2}{m-2}\dfrac{a_{\mathrm{c}}}{(\Delta\sigma\sqrt{\pi a_0})^m}\left[\left(\dfrac{a_{\mathrm{c}}}{a_0}\right)^{\frac{m}{2}-1}-1\right] & (m\neq 2) \\ N = N_{\mathrm{f}} - N_0 = \dfrac{1}{C\,(\Delta\sigma\sqrt{\pi a_0})^2}\ln\dfrac{a_{\mathrm{c}}}{a_0} & (m=2) \end{cases} \tag{4-41}$$

含裂纹的焊接接头应力强度因子幅度为 $\Delta K = Y\Delta\sigma\sqrt{\pi a}$，其中 Y 为修正系数，则式可以表示为

$$\int_{a_0}^{a_{\mathrm{c}}} \frac{\mathrm{d}a}{(Y\sqrt{\pi a})^m} = C\Delta\sigma^m N \tag{4-42}$$

由此可见，要估算焊接接头疲劳裂纹扩展寿命，需要获得修正系数 Y，有关计算方法在下节专题进行讨论。

由疲劳裂纹门槛值可得疲劳极限

$$\Delta\sigma_0 = \frac{\Delta K_{\mathrm{th}}}{Y\sqrt{\pi a_{\mathrm{i}}}} \tag{4-43}$$

式中　a_i——疲劳裂纹萌生尺寸。

在有限寿命条件下，式(2-9) 可以表示为 $\Delta\sigma^m N=$ 常数，即疲劳裂纹扩展率与 $S-N$ 曲线具有对应关系，如图 4-55 所示。

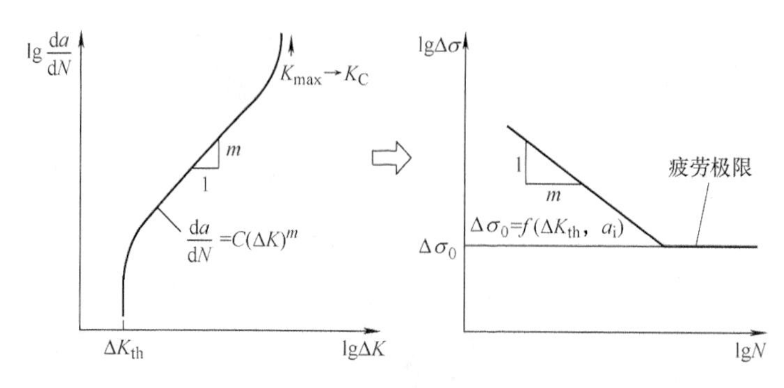

图 4-55　疲劳裂纹扩展率与 $S-N$ 曲线

2. 疲劳裂纹扩展参数

（1）初始裂纹尺寸　一般认为，当在构件中检测到裂纹状缺陷（如深 0.25mm 以上的表面裂纹等）时，可用断裂力学方法评定缺陷的行为。对于焊接接头应力集中区的疲劳裂纹扩展来说，缺口效应本身就意味着存在原始缺陷，在疲劳载荷作用下很容易扩展。在疲劳裂纹扩展寿命分析中，初始裂纹尺寸的选取与材料类型有关。如铝合金的初始裂纹尺寸一般假设为 $a_0=0.01\sim0.05$mm；钢材的初始裂纹尺寸一般假设为 $a_0=0.1\sim0.5$mm；表面裂纹一般假设为深宽比 $a/c=0.1\sim0.5$ 的半椭圆裂纹。

（2）材料参数　Paris 公式中的参数 C 和 m 值通过标准的试验方法获得。焊接接头各区域的组织性能各异，其 C 和 m 值应分别由试验测定。表面裂纹在板厚方向上的扩展和在板面方向上扩展的参数 C 和 m 将有所不同。一般而言，同种金属材料在不同组织状态下的 C 和 m 值只在一定范围内波动。例如，在 $\mathrm{d}a/\mathrm{d}N$ 和 ΔK 的单位分别为 mm/周和 $\mathrm{N/mm^{3/2}}$ 条件下，结构钢的 C 和 m 的取值范围为 $m=2.0\sim3.6$，$C=0.9\sim3.0\times10^{-13}$。

Maddox 曾通过试验得到中等强度（屈服强度为 375～780MPa）碳锰钢焊接接头的母材、热影响区及焊缝的疲劳裂纹扩展速率数据（图 4-56），经统计分析得

$$m=3.07,C=\begin{cases}8.054\times10^{-12} & （上限）\\ 4.349\times10^{-12} & （中值）\\ 2.366\times10^{-12} & （下限）\end{cases}\tag{4-44}$$

其中，C 与 m 之间具有相关性（图 4-57），可以表示为

$$C=\frac{1.315\times10^{-4}}{895.4^m}\tag{4-45}$$

为方便计算，结构钢及焊接接头的 m 值常取 3 或 4。

将式 4-46 代入 Paris 公式可得

$$\frac{\mathrm{d}a}{\mathrm{d}N}=1.315\times10^{-4}\left(\frac{\Delta K}{895.4}\right)^m\tag{4-46}$$

由此可见，所有的结构钢的 $\mathrm{d}a/\mathrm{d}N\sim\Delta K$ 的关系在 $\Delta K=895.4N/\mathrm{mm}^{3/2}$，$\mathrm{d}a/\mathrm{d}N=1.315\times10^{-4}$mm/周这一点相交（图 4-58）。且 m 值越高，疲劳裂纹扩展速率越低。

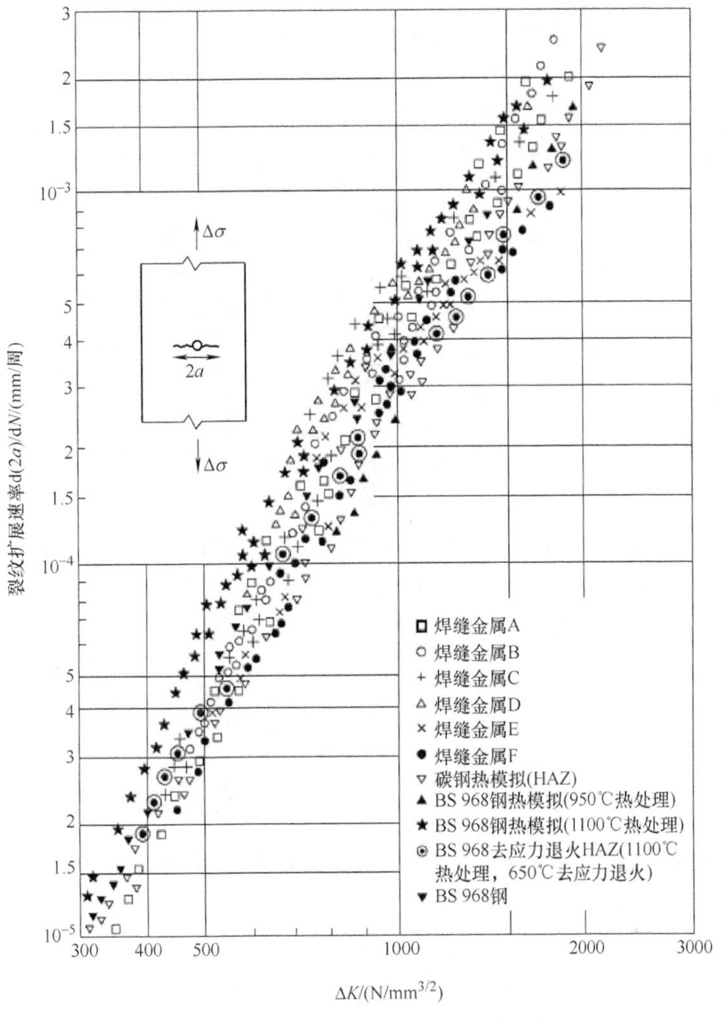

图4-56　结构钢焊接接头疲劳裂纹扩展速率

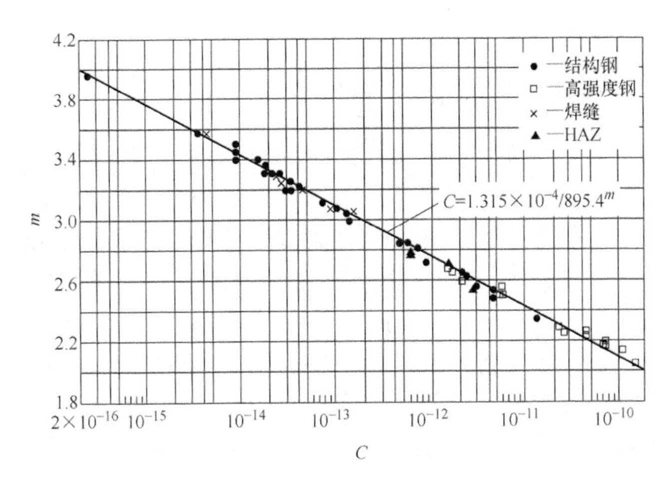

图4-57　结构钢及焊缝 C 与 m 的相关性（空气介质，应力比 $R=0$）

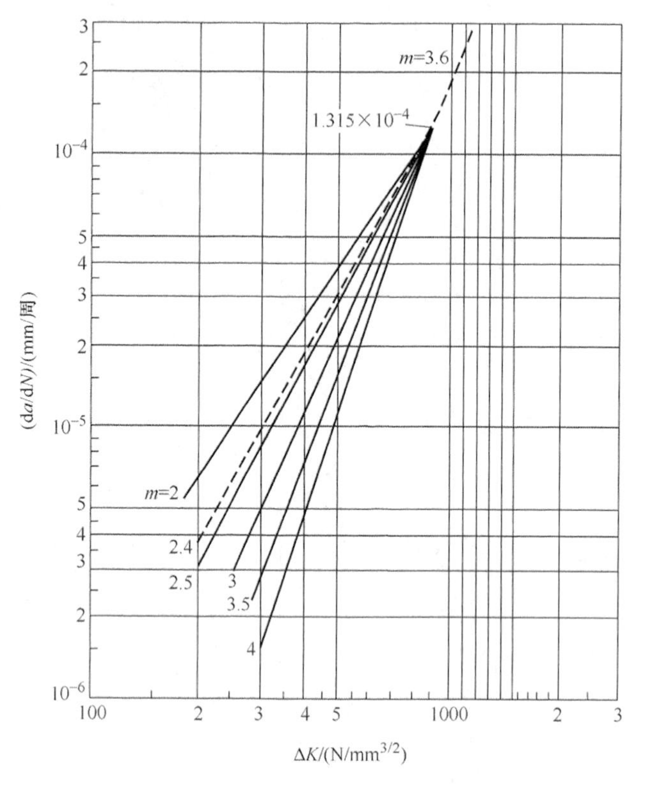

图 4-58　m 值对疲劳裂纹扩展速率的影响

疲劳裂纹扩展的应力强度因子门槛值 ΔK_{th} 与环境和平均应力（或应力比 R）有关，一般关系为

$$\Delta K_{th} = \alpha + \beta(1-R)^q \tag{4-47}$$

式中　α，β——与环境有关的常数；

　　q——与平均应力有关的常数。

对于结构钢有如下关系

$$\Delta K_{th} = 240 - 173R \tag{4-48}$$

4.5.3　力学失配对疲劳裂纹扩展的影响

力学失配对焊缝区局部裂纹扩展驱动力有较大影响，从而影响了疲劳裂纹扩展速率。力学失配对焊缝区疲劳裂纹扩展的影响主要有三个方面。一是在高匹配情况下，力学失配效应会对焊缝区的裂纹产生一定的屏蔽作用，从而形成对焊缝的保护，降低了疲劳裂纹扩展速率，但如果焊缝区有较大的应力-应变集中，则另当别论。二是裂纹在不均匀的焊缝区发生偏转形成混合型扩展后，远场载荷未变，而 I 型应力强度因子 K_I 降低。此外，裂纹偏转后接触面积增大，使裂纹闭合效应增大，有效应力强度因子下降，从而导致疲劳裂纹扩展速率降低。三是当裂纹横向穿过焊缝时，裂纹扩展速率可能发生增速或减速。

根据疲劳裂纹扩展机理，在疲劳裂纹扩展的第 Ⅱ 阶段，裂纹扩展是裂纹尖端塑性钝化和再锐化的结果，裂纹尖端塑性钝化和锐化的程度可用裂纹尖端张开位移（CTOD）来表征，疲劳裂纹扩展速率可以用关系式 $da/dN = \alpha$（CTOD）来预测，焊缝局部裂纹尖端张开位移为

$$\delta_t^W = \frac{4}{\pi}\frac{K_{IW}^2}{E'M\sigma_s} \tag{4-49}$$

式中　K_{IW}——焊缝裂纹应力强度因子。

在高匹配情况下，$M>1$，结合式(3-23)可知，$K_{IW}<K_{IB}$，焊缝的裂纹扩展驱动力小于母材，导致焊缝裂纹尖端的塑性区尺寸和张开位移小于母材，塑性钝化和锐化使裂纹扩展步长减小。因此在同样条件下，此阶段焊缝中的疲劳裂纹扩展速率比母材的低。

图4-59所示为强度失配对结构钢焊缝疲劳裂纹扩展速率的影响。高匹配的焊缝疲劳裂纹扩展速率比母材的低，而低匹配的焊缝疲劳裂纹扩展速率比母材的高。图4-60所示为焊缝强度失配比与疲劳裂纹扩展门槛值和临界应力强度因子幅度的关系。图4-61所示为焊缝强度失配比与疲劳裂纹扩展参数的关系。

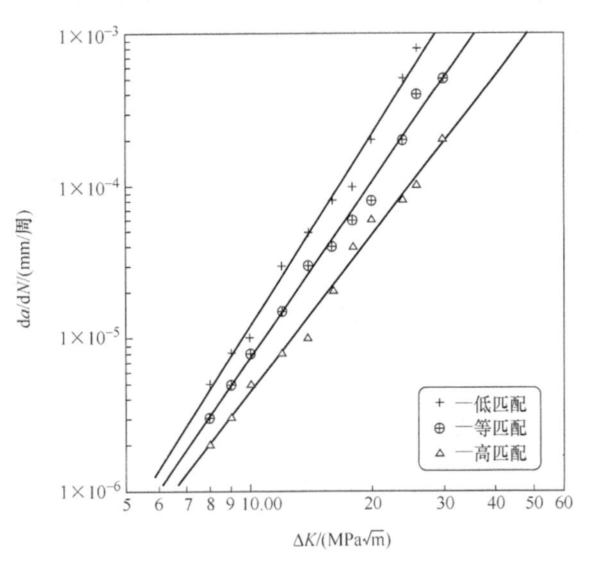

图4-59　强度失配对结构钢焊缝疲劳裂纹扩展速率的影响

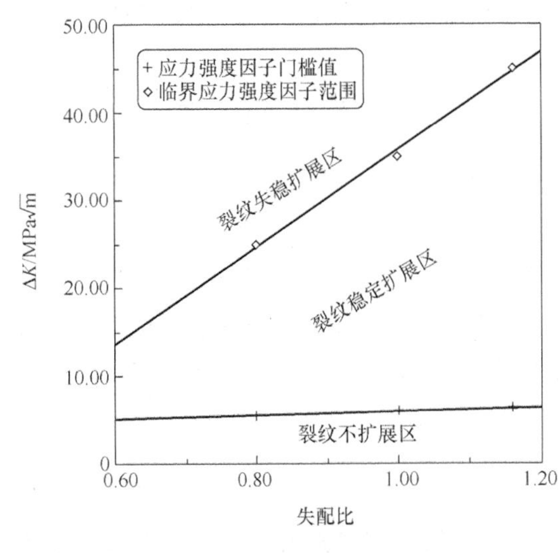

图4-60　焊缝强度失配比与疲劳裂纹扩展门槛值和临界应力强度因子幅度的关系

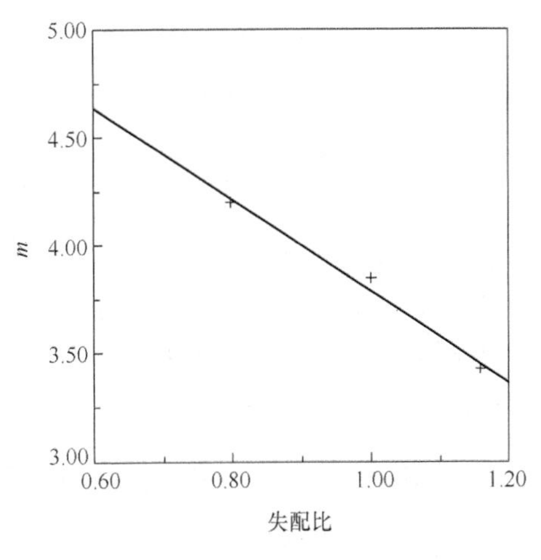

图4-61　焊缝强度失配比与疲劳裂纹扩展参数的关系

焊缝强度失配造成裂纹扩展路径偏转（图2-37）的主要原因是焊接接头为一个力学不均匀体。疲劳裂纹尖端有一个局部塑性区（图4-62），疲劳裂纹扩展过程的实质是裂纹不断穿过其尖端塑性区的过程。对材料力学性质不同的界面裂纹进行的弹塑性分析表明，由于界面两侧的材料屈服强度不同，裂纹尖端塑性区的形状是不对称的，塑性区偏向流变抗力低的软材料一侧。根据疲劳裂纹扩展的微观机理，在裂纹扩展的第Ⅱ阶段，加载过程中裂纹张开和钝化发生在裂纹尖端两边的流变带上，由于焊缝中心与母材之间过渡区的组织和成分不均匀，界面区裂纹尖端一侧较硬，滑移受到约束，而软侧滑移得以优先发生；卸载过程中相应的逆向滑移在裂纹尖端两侧也不能等量发生，结果在裂纹尖端形成不对称的流变带，于是新的裂纹面发生偏转，裂纹扩展随之偏离原裂纹方向进入软区。

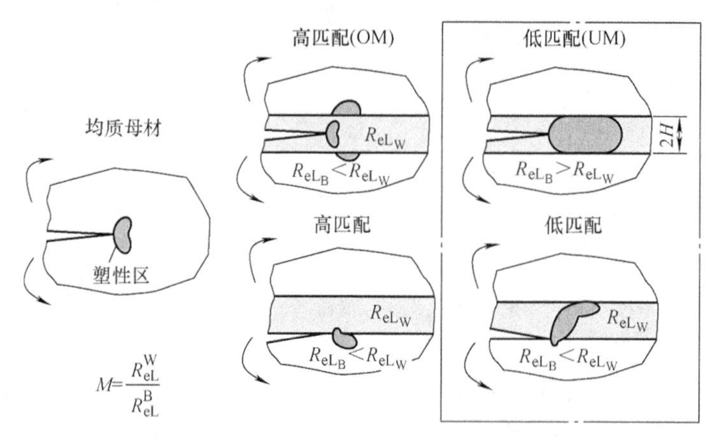

图 4-62　焊缝强度失配对裂纹尖端塑性区的影响

R_{eL_W}—焊缝屈服强度　R_{eL_B}—母材屈服强度

裂纹偏转后，裂尖的应力强度因子就不再是整体试件的应力强度因子 K_{I}，而在局部上就成为Ⅰ型和Ⅱ型复合的应力强度因子（图 4-63）。设其局部应力强度因子为 K_1 和 K_2，主裂纹整体应力强度因子为 K_{I}和 K_{II}，根据应变能密度准则，裂纹尖端局部应力强度因子表示为

$$\begin{aligned} K_1 &= C_{11}K_{\mathrm{I}} + C_{12}K_{\mathrm{II}} \\ K_2 &= C_{21}K_{\mathrm{I}} + C_{22}K_{\mathrm{II}} \end{aligned} \tag{4-50}$$

式中　C_{ij}——关于偏转角 θ 的函数。

裂纹尖端有效应力强度因子或裂纹扩展有效驱动力为

$$K_{\mathrm{eq}} = \sqrt{K_1^2 + K_2^2} \tag{4-51}$$

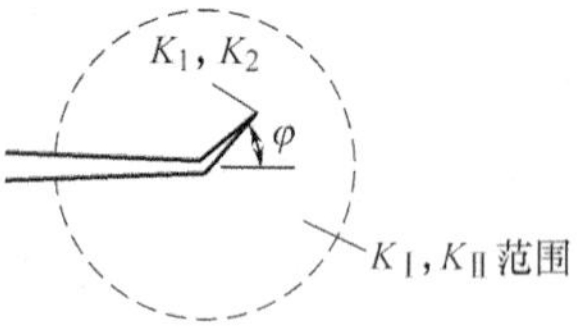

图 4-63　裂纹偏转形成的复合应力强度因子

裂纹尖端有效应力强度因子 K_{eq} 随偏转角 θ 的增大而降低，如果焊缝裂纹偏转进入母材，其有效应力强度因子会减小，因此疲劳裂纹扩展变缓。随着裂纹扩展从复合型向Ⅰ型扩展转换，Ⅰ型裂纹应力强度因子逐渐提高，裂纹扩展速率逐渐接近于母材的裂纹扩展速率。

4.5.4　焊接残余应力对疲劳裂纹扩展的影响

对于图 3-38 所示的残余应力场中的半椭圆表面裂纹，裂纹前沿各点的应力强度因子分布不同。在裂纹嘴处（$\varphi=\pi/2$）各点的应力强度因子变化规律类似但低于穿透裂纹，而裂纹最深处（$\varphi=0$）的应力强度因子随表面裂纹长度增大而增大，这样就容易导致裂纹沿板厚方向的扩展速率高于在板表面方向上的扩展速率，表面裂纹趋向转变为穿透裂纹。对于厚板（$t>20$mm）焊接结构，残余应力在表面和内部有较大差异，许多情况下表面为拉应力而内部可能会出现压应力，因此表面裂纹沿深度方向的扩展就会受到抑制。而垂直于纵向残余应力的埋藏裂纹沿厚度方向的扩展则是进入表面高应力区的过程，是决定构件剩余寿命的主要因素。

裂纹跨越焊缝扩展时，纵向残余应力强度因子的变化如图 3-37 所示，表明裂纹将随残余应力强度因子变化而产生波动。

在裂纹沿焊缝扩展过程中，横向残余应力将不断重新分布（图4-64）。随裂纹不断扩展，其残余应力逐渐释放。若裂纹尖端为压缩残余应力，则减缓裂纹扩展；若裂纹尖端为拉伸残余应力，则对裂纹扩展有加速作用。

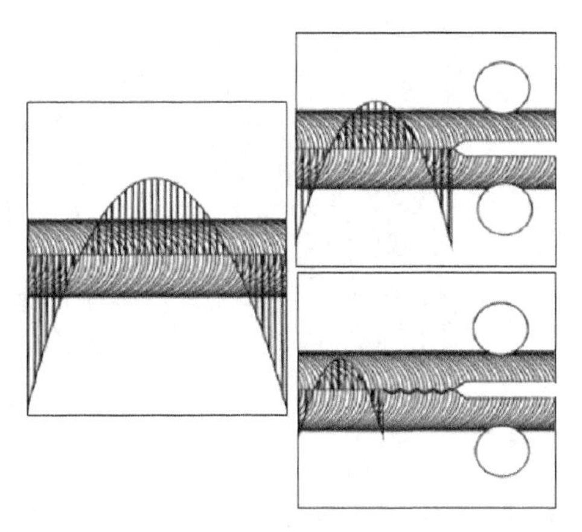

图4-64　横向残余应力随裂纹扩展的重新分布

4.6　含缺陷焊接构件的疲劳评定

有缺陷焊接结构的疲劳断裂评定有两种方法可供选择：一是采用断裂力学方法进行详细的分析；二是采用所谓的简化程序进行分析。对含缺陷焊接接头的疲劳完整性进行评定，需要根据缺陷的类型选择不同的评定方法。

4.6.1　平面缺陷的疲劳评定

1. 断裂力学方法

（1）疲劳裂纹扩展寿命　平面缺陷的疲劳评定采用断裂力学方法，依据Paris公式对裂纹扩展寿命及缺陷进行评估。详细评定时需要计算构件疲劳危险区的应力强度因子幅度值和临界裂纹尺寸。

根据疲劳裂纹扩展速率公式可对构件的疲劳裂纹扩展寿命进行估算。例如，在等幅循环载荷作用下，可对Paris公式直接求定积分。

（2）变幅载荷谱下的疲劳裂纹扩展　变幅载荷对裂纹扩展的作用主要表现为超载的裂纹迟滞效应。图4-65比较了3种类型的载荷谱对裂纹扩展的影响。裂纹扩展试验结果表明在等幅循环载荷叠加上一个过载峰后，疲劳裂纹扩展速率会明显降低，经一定次数的循环后疲劳裂纹扩展速率才

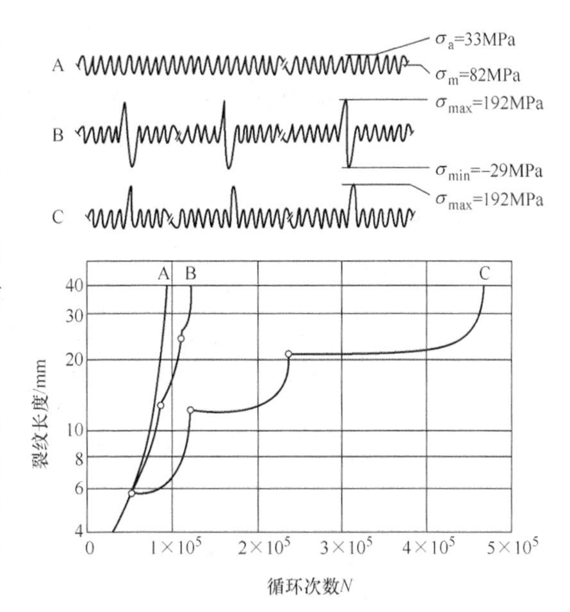

图4-65　超载对裂纹扩展的影响

会恢复。这种延迟效应也说明变幅载荷对疲劳损伤的影响是比较复杂的。

假设构件的初始裂纹尺寸为 a_0，在应力水平 $\Delta\sigma_1$，$\Delta\sigma_2$，……，$\Delta\sigma_f$ 作用下分别经历了 n_1，n_2，……，n_f 次循环后扩展到临界裂纹尺寸 a_c。

变幅载荷谱下的疲劳裂纹扩展如图 4-66 所示，若在 $\Delta\sigma_1$ 作用下循环 n_1 次后，裂纹尺寸从 a_0 扩展到 a_1，根据式(4-39) 可得

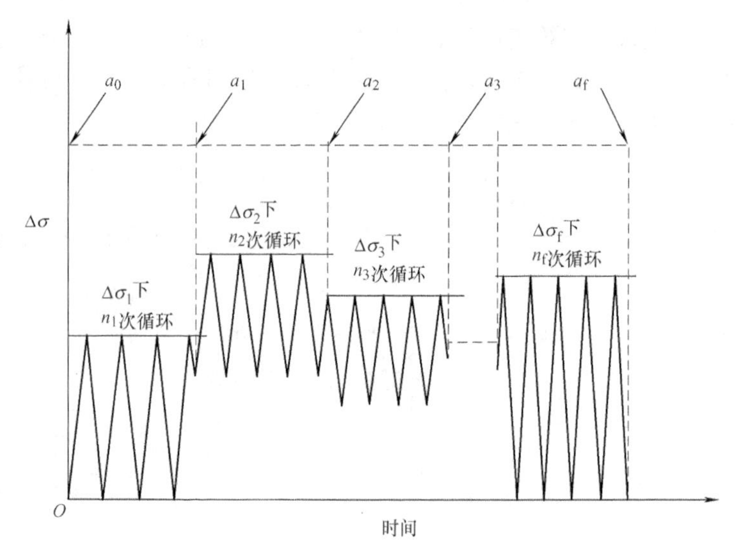

图 4-66　变幅载荷谱下的疲劳裂纹扩展

$$\Delta\sigma_1^m n_1 = \int_{a_0}^{a_1} \frac{\mathrm{d}a}{\varphi(a)} \tag{4-52}$$

在 $\Delta\sigma_1$ 作用下，裂纹尺寸从 a_0 扩展到定义破坏的尺寸 a_c，则有

$$\Delta\sigma_1^m N_1 = \int_{a_0}^{a_c} \frac{\mathrm{d}a}{\varphi(a)} \tag{4-53}$$

式中　N_1——在 $\Delta\sigma_1$ 作用下一直扩展到破坏的裂纹扩展寿命。

在 $\Delta\sigma_2$ 作用下循环 n_2 次后，裂纹尺寸从 a_1 扩展到 a_2，则有

$$\Delta\sigma_2^m n_2 = \int_{a_1}^{a_2} \frac{\mathrm{d}a}{\varphi(a)} \tag{4-54}$$

在 $\Delta\sigma_2$ 作用下裂纹尺寸从 a_0 扩展到 a_c，则有

$$\Delta\sigma_2^m N_2 = \int_{a_0}^{a_c} \frac{\mathrm{d}a}{\varphi(a)} \tag{4-55}$$

同样地，若在 $\Delta\sigma_i$ 作用下循环 n_i 次后，裂纹从 a_{i-1} 扩展到 a_i 有

$$\Delta\sigma_i^m n_i = \int_{a_{i-1}}^{a_i} \frac{\mathrm{d}a}{\varphi(a)} \tag{4-56}$$

在 $\Delta\sigma_i$ 作用下裂纹尺寸从 a_0 扩展到 a_c，则有

$$\Delta\sigma_i^m N_i = \int_{a_0}^{a_c} \frac{\mathrm{d}a}{\varphi(a)} \tag{4-57}$$

在 $\Delta\sigma_i$ 作用下的循环次数 n_i 与在 $\Delta\sigma_i$ 作用下的裂纹扩展寿命 N_i 之比 n_i/N_i，就是在 $\Delta\sigma_i$ 作用下循环 n_i 次的损伤。在 k 个应力水平作用下的总损伤为

$$D = \sum_1^k D_i = \left[\sum_1^k \int_{a_{i-1}}^{a_i} \frac{\mathrm{d}a}{\varphi(a)}\right] \Big/ \int_{a_0}^{a_c} \frac{\mathrm{d}a}{\varphi(a)} \tag{4-58}$$

破坏准则为

$$D = \sum_1^{k=f} D_i = \left[\sum_1^{k=f} \int_{a_{i-1}}^{a_i} \frac{\mathrm{d}a}{\varphi(a)}\right] \Big/ \int_{a_0}^{a_c} \frac{\mathrm{d}a}{\varphi(a)} = 1 \tag{4-59}$$

即变幅载荷谱疲劳裂纹扩展的 Miner 累积损伤分析模型。若不计加载次序影响，Miner 理论

也可用于裂纹扩展阶段。

2. 简化评定程序

根据基于名义应力的焊接接头疲劳质量按接头细节分级评定方法，可建立含缺陷焊接接头疲劳评定的简化评定程序。在简化评定程序中，缺陷验收是通过比较表征含缺陷接头的实际疲劳强度和所需疲劳强度的两组 $S-N$ 曲线来实现的。简化评定程序认为有缺陷焊接接头的疲劳寿命，如果不低于无缺陷相同接头细节类型的疲劳寿命就是可以接受的。

进行变幅载荷疲劳分析时，必须确定零构件或结构工作状态下所承受的载荷谱，获得构件在应力水平 S_i 下经受的循环次数 n_i，然后根据 Miner 累积损伤准则，将变幅载荷的疲劳强度转化为等效的恒幅载荷疲劳强度，即

$$S=\left(\frac{\sum n_i\Delta\sigma_i^3}{10^5}\right)^{\frac{1}{3}} \tag{4-60}$$

以上转化中用 10^5 次循环作为寿命指标是任意选取的，也可以用其他数值。$S-N$ 曲线中的指数 $m=3$，也可以采用实际实验值。

当非平面缺陷或形状不完整的构件应力范围低于标准数值时，在计算时可忽略。

4.6.2 体积缺陷的疲劳评定

体积缺陷的疲劳评定是以焊接接头的疲劳质量等级为基本依据的。通过几何测量，确定夹渣、气孔两类缺陷的严重程度。对于夹渣，按照深度和长度；对于气孔，则是按体积。根据实验数据，规定不同疲劳质量级别的缺陷容限，如果实际缺陷未超过相应所需疲劳质量级别对应的容限，则缺陷是可以接受的。如图 4-67 所示，气孔率在 3% 以下的结构钢焊接接头疲劳质量等级不低于 FAT100，而气孔率高于 3% 的结构钢焊接接头的疲劳质量等级接近或低于 FAT100，根据这一结果可制定不同疲劳质量等级的气孔率容限。BS 7910 根据疲劳质量等级要求制定了钢与铝合金焊件的体积缺陷容限。

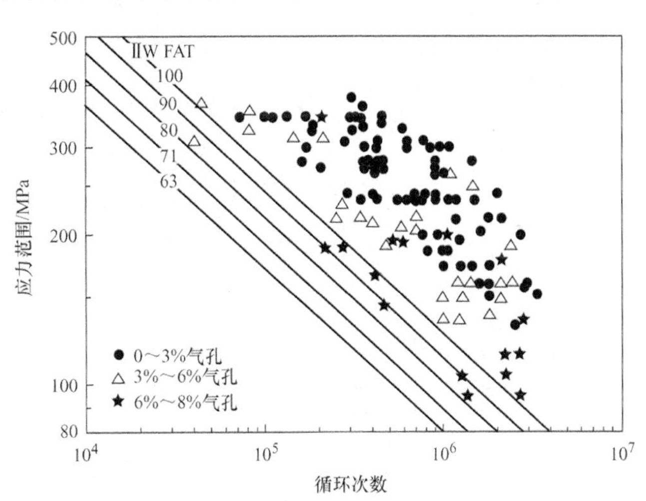

图 4-67 气孔率对结构钢焊接接头疲劳强度的影响

4.6.3 形状不完整的疲劳评定

1. 错位及角变形的评定

错位及角变形等形状不完整会在焊接构件中产生附加应力，从而加重焊趾处的应力集中。在评定形状不完整对疲劳的影响时，应以应力放大系数作为判据，规定各疲劳质量等级所允许的应力放大系数 K_m，如果实际焊接构件的应力放大系数低于或等于相应疲劳质量等级允许的 K_m 值，则形状不完整是可以接受的。

2. 咬边的评定

咬边不仅会减小构件的有效截面，也会产生双重应力集中，使缺口效应增大。对接焊缝

咬边缺口效应分析的几何模型如图 1-23 所示。随咬边深度的增加，接头的疲劳强度降低。为保证接头的疲劳质量，需根据疲劳质量要求限制咬边深度与材料厚度的比值。

4.7 焊接构件的疲劳试验评定

4.7.1 焊接构件或模拟件的疲劳试验

焊接构件或模拟件的疲劳试验应接近真实结构状态，试验结果比较真实，试验规模比全尺寸结构试验小，可进行多种方案的比较，多个数据结果的统计分析，是研究和验证重要焊接结构疲劳完整性的重要手段。焊接接头的疲劳研究要考虑接头类型和焊缝形状的影响。

1. 疲劳强度试验

（1）试件　试验用的试件一般为结构的关键焊接构件、重要承力焊件或它们的模拟件，如焊接梁、容器、管节点等。试件应按实际焊接条件进行焊接，试件的数量应根据试验规模和可靠性要求来确定。如果需要研究疲劳裂纹扩展行为，则需要在最可能产生疲劳裂纹的萌生区预制裂纹，试验过程中采用可靠的检测手段监测裂纹扩展。

图 4-68 所示为焊接结构模拟件的设计。图 4-69 所示为焊接接头试件的截取。

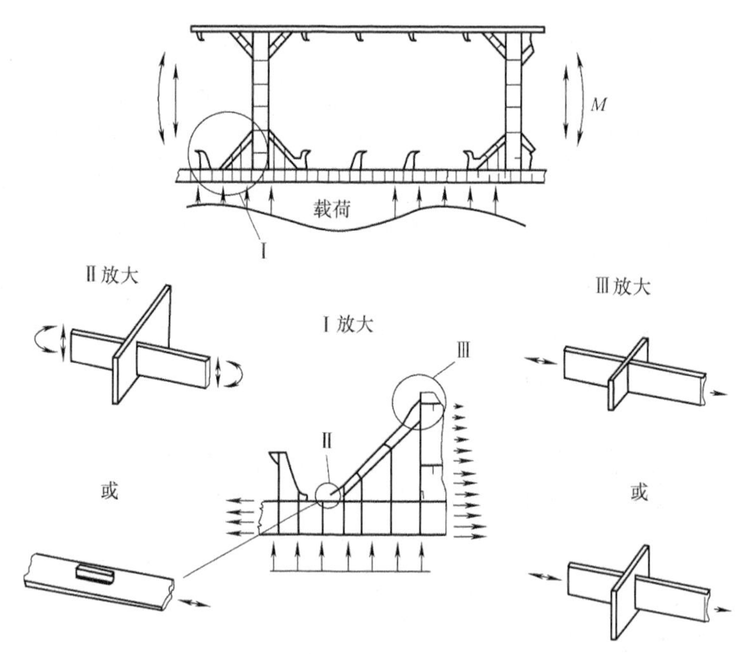

图 4-68　焊接结构模拟件的设计

（2）边界支持　边界支持是结构件或模拟件疲劳试验中非常重要的一环。应尽量选择实际焊接结构的自然边界条件，需要设计专门的夹具予以保证。

（3）加载要求　焊接接头（图 4-70）疲劳加载方式的选择取决于试验条件，当试件比较简单，载荷比较单一时，应尽量在疲劳试验机上进行。如不具备条件，则需要设计专用的加载系统进行试验。

结构件或模拟件（图 4-71）的疲劳试验加载，应尽量按全尺寸结构试验加载的要求进

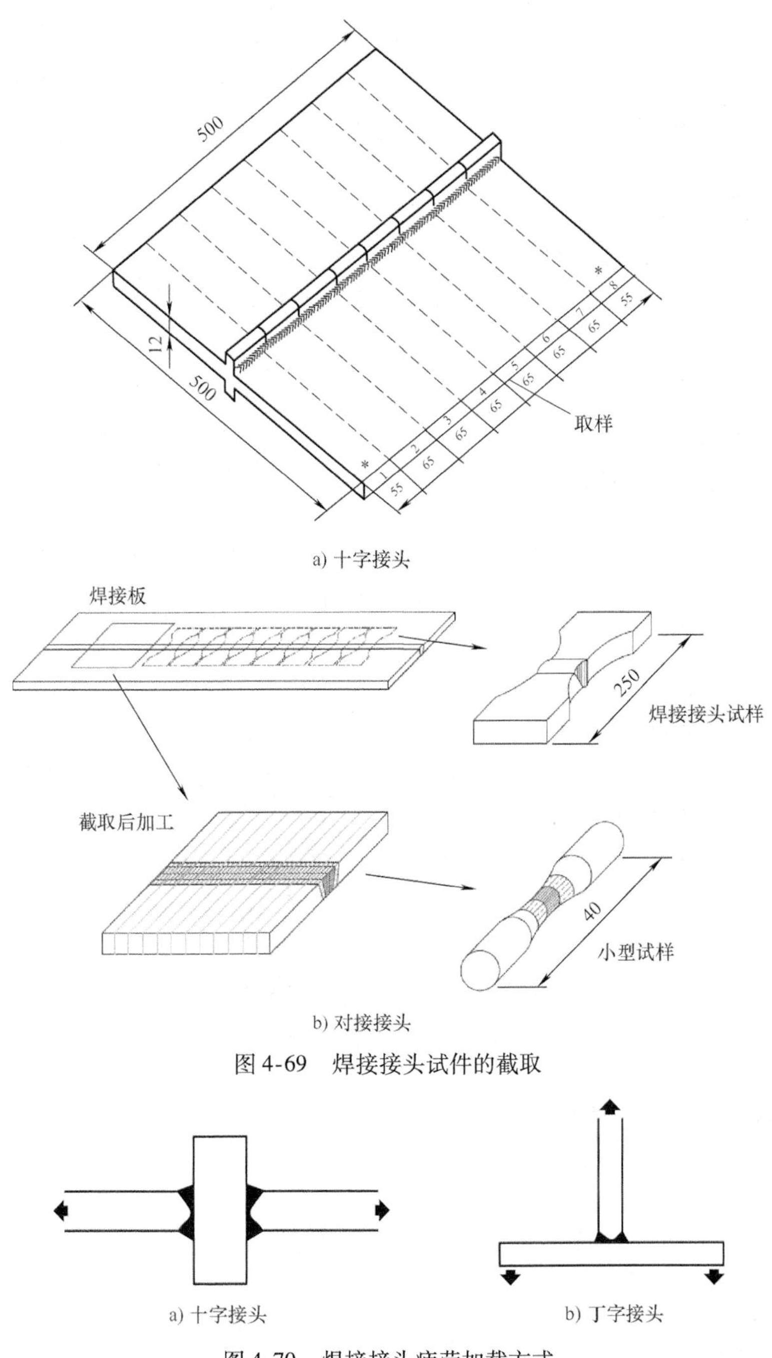

a) 十字接头

b) 对接接头

图 4-69　焊接接头试件的截取

a) 十字接头　　b) 丁字接头

图 4-70　焊接接头疲劳加载方式

行，采用实际载荷谱，使试验结果更加真实。但结构件或模拟件多为局部结构，外加载荷为试件的边界内力，因此在满足试验目的的条件下，实际试验中可以对载荷进行简化。

2. 疲劳裂纹扩展试验

力学性能的不均匀性对外载所引起的焊接接头区裂纹扩展驱动力和扩展方向有较大影响。为了研究裂纹在焊缝和热影响区及横向穿越焊缝的扩展问题，可采用的疲劳裂纹扩展试

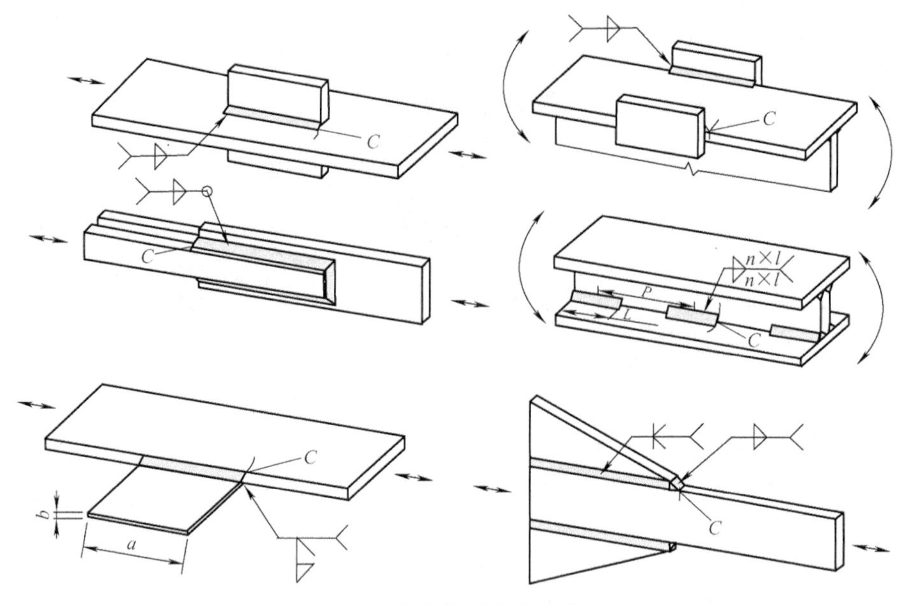

图 4-71　焊接构件的载荷类型

件如图 4-72 所示。

4.7.2　数值模拟试验

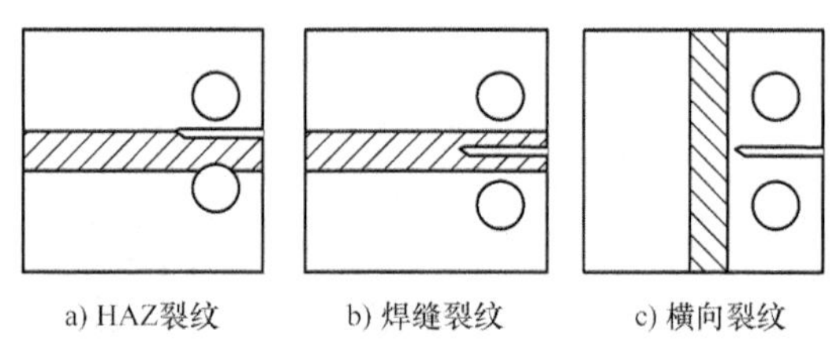

图 4-72　焊接接头疲劳裂纹扩展试件

通过计算机模拟结构分析也是获取完整性信息的有力手段。近年来，有限元分析方法已成为结构强度分析的基本方法。有限元分析软件强大的计算能力及数据的前、后置处理功能，大大提高了工程技术人员对结构响应的认识，对于优化结构设计、完整性评定等方面具有指导作用。

图 4-73 所示为船体结构焊接节点的有限元建模过程。

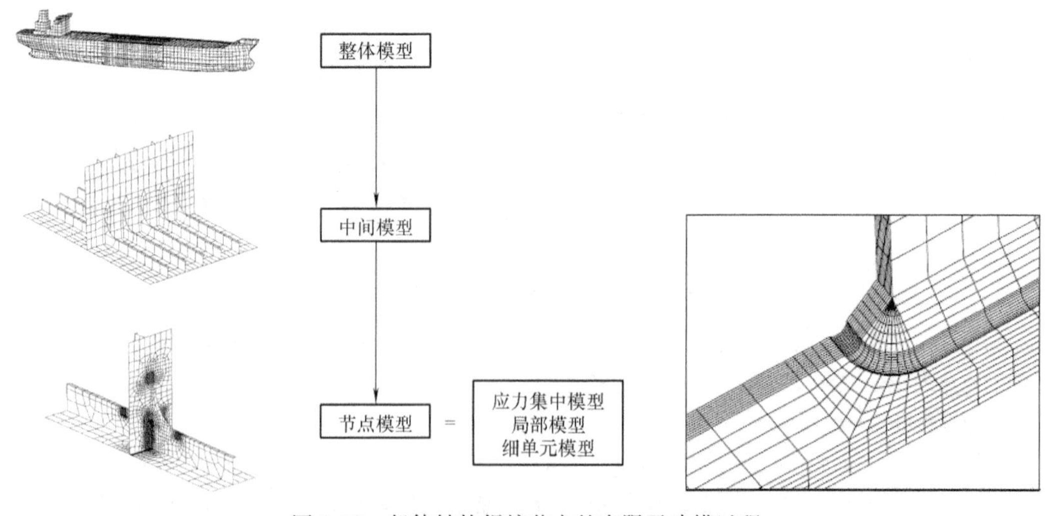

图 4-73　船体结构焊接节点的有限元建模过程

在有限元软件中，一部分软件已经增加了专门的疲劳处理模块，使其软件功能更加强大。常用的有限元疲劳处理模块包括 ANSYS-SAFE、MSC. FATIGUE 及 nCode 公司的 nSoft 疲劳求解器，此外挪威船级社（DNV）提供的 SESAM 程序包还包含了丰富的谱分析等疲劳前处理功能。

焊接结构件或模拟件的试验结果与标准试验和理论计算的结合，是焊接结构疲劳寿命预测和结构完整性分析的重要基础，也是焊接结构完整性数据库的重要信息来源。在此基础上不断完善和发展符合工程应用的结构完整性分析方法，可以使工程技术人员能够对焊接结构完整性做出快速、可靠的评定。

4.8　焊接接头的抗疲劳措施

焊接结构的疲劳破坏多起源于焊接接头的应力集中区。为保证焊接结构的疲劳强度要求，必须对焊接接头进行抗疲劳设计并采取相应的工艺措施，以改善和提高焊接接头抗疲劳开裂和裂纹扩展的性能。焊接接头的抗疲劳设计应做到既满足所需的疲劳强度、使用寿命和安全性，又能使焊接结构全寿命周期费用尽可能降低。

4.8.1　焊接结构的抗疲劳设计

1. 抗疲劳设计路线

前述分析表明，焊接结构的疲劳损伤起始于结构应力（或热点应力）及缺口应力峰值区域。热点应力与整体结构的构型变化有关，如焊缝、转角、肋板或开孔等；而缺口应力取决于结构局部细节变化，如焊趾、焊根、焊接缺陷等。采用适当的措施降低结构应力和缺口应力峰值是提高焊接结构疲劳强度和寿命的有效途径。其中结构应力依赖于结构的整体设计，而结构局部细节是设计和制造的共同结果。为了保证焊接结构的抗疲劳性能，需要从结构设计、制造及使用维护等方面进行综合分析，从而有效控制焊接结构的疲劳破坏。

钢构件不可避免地会存在初始缺陷，而这些缺陷往往会成为疲劳发展过程中的初始裂纹点，因此钢构件的疲劳破坏过程就不存在裂纹的形成阶段，只有裂纹扩展和最后断裂两个阶段。由于最后断裂往往在瞬间完成，因此裂纹扩展阶段的寿命即构件的疲劳寿命。图 4-74 中 A 点为初始裂纹点，B 点为瞬间断裂点，曲线 AB 就是裂纹扩展过程，由 A 到 B 的荷载循环次数即为构件的疲劳寿命。

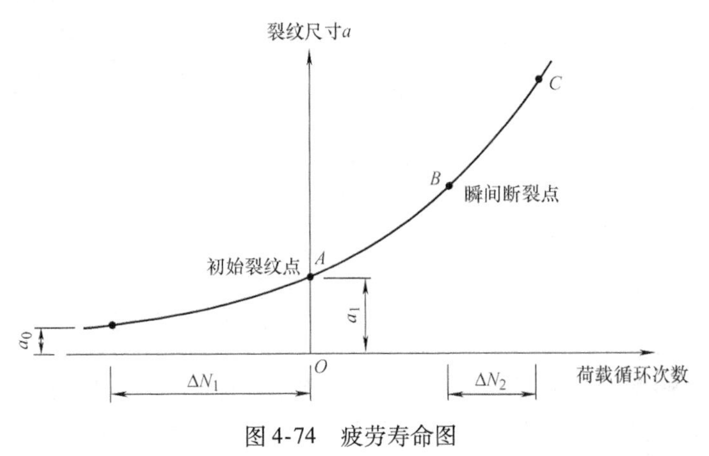

图 4-74　疲劳寿命图

从图 4-74 中可以看出，在应力幅给定的情况下，要提高疲劳寿命有两个方法。一个方法是减小初始缺陷，即初始裂纹尺寸，如由 a_1 减小为 a_0，则可增加疲劳寿命 ΔN_1 次；另一个方法是将瞬间断裂点延迟到 C 点，则可增加疲劳寿命 ΔN_2 次。

具体做法包括：

1）采取合理的构造细节设计，尽可能减少应力集中。

2）严格控制施工质量，以减小初始裂纹尺寸。

3）采取必要的工艺措施，如磨去对接焊缝的表面余高部分及对纵向角焊缝打磨端部等，以减小应力集中程度。

2. 焊接结构细节设计原则

应力集中是降低焊接接头和结构疲劳强度的主要原因，只有当焊接接头和结构的构造合理，焊接工艺完善，焊缝金属质量良好时，才能保证焊接接头和结构具有较高的疲劳强度。焊接结构抗疲劳设计的重点是减少应力集中，同时选用抗疲劳开裂、耐蚀性好的母材和焊材。

疲劳裂纹源于焊接接头和结构上的应力集中点，消除或降低应力集中的一切手段，都可以提高结构的疲劳强度。通过合理的结构设计可降低应力集中，主要措施有：

1）优先选用对接接头，尽量不用搭接接头；重要结构最好把 T 形接头或角接接头改成对接接头，让焊缝避开拐角部位；必须采用 T 形接头或角接接头时，最好全熔透。

承受弯曲的细高截面工字梁常用钢板焊接而成（图 4-75a），翼缘与腹板通常采用双面角焊缝连接。这种焊接梁的疲劳强度低于相应的轧制梁，疲劳强度降低系数 γ 为 0.8。图 4-75c 用型钢作为翼缘与腹板连接，使焊缝处于弯曲应力较低的区域而疲劳强度较高。

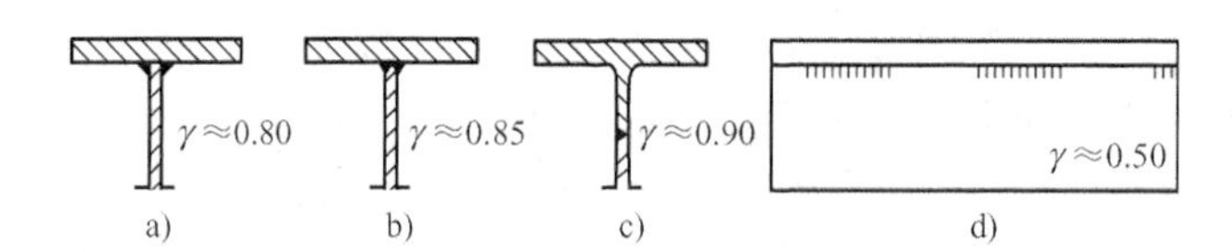

图 4-75　工字梁翼缘与腹板的连接形式及疲劳强度降低系数

2）尽量避免偏心受载的设计，使构件内力传递顺畅、分布均匀，不引起附加应力。焊缝应设置在结构的低应力区，分散缺口效应，避免结构应力峰值与缺口应力峰值叠加，如图 4-76所示。

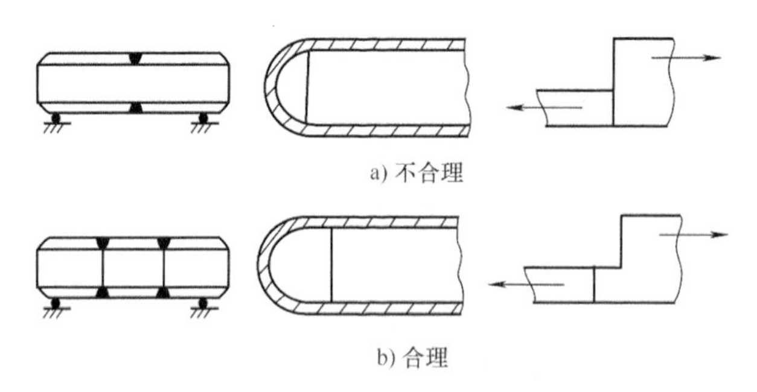

图 4-76　焊缝避开最大应力集中部位

3）减小断面突变，当板厚或板宽相差悬殊而需对接时，应设计平缓的过渡区（图 4-77）；结构上的尖角或拐角处应呈圆弧状，其曲率半径越大越好（图 4-78）。

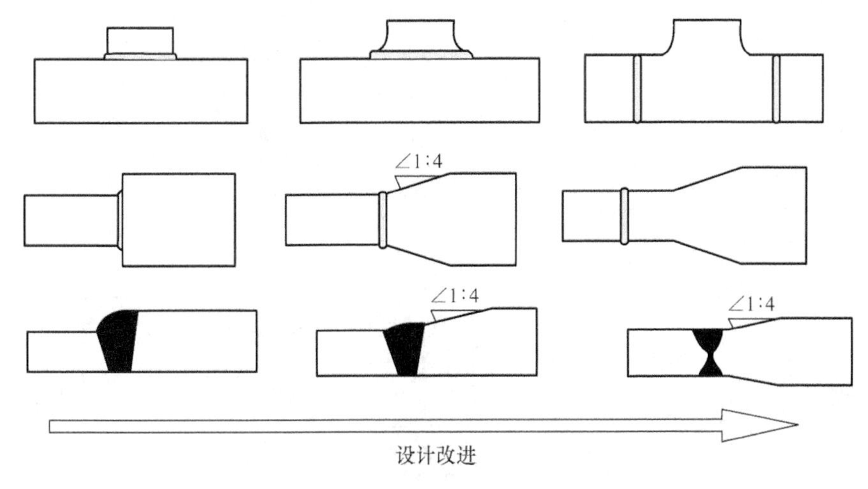

图 4-77 节点板过渡的改进

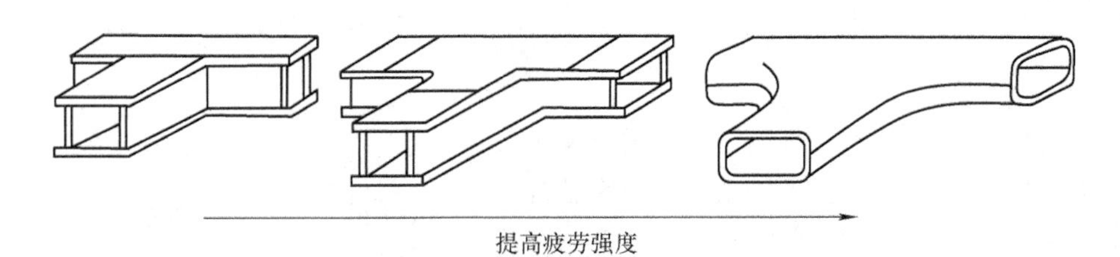

图 4-78 提高疲劳强度的设计

图 4-79 所示为节点板不同连接设计的疲劳强度降低系数。可以看出，只有当接头拐角处的过渡圆角半径较大并圆滑过渡时才能获得较高的疲劳强度。

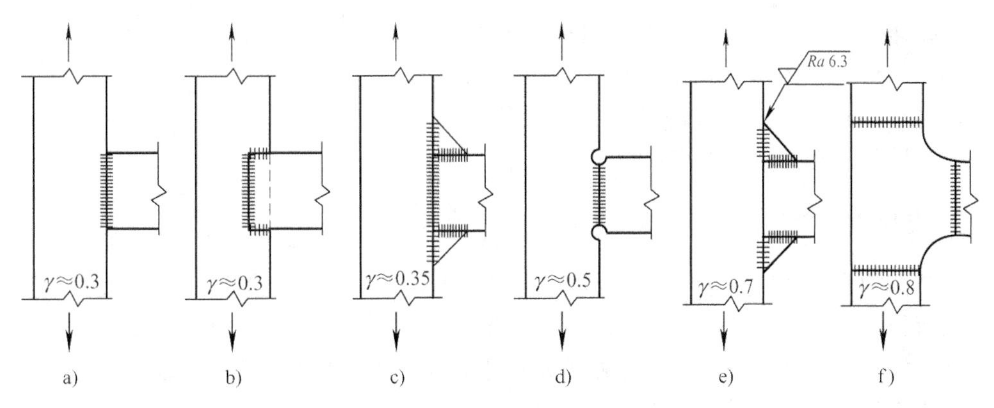

图 4-79 节点板不同连接设计的疲劳强度降低系数

4）避免三向焊缝空间交汇（图 4-80），焊缝尽量不设置在应力集中区，尽量不在主要受拉构件上设置横向焊缝；不可避免时，一定要保证该焊缝的内外质量，减小焊趾处的应力集中。

图 4-81a 所示为重型桁架焊接节点，这类节点具有强烈的缺口效应，仅可用于承受静载。图 4-81b 适用于承受疲劳载荷，图 4-81c 所示的结构从缺口效应方面考虑特别合理。

图 4-80　避免焊缝交汇

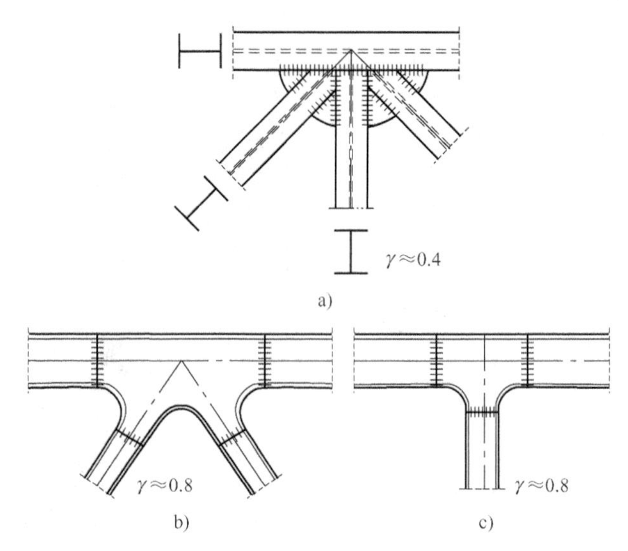

图 4-81　重型桁架焊接节点设计形式及疲劳强度降低系数

5）只能单面施焊的对接焊缝，在重要结构上不允许在背面放置永久性垫板。避免采用断续焊缝（图 4-82），因为每段焊缝的始末端都有较高的应力集中，其疲劳强度将大大降低，但承受横向力的双面角焊缝可以通过对焊缝进行交错布置而得到改善。

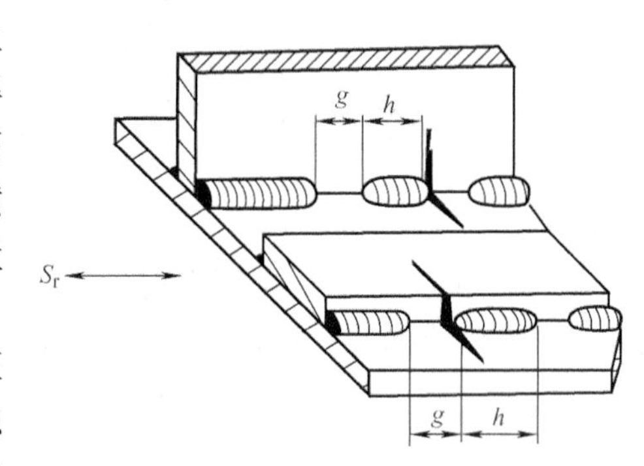

图 4-82　断续焊缝及疲劳裂纹

焊接接头的疲劳完整性设计的重点是减少应力集中、拉伸残余应力、截面或刚度突变、腐蚀环境等因素的作用，同时选用抗疲劳开裂、耐蚀性好的母材和焊材，采用合理的焊接工艺、热处理、表面处理和抗疲劳强化措施。

4.8.2　焊接接头的抗疲劳强化措施

焊接结构的疲劳破坏多起源于焊接接头的应力集中区。为保证焊接结构的疲劳完整性要求，必须对焊接接头进行疲劳完整性设计，以改善和提高焊接接头抗疲劳开裂和裂纹扩展的性能。焊接接头的疲劳完整性设计应做到既满足所需的疲劳强度、使用寿命和安全性，又能使焊接结构全寿命周期费用尽可能降低。

焊接接头的疲劳断裂多始于形状不连续、缺口和裂纹等局部应力峰值区。对于整个焊接结构而言，应力峰值区所占的比例不大，但对结构疲劳完整性却可能起决定性作用。在焊接结构设计和制造过程中采取有效的措施，降低和消除应力峰值的不利影响，则能够显著提高焊接结构的抗疲劳性能。因此必须重视提高焊接接头抗疲劳性能各项措施的设计和应用。

焊接接头抗疲劳措施可分为焊缝形状改善方法（图 4-83）和调整残余应力方法（图 4-84）。

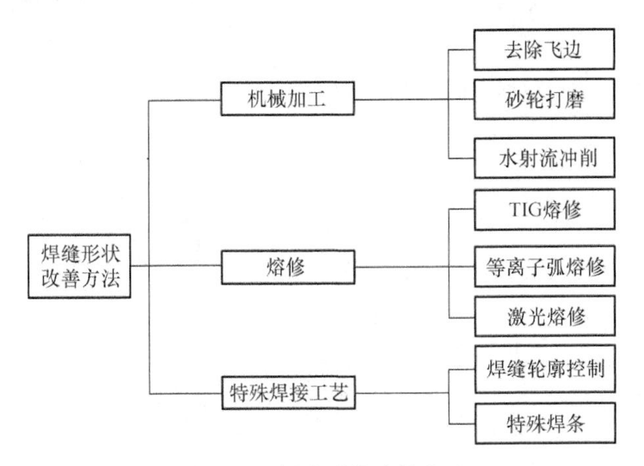

图 4-83　焊缝形状改善方法

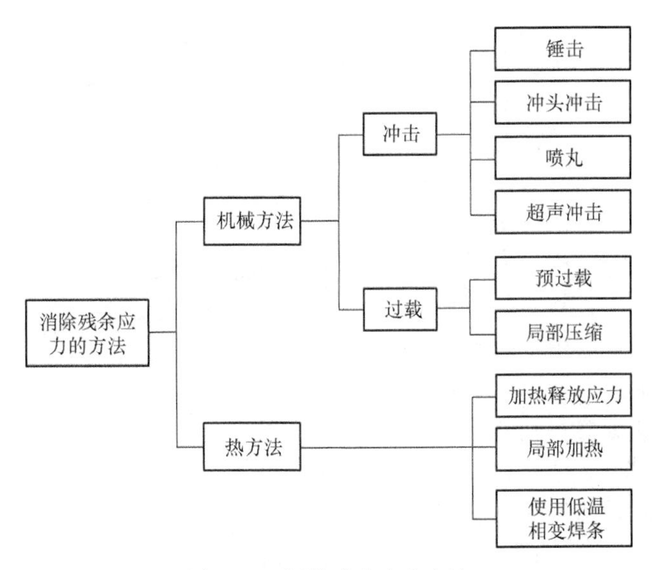

图 4-84　调整残余应力方法

1. 焊缝外形修整方法

（1）表面机械加工　采用表面机械加工减少焊缝及附近的缺口效应，可以降低构件的应力集中程度，提高接头的疲劳强度。在焊接接头中，可以用机械打磨的方法使母材与焊缝之间过渡平缓，打磨应顺着力传递的方向，垂直力线方向打磨往往会产生相反的效果。

打磨焊趾时，仅仅打磨出一个与母材板面相切的圆弧是不够的（图 4-85a），应如图 4-85c 那样磨掉焊趾处母材的一部分材料，以消除焊趾过渡区的微小缺陷，不得产生新的缺口效应，这种方法对于改善横向焊缝的强度特别有效。

表面机械加工的成本较高，只有在确认有益和可加工到的地方，才适合采用这种修整方法。对存在未焊透、未熔合的焊缝，其表面不完整性已不起主要作用，采用焊缝表面机械加工将变得毫无意义。

（2）电弧整形　采用电弧整形的方法可以替代机械加工的方法使焊缝与母材之间平滑过渡。这种方法常采用钨极氩弧焊在焊接接头的过渡区重熔一次（常称 TIG 熔修），TIG 熔修不仅可使焊缝与母材之间平滑过渡，而且还减少了该部位的微小非金属夹杂物，从而提高了接头的疲劳强度。

图 4-86 为 TIG 熔修位置对焊趾形状的影响。

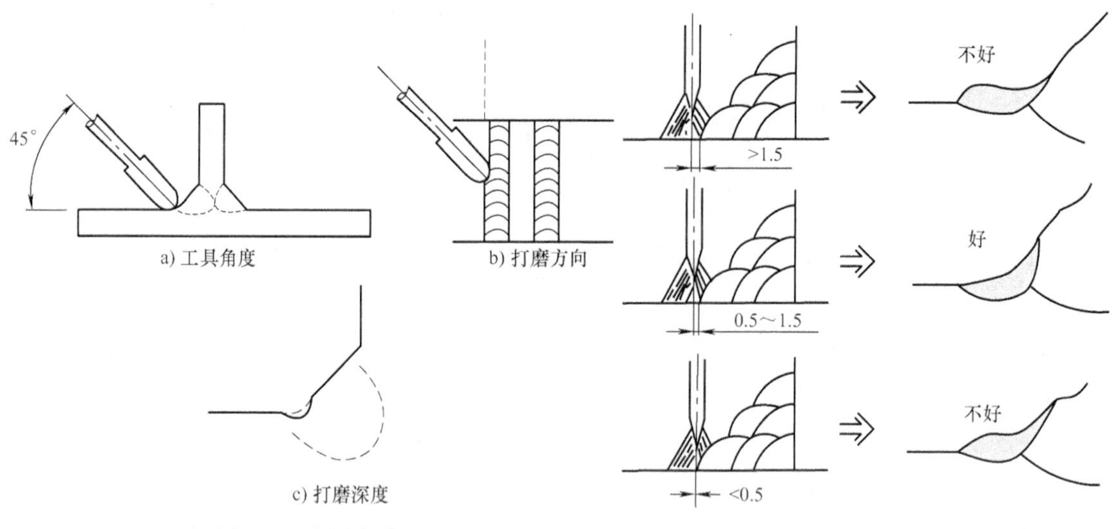

图 4-85 焊趾打磨

图 4-86 TIG 熔修位置对焊趾形状的影响

TIG 熔修工艺要求焊枪一般位于距焊趾根部 0.5～1.5mm 处，距离偏近或偏远的效果都不好。这种工艺适用于与应力垂直的横向焊缝。熔修过程要注意引弧和熄弧的位置。实验结果表明，焊趾的 TIG 熔修可使承载的横向焊缝接头的疲劳强度平均提高 25%～75%。非承载焊缝的接头疲劳强度平均提高 95%～250%（图 4-87）。TIG 熔修对焊接接头疲劳强度的提高与钢材的强度级别有关（图 4-88）。

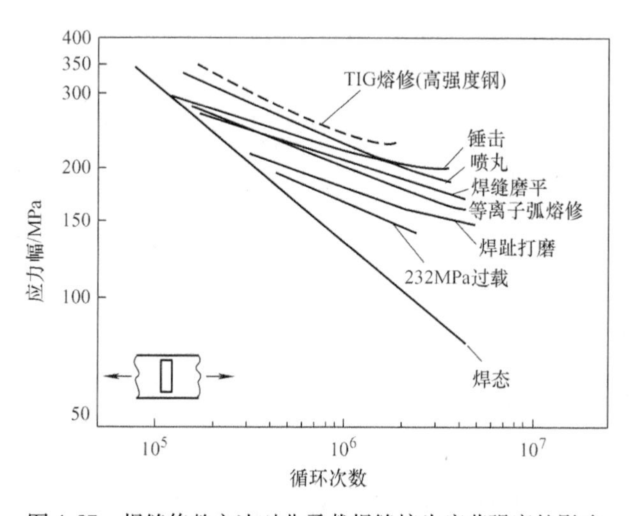

图 4-87 焊缝修整方法对非承载焊缝接头疲劳强度的影响

（3）特殊焊接工艺 在焊接过程中采用特殊处理方法来提高接头的疲劳强度，比在焊后修整更为简单和经济，因此越来越受到重视。这种方法主要是在焊接过程中控制焊缝形状，以降低应力集中。如采用多道焊修饰焊缝表面，可以使焊缝的表面轮廓和焊趾根部过渡更为平缓。焊后使用轮廓样板检验焊趾过渡情况，若不满足要求，则需要进行熔修整形。也可以采用特殊药皮焊条进行焊接，改善熔渣的润湿性和熔融金属的流动性，使焊缝与母材的过渡平缓，降低应力集中，从而提高疲劳性能。

2. 调整残余应力方法

消除接头应力集中区的残余拉伸应力或使该处产生残余压应力都可以提高接头的疲劳强度。主要方法有：

（1）应力释放 采用整体热处理是消除焊接残余应力的有效方法。但整体消除残余应力热处理后的焊接构件在某些情况下会提高疲劳强度，而在某些情况下反而会使疲劳强度有所降低。一般情况下，在循环应力较小或应力比较低、应力集中较高时，残余应力的不利影响增大，因此整体消除残余应力热处理是有利的。

(2) 超载预拉伸　采用超载预拉伸方法可降低残余应力，甚至在某些条件下可在缺口尖端处产生残余拉伸应力，可提高接头的疲劳强度。由图4-88可见，超载预拉伸方法的效果比其他方法差。TIG熔修对疲劳强度的改善效果最大，因此该方法在提高焊接接头疲劳抗力方面最具吸引力。

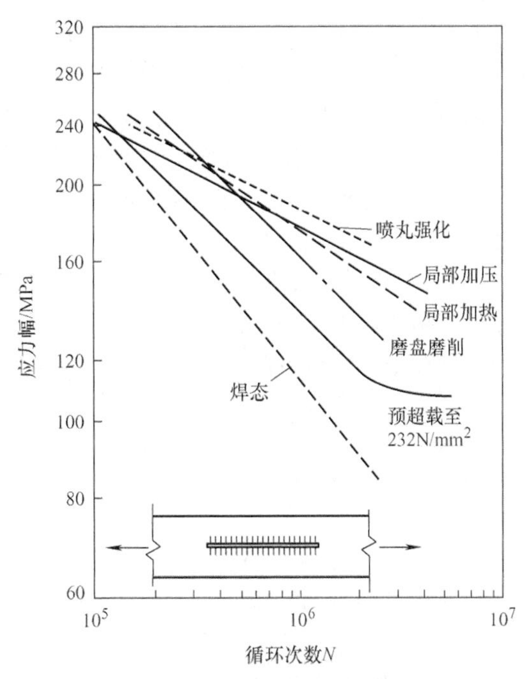

图4-88　焊缝修整方法对纵向筋板焊接接头疲劳强度的影响

焊接接头的腐蚀疲劳强度与焊接工艺、焊接材料和接头形式等因素有关。焊接接头焊趾的应力集中对腐蚀疲劳强度有较大影响，降低焊趾的应力集中程度能够显著提高焊接接头的腐蚀疲劳强度。如采用打磨焊趾或TIG熔修来降低应力集中，同时消除表面缺陷，有利于改善焊接接头的腐蚀疲劳性能。

(3) 局部处理　因为疲劳裂纹的萌生大多起源于材料或接头表面，采用局部加热或加压、滚压或冲击时表面的塑性变形受到约束，使表面产生很高的残留压应力，在这种情况下表面不易萌生疲劳裂纹，即使表面有小的微裂纹，裂纹也不易扩展。

1）局部加热或加压。局部加热或加压的目的是在焊缝端部应力集中区获得残余压应力，以提高疲劳强度。图4-89和图4-90所示为纵向焊缝端部的加热和加压点。局部加热与加压对纵向筋板焊接接头疲劳强度的影响如图4-88所示。局部加热与加压作用介于超载预拉伸方法和TIG熔修之间。

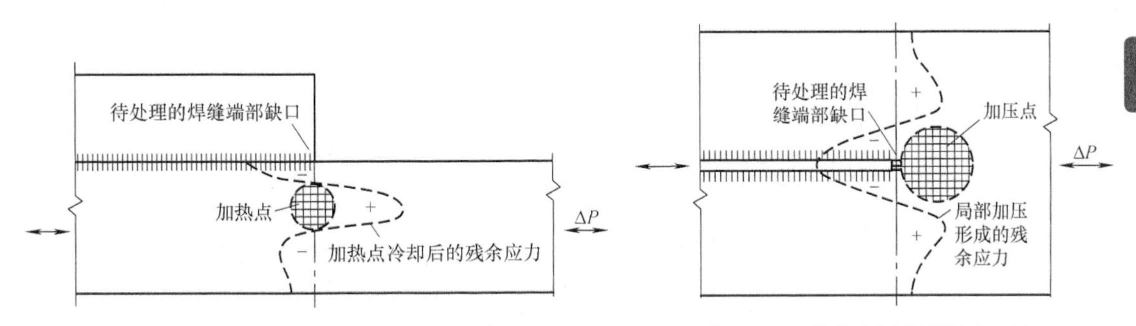

图4-89　纵向焊缝端部的加热点

图4-90　纵向焊缝端部的加压点

2）滚压强化。滚压强化是利用滚轮对焊趾连续、缓慢、均匀地挤压，形成塑性变形的硬化层。塑性变形层内组织结构发生变化，引起形变强化，并产生残余压应力，降低了孔壁粗糙度，从而提高了材料疲劳强度和应力腐蚀能力。

图4-91所示为滚压强化示意图。

3）冲击处理。冲击处理包括锤击、喷丸、高频机械冲击（HFMI）、激光冲击强化等方法。冲击处理使工件表面产生形变硬化层并引入残余压应力，可显著提高金属的抗疲劳、抗应力腐蚀破裂、抗腐蚀疲劳、抗微动磨损、耐点蚀等的能力。

锤击可采用手锤、电锤或气锤对焊缝进行处理，起到延展焊缝并降低拉伸残余应力的作用，进而提高疲劳强度。喷丸是当前国内外广泛应用的一种焊接接头表面强化方法，即利用高速弹丸冲击零件表面，使之产生形变硬化层并引入残余压应力，可显著提高焊接接头的抗疲劳性能（图 4-88）。

近年来，高频机械冲击（HFMI）处理（图 4-92）在焊接结构中得到广泛应用。高频机械冲击包括超声冲击（UIT）、超声喷丸（UP）、高频冲击（HFT）、气动冲击（PIT）等。高频机械冲击所用设备简单、成本低、耗能少，并且在零件的截面变化处、圆角、沟槽、危险断面及焊缝区等都可进行。

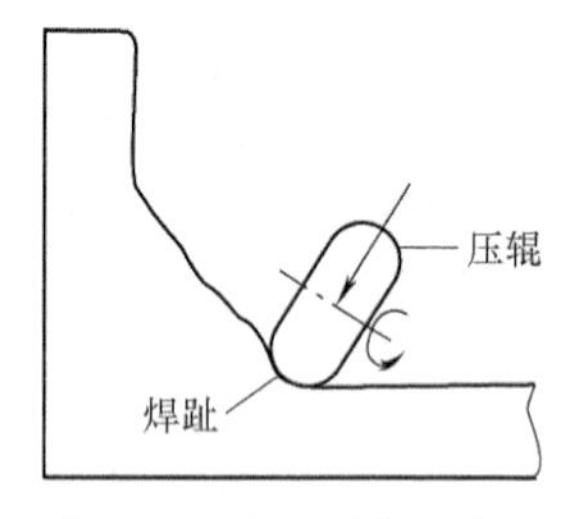

图 4-91　滚压强化示意图

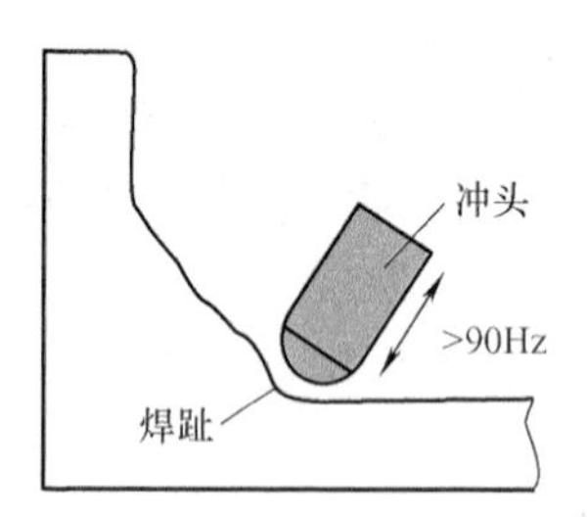

图 4-92　高频机械冲击（HFMI）示意图

钢结构焊接接头的高频机械冲击（HFMI）处理的研究表明，焊接接头疲劳强度提高的水平与钢材强度等级有关，钢材强度等级越高，疲劳强度提升效果越好。图 4-93 比较了焊态接头与经过锤击或高频机械冲击（HFMI）处理后的接头疲劳质量等级，可见高频机械冲击（HFMI）处理后的接头疲劳质量等级明显提高，对于高强度钢焊接接头尤为显著。

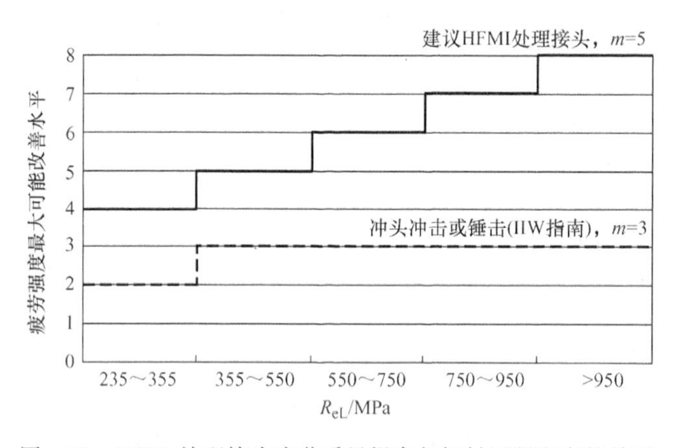

图 4-93　HFMI 处理接头疲劳质量提高与钢材屈服强度的关系

4）表面处理。利用表面化学热处理的方法，如渗碳、氮化等，也能显著提高材料或接头的疲劳强度（当然，化学热处理的方法也有其他功用，如耐磨，耐蚀等）。其表面强化的原理和上述的局部处理方法是相同的，目的是在渗层表面产生残余压应力。采用一定的保护涂层可提高焊接接头抗大气及介质侵蚀对疲劳强度的影响。

参考文献

[1] MACDONALD K A. Fracture and fatigue of welded joints and structures [M]. Cambridge: Woodhead Publishing Limited, 2011.

[2] TADEUSZ Ł AGODA. Lifetime estimation of welded joints [M]. Berlin: Springer-Verlag Berlin Heidelberg, 2008.

[3] BERTIL JONSSON, DOBMANN G, HOBBACHER A F, et al. IIW Guidelines on weld quality in relationship to fatigue strength [S]. Paris: International Institute of Welding, 2016.

[4] TIM GURNEY. Cumulative damage of welded joints [M]. Cambridge: Woodhead Publishing Limited, 2006.

[5] FRICKE W. Recent developments and future challenges in fatigue strength assessment of welded joints [J]. Journal of Mechanical Engineering Science 2015, 229 (7): 1224 - 1239.

[6] ZERBST U. Application of fracture mechanics to welds with crack origin at the weld toe: a review Part 1: Consequences of inhomogeneous microstructure for materials testing and failure assessment [J]. Welding in the World, 2019, 63 (6): 1715 - 1732.

[7] ZERBST U. Application of fracture mechanics to welds with crack origin at the weld toe: a review Part 2: Welding residual stresses. Residual and total life assessment [J]. Welding in the World, 2020, 64 (1): 151 - 169.

[8] SHIRAIWA T, BRIFFOD F, ENOKI M. Development of integrated framework for fatigue life prediction in welded structures [J]. Engineering Fracture Mechanics, 2018, 198: 158 - 170.

[9] RADAJ D, SONSINO C M, FRICKE W. Recent developments in local concepts of fatigue assessment of welded joints [J]. International Journal of Fatigue, 2009, 31 (1): 2 - 11.

[10] RADAJ D, SONSINO C M, FRICKE W. Fatigue assessment of welded joint by local approaches [M]. Cambridge: Woodhead Publishing Limited, 2006.

[11] CHOWDHURY P, SEHITOGLU H. Mechanisms of fatigue crack growth-a critical digest of theoretical developments [J]. Fatigue & Fracture of Engineering Materials & Structures, 2016, 39 (6): 652 - 674.

[12] MADDOX S J. Review of fatigue assessment procedures for welded aluminium structures [J]. International journal of fatigue, 2003, 25 (12): 1359 - 1378.

[13] HOBBACHER A F. The new IIW recommendations for fatigue assessment of welded joints and components-A comprehensive code recently updated [J]. International Journal of Fatigue, 2009, 31 (1): 50 - 58.

[14] STEPHENS R I, FATEMI A, STEPHENS R R, et al. Metal fatigue in engineering [M]. 2nd ed. New York: John Wiley & Sons, Inc, 2001.

[15] SCHIJVE J. Fatigue of structures and materials [M]. 2nd ed. Berlin: Springer Science + Business Media, 2009.

[16] 拉达伊 D. 焊接结构疲劳强度 [M]. 郑朝云，张式成，译. 北京：机械工业出版社，1994.

[17] 格尔内 T R. 焊接结构疲劳 [M]. 周殿群，译. 北京：机械工业出版社，1988.

[18] HOBBACHER A, et al. Recommendations for fatigue design of welded joints and components [C]. IIW doc. XⅢ-1965-03/XV-1127-03, Update June 2005.

[19] FRICKE W, KAHL A. Comparison of different structural stress approaches for fatigue assessment of welded ship structures [J]. Marine Structures, 2005, 18: 473-488.

[20] DONG P. A structural stress definition and numerical implementation for fatigue analysis of welded joints [J]. International Journal of Fatigue, 2001, 23 (10): 865-876.

[21] KYUBA H, DONG P. Equilibrium-equivalent structural stress approach to fatigue analysis of a rectangular hollow section joint [J]. International Journal of Fatigue, 2005, 27 (1): 85-94.

[22] DOERK O, FRICKE W, WEISSENBORN C. Comparison of different calculation methods for structural stresses at welded joints [J]. International Journal of Fatigue, 2003, 25 (5): 359-369.

[23] ZERBST U, HENSEL J. Application of fracture mechanics to weld fatigue [J]. International Journal of Fatigue, 2020, 139: 105801.

[24] HENSEL J, NITSCHKE-PAGEL T, TCHOFFO-NGOULA D, et al. Welding residual stresses as needed for the prediction of fatigue crack propagation and fatigue strength [J]. Engineering Fracture Mechanics, 2018, 198: 123-141.

[25] TAYLOR D, BARRETT N, LUCANO G. Some new methods for predicting fatigue in welded joints [J]. International Journal of Fatigue, 2002, 24 (5): 509-518.

[26] TAYLOR D. A mechanistic approach to critical distance methods in notch fatigue [J]. Fatigue & Fracture of Engineering Materials & Structures, 2001, 24 (4): 215-44.

[27] PARIS P C. Fracture mechanics and fatigue: A historical perspective [J]. Fatigue & Fracture of Engineering Materials & Structures, 1998, 21 (5): 535-540.

[28] ZHANG H Q, ZHANG Y H, LI L H. Influence of weld mis-matching on fatigue crack growth behavior of electron beam welded joints [J]. Material Science and Engineering A, 2002, 334 (1-2): 141-146.

[29] 张彦华，刘娟，杜子瑞，等. 焊接结构的疲劳评定方法 [J]. 航空制造技术，2016, 59 (11): 51-56.

[30] ULRICH KRUPP. Fatigue Crack Propagation in Metals and Alloys [M]. Weinheim: WILEY-VCH Verlag, 2007.

[31] RAVI S, BALASUBRAMANIAN V, NASSER S N. Effect of mis-match ratio (MMR) on fatigue crack growth behaviour of HSLA steel welds [J]. Engineering Failure Analysis, 2004, 11 (3): 413-428.

[32] AINSWORTH R A, BANNISTER A C, ZERBST U. An overview of the European flaw assessment procedure SINTAP and its validation [J]. International Journal of Pressure Vessels and Piping, 2000, 77 (14-15): 869-876.

[33] PROVAN J W. 概率断裂力学和可靠性 [M]. 航空航天工业部《AFFD》系统工程办公室，译. 北京：航空工业出版社，1989.

[34] WALLIN K. Structural integrity assessment aspects of the Master Curve methodology [J]. Engineering Fracture Mechanics, 2010, 77: 285 - 292.

[35] ZERBST U, VORMWALD M, PIPPAN R. About the fatigue crack propagation threshold of metals as a design criterion-a review [J]. Engineering Fracture Mechanics, 2016, 153: 190 - 243.

[36] 牛春匀. 实用飞机结构工程设计 [M]. 程小全, 译. 北京: 航空工业出版社, 2008.

[37] KIRKHOPE K J, BELL R, CARON L, et al. Weld detail fatigue life improvement techniques, Part 1: review [J]. Marine Structures, 1999, 12 (6): 447 - 474.

[38] KIRKHOPE K J, BELL R, CARON L, B et al. Weld detail fatigue life improvement techniques, Part 2: application to ship structures [J]. Marine Structures, 1999, 12 (7 - 8): 477 - 496.

[39] MARQUIS G B, BARSOUM Z. IIW Recommendations on high frequency mechanical impact (HFMI) treatment for improving the fatigue strength of welded joints [M]. Singapore: Springer Science + Business Media Singapore, 2016.

[40] SCHORK B, KUCHARCZYK P, MADIA M, et al. The effect of the local and global weld geometry as well as material defects on crack initiation and fatigue strength [J]. Engineering Fracture Mechanics, 2018, 198: 103 - 122.

[41] FABIEN LEFEBVRE, CATHERINE PEYRAC, ELBEL G, et al. HFMI: understanding the mechanisms for fatigue life improvement and repair of welded structures [J]. Welding in the world, 2017, 61 (4): 789 - 799.

第5章　焊接结构的环境韧力分析

焊接结构在实际工况下要与周围环境相互作用，环境介质与材料相互作用会给结构造成损伤，构成对结构韧力的弱化，影响结构的使用性能和寿命。环境韧力分析需要同时考虑环境加速缺陷形成与扩展及材质劣化的影响。本章重点讨论腐蚀、高温损伤与辐照损伤评定。

5.1　概述

焊接结构失效一般可归结为材料失效，是材料累积损伤和性能退化的结果。而材料的失效必然会导致结构完整性遭到破坏。即使结构完整性未遭到破坏，其材料性能退化或劣化也会使结构失效。许多材料性能退化并没有直观显性的表象，往往不会破坏结构宏观完整性。材料的累积损伤和性能退化往往也是耦合在一起的。

材料在实际工况下都要与周围环境相互作用，如海洋工程结构、石油化工设备、航空发动机热端部件、核压力容器及反应堆元件等。许多环境介质与材料相互作用会给结构造成损伤，影响结构的使用性能和寿命，同时也会影响环境。材料在复杂环境下的行为，即材料性能退化和累积损伤是焊接结构环境韧力的重要课题。

研究表明，腐蚀、高温、辐射等环境结构韧力的影响主要表现为材料韧性随服役年限的增加而劣化。如普通低合金高强度钢随服役年限的增加会出现韧性降低和韧-脆转变温度提高的现象，有可能导致金属已转入脆化状态，其韧性低于标准及规范规定的要求，引起结构故障次数急剧增多。而在腐蚀、高温或辐照环境下长期服役的金属结构的性能劣化问题就更为突出。

环境作用下金属结构的韧力演化是在应力与环境因素的协同作用下，由诸多的材料冶金学因素、环境化学与电化学因素及材料或构件的受力状态和历史等因素彼此交织在一起，相互影响、相互作用下的复杂过程。材料在复杂环境作用下的性能退化和累积损伤必然会导致结构韧力下降。为了保证焊接结构全寿命周期的环境韧力，在焊接结构设计中必须要留有韧力衰减的裕量，韧力衰减的裕量应能保证结构在服役期间具有足够的韧力来抵抗环境的作用而不发生失效。

5.2　腐蚀韧力分析

5.2.1　腐蚀损伤的表征方法

腐蚀损伤可以用多种特征量来表征，如腐蚀深度、腐蚀面积、腐蚀体积等。但通常情况下，腐蚀损伤是不规则的，其几何形状十分复杂，因此以上特征量不易确定。

1. 腐蚀缺陷几何特征

结构最常见的腐蚀损伤为局部腐蚀，通常采用厚度截面法测定局部腐蚀缺陷几何特征（图5-1）。局部腐蚀导致结构局部减薄及缺陷的分布在容器上具有方向性，在进行此类缺陷测试时，除了必须采用厚度截面法进行腐蚀缺陷测量外，还要建立具有局部特征的缺陷描述模型。图5-2所示为局部减薄腐蚀特征及描述参数。图5-3所示为局部点蚀特征及描述参数。

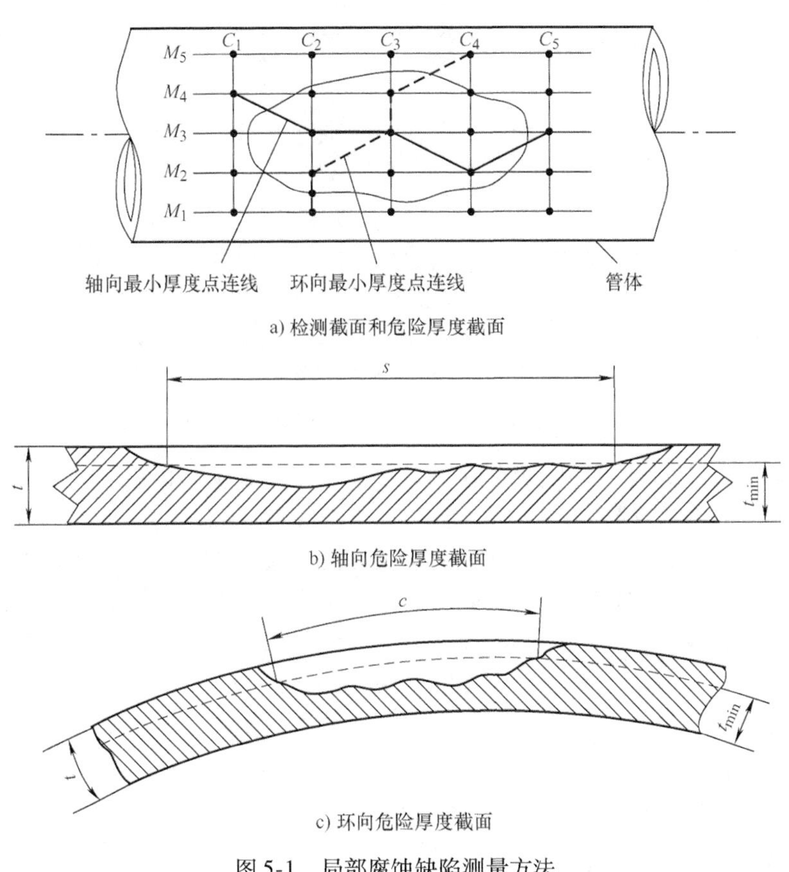

图5-1 局部腐蚀缺陷测量方法

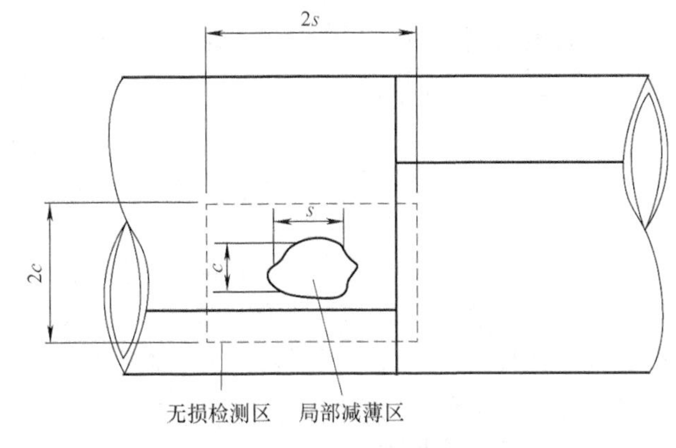

图5-2 局部减薄腐蚀特征及描述参数

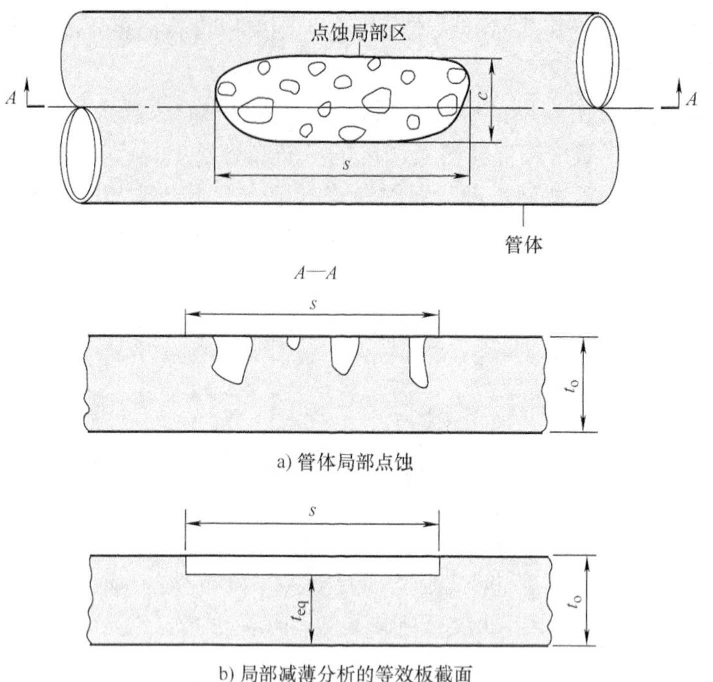

a) 管体局部点蚀

b) 局部减薄分析的等效板截面

图 5-3　局部点蚀特征及描述参数

构件的同一截面上的多个相邻缺陷会产生相互作用，在缺陷评定时要进行复合处理。

2. 腐蚀速度的表示方法

腐蚀速度是衡量材料耐蚀性的重要指标。化学腐蚀速度常用以下两种方法表示。

（1）用重量法表示腐蚀速度　在均匀腐蚀条件下，金属腐蚀速度用单位面积、单位时间内的重量损失表示，即

$$v = (W - W_0)/A_S t \tag{5-1}$$

式中　v——腐蚀速度［$(g/m^2)/h$］；

W_0——试样腐蚀前的重量（g）；

W——试祥腐蚀后的重量（g）；

A_S——试样表面积（m^2）；

t——腐蚀时间（h）。

（2）用腐蚀深度表示　材料的耐蚀性常用每年腐蚀深度（渗蚀度）表示。对工程部件来说，用腐蚀深度 V_L 评定材料使用寿命更直观、更实用。V_L 的单位为 mm/a（a 表示年），当已知材料密度 ρ（g/cm^3）后，V_L 与式(5-1) 重量表示法的换算关系为

$$V_L = (24 \times 365/1000) v/\rho = 8.76 v/\rho \tag{5-2}$$

3. 腐蚀损伤容限

腐蚀损伤容限是指结构因腐蚀作用导致承载面积削弱后，仍能满足结构的静强度、动强度、稳定性和结构使用功能要求的最大允许腐蚀损伤状态（一般以截面削弱面积和腐蚀深度衡量）。为了确定腐蚀损伤容限，首先确定结构性能随腐蚀损伤的变化规律；确定腐蚀部位的环境谱及具体部位的应力谱；计算结构腐蚀后的疲劳寿命；评定不同腐蚀尺寸下的结构静强度、稳定性、结构功能等是否满足要求，最终确定腐蚀损伤容限。

腐蚀损伤容限可以用不同的损伤机制进行定义。例如：用腐蚀等级作为腐蚀损伤容限；用腐蚀作用后结构的剩余强度作为腐蚀损伤容限；用腐蚀作用后结构的损伤容限寿命作为腐蚀损伤容限等。

5.2.2　腐蚀损伤评定

1. 局部减薄的评定

由于腐蚀作用引起的容器或管道结构局部凹陷或减薄的极限压力与凹陷深度和减薄面积有关，当凹陷深度及减薄面积较大时就需要对结构的剩余强度进行评估。国内外相关标准都针对腐蚀造成的金属损失缺陷建立了相应的评定方法。

评价管道腐蚀缺陷剩余强度的计算方法大多是基于1969年由Folias提出的表面缺陷的影响因子 M_s 的半经验公式，即

$$M_s = \frac{1 - A/A_0}{1 - (A/A_0 M_t)} \tag{5-3}$$

式中　A——通过管壁厚度的纵向截面的缺陷面积；

A_0——未受损管道截面面积；

M_t——Folias 系数。

局部腐蚀可能发生在管道的内部，也可能发生在管道的外部，其几何参数的定义具有类似性（图5-4）。

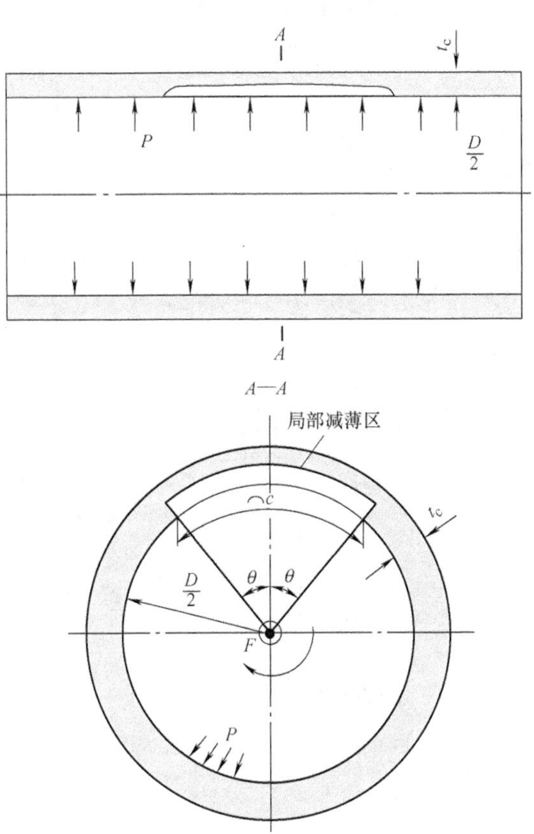

图5-4　局部减薄管道的几何参数

含缺陷管道的轴向强度 σ 为

$$\sigma = \sigma_f M_s \tag{5-4}$$

式中 σ_f——材料流动应力。

Eiber 等人给出的 M_t 计算表达式为

$$M_t = (1 + 0.4845\lambda^2)^{1/2} \tag{5-5}$$

式中 λ——缺陷轴向尺寸修正系数。

$$\lambda = \frac{1.285l}{\sqrt{Dt_c}} \tag{5-6}$$

式中 l——缺陷轴向长度（m）；

D——管道内径（m）；

t_c——管道壁厚（m）。

API 579－1/ASME FFS－1 中腐蚀缺陷合于使用评定中将表面缺陷影响因子 M_s 定义为剩余强度系数 R_S，并引入剩余厚度比 R_t

$$R_t = \frac{t_{mm} - \text{FCA}}{t_c} \tag{5-7}$$

式中 t_{mm}——根据设计压力确定管道所需的最小壁厚；

t_c——测量的管道实际最小壁厚；

FCA——管道未来腐蚀裕量。

式(5-7) 中各参数的定义如图 5-5 所示，其中 t_{mm}－FCA 为剩余有效壁厚。剩余厚度比 R_t 也可近似表示为

$$R_t \approx 1 - \frac{A}{A_0} \tag{5-8}$$

根据式(5-3) 可得剩余强度系数为

$$R_S = \frac{R_t}{1 - (1 - R_t)/M_t} \tag{5-9}$$

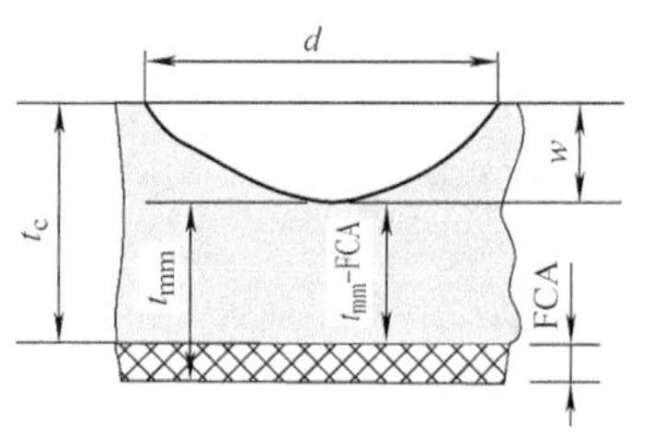

图 5-5　表面腐蚀缺陷几何表征

API579－1/ASME FFS－1 采用了修正的 Folias 系数 M_t 与 λ 的关系，如图 5-6 所示。

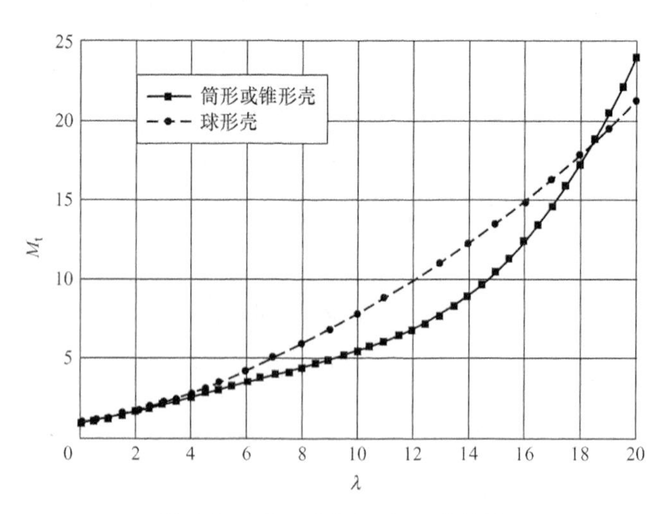

图 5-6　Folias 系数 M_t 与 λ 的关系

BS 7910：2013＋A1：2015 的单个缺陷（图 5-7）管道的剩余强度系数计算式为

$$R_S = \frac{1 - \dfrac{d_c}{B_0}}{1 - \dfrac{d_c}{B_0}\dfrac{1}{Q_c}} \tag{5-10}$$

式中 Q_c——缺陷长度修正系数，$Q_c = \sqrt{1 + 0.31\left(\dfrac{l_c}{\sqrt{DB_0}}\right)^2}$（$D$ 为管道内径）。

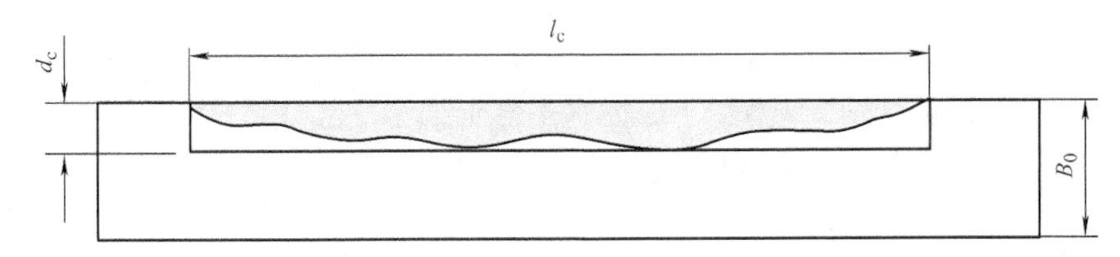

图 5-7 单个缺陷的几何定义

采用上述方法确定了剩余强度系数后，则缺陷管道的失效压力可以表示为

$$p_f = R_S p_0 \tag{5-11}$$

式中 p_0——无缺陷管道的失效压力。

取安全系数为 f_c，则缺陷管道的安全工作压力为

$$p_{SW} = f_c p_f \tag{5-12}$$

正常使用条件下，腐蚀损伤结构的剩余强度系数不得超过许用值。若腐蚀损伤结构的剩余强度系数大于许用值，则应降压使用，以保证结构的安全性。

对于多个腐蚀缺陷的合于使用评定需要考虑相邻缺陷干涉及合并处理。含多个腐蚀缺陷的管道失效压力为

$$p_f = \min\{p_1, p_2, p_3 \cdots p_N, p_{nm}\} \tag{5-13}$$

式中 $p_1 \sim p_N$——缺陷单独作用下的管道失效压力；

p_{nm}——发生干涉的缺陷合并作用下的管道失效压力。

按式(5-13) 确定了多缺陷管道的失效压力后再根据式(5-12) 计算安全工作压力。在实际工作压力不高于安全工作压力的工况下，含缺陷管道是合于使用的。

对于含腐蚀缺陷的球形压力壳体，BS 7910：2013＋A1：2015 推荐采用凹陷投影轮廓最大直径 d_{LTA} 和最小剩余壁厚 B_{min} 作为计算依据（图 5-8），在 $0.25 < B_{min}/B < 1$，$0 < d_{LTA}/D < 0.95$ 的条件下，最小剩余强度为

$$p_f \geqslant \frac{4R_{eL}}{D} \frac{B_{min}}{1 - \dfrac{1}{\xi}\left(1 - \dfrac{B_{min}}{B}\right)} \tag{5-14}$$

$$\xi = 1 + 2.3\frac{B_{min}}{B}\left[\mu\left(\frac{d_{LTA}}{D}\right)\right]^{2.3} \tag{5-15}$$

$$\mu = 55\left(\frac{B_{min}}{B}\right)^4 - 168\left(\frac{B_{min}}{B}\right)^3 + 189\left(\frac{B_{min}}{B}\right)^2 - 100\left(\frac{B_{min}}{B}\right) + 25 \tag{5-16}$$

2. **应力腐蚀分析**

（1）应力腐蚀开裂的控制参数

1）开裂时间及断裂时间：图 5-9 所示为应力腐蚀裂纹扩展速率与时间的关系。在一定应力状态和介质环境条件下，可以用应力腐蚀开裂或断裂的时间来表示某种合金的应力腐蚀敏感性，开裂或断裂的时间越短，应力腐蚀破裂的敏感性越大。

2）临界应力：合金在特定的腐蚀环境中，应力水平越高，则开裂或断裂的时间越短；应力水平越低，则开裂或断裂的时间越长（图 5-10）。当应力水平低于某一数值时，一般不会产生应力腐蚀开裂，该应力称为临界应力。

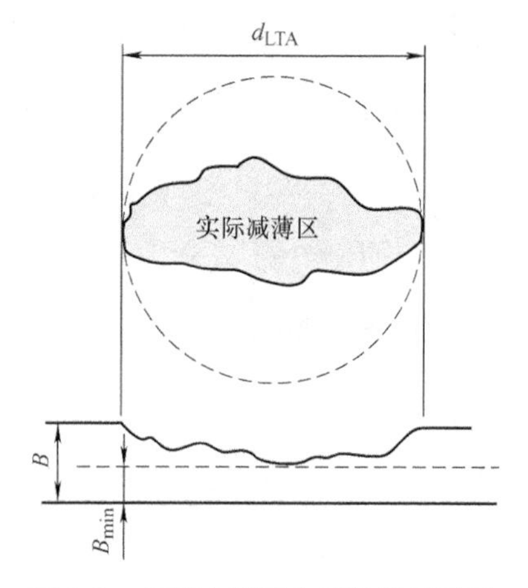

图 5-8　局部金属损失型缺陷示意图

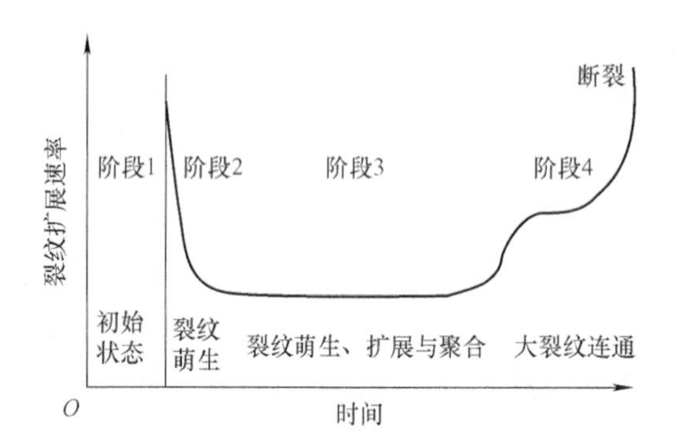

图 5-9　应力腐蚀裂纹扩展速率与时间的关系

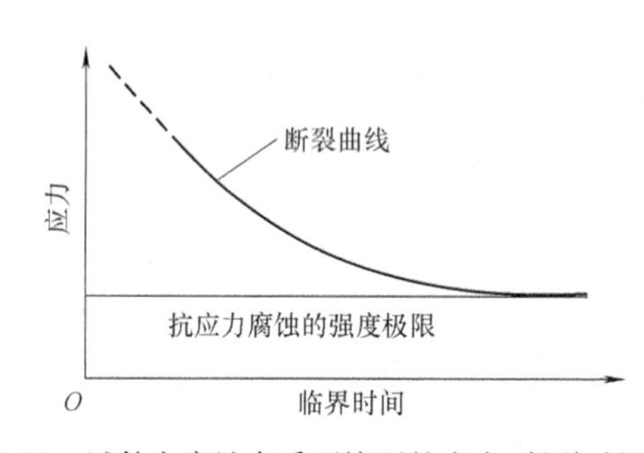

图 5-10　试件在腐蚀介质环境下的应力-断裂时间曲线

3）应力腐蚀临界应力场强度因子：研究表明，在拉伸应力和腐蚀介质共同作用下的材料，发生延迟断裂时间与应力场强度因子 K_I 之间有如图 5-11 所示的关系，随着裂纹尖端应力场强度因子 K_I 降低，发生延迟断裂的时间就会变长。当 $K_I = K_{IC}$ 时，发生失稳断裂，当 K_I 为 K_1 时，必须经过 t_1 时间才到达 K_{IC}；当 K_I 为 K_i 时，由于裂纹扩展，须经过 t_i 时间，K_I 达到 K_{IC} 时才发生断裂。K_i 表示经过 t_i 时间后发生断裂的初始应力场强度因子。

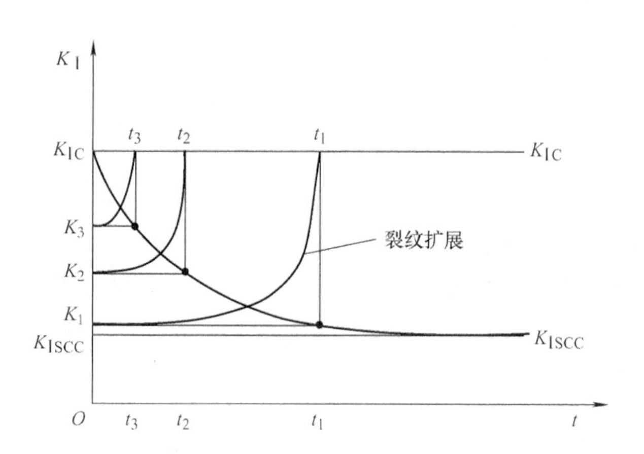

图 5-11　应力腐蚀裂纹扩展时时间与应力场强度因子的关系

当 K_I 降低到某一定值后，材料就不会因为应力腐蚀而发生起裂（即材料有无限寿命），此时的 K_I 即为应力腐蚀临界应力强度因子，并以 K_{ISCC} 表示。对于一定的材料，在一定的介质下，K_{ISCC} 为常数。K_{ISCC} 可以通过试验测得。这样就可以用 K_{ISCC} 来作为材料发生应力腐蚀开裂的判据，当 $K_I > K_{ISCC}$ 时，材料就可能产生应力腐蚀开裂而破坏。应力腐蚀裂纹起裂应力及断裂应力与裂纹尺寸的关系如图5-12所示。

4）应力腐蚀裂纹扩展速率：在腐蚀性环境和应力共同作用下，当 $K_{\mathrm{ISCC}} < K_{\mathrm{I}} < K_{\mathrm{IC}}$ 时，裂纹呈亚临界扩展，随着裂纹不断增长，裂纹尖端 K_{I} 值不断增大，达到 K_{IC} 时发生断裂。应力腐蚀裂纹的亚临界扩展可以用裂纹扩展速率 $\mathrm{d}a/\mathrm{d}t$ 来描述。$\mathrm{d}a/\mathrm{d}t$ 与应力强度因子 K_{I} 有关，如图5-13所示，曲线一般可分成三个阶段。

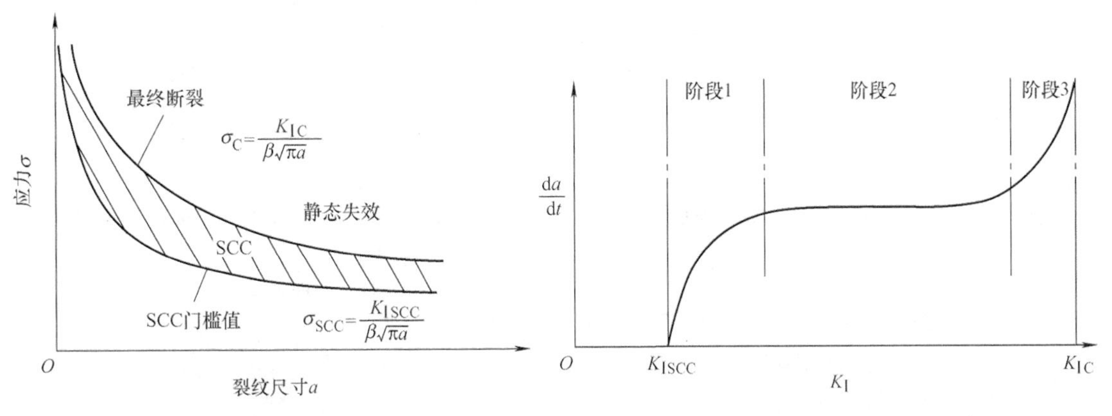

图5-12　应力腐蚀裂纹临界曲线　　　　图5-13　应力腐蚀裂纹扩展速率

第Ⅰ阶段为应力腐蚀裂纹扩展的起始阶段，当 K_{I} 刚超过 K_{ISCC} 时，裂纹经过一段孕育期后加速扩展，$\mathrm{d}a/\mathrm{d}t$ 与 K_{I} 的关系曲线近似为对数函数。

第Ⅱ阶段为应力腐蚀裂纹的稳定扩展阶段，曲线出现水平段，$\mathrm{d}a/\mathrm{d}t$ 与 K_{I} 几乎无关，这一阶段裂纹尖端变钝，裂纹扩展主要受电化学过程控制。这一阶段的扩展速率近似为与材料及介质有关的常数，即

$$\frac{\mathrm{d}a}{\mathrm{d}t}=A \tag{5-17}$$

应力腐蚀裂纹扩展的第Ⅱ阶段是裂纹扩展寿命的主要部分。含裂纹构件在应力腐蚀作用下的寿命估算大多以这个阶段为依据，如裂纹发生应力腐蚀扩展，从初始裂纹尺寸 a_0 扩展至 a_1 所需的时间由式(5-18）积分可得。

$$t=\frac{a_1-a_0}{A} \tag{5-18}$$

第Ⅲ阶段为裂纹的失稳扩展阶段。此时裂纹长度已接近临界尺寸，$\mathrm{d}a/\mathrm{d}t$ 又强烈地依赖 K_{I}，随 K_{I} 的增加而增大，这是材料走向快速扩展的过渡区，当 K_{I} 达到 K_{IC} 时，便发生失稳扩展而断裂。断裂韧性对应力腐蚀裂纹失稳扩展的影响如图5-14所示。低合金钢 K_{ISCC} 与 K_{IC} 的变化趋势如图5-15所示。

(2）应力腐蚀失效评定　应力腐蚀裂纹也可以用失效评定图进行评定。如图5-16所示，在含缺陷结构的失效评定图中引入了 K_{ISCC} 参数，若评定点位于安全区且 $K<K_{\mathrm{ISCC}}$，则裂纹不会发生扩展，若评定点位于安全区但 $K>K_{\mathrm{ISCC}}$，则裂纹发生亚临界扩展。若裂纹发生亚临界扩展，则必须采取措施阻止。要阻止裂纹扩展就必须使 $K<K_{\mathrm{ISCC}}$，因此需要降低应力、改善环境条件或进行维修。如果阻止裂纹扩展的措施不能应用或无效，则要规定缓慢的亚临界扩展容限。这就需要对裂纹和环境进行全面评价，以确定其扩展速率。

对于给定的材料、环境和应力条件，应确定其达到临界条件（如泄漏）所容许的最大裂纹尺寸。

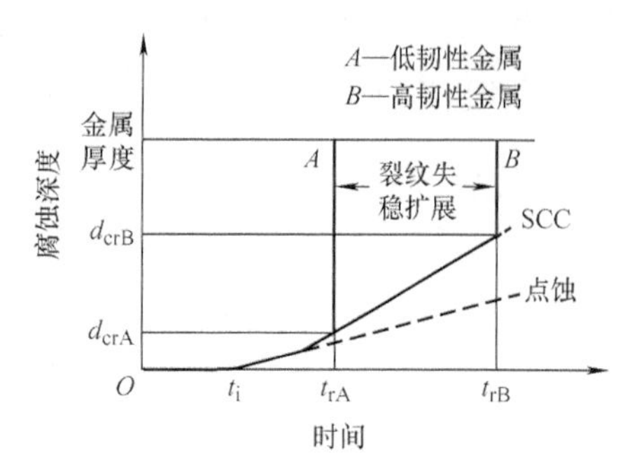

图 5-14　断裂韧性对应力腐蚀裂纹失稳扩展的影响

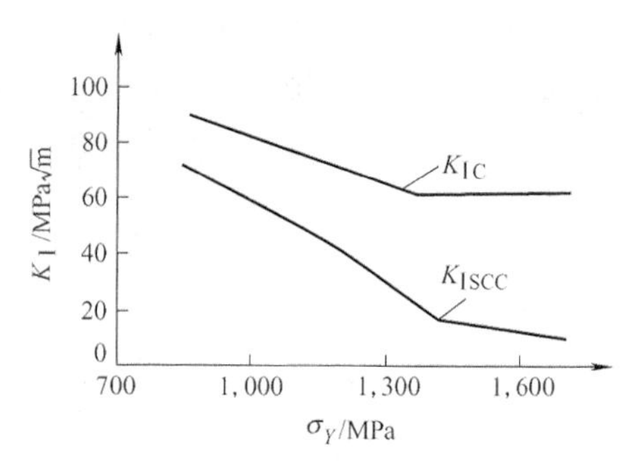

图 5-15　低合金钢 K_{ISCC}与 K_{IC}的变化趋势

对于腐蚀疲劳裂纹扩展的分析要考虑载荷频率、应力比和闭合效应，计算裂纹尺寸和时间或应力循环次数的关系，应依据 FAD 或 LBB 确定达到临界裂纹尺寸的时间或应力循环次数。若达到临界裂纹尺寸的时间或循环次数（有一定的安全预度）大于设计寿命，或使用有效的手段在服役或停机进行定期检查时所观察到的裂纹扩展在许可的范围，或所观察到的裂纹扩展速率在寿命期内低于剩余寿命预测值，则含应力腐蚀裂纹的构件是合于使用的。对于每次的强制检验，必须确认裂纹的扩展速率，并重新对新裂纹状态进行评定。根据评定结果来决定构件更换、维修或采取改善措施。

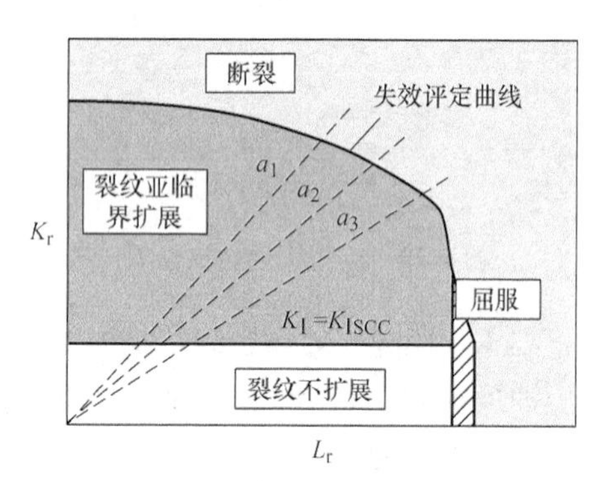

图 5-16　应力腐蚀开裂失效评定图

3. 腐蚀疲劳裂纹扩展分析

对于腐蚀疲劳，即使 $K_{max} < K_{ISCC}$，疲劳裂纹仍旧会扩展。图 5-17 为腐蚀疲劳过程中单个点蚀的形成与裂纹扩展的过程。在一定介质和拉应力的作用下，首先是以腐蚀为主的点蚀成核与裂纹形成，当裂纹尺寸达到临界尺寸后则进入以疲劳裂纹扩展为主的阶段。载荷频率对腐蚀疲劳裂纹的萌生影响较小（图 5-18），而对裂纹扩展则有较大的影响。随载荷频率的提高，腐蚀疲劳裂纹的扩展速率增大，腐蚀疲劳裂纹扩展的初始临界裂纹尺寸也有所降低。

研究表明，腐蚀疲劳裂纹扩展速率 da/dN 与 ΔK 的关系曲线有三种类型，如图 5-19 所示。第一种类型（A 型）是当 $K_I < K_{ISCC}$或者当 $K_I < K_{IC}$时，腐蚀介质中材料的腐蚀疲劳裂纹扩展速率比在惰性介质中大得多；第二种情况（B 型）是当 $K_I < K_{ISCC}$时裂纹扩展差别不大，而当 $K_I > K_{ISCC}$时发生应力腐蚀，裂纹扩展速率急剧增加，并显示出与应力腐蚀相类似的现象，即有一水平台或裂纹扩展渐趋平缓。为了区别这两种疲劳裂纹扩展持性，第一种情况常称真腐蚀疲劳，即没有应力腐蚀的作用；第二种情况则称为应力腐蚀疲劳，在交变应力和应力腐蚀共同引起的裂纹扩展中，应力腐蚀的作用往往是主要的。第三种情况为混合型（C 型），既有应力腐蚀疲劳又有真腐蚀疲劳。

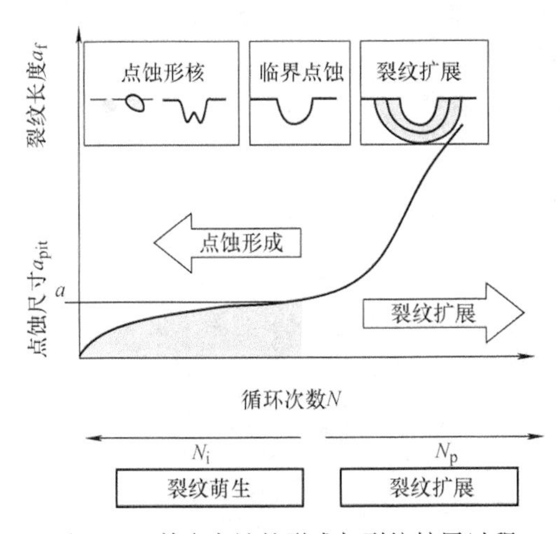

图 5-17　单个点蚀的形成与裂纹扩展过程

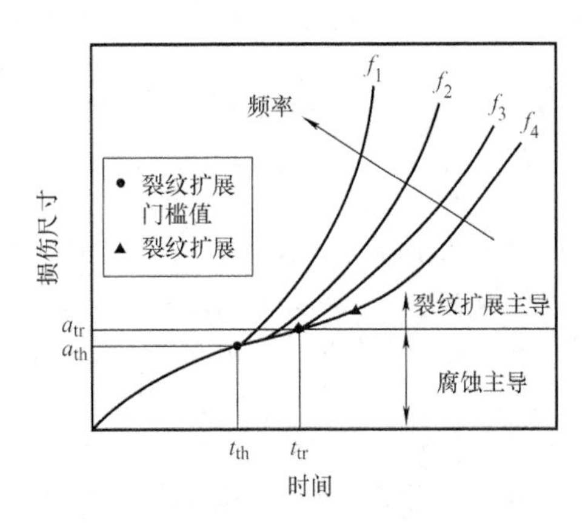

图 5-18　载荷频率对腐蚀疲劳裂纹扩展的影响

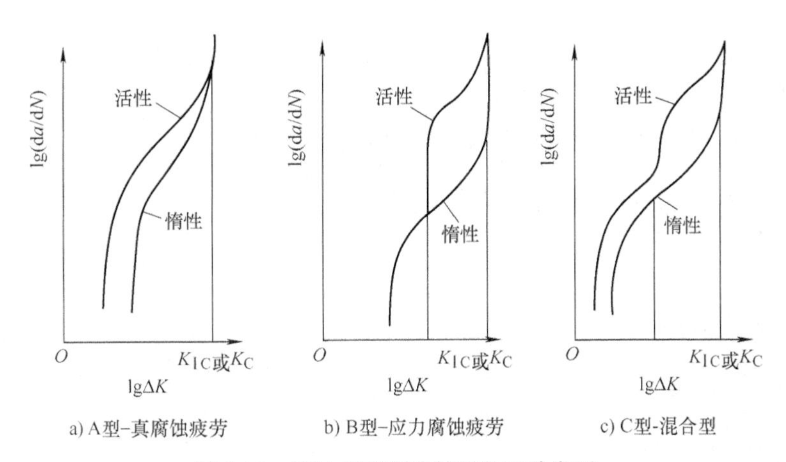

图 5-19　腐蚀疲劳裂纹扩展的三种类型

在影响腐蚀疲劳裂纹扩展的诸多因素中，频率的影响可能是最主要的。在分析频率的影响时要区分真腐蚀疲劳和应力腐蚀疲劳。

在应力腐蚀疲劳中，为了估计在实际服役中频率的影响，一般采用线性叠加模型或竞争模型。线性叠加模型假定腐蚀疲劳裂纹扩展是应力腐蚀开裂和纯机械疲劳（在惰性环境中）两个过程的线性叠加，可表示为

$$\left(\frac{\mathrm{d}a}{\mathrm{d}N}\right)_{\mathrm{CF}}=\left(\frac{\mathrm{d}a}{\mathrm{d}N}\right)_{\mathrm{F}}+\int_{\tau}\left(\frac{\mathrm{d}a}{\mathrm{d}N}\right)_{\mathrm{SCC}}[K(t)]\mathrm{d}t \tag{5-19}$$

式中　$\left(\frac{\mathrm{d}a}{\mathrm{d}N}\right)_{\mathrm{CF}}$——腐蚀疲劳时裂纹的扩展速率；

$\left(\frac{\mathrm{d}a}{\mathrm{d}N}\right)_{\mathrm{F}}$——纯机械疲劳时裂纹的扩展速率；

$\left(\frac{\mathrm{d}a}{\mathrm{d}N}\right)_{\mathrm{SCC}}$——静载下应力腐蚀裂纹的扩展速率；

$K(t)$——随时间而变化的应力强度因子；

τ——疲劳载荷周期。

线性叠加模型没有考虑应力和介质的交互作用，实际上这两个因素之间往往存在显著的交互作用，考虑交互作用的腐蚀疲劳裂纹扩展速率为

$$\left(\frac{\mathrm{d}a}{\mathrm{d}N}\right)_{\mathrm{CF}} = \left(\frac{\mathrm{d}a}{\mathrm{d}N}\right)_{\mathrm{F}} + \int_{\tau}\left(\frac{\mathrm{d}a}{\mathrm{d}N}\right)_{\mathrm{SCC}}[K(t)]\mathrm{d}t + \left(\frac{\mathrm{d}a}{\mathrm{d}N}\right)_{\mathrm{INT}} \tag{5-20}$$

式中　$\left(\frac{\mathrm{d}a}{\mathrm{d}N}\right)_{\mathrm{INT}}$——循环载荷和腐蚀介质交互作用下的裂纹扩展速率。

由于交互作用的复杂性，交互作用项的计算还存在较大的难度。

竞争模型认为，腐蚀疲劳裂纹的扩展是疲劳和应力腐蚀相互竞争的结果。腐蚀疲劳裂纹扩展速率取决于疲劳裂纹扩展速率和应力腐蚀裂纹扩展速率中的较高者，即

$$\left(\frac{\mathrm{d}a}{\mathrm{d}N}\right)_{\mathrm{CF}} = \max\left[\left(\frac{\mathrm{d}a}{\mathrm{d}N}\right)_{\mathrm{F}}, \int_{\tau}\left(\frac{\mathrm{d}a}{\mathrm{d}N}\right)_{\mathrm{SCC}}\mathrm{d}t\right] \tag{5-21}$$

若考虑交互作用则竞争模型有

$$\left(\frac{\mathrm{d}a}{\mathrm{d}N}\right)_{\mathrm{CF}} = \max\left[\left(\frac{\mathrm{d}a}{\mathrm{d}N}\right)_{\mathrm{F}} + \Delta\left(\frac{\mathrm{d}a}{\mathrm{d}N}\right)_{\mathrm{F}}, \int_{\tau}\left(\frac{\mathrm{d}a}{\mathrm{d}N}\right)_{\mathrm{SCC}}\mathrm{d}t + \Delta\left(\frac{\mathrm{d}a}{\mathrm{d}N}\right)_{\mathrm{SCC}}\right] \tag{5-22}$$

式中　$\Delta\left(\frac{\mathrm{d}a}{\mathrm{d}N}\right)_{\mathrm{F}}$——介质对疲劳裂纹扩展速率的影响项；

$\Delta\left(\frac{\mathrm{d}a}{\mathrm{d}N}\right)_{\mathrm{SCC}}$——疲劳对应力腐蚀裂纹扩展速率的影响项。

腐蚀疲劳裂纹扩展的线性叠加模型或竞争模型各有其适用范围，选用时应根据材料、介质、疲劳载荷等实际情况具体分析。

5.3　蠕变韧力分析

5.3.1　蠕变强度

1. 蠕变方程

根据蠕变规律，蠕变应变 ε_C 是应力 σ、时间 t 和温度 T 的函数

$$\varepsilon_C = f(\sigma, t, T) \tag{5-23}$$

为简便起见，上述函数形式可以写成分离变量形式

$$\varepsilon_C = f_1(\sigma)f_2(t)f_3(T) \tag{5-24}$$

典型的分离形式为

$$\varepsilon_C = C\sigma^n[t\exp(-\Delta H/RT)]^m \tag{5-25}$$

式中　C、m、n——常数；

ΔH——激活能；

R——Boltzman 常数。

在等温条件下有

$$\varepsilon_C = Bt^m\sigma^n \tag{5-26}$$

式(5-25) 称为 Bailey-Norton 蠕变率。在常应力条件下，蠕变速率可以通过对式(5-26) 直接微分求得

$$\dot{\varepsilon}_C = \frac{d\varepsilon_C}{dt} = mBt^{m-1}\sigma^n \tag{5-27}$$

式中　B——常数。

结合式(5-26) 可消去时间变量，得到与时间无关的形式

$$\dot{\varepsilon}_C = mB^{1/m}\sigma^{n/m}\varepsilon_C^{(m-1)/m} \tag{5-28}$$

式(5-28) 称为应变硬化方程，而式(5-27) 称为时间硬化方程。

上述模型主要用于描述第一和第二阶段蠕变。第二阶段蠕变常用幂定律蠕变方程——式(2-17)表示。

2. 蠕变强度

温度和应力是影响材料蠕变过程的两个最主要参数。在规定温度下，使试样在规定时间内产生的总塑性变形（或总应变）或稳态蠕变速率不超过规定值的最大应力称为蠕变极限或蠕变强度，是材料在高温长时间载荷作用下不致产生过量塑性变形的抗力指标。蠕变强度越大，材料抵抗高温发生蠕变的能力越强。

蠕变极限有两种表示方法。一种方法是在规定温度下，当蠕变第二阶段的蠕变速率等于某一规定值时的应力值定义为条件蠕变极限，一般写为 $\sigma_{\dot{\varepsilon}}^T$（MPa），其中上标 T 为规定温度，$\dot{\varepsilon}$ 为第二阶段蠕变速率（%/h）。例如 $\sigma_{10^{-5}}^{600}=60\text{MPa}$，表示温度为 600℃，第二阶段蠕变速率为 1×10^{-5}%/h 条件下的蠕变极限。另一种方法是在一定温度下，在规定的时间内，产生某一规定的总应变量所对应的应力确定为蠕变极限，以 $\sigma_{\varepsilon/t}^T$ 表示。例如 $\sigma_{1/10^5}^{600}=100\text{MPa}$，表示材料在 600℃，经 10 万小时产生的变形量为 1% 时的应力为 100MPa。若蠕变速率大而服役时间短时，可取前一种表示方法，反之，蠕变速率小而服役时间长时，则宜用后一种表示法。但是进行 10 万小时蠕变试验在实际中是比较困难的，因此通常采用较大应力、较短时间的蠕变试验结果，并用外推法求出长时较小蠕变速率条件下的蠕变极限。

根据稳态蠕变阶段蠕变速率和应力的关系——式(2-17)，两边取对数得

$$\log\dot{\varepsilon}_C = \log A + n\log\sigma \tag{5-29}$$

在双对数坐标系中，蠕变速率和应力为线性关系。若取几组应力所对应的 $\dot{\varepsilon}_C$，通过线性回归可确定 A 和 n 值。然后外推到所规定的蠕变速率，该蠕变速率所对应的应力，即为蠕变极限。

为获得比较准确的蠕变极限，试验时必须注意：

1）在同一温度下，至少用四个不同的应力进行蠕变试验，试验时间必须到达蠕变第二阶段，所选的最高应力和最低应力所产生的蠕变速率要相差一个数量级。

2）外推法求出的蠕变极限，其蠕变速率只能比试验点的数据低一个量级。

3. 持久强度

蠕变极限表征了金属材料在高温长期载荷作用下对塑性变形的抗力，但不能反映断裂时的强度及塑性。与常温下的情况一样，材料在高温下的变形抗力与断裂抗力是两种不同的性能指标。因此对于高温材料还必须测定其在高温长期载荷作用下抵抗断裂的能力，即持久强度。

持久强度是材料在给定温度下和规定时间内，不发生断裂的最大应力值，记为 σ_t^T。例如 $\sigma_{1000}^{600}=300\text{MPa}$，表示某材料在 600℃ 承受最大 300MPa 的应力作用，在 1000h 不发生断

裂，则称这种材料在600℃下工作1000h的持久强度为300MPa。若该材料在600℃下的工作应力$\sigma>300\mathrm{MPa}$或工作时间$t>1000\mathrm{h}$，构件就会发生断裂。这里所指的规定时间是以受热构件的设计寿命为依据的。例如，锅炉、汽轮机等受热构件的设计寿命为数万以至数十万小时，而航空喷气发动机则为数千或数百小时。

对于某些在高温运转过程中不考虑变形量的大小，而只考虑在承受给定应力下使用寿命的零件来说，材料的持久强度是极其重要的性能指标。

金属材料的持久强度是通过持久试验测定的。持久试验与蠕变试验相似，但较为简单，一般不需要在试验过程中测定试样的伸长量，只要测定试样在给定温度和一定应力作用下的断裂时间。

对于设计寿命为数百至数千小时的零件，其材料的持久强度可以直接用同样时间的试验来确定。但是对于设计寿命为数万以至数十万小时的零件，很难进行这么长时间的试验。和蠕变试验一样，要确定材料在高温下的数万乃至数十万小时以上的持久强度，仍用外推法。外推时沿用的断裂时间t和应力σ的关系为

$$t=A\sigma^{-B} \tag{5-30}$$

式中　A、B——与试验温度及材料有关的常数。

对式(5-30）取对数，则得

$$\log t=\log A-B\log\sigma \tag{5-31}$$

与蠕变试验相似，先得出一些应力较大，断裂时间较短（数百至数千小时）的试验数据，在双对数坐标系上进行线性回归，确定式(5-31）中的系数A、B，然后用外推法求出数万以至数十万小时的持久强度。

高温长时试验表明，在双对数坐标中，各试验点并不真正符合线性关系，而常常出现转折现象，如图5-20所示。其转折位置和形状随材料在高温下的组织稳定性和试验温度高低不等而不同，因此直线外推法只是一个很粗略的方法。和获得蠕变数据一样，为了使外推的结果不致误差太大，一般限制外推时间不超过一个数量级，否则数据将不可靠。

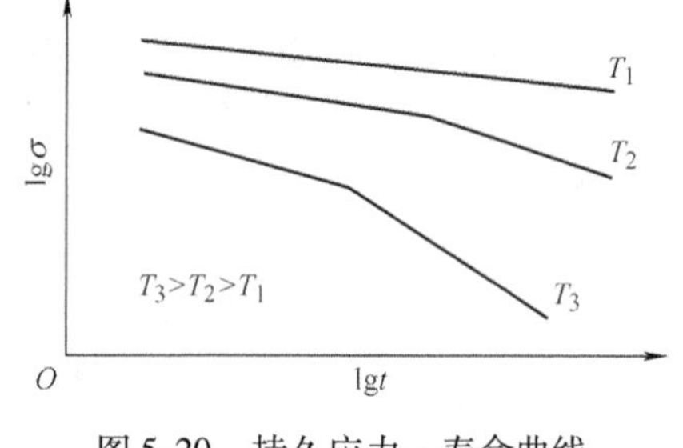

图5-20　持久应力—寿命曲线

通过持久强度试验，测量试样在断裂后的伸长率及断面收缩率，还能反映出材料在高温下的持久塑性。持久塑性是衡量材料蠕变脆性的一项重要指标，过低的持久塑性会使材料在使用中产生脆性断裂。实验表明，材料的持久塑性并不总是随载荷持续时间的延长而降低，因此不能用外推法来确定持久塑性的数值。对于高温材料持久塑性的具体指标，还没有统一规定。制造汽轮机、燃气轮机紧固件用的低合金钢，一般会要求持久塑性（伸长率）不小于3%～5%，以防止脆性断裂。

4. 松弛稳定性与剩余应力

材料在恒变形的条件下，随着时间的延长，弹性应力逐渐降低的现象称应力松弛。材料抵抗应力松弛的能力称松弛稳定性。松弛稳定性可以通过松弛试验测定的应力松弛曲线来评定，材料的松弛曲线是在规定的温度下，对试样施加载荷，保持初始变形量恒定，测定试样上的应力随时间而下降的曲线，如图5-21所示。图中σ_0为初始应力，随着时间的延长，试样中的应力不断减小。应力松弛试验中，任何时间试样上所保持的应力称剩余应力σ_{sh}，试

样上所减少的应力，即初始应力 σ_0 与剩余应力之差称为松弛应力 σ_{s0}。

剩余应力是评价材料应力松弛稳定性的一个指标。对于不同的材料或同一材料经不同处理后，在相同的试验温度和初始应力的条件下，经规定时间后，剩余应力越高者，其松弛稳定性越好。材料的松弛稳定性决定于材料的成分、组织等内部因素。

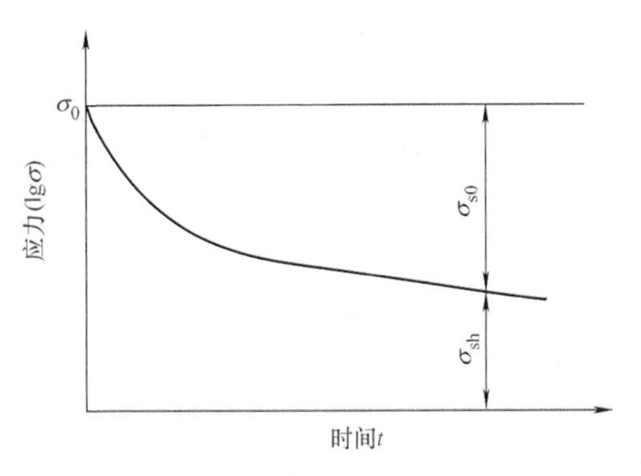

图 5-21　金属材料的应力松弛曲线

在恒变形条件下发生的应力松弛现象实际上是金属材料在高温下弹性变形转化为塑性变形的过程。在弹性加载的条件下，应力松弛的条件可以表示为

$$\begin{cases}\varepsilon_0=\varepsilon_e+\varepsilon_c=\text{常数}\\ \sigma_{sh}\neq\text{常数}\end{cases} \tag{5-32}$$

式中　ε_0——总应变；

ε_e、ε_c——松弛过程中的弹性应变和塑性应变（蠕变应变）。

由于弹性应变为 $\varepsilon_e=\sigma_{sh}/E$，因此有

$$\frac{\sigma_{sh}}{E}+\varepsilon_c=\text{常数} \tag{5-33}$$

将式(5-33) 对时间求导，可得应力松弛速率为

$$\frac{d\sigma_{sh}}{dt}=-E\dot{\varepsilon}_c \tag{5-34}$$

式中　$\dot{\varepsilon}_c$——蠕变速率。

将前述的时间硬化方程或应变硬化方程代入式(5-34) 可求解松弛应力与时间的关系。

松弛稳定性可以用来评价材料的高温预紧能力。对于那些在高温状态工作的紧固件，在选材和设计时，就应该考虑材料的松弛稳定性。如汽轮机、燃气轮机的紧固件，在工作过程中，如果材料的松弛稳定性不好，随着工作时间的延长，剩余应力越来越小，当小于气缸螺栓的预紧工作应力时，就会发生泄漏。

5.3.2　蠕变裂纹扩展分析

与常温下含缺陷结构的破坏机制类似，含缺陷结构在高温长期载荷作用下也会发生由于蠕变裂纹扩展导致的断裂和含缺陷截面达到蠕变极限引起的失效及其两者的混合失效模式。因此同样可以采用失效评定图法对含缺陷结构的蠕变失效进行评定。延性材料的蠕变裂纹起裂也可以采用双准则图进行分析。

1. 蠕变裂纹尖端场

高温环境下裂纹尖端区域应力场如图 5-22 所示，裂纹尖端包括 K 主控区（也称弹性控制区）、塑性区和蠕变区，塑性区尺寸与应力强度因子水平和材料屈服强度有关。当初始加载阶段满足小范围屈服条件时，裂纹扩展由应力强度因子 K 控制，如果初始载荷导致大范围的塑性变形，则 K 主导机制失效，裂纹尖端的应力-应变场需要由 J 积分来表征。在裂纹保持稳态（不扩展）的情况下，随着时间增长，裂纹尖端的应力由于蠕变变形而松弛，蠕

变区域也随着时间增加而增大，K和J都不能反映蠕变区内的这一特征，因此需要寻找新的力学参数。

在高温加载过程中，裂纹尖端蠕变区会经历小范围蠕变、过渡态蠕变和大范围蠕变（图 5-23）。加载初期裂纹尖端发生小范围蠕变，蠕变区域与裂纹长度和相关构件的尺寸相比很小，此后蠕变区随时间逐渐扩大直至完全包含了裂纹前沿的韧带区，蠕变达到了稳态。过渡状态下的蠕变则代表了二者之间的机制。不同蠕变状态的裂纹尖端控制参数也是不同的。

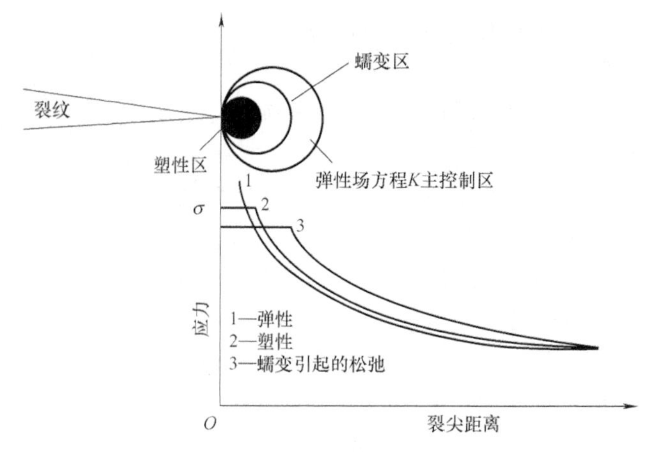

图 5-22　裂纹尖端区域应力场示意图

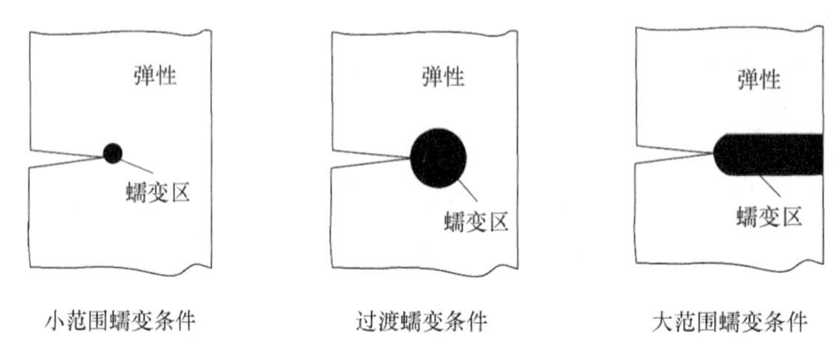

图 5-23　裂纹尖端蠕变示意图

2. 蠕变裂纹扩展

蠕变断裂可分为两个阶段，即蠕变裂纹的起裂与扩展（图 5-24）。蠕变断裂总寿命t为起裂寿命t_i与裂纹扩展寿命t_p之和。

$$t = t_i + t_p \tag{5-35}$$

蠕变裂纹扩展规律的定量研究主要是确定与蠕变裂纹扩展速率da/dt有关的参数。在断裂力学中已经用于与高温时间相关的裂纹扩展联系的参数有线弹性应力强度因子K、弹塑性的能量参数C^*积分及参考应力σ_{ref}等，具体使用哪一种，取决于合金在使用温度下的塑性和环境的敏感度。应力强度因子K只适用于线弹性阶段（温度较低裂纹尖端发生小范围屈服时）及低塑性材料，或蠕变过程中发生沿晶断裂的蠕变脆性材料。对蠕变延性材料，裂纹扩展可用净截面应力（σ_{net}）、参考应力（σ_{ref}）、裂纹张开位移（δ）和C^*积分参数控制。

对于蠕变脆性材料，在外载荷作用下，短时间便会发生断裂，材料对外载荷的响应基本上是弹性和弹塑性的，裂纹尖端的蠕变区与裂纹尺寸和试件韧带尺寸相比很小（小范围蠕变），裂纹扩展的控制参数应为K_I或J积分。如果试件预制了疲劳裂纹且在高温恒载下进行试验，则只有当载荷足够高时，才会出现裂纹扩展和断裂。蠕变裂纹扩展速率da/dt与K_I之间有类似于疲劳条件下的关系，即

$$\frac{da}{dt} = HK_I^Q \tag{5-36}$$

式中 H——与温度有关的常数；

Q——应力敏感度参数，其值在 20 ~ 30 之间。

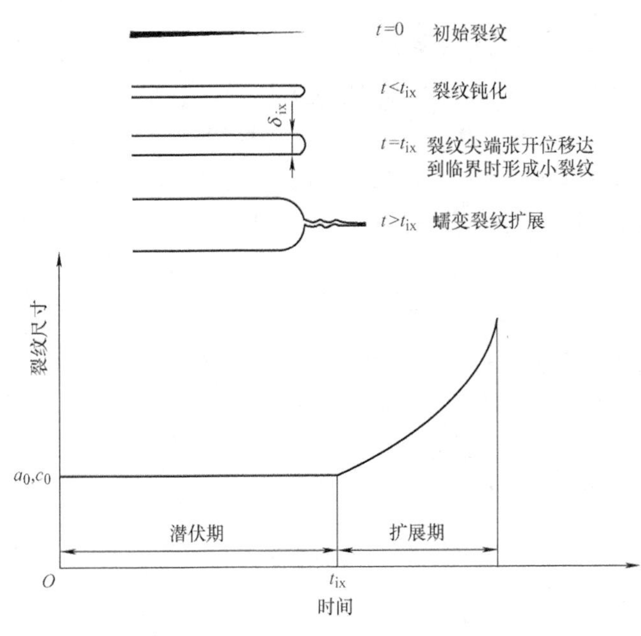

图 5-24 蠕变裂纹扩展

20 世纪 70 年代中期以来，从能量分析的角度研究蠕变裂纹扩展的问题不断受到人们的关注。根据弹塑性断裂力学参数 J 积分的原理，提出了将修正 J 积分 C^* 作为描述蠕变裂纹扩展速率的断裂力学参数。

弹塑性断裂力学参数 J 积分单值描述了裂纹尖端附近的弹塑性应力-应变场。在蠕变情况下，如果用应变速率 $\dot{\varepsilon}$ 和位移速率 $\dot{u}$ 置换 J 积分表达式中的应变 ε 和位移 U，则可得 C^* 积分的表达式。C^* 和 J 一样具有与积分路径无关的性质，因此 C^* 表征了裂纹尖端附近的应力场和应变速率场。故 C^* 原则上适用于弹塑性状态的蠕变裂纹扩展分析。

试验证实，对于幂定律蠕变的材料，即 $\dot{\varepsilon}=A\sigma^n$，$\frac{\mathrm{d}a}{\mathrm{d}t}$与 C^* 之间有如下关系

$$\frac{\mathrm{d}a}{\mathrm{d}t}=\beta^*(C^*)^{\frac{n}{n+1}} \tag{5-37}$$

式中 β^*——材料常数。

C^* 作为表征蠕变裂纹扩展速率的控制参数得到了广泛的应用，但是其也有局限性。C^* 积分参数在蠕变断裂中存在一个有限的应用范围，当断裂是由蠕变材料局部破坏的缓慢裂纹扩展所导致时，C^* 可关联到裂纹扩展率。对于蠕变塑性材料，在外载荷长时间持续作用下，由于幂定律黏性，蠕变将裂纹尖端的蠕变区扩大到整个韧带区，此后，蠕变应变控制了整个试件，裂纹扩展速率由 C^* 描述。进入加速蠕变阶段，韧带区受到蠕变空洞的严重损伤，C^* 作为蠕变裂纹扩展控制参数不再适用，参考应力成为更适用的参数。

上述分析表明，高温下与时间相关的裂纹扩展速率在不同情况下，将由不同的断裂力学参数控制。当环境贡献很大时，由于裂纹快速扩展，所以蠕变的影响会很小。这时，应力强度因子 K 就会是 $\mathrm{d}a/\mathrm{d}t$ 的适当参数。但在环境效应很小甚至可以忽略的情况下，$\mathrm{d}a/\mathrm{d}t$ 是蠕

变的主要贡献，从而改变了裂纹尖端的弹性应力场，并使线弹性参数失效，需要用非线性参数与 da/dt 相关联。

3. 蠕变-疲劳裂纹扩展

有关研究表明，蠕变-疲劳损伤失效可划分为 4 种可能的模式(图 5-25)，其中 N_F、N_{IF}、N_{IC}分别表示失效循环次数、疲劳裂纹出现时的循环次数、蠕变孔洞形成时的循环次数。由于蠕变损伤和疲劳损伤机理的差异，其相互之间的耦合在损伤发展的早期不会出现。在损伤发展的后期阶段，蠕变损伤会促进疲劳损伤的发展，而疲劳损伤对蠕变损伤的影响则较小。但疲劳裂纹的存在会加速裂纹前端晶界蠕变孔洞的形成，这是由于裂纹前端蠕变区的影响。

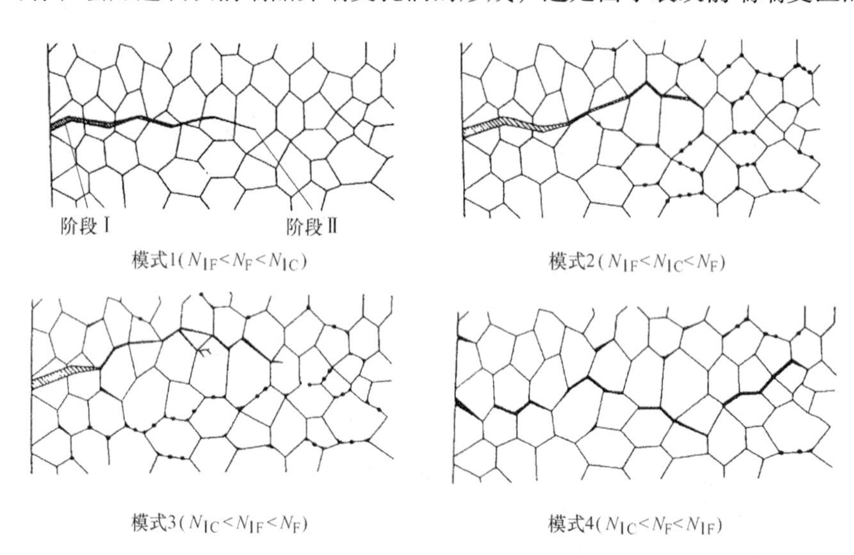

图 5-25　蠕变-疲劳损伤模式示意图

材料在高温循环载荷作用下，疲劳寿命随加载频率降低、拉应变保持时间增加和温度升高而降低的现象归因于疲劳-蠕变的交互作用。蠕变-疲劳损伤交互作用可以表示为

$$D=\alpha(\phi_c)^u+\beta(\phi_f)^v \tag{5-38}$$

式中　$\phi_c=\dfrac{t}{t_f}$——蠕变损伤分数；

$\phi_f=\Sigma\dfrac{n}{N_f}$——疲劳损伤分数；

α，β，u，v——交互作用参数。

$D=1$ 时，蠕变-疲劳损伤达到极限状态，则有

$$\alpha(\phi_c)^u+\beta(\phi_f)^v=1 \tag{5-39}$$

当 α，β，u，v 均为 1 时，则得到蠕变-疲劳损伤线性累积准则，即

$$\phi_c+\phi_f=1 \tag{5-40}$$

线性累积损伤准则简单，便于工程应用，但由于未考虑蠕变与疲劳的交互作用，其预测结果往往存在较大的误差。为此，Lagneborg 在线性累积损伤准则的基础上叠加了交互作用项，即：

$$\phi_c+k(\phi_c\phi_f)^{1/2}+\phi_f=1 \tag{5-41}$$

式中　k——交互作用系数。

图 5-26 所示为不同交互作用参数情况下的蠕变–疲劳极限状态曲线。曲线 1 和 2 分别为单纯蠕变或疲劳损伤，曲线 3 为线性累积损伤（$k=0$），曲线 4 为负作用损伤（$k<0$），曲线 5 为正作用损伤（$k>0$）。

为简化分析，在有关设计规范中采用双线性设计曲线（图 5-27）。双线性设计曲线是蠕变–疲劳裂纹起裂控制线，损伤点（ϕ_c，ϕ_f）位于安全区，则裂纹不发生扩展；损伤点位于曲线外，则裂纹起裂；损伤点位于曲线上，则处于临界状态。

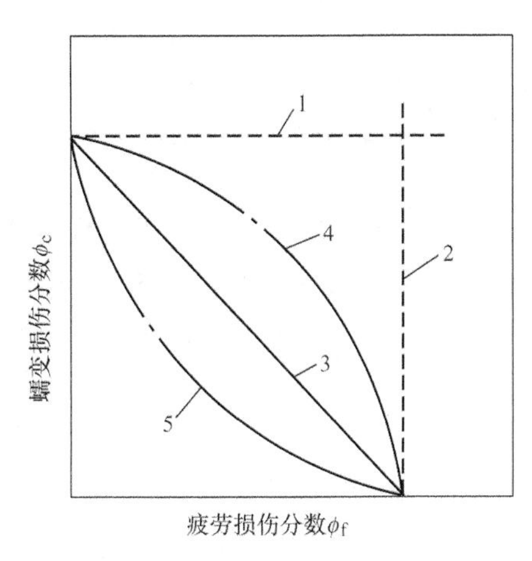

图 5-26　不同交互作用下蠕变–疲劳极限状态曲线

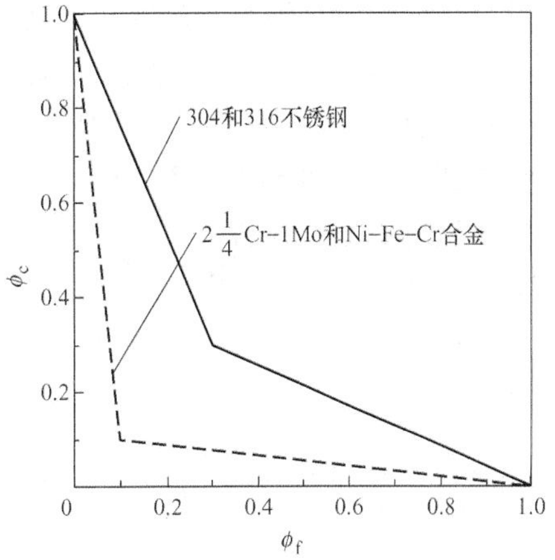

图 5-27　蠕变–疲劳交互作用设计曲线

蠕变–疲劳交互作用下裂纹扩展也可以采用叠加法，即

$$\frac{\mathrm{d}a}{\mathrm{d}N}=\left(\frac{\mathrm{d}a}{\mathrm{d}N}\right)_{\mathrm{F}}+\left(\frac{\mathrm{d}a}{\mathrm{d}N}\right)_{\mathrm{C}} \tag{5-42}$$

式中　$\left(\frac{\mathrm{d}a}{\mathrm{d}N}\right)_{\mathrm{F}}$——纯疲劳裂纹扩展速率；

$\left(\frac{\mathrm{d}a}{\mathrm{d}N}\right)_{\mathrm{C}}$——纯蠕变裂纹扩展速率。

5.3.3　蠕变失效评定图

考虑到蠕变是一个与时间相关的过程，在一般失效评定图中需要引入时间因素。例如，在高温缺陷评定规范 R5 中提出了时间相关的失效评定图（TDFAD）法，该方法与常温下缺陷评定规范 R6 采用的失效评定图（FAD）方法相似，只不过用“蠕变韧性”代替了常规的断裂韧性，而且需要计算与时间相关的应力和应变参数。时间相关的失效评定图是在 R6 规范的选择曲线的基础上给出的（图 5-28）。

与时间相关的失效评定图（TDFAD）法包括基于应力的 TDFAD 和基于应变的 TDFAD 两种，基于应力的失效评定图是在 R6 规范的选择曲线 2 的基础上给出的，涉及与失效评定曲线有关的两个参数 K_r 和 L_r 及一条截止线 $L_r^{\max}$，分别表示为

$$\begin{cases} K_r=\left(\dfrac{E\varepsilon_{\mathrm{ref}}}{L_r R_{\mathrm{p0.2}}^{\mathrm{C}}}+\dfrac{L_r^3 R_{\mathrm{p0.2}}^{\mathrm{C}}}{2E\varepsilon_{\mathrm{ref}}}\right)^{-1/2} & L_r\leqslant L_r^{\max} \\ K_r=0 & L_r>L_r^{\max} \end{cases} \tag{5-43}$$

$$K_r = \frac{K}{K_{mat}^C}, L_r = \frac{\sigma_{ref}}{R_{p0.2}^C}, L_r^{max} = \frac{\sigma_R}{R_{p0.2}^C} \tag{5-44}$$

式中　K_{mat}^C——蠕变韧性；

σ_R——蠕变断裂强度；

$R_{p0.2}^C$——蠕变条件屈服应力。

其中，ε_{ref}和σ_{ref}由等时应力-应变曲线定义（图5-29），其中$\sigma_{ref}=L_r R_{p0.2}^C$。与短时情况相一致，$L_r^{max}$的值应该不超过$\bar{\sigma}/R_{p0.2}$。

由于通过等时应力-应变曲线获得的σ_R和$R_{p0.2}^C$与时间是相关的，因此失效评定曲线和截止线都与时间相关，图5-28反映了失效评定曲线对时间的依赖性，可见采用长时失效评定曲线来评价短时情况会偏于保守。

蠕变韧性K_{mat}^C也是时间t的函数。一般而言，材料随高温服役时间的增长而性能劣化，K_{mat}^C降低，而温度对K_{mat}^C的影响规律尚不明确。即使是在恒载荷条件下，随蠕变时间的增长，评定点也会向临界线方向迁移，因此短时试验获得的K_{mat}^C不宜用于长期服役高温结构的缺陷评定。

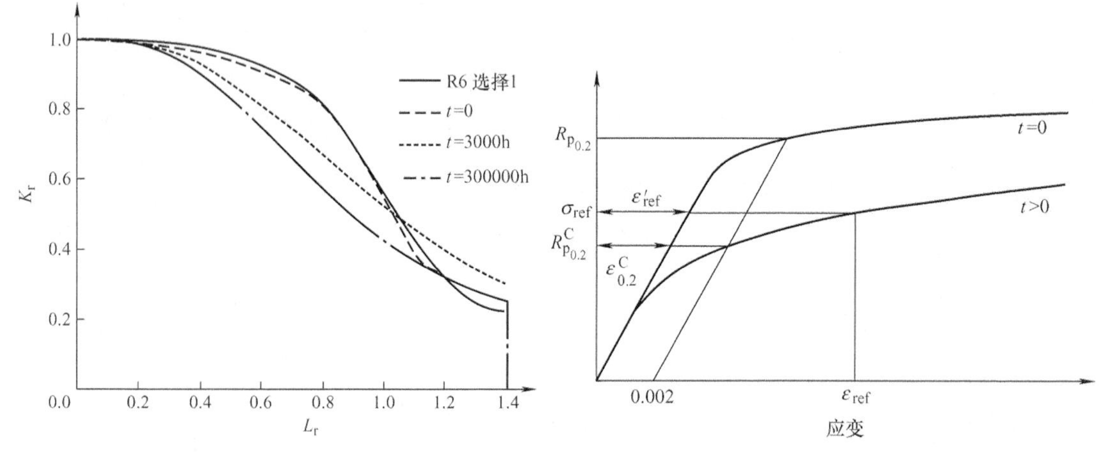

图5-28　时间相关的失效评定图（316不锈钢，600℃）　　图5-29　等时应力-应变曲线

5.3.4　双准则图

蠕变裂纹起裂的双准则图（2CD）如图5-30所示，纵坐标为远场应力与蠕变断裂强度的比值，横坐标为蠕变裂纹应力强度因子与起裂韧性的比值，分别为

$$R_\sigma = \frac{\sigma_n}{\sigma_R} \tag{5-45}$$

$$R_K = \frac{K_I}{K_{Ii}} \tag{5-46}$$

式中　σ_n——远场应力或名义应力；

σ_R——蠕变断裂强度；

K_I——蠕变裂纹弹性应力强度因子；

K_{Ii}——材料蠕变起裂韧性。

在给定材料和温度情况下，可绘制出发生蠕变裂纹起裂的临界线。评定点（R_σ，R_K）位于起裂线以下区域；则不会发生蠕变起裂；评定点（R_σ，R_K）位于起裂线及以上区域，则会发生蠕变起裂和扩展。

根据 R_σ/R_K 值可将双准则图分为 3 个蠕变损伤特征区。如图 5-30 所示，在 $R_\sigma/R_K=2$ 线的上方发生韧带蠕变损伤，在 $R_\sigma/R_K=0.5$ 的下方发生裂纹尖端蠕变损伤，在上述两条直线之间的区域发生混合型蠕变损伤。

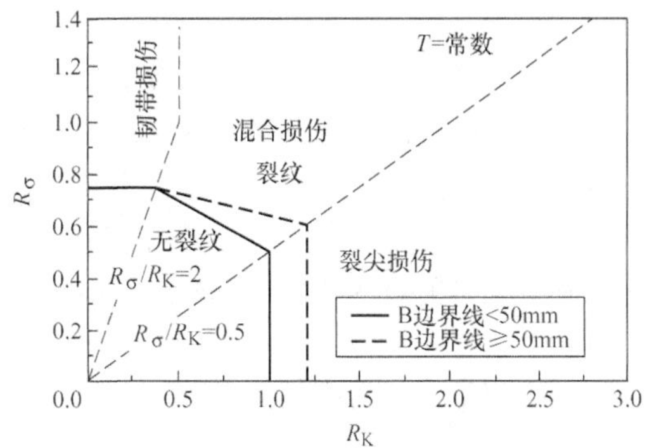

图 5-30 蠕变裂纹起裂的双准则图

BS 7910：2013 + A1：2015 对高温缺陷的评定是基于 R5 的路线，但进行了更多的简化。与其他同类评定规程相比，蠕变排除准则是 BS 7910：2013 + A1：2015 的主要特色之一，当结构-温度-服役时间的组合能够满足下列条件中之一时，就不需要考虑蠕变：①整个运行过程中的最高温度小于临界温度 T_C（T_C 与材料和操作温度有关）；②总的操作时间和温度历史满足时间分数定律。反之则需要进行蠕变失效评定。

5.3.5 焊接接头的蠕变强度

对于高温构件的设计，部分现行的设计规范中均采用简单的设计原则，即许用应力 σ 根据母材的高温蠕变断裂数据除以一个安全系数来确定，而没有考虑焊缝对焊接结构蠕变强度的影响。但是从 1987 年开始，ASME Code Case N－47 开始考虑焊缝的性质，对焊接结构的高温设计，在选择设计许用应力时，引入焊缝蠕变强度减弱系数 R，即焊缝金属材料的蠕变强度与母材的蠕变强度之比（$R\leqslant1$）。这个焊缝蠕变强度减弱系数是以单轴拉伸试验得到的母材与焊缝的数据为基础的。

单轴带焊缝试样无法真正反映高温构件焊接接头的蠕变性能，高温构件的蠕变行为不仅与时间相关，而且与空间多轴应力状态相关。精确的方法是采用实际焊接结构进行蠕变试验，直接反映其蠕变行为，但高温焊接结构的试验耗资巨大，现在多采用单独材料的单轴蠕变试验建立本构方程，然后借用数值计算方法，如有限元法，分析实际高温构件的蠕变行为。

根据焊接接头蠕变强度和寿命可以定义以下两个蠕变降低系数（图 5-31）。

$$R_\sigma=\frac{\sigma_W}{\sigma_B} \tag{5-47}$$

式中 R_σ——蠕变强度降低系数；
σ_W——焊缝的蠕变强度；
σ_B——母材的蠕变强度。

$$R_t=\frac{t_W}{t_B} \tag{5-48}$$

式中 R_t——蠕变寿命降低系数；
t_W——焊缝的蠕变寿命；
t_B——母材的蠕变寿命。

焊接接头的蠕变强度设计要充分考虑缺口效应和不均匀性产生的影响。一般而言，焊接接头的应变限制要比母材更为严格。有些标准规定，焊接区的非弹性应变（包括塑性应变和蠕变应变）的累积值应限制为母材的1/2。这就要求蠕变强度设计时尽可能使焊缝避开非线性应变累积增大的部位，并采用合适的焊接方法与焊接材料使焊接区的蠕变塑性与母材尽可能相近。

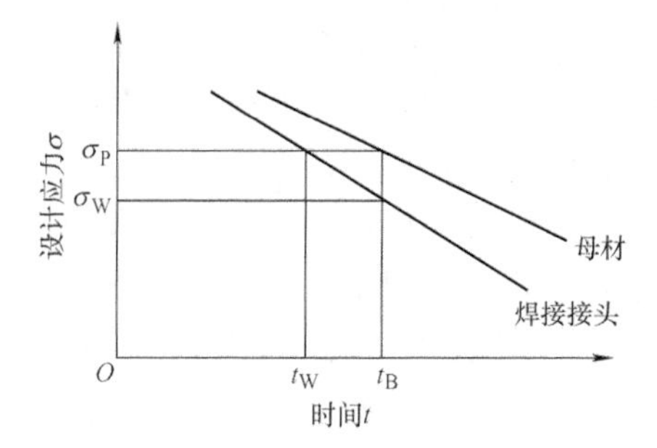

图5-31　焊接接头的蠕变强度与寿命设计曲线

5.4　辐照韧力分析

5.4.1　辐照脆化评定方法

辐照脆化增大了材料脆性断裂的危险，一旦发生脆性破坏，其后果非常严重，因此防止脆性断裂是保证核反应堆压力容器结构韧力的核心。为此，有关设计规范全面采用现代结构断裂控制的研究成果，形成了转变温度和断裂力学判据相互结合的评定方法，目的是确保核反应堆压力容器结构具有足够的抗脆性断裂能力。

1. 转变温度方法

核反应堆压力容器材料的无塑性转变温度升高可以表示为

$$T_{NDT} = T_{NDT}^{\circ} + \Delta T_F + \Delta T_T + \Delta T_N \tag{5-49}$$

式中　T_{NDT}——服役一定时间后的材料无塑性转变温度；

T_{NDT}°——未受辐照材料的初始无塑性转变温度；

ΔT_F——辐照损伤引起的材料无塑性转变温度的升高值；

ΔT_T——热时效损伤引起的材料无塑性转变温度的升高值；

ΔT_N——疲劳损伤引起的材料无塑性转变温度的升高值。

在上述引起核反应堆压力容器材料的无塑性转变温度升高的三个因素中，辐照损伤引起的材料无塑性转变温度的升高是评价核反应堆压力容器结构辐照脆化效应的重要指标。

核反应堆压力容器结构辐照脆化效应在工程考核中通常参考无塑性转变温度来评估。为了防止核反应堆压力容器发生脆性断裂事故，转变温度方法要求核反应堆压力容器的运行温度应高于弹性断裂转变温度 T_{FE}。

$$T_{FE} = T_{AR} + 33℃ \tag{5-50}$$

式中　T_{AR}——修正参考温度，即考虑了辐照损伤而经修正的参考无塑性转变温度。

$$T_{AR} = T_{RNDT} + \Delta T_{RNDT} + \Delta \tag{5-51}$$

式中　T_{RNDT}——辐照前的参考无塑性转变温度；

ΔT_{RNDT}——辐照前后 T_{RNDT} 的增量，如图5-32所示；

Δ——安全裕量。

T_{AR}是核反应堆压力容器不同服役时期的预计无塑性转变温度，结构寿命末期的修正参考温度 T_{AR}应小于93℃，超过此预期值，需要采取退火处理等相应措施，以便恢复核反应堆压力容器辐照损伤区的材料韧性。

因此应尽量降低核反应堆压力容器堆芯段筒体材料的初始参考无塑性转变温度 T_{RNDT}，以改善材料的抗辐照脆化性能，为以后长期运行中不可避免的辐照脆化引起的 T_{RNDT} 升高（ΔT_{RNDT}）留出合理的裕度。

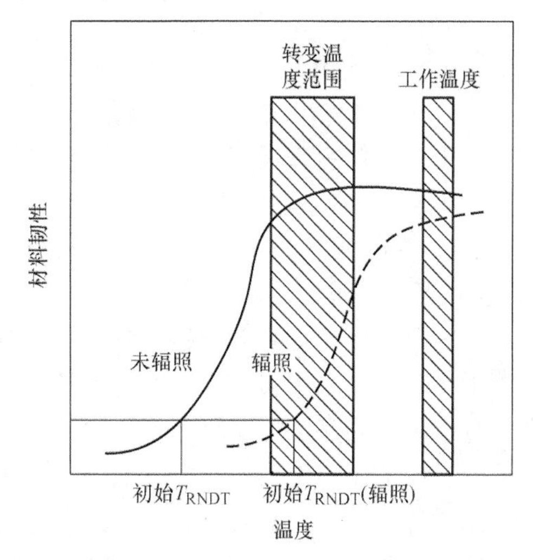

图 5-32 转变温度方法示意图

根据 ASME 规范要求，在确定辐照前后的参考无塑性转变温度差 ΔT_{RNDT} 时，首先通过落锤试验测定钢材的无塑性转变温度 T_{NDT}，然后以 T_{NDT} 作为参考温度，在 $T_{NDT}+30℃$ 的温度下进行一组（3 个试件）夏比冲击试验，如果 3 个试件的冲击韧度值和侧向膨胀量分别满足85J/cm^2 和 0.89mm 的规定要求，则该 T_{NDT} 温度就是 ΔT_{RNDT} 温度。如果上述要求不满足时，可在 $T_{NDT}+30℃$ 的基础上逐步提高温度（每次提高 5℃）再进行试验（每组 3 个试件），直到获得 3 个试件满足上述两个指标的要求为止，则 $T_{RNDT}=T_{CVN}-33℃$。T_{RNDT} 是在 T_F 温度下经过冲击韧度和塑性指标双重验证后确定的，要比直接采用 T_{NDT} 更加严格和可靠，这个经过夏比冲击试验验证的 T_{NDT} 就称为参考无塑性转变温度。

根据核反应堆压力容器用钢辐照脆化的影响因素，式(5-51) 中的 ΔT_{RNDT} 计算时，需要通过大量的试验数据进行统计分析。大量的数据统计表明 ΔT_{RNDT} 可以表示为

$$\Delta T_{RNDT}=A(\text{化学成分},\text{辐照温度},\text{辐照通量})f^n+C \tag{5-52}$$

式中 A——系数；

f——快中子注量；

n——指数；

C——常数。

对 ΔT_{RNDT} 影响最大的是化学成分和快中子注量，因此式(5-52) 又可以简化为

$$\Delta T_{RNDT}=\mathrm{CF}\times\mathrm{FF} \tag{5-53}$$

式中 CF——化学因子；

FF——快中子注量因子，$\mathrm{FF}=f^n$。

美国核管理委员会指南 NRC－RG1. 99 第 2 版推荐采用以下公式计算 ΔT_{RNDT}：

$$\Delta T_{RNDT}=\mathrm{CF}\times f^{(0.28-0.10\lg f)} \tag{5-54}$$

对于容器壁厚不同深度处的快中子注量 f_x 及 ΔT_{RNDT}，NRC－RG1. 99 第 2 版中推荐以下公式进行计算：

$$f_x=f_{\text{内表面}}\mathrm{e}^{-0.24x} \tag{5-55}$$

$$\Delta T_{RNDT}=\Delta T_{RNDT}^{\text{内表面}}\mathrm{e}^{-0.067x} \tag{5-56}$$

式中 x——容器内表面至计算部位的深度（in，1in＝2. 54cm）。

式(5-54) 中化学因子 CF 考虑了含 Ni 的质量分数的影响。NRC－RG1. 99 第 2 版给出了化学因子 CF 与 Cu 和 Ni 的关系（图 5-33）。

安全裕度按下式计算

$$\Delta = 2\sqrt{\sigma_0^2 + \sigma_\Delta^2} \tag{5-57}$$

式中　σ_0——辐照前 T_{RNDT} 的测量标准差；

σ_Δ——ΔT_{RNDT} 的测量标准差。

有关标准规定，当 T_{RNDT} 采用压力容器钢的实测值时，$\sigma_0 = 0$，若采用一般的平均值，需用一组数据计算 σ_0；对母材 $\sigma_\Delta = 9.4℃$，焊缝 $\sigma_\Delta = 15.6℃$，但 σ_Δ 值不能大于 $0.5\Delta T_{RNDT}$。

在核反应堆压力容器选材、制造和验收及在役检查等工作中，多采用转变温度作为考核指标。核反应堆运行以后，堆芯区域母材和焊缝力学性能时效退化是限制反应堆压力容器使用寿命的主要因素，焊缝尤其受到关注。对核反应堆压力容器来说，材质性能时效退化的主要原因是中子辐照导致材质硬化和脆化。为了随时监测压力容器材料的辐照脆化，一般需要在核反应堆内合适的位置放置一些与压力容器结构相同的材料，让其进行辐照试验。而后定期将这些材料取出，测试其韧-脆转变温度。如果材料的辐照脆化确实严重，就要考虑降低核反应堆的运行功率，甚至有可能不得不关闭核反应堆。

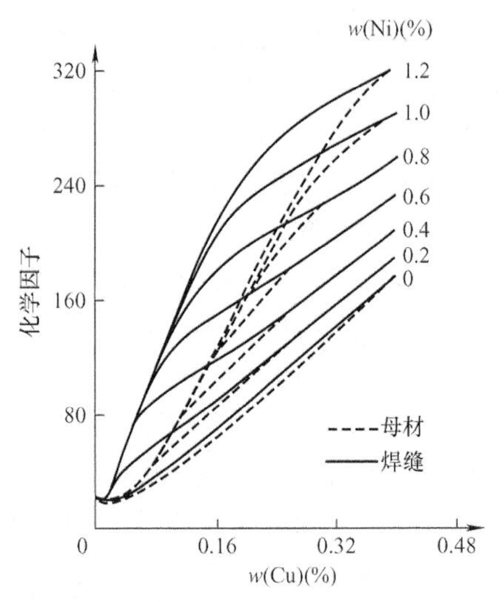

图 5-33　NRC－RG1.99 第 2 版给出的母材和焊缝化学因子的比较

2. 断裂力学方法

转变温度方法不能判定裂纹是否扩展，研究裂纹的扩展行为需要采用断裂力学的方法。为了防止核反应堆压力容器用钢的脆性断裂，有关规范推荐采用线弹性断裂力学判据，当 $K_{\mathrm{I}} < K_{\mathrm{IR}}$ 时，裂纹不发生扩展。其中 K_{IR} 称为参考应力强度因子，是 K_{IC}、K_{Id} 和 K_{Ia} 数据的下包络线（图 5-34），可近似表示为

$$K_{\mathrm{IR}} = A + B\exp[C(T - T_{RNDT} + D)] \tag{5-58}$$

例如，ASME 规范第Ⅲ卷附录 G 提出的关系式为

$$K_{\mathrm{IR}} = 29.43 + 1.344\exp[0.0261(T - T_{RNDT} + 89)] \tag{5-59}$$

式中　T——工作环境温度。

$T - T_{RNDT}$ 反映了工作温度接近材料韧-脆转变温度的程度，即反映了工作温度对材料断裂韧性的影响。显然，工作温度越低，K_{IR} 值越小，即随着工作温度的降低，材料的韧性也降低。式(5-59）为估计 K_{IR} 值提供了便利，仅用前述方法确定的参考无塑性转变温度 T_{RNDT} 就可获得 K_{IR} 值。

研究表明，上述用下包络线估计参考应力强度因子的方法，由于引入了冲击韧性试验，故得出的 T_{RNDT} 参数会带来较大的误差。近年来发展了基于断裂韧性概率分析的主曲线法（master curve），主曲线法采用断裂韧性数据概率分布的中值作为参考断裂韧性曲线（图 5-35），便于计算含不同概率水平的断裂韧性曲线，而主曲线的位置则由单一参数参考温度来决定。其表达式为

$$K_{JC(中值)} = 30 + 70\exp[0.019(T - T_0)] \tag{5-60}$$

式中　K_{JC}——用 J 积分方法得到的断裂韧度；

T_0——标准试样断裂韧度为 $100\mathrm{MPa}\sqrt{\mathrm{m}}$ 时所对应的温度。

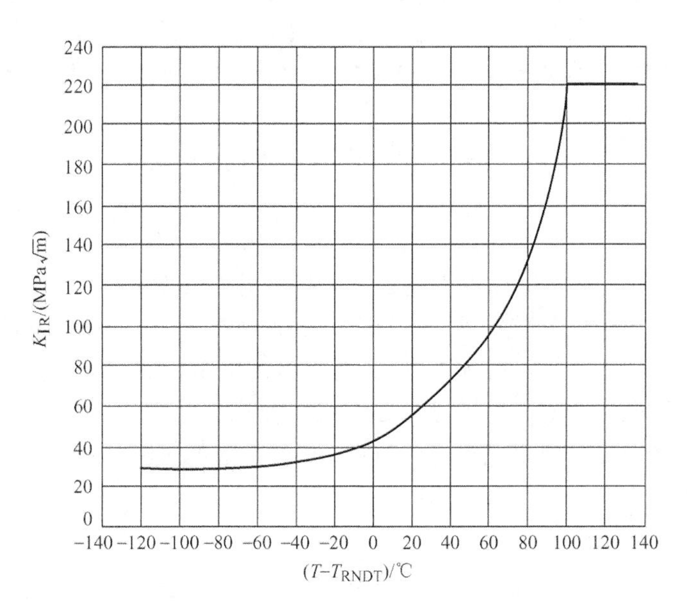

图 5-34　K_{IR}与$T-T_{RNDT}$的关系

含概率水平的断裂韧度曲线为

$$K_{JC(P_f)}=20+\left[\ln\left(\frac{1}{1-P_f}\right)\right]^{0.25}\{11+77\exp[0.019(T-T_0)]\} \tag{5-61}$$

式中　P_f——概率水平，$P_f=P\ (K_I\leqslant K_{JC})$。

$$K_{JC(0.05)}=25.2+36.6\exp[0.019(T-T_0)] \tag{5-62}$$

$$K_{JC(0.95)}=34.5+101.3\exp[0.019(T-T_0)] \tag{5-63}$$

图 5-36 为含概率水平的断裂韧度曲线。

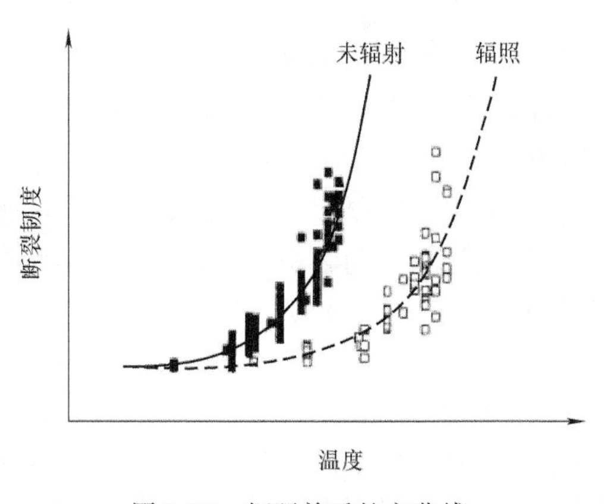

图 5-35　辐照前后的主曲线

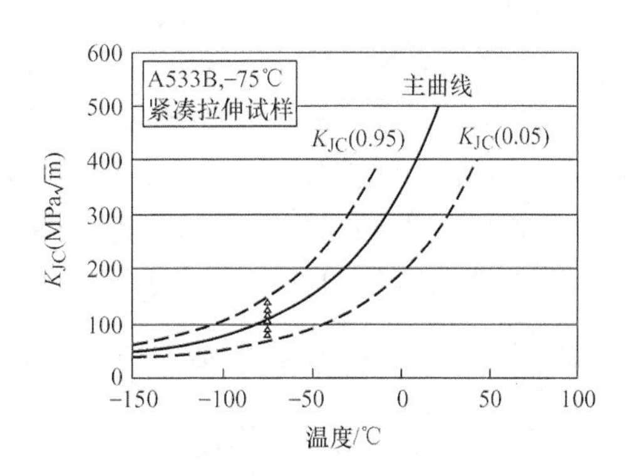

图 5-36　含概率水平的断裂韧度曲线

核反应堆结构需经正常工况、异常工况、紧急工况和事故工况载荷下结构完整性设计和验证。核反应堆压力容器在正常工况（A 级）和异常工况（B 级）下须满足

$$2K_{Im}+K_{It}<K_{IR} \tag{5-64}$$

式中　K_{Im}——薄膜应力强度因子（$MPa\sqrt{m}$）；

　　　K_{It}——温度应力强度因子（$MPa\sqrt{m}$）。

对于复杂应力区，如接管、法兰等，则需要计算弯曲引起的一次弯曲应力的应力强度因子 K_{Ib}，以及热应力、焊接残余应力等二次应力引起的应力强度因子 K'_{Im}、K'_{Ib}，要求满足

$$2(K_{\mathrm{Im}}+K_{\mathrm{Ib}})+(K'_{\mathrm{Im}}+K'_{\mathrm{Ib}})<K_{\mathrm{IR}} \tag{5-65}$$

水压试验时要求满足

$$1.5(K_{\mathrm{Im}}+K_{\mathrm{Ib}})+(K'_{\mathrm{Im}}+K'_{\mathrm{Ib}})<K_{\mathrm{IR}} \tag{5-66}$$

对于核反应堆压力容器的韧性断裂问题，可以采用 J 积分或 COD 方法。

断裂力学方法常用于核反应堆压力容器寿命末期或遇到异常情况及缺陷尺寸超过标准规定时的结构完整性分析，同样可以采用 R6 方法对含缺陷结构的辐照脆化失效进行评定。由于辐照脆化也是与时间相关的，其评定点也会因为脆化程度的变化而发生迁移，如图 5-37 所示。断裂韧度的分散度对评定点的位置和变化也有较大的影响（图 5-38），在评定过程中均应予以充分考虑。

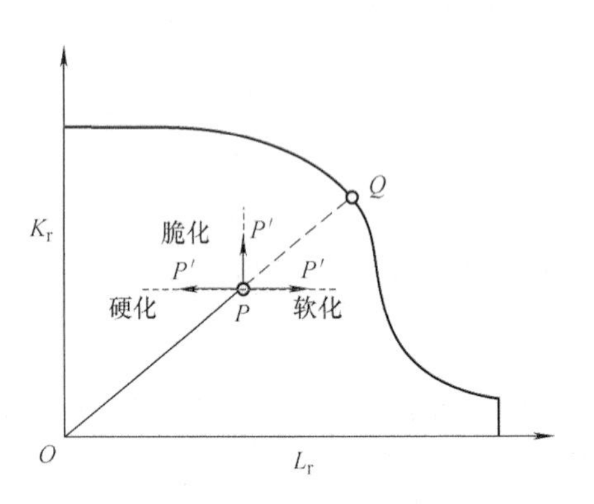

图 5-37　辐照脆化对评定点的影响

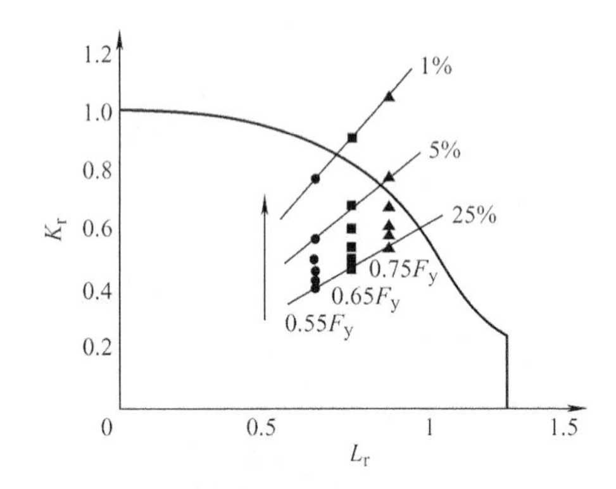

图 5-38　断裂韧度分散性对评定点的影响

辐照对材料疲劳性能的影响如图 5-39 所示。与未受辐照的材料相比，在较低寿命区，辐照会降低疲劳强度；而在高寿命区，辐照疲劳强度略有提高，这与长时辐照退火效应有关。辐照对 316 不锈钢疲劳裂纹扩展速率的影响如图 5-40 所示，轧制退火态 316 不锈钢辐照后的 $\mathrm{d}a/\mathrm{d}N$ 分散带低于其未辐照的 $\mathrm{d}a/\mathrm{d}N$；而冷变形 316 不锈钢辐照后的 $\mathrm{d}a/\mathrm{d}N$ 分散带高于其未辐照的 $\mathrm{d}a/\mathrm{d}N$，这也说明了冷变形硬化对疲劳裂纹扩展的影响。因此在考虑辐照对材料疲劳性能的影响时要综合辐照退火效应和材料的加工状态进行分析。

5.4.2　焊接结构的辐照脆化评定

核反应堆压力容器无论是环锻还是板焊结构，都会涉及焊缝辐照问题，焊接区的辐照敏感性因焊接方法、焊接材料（焊丝、焊剂）、焊接条件和焊后热处理而异。辐照试验表明：铸态的焊缝比加工态的母材辐照效应大，热影响区由于焊接条件和焊后热处理的不同，辐照敏感性也有很大差异。这表明焊缝是保证安全的薄弱环节。

美国 ASTM E900－02 提出的锻件、焊缝、板材的 ΔT_{RNDT} 计算公式为

$$\Delta T_{\mathrm{RNDT}}=\mathrm{SMD}+\mathrm{CRP} \tag{5-67}$$

$$\mathrm{SMD}=A\exp\left[\frac{20730}{(T_{\mathrm{c}}+460)}\right]f^{0.5076} \tag{5-68}$$

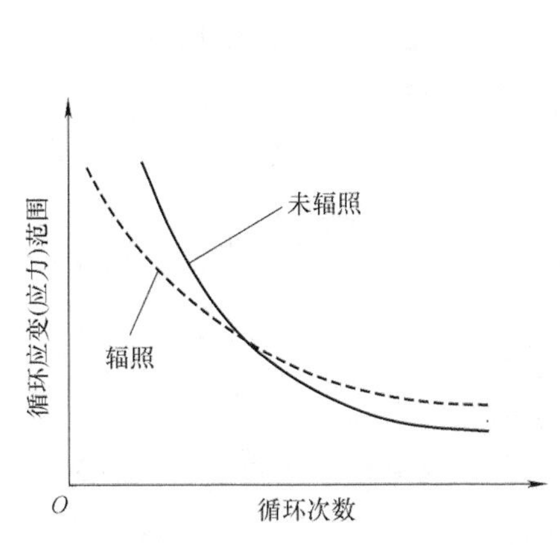

图 5-39 辐照对材料疲劳性能的影响

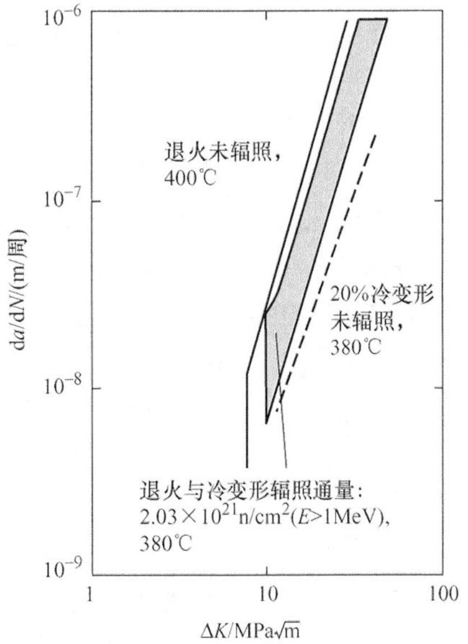

图 5-40 辐照对 316 不锈钢疲劳裂纹扩展速率的影响

式中 T_c——冷却液温度 [℉, ℃ = 519 × (℉ − 32)]；

f——快中子注量。

$$\mathrm{CRP} = B[1 + 2.106\mathrm{Ni}^{1.173}]F(\mathrm{Cu}) \cdot G(f) \tag{5-69}$$

$$A = 6.70\times10^{-18}, B = \begin{cases}234,\text{焊缝}\\128,\text{锻件}\\208,\text{烧结件}\end{cases} \tag{5-70}$$

$$G(f) = \frac{1}{2} + \frac{1}{2}\tanh\left[\frac{\lg(f) - 18.24}{1.052}\right] \tag{5-71}$$

$$F(\mathrm{Cu}) = \begin{cases}0, w(\mathrm{Cu}) \leqslant 0.072\%\\ [w(\mathrm{Cu}) - 0.072]^{0.577}, w(\mathrm{Cu}) > 0.072\%\end{cases} \tag{5-72}$$

$$w(\mathrm{Cu})_{\max} = \begin{cases}0.25\%,\text{焊缝(Linde 80 和 Linde 0091 焊剂)}\\0.305\%,\text{其他焊缝}\end{cases} \tag{5-73}$$

针对母材和焊缝的辐照敏感性差异，日本提出的核反应堆压力容器用钢母材和焊缝的 ΔT_{RNDT} 分别为

母材：
$$\Delta T_{\mathrm{RNDT}} = (-16 + 1230\mathrm{P} + 215\mathrm{Cu} + 76\sqrt{\mathrm{Cu}\times\mathrm{Ni}})\left(\frac{f}{10^{9}}\right)^{0.27} \tag{5-74}$$

焊缝：
$$\Delta T_{\mathrm{RNDT}} = (27 - 23\mathrm{Si} - 58\mathrm{Ni} + 290\sqrt{\mathrm{Cu}\times\mathrm{Ni}})\left(\frac{f}{10^{19}}\right)^{[0.24 - 0.09\lg(f/10^{19})]} \tag{5-75}$$

式中 P、Cu、Ni、Si——P、Cu、Ni、Si 的质量分数。

美国有关标准规定：当束带区纵向焊缝的 T_{RNDT} 超过限值 132℃，环向焊缝的 T_{RNDT} 超过限值 149℃时，应进行详尽的安全评定分析。

此外，核电站压水堆一回路系统在运行环境下长期服役时会发生材料性能的退化，其中主要模式为热老化。热老化可导致材料的韧-脆转变温度上升、结构的临界裂纹尺寸减小。

若出现非预期的载荷作用，还会发生加速老化的现象，构成核电结构的完整性风险。为了确保核电结构的可靠运行，需要深入研究长时热老化所导致的焊接结构韧力演化与评定问题。

参 考 文 献

[1] SADANANDA K, VASUDEVAN A K. Review of Environmentally Assisted Cracking [J]. Metallurgical and materials transactions A, 2011, 42 (2): 279-295.

[2] LUCIANO L, MARIAPIA P. Corrosion Science and Engineering [M]. Cham: Springer Nature Switzerland AG, 2018.

[3] 平修二. 金属材料的高温强度：理论·设计 [M]. 郭延玮，等译. 北京：科学出版社，1983.

[4] 穆霞英. 蠕变力学 [M]. 西安：西安交通大学出版社，1990.

[5] 涂善东. 高温结构的完整性原理 [M]. 北京：科学出版社，2003.

[6] 巩建鸣. 高温下焊接接头结构完整性的研究-高温局部变形测量技术及损伤与断裂的分析 [D]. 南京：南京化工大学. 1999. 6.

[7] JONES D A. Principles and Prevention of Corrosion [M]. New Jersey: Prentice Hall, 1996.

[8] RAYMOND L. Hydrogen Embrittlement: Prevention and Control [M]. West Conshohocken: ASTM Special Technical Publication, 1988.

[9] TURNBULL A. Hydrogen Transport and Cracking in Metals [C]. Cambridge: The Institute of Materials, 1995.

[10] SINGH R. Weld Cracking in Ferrous Alloys [M]. Cambridge: Woodhead Publishing Limited, 2009.

[11] The American of Mechanical Engineers. Class I Components in Elevated Temperature Service: ASME Code Case N-47-29 [S]. New York: ASME Section Ⅲ, Division 1, 1987.

[12] WEBSTERG A, AINSWORTH R A. High Temperature Component Life Assessment [M]. Dordrecht: Springer Science + Business Media, 1994.

[13] American Society Testing Materials. Standard Test Method for Measurement of Creep Crack Growth Times in Metals: ASTM E1457 [S]. West Conshohocken: ASTM International, 2015.

[14] EDF Energy. Assessment procedure for the high temperature response of structures: R/H/R5-3 [S]. Gloucester: British Energy Generation Ltd, 2003.

[15] GARY S WAS. Fundamentals of Radiation Materials Science [M]. 2nd ed. New York: Springer Science + Business Media, 2017.

[16] KNOTT, JOHN F. Structural integrity of nuclear reactor pressure vessels [J]. Philosophical Magazine, 2013, 93 (28-30): 3835-3862.

[17] IAEA Nuclear Energy Series. Integrity of Reactor Pressure Vessels in Nuclear Power Plants: Assessment of Irradiation Embrittlement Effects in Reactor Pressure Vessel Steels: NP-T-3.11 [S]. Vienna: International Atomic Energy Agency, 2009.

[18] International Atomic Energy Agency. Master Curve Approach to Monitor Fracture Toughness of Reactor Pressure Vessels in Nuclear Power Plants: IAEA-TECDOC-1631 [S]. Vienna:

International Atomic Energy Agency, 2009.

[19] LLOYD G J, WALLS J D, GRAVENOR J. Low temperature fatigue crack propagation in neutron Irradiated type 316 steel and weld metal [J]. Journal of Nuclear Materials, 1982, 101 (1): 251 - 257.

[20] HOFFELNER W. Materials for Nuclear Plants, from Save Design to Residual Life Assessments [M]. London: Springer, 2012.

[21] 张敬才. NRC - RG1. 99 - 2 中 LWR - RPV 辐照脆化效应预计公式讨论 [J]. 核动力工程, 2009, 30 (6): 1 - 7.

[22] 乔建生, 尹世忠, 杨文. 反应堆压力容器材料辐照脆化预测模型研究 [J]. 核科学与工程, 2012, 30 (2): 143 - 149.

[23] AINSWORTH R A, HOOTON D G, GREEN D. Failure assessment diagrams for high temperature defect assessment [J]. Engineering Fracture Mechanics, 1999, 62 (1): 95 - 109.

[24] 上海发电设备成套设计研究院. 压水堆核电站核岛主设备材料和焊接 [M]. 上海: 上海科学技术文献出版社, 2008.

[25] 张俊善. 材料的高温变形与断裂 [M]. 北京: 科学出版社, 2007.

[26] 杨文斗. 反应堆材料学 [M]. 北京: 原子能出版社, 2000.

第6章　焊接结构韧力的概率分析

实际焊接结构的应力集中、焊接缺陷、焊接残余应力、材料的组织性能及工作环境都具有较大的不确定性，焊接结构的韧力也具有随机特性。因此应重视焊接结构韧力的概率评定，其要点是采用概率断裂力学原理对焊接结构的失效概率进行评估。

6.1　焊接结构的风险性及失效概率

焊接结构在制造和使用过程中都会面临不确定性，由此构成结构韧力损失和结构完整性遭破坏的风险。焊接结构的风险性是合于使用原则要考虑的问题。

6.1.1　焊接结构的风险性

焊接结构完整程度被接受的准则是合于使用性，或者说其损伤程度不影响使用性能。任何事物都是相对的，焊接结构的绝对完整或安全往往是很难做到的，因此要求结构具有抵抗风险的能力。风险由两部分组成：一是危险事件出现的概率；二是一旦危险出现，其后果的严重程度和损失的大小。危险是可能产生潜在损失的征兆，是风险的前提，没有危险就无所谓风险。危险是客观存在，是无法改变的，而风险却在很大程度上随着人们的意志而改变，即按照人们的意志可以改变危险出现或事故发生的概率，一旦出现危险，可以通过改进防范措施，从而改变损失的程度。在重要的焊接结构设计、制造和使用过程中，应对风险有足够的认识，预估危险事件的出现频率及后果，设置合理的风险边界（图6-1a）。在焊接结构完整性监测中，风险分析要能够正确识别高风险区域，确定可能导致结构破坏的主控因素，为合于使用分析提供基础。

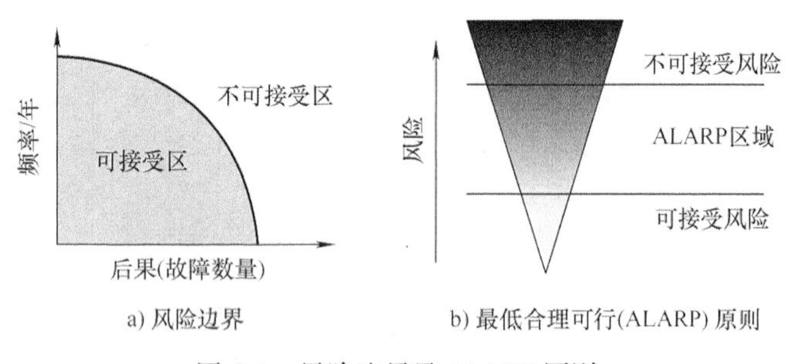

图6-1　风险边界及ALARP原则

结构系统的风险性与结构的合于使用性密切相关，保证结构的合于使用性是降低技术风险的关键。考虑工程风险的结构合于使用性分析不但要对结构是否安全进行估计，而且要对结构的风险性进行判定。人们往往认为风险越小越好，实际上这是不现实的。合理的做法是将风险限定在一个可接受的水平上，遵循的原则是接受合理的风险，不要接受非必要的风险或力求在风险与利益间取得平衡。风险可接受的常用准则为最低可接受（as low as reasonably practicable，ALARP）原则。

ALARP 原则要求在介于可接受风险和不可接受风险之间的风险范围内应尽可能降低风险，能够尽量降低风险的范围称为 ALARP 区域（图 6-1b）。

制定可接受风险准则，除了考虑人员伤亡、结构损坏和财产损失外，环境污染和对人健康潜在危险的影响也是一个重要因素。风险可接受准则的表述形式有许多种，系统及装置的安全系数是传统表示方法。目前多应用安全指标（β）和失效概率（P_f）来表示。如美国钢结构研究所（AISC）、美国土木工程师学会（ASCE）及美国高速公路和运输公务员协会（AASHTO）规定使用 β 值作为风险接受准则。失效概率作为风险接受准则在航空、核电、海洋工程等方面得到普遍应用。β 是基于应力-强度干涉模型定义的可靠度指标，它与失效概率 P_f 之间的关系为：

$$P_f = \phi(-\beta) \tag{6-1}$$

式中　ϕ——标准正态累积分布函数。

表 6-1 为结构安全指标 β 与失效概率（P_f/年）的参考值。

表 6-1　结构安全指标 β 与失效概率（P_f/年）

失效后果	第Ⅰ类失效	第Ⅱ类失效	第Ⅲ类失效
不严重	3.09（10^{-3}）	3.71（10^{-4}）	4.26（10^{-5}）
严重	3.71（10^{-4}）	4.26（10^{-5}）	4.75（10^{-6}）
很严重	4.26（10^{-5}）	4.75（10^{-6}）	5.20（10^{-7}）

表中的失效类型：Ⅰ为塑性失效；Ⅱ为韧性撕裂失效；Ⅲ为脆性断裂。

失效后果中的严重程度为：

不严重——对人员伤害、对环境污染均很小，经济损失也小；

严重——对人员可能伤害、甚至死亡，对环境可能污染，有明显的经济损失；

很严重——很大可能性导致一些人员伤害或死亡，明显的环境污染和巨大的经济损失。

风险可接受程度要受到结构及使用条件、风险的预见性与可控性、风险后果、经济可承受性等多种因素制约。

6.1.2　焊接结构的失效概率

影响焊接结构强度的因素一都具有随机性，称为基本变量，记为 $X_i(i=1, 2, \cdots, n)$。焊接结构的强度可用功能函数 Z 来表达，即

$$Z = g(X_1, X_2, \cdots, X_n) \tag{6-2}$$

当 $Z=0$ 时，称为极限状态方程。当功能函数中仅包括作用效应（或称应力）S 和结构抗力（或称强度）R 两个基本变量时，可得

$$Z = g(R, S) = R - S \tag{6-3}$$

当基本变量满足极限状态方程

$$Z = R - S = 0 \tag{6-4}$$

时，结构达到极限状态，即图 6-2 的 45°直线。当 $Z>0$ 时，结构处于可靠状态；当 $Z=0$ 时，结构处于极限状态；当 $Z<0$ 时，发生超越极限状态（图 6-3），结构处于失效状态。

实际工程结构的应力 S 和强度 R 都是随机变量，则功能函数超越极限状态的概率称为失效概率 P_f，可表示为

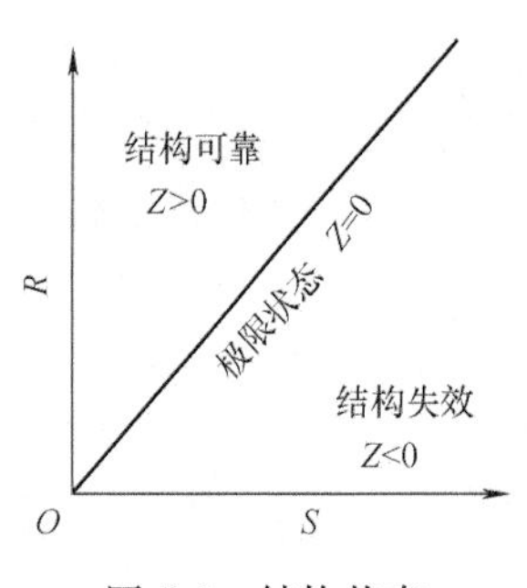

图 6-2　结构状态

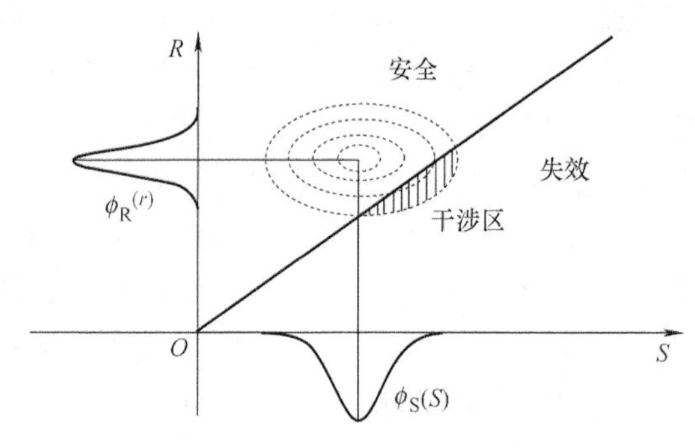

图 6-3　失效概率的计算

$$P_f = P(Z<0) = P(R<S) \tag{6-5}$$

可靠度 P_r 为

$$P_r = P(Z \geqslant 0) = P(R \geqslant S) = 1 - P_f \tag{6-6}$$

应力与强度的分布是随时间演变的。如图 6-4 所示，结构服役初期的应力和强度分布有一定的距离，安全裕度较大（图 6-5a），失效可能性小，但随着时间的推移，由于环境、使用条件等因素的影响，材料强度退化，导致应力分布与强度分布发生干涉（图 6-5b 中阴影部分），这时可能产生失效，通常把这种干涉称为应力-强度干涉模型。在交变载荷的作用下，强度逐渐由图 6-5a 衰减至图 6-5b，出现二者交叉重叠，在该区域应力有可能大于强度，结构发生失效的概率与其面积有关，通过积分计算干涉区域的面积，从而可以求出失效概率。

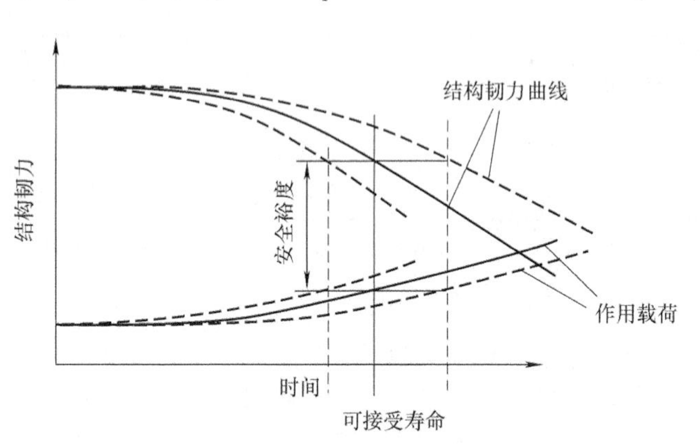

图 6-4　结构韧力随服役时间的演化

当结构功能函数中仅有两个独立的随机变量 R 和 S 时，概率密度函数分别为 $f_R(r)$ 和 $f_S(s)$，其联合概率密度函数可以表示为

$$f_{R,S}(r,s) = f_R(r) f_S(s) \tag{6-7}$$

结构的失效概率可直接通过对联合概率密度函数在 $Z<0$ 的区域内积分来表达，即

$$P_f = \iint_{r \leqslant s} f_R(r) f_S(s)\,\mathrm{d}r\mathrm{d}s = \int_{-\infty}^{\infty} \left[\int_{-\infty}^{s} f_R(r)\,\mathrm{d}r\right] f_S(s)\,\mathrm{d}s \tag{6-8}$$

当式中的 R、S 相互独立且分别服从正态分布时，结构功能函数 $Z=R-S$ 也服从正态分布，概率密度函数为

$$f(z) = \frac{1}{\sqrt{2\pi}\sigma_Z} \exp\left[\frac{(z-\mu_Z)^2}{2\sigma_Z^2}\right] \tag{6-9}$$

其均值 μ_Z 和标准差 σ_Z 分别为

$$\mu_Z = \mu_R - \mu_S \tag{6-10}$$

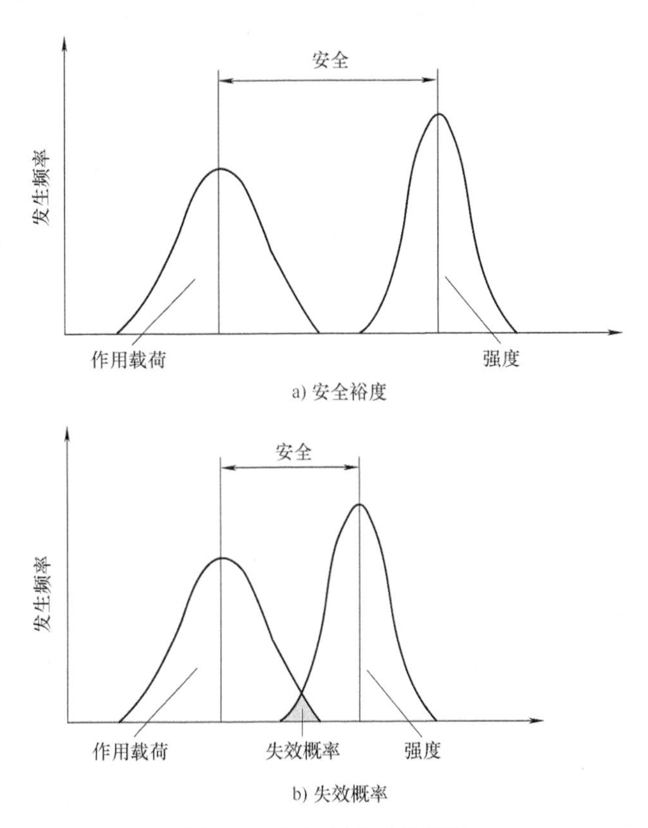

图 6-5　应力-强度干涉模型

式中　μ_R、μ_S——R、S 的均值。

$$\sigma_Z = \sqrt{\sigma_R^2 - \sigma_S^2} \tag{6-11}$$

式中　σ_R、σ_S——R、S 的标准差。

由式(6-5) 知，结构失效概率可表为

$$P_f = P(Z < 0) = \int_{-\infty}^{0} f_Z(z)\mathrm{d}z = F_Z(0) \tag{6-12}$$

$F_Z(z)$ 为 Z 的分布函数，即

$$F_Z(z) = \int_{-\infty}^{z} f_Z(z)\mathrm{d}z = \frac{1}{\sigma_Z\sqrt{2\pi}}\int_{-\infty}^{z}\exp\left[-\frac{1}{2}\left(\frac{z-\mu_Z}{\sigma_Z}\right)^2\right]\mathrm{d}z \tag{6-13}$$

正态随机变量的概率密度函数由均值和方差确定，具有大部分值靠近均值的特点，其取值集中于均值附近的程度可用其方差尺度衡量。图 6-6 所示为正态随机变量在三个特殊区间的取值分布，由此可见随机变量落在（$\mu-3\sigma$，$\mu+3\sigma$）区间的概率为 99.7%，而落在这个区间以外的概率仅为 0.3%，这个性质就是通常所说的 3σ 原则。概率密度函数与分布函数如图 6-7 所示。

令 $u=(z-\mu_Z)/\sigma_Z$，则有 $z=\mu_Z+u\sigma_Z$。由密度函数变换公式可得到 u 的密度函数为：

$$\phi(u) = f(z)\frac{\mathrm{d}z}{\mathrm{d}u} = \frac{1}{\sqrt{2\pi}}\exp\left(-\frac{u^2}{2}\right) \quad (-\infty < u < \infty) \tag{6-14}$$

可见，u 服从均值 $\mu=0$、标准差 $\sigma=1$ 的正态分布，它是关于纵轴对称的。$\phi(u)$ 称为标准正态分布密度函数，如图 6-8 所示。

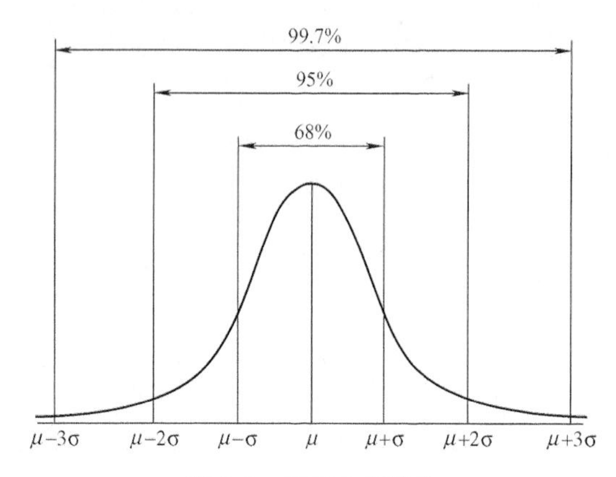

图 6-6　正态分布特性

标准正态分布函数为

$$\Phi(u) = \int_{-\infty}^{u} \frac{1}{\sqrt{2\pi}} \exp\left(-\frac{u^2}{2}\right) \mathrm{d}u \tag{6-15}$$

由图 6-8 可知，其具有对称性，有

$$\Phi(0)=0.5; \quad \Phi(-u)=1-\Phi(u); \quad P(a<u<b)=\Phi(b)-\Phi(a)。 \tag{6-16}$$

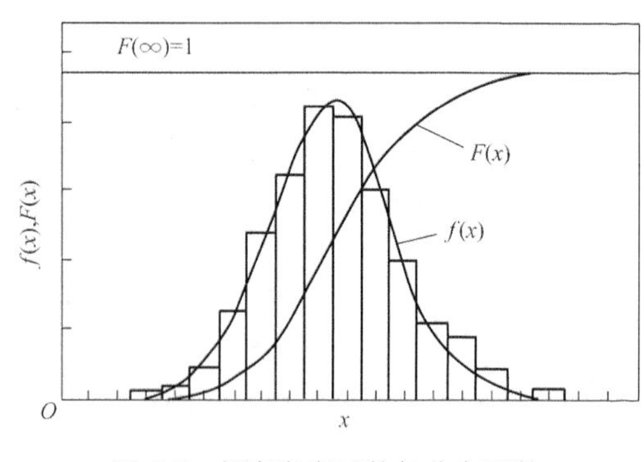

图 6-7　概率密度函数与分布函数

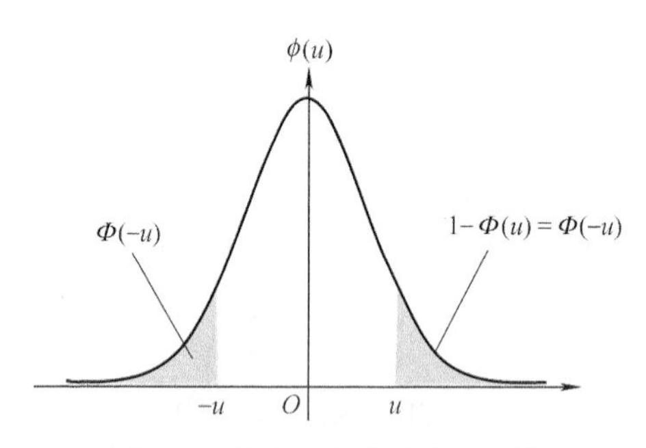

图 6-8　标准正态分布密度函数

式(6-15) 与式(6-13) 的变换是一一对应的，随机变量 $Z\leqslant z$ 的概率等于随机变量 $U\leqslant u$ 的概率，故有

$$F(Z)=P(Z\leqslant z)=P(U\leqslant u)=\Phi(u) \tag{6-17}$$

因此有

$$P_{\mathrm{f}}=F_{\mathrm{Z}}(0)=\Phi\left(-\frac{\mu_{\mathrm{Z}}}{\sigma_{\mathrm{Z}}}\right)=\Phi(-\beta)=1-\Phi(\beta) \tag{6-18}$$

$$\beta=\frac{\mu_{\mathrm{Z}}}{\sigma_{\mathrm{Z}}}=\frac{\mu_{\mathrm{R}}-\mu_{\mathrm{S}}}{\sqrt{\sigma_{\mathrm{R}}^2+\sigma_{\mathrm{S}}^2}} \tag{6-19}$$

结构的可靠度为

$$P_{\mathrm{r}}=1-P_{\mathrm{f}}=1-\Phi(-\beta)=\Phi(\beta) \tag{6-20}$$

显然，β 增大，P_{r} 也增大，而 P_{f} 随之减小。故 β 反映了结构的可靠度程度，因此被称为结构可靠度指标。可靠度、失效概率和可靠指标如图 6-9 所示。由于 β 的计算较为方便，故工程中常用 β 来描述结构的可靠度。β、σ_{Z}、μ_{Z} 的关系在图 6-9 中也有反映。

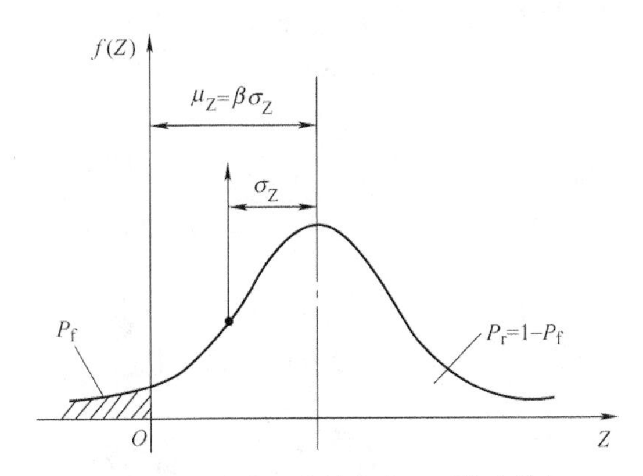

图 6-9 可靠度、失效概率和可靠度指标

可靠指标 β 与失效概率有对应的关系，β 值越大，失效概率越小，即结构可靠度增大；β 越小，失效概率越大，即结构可靠度减小。当已知两个正态基本变量的统计参数——平均值和标准差后，即可求出 β 和 P_f 值（表 6-2）。

表 6-2 可靠度指标 β 与失效概率运算值 P_f 的关系

β	2.7	3.2	3.7	4.2
P_f	3.5×10^{-3}	6.9×10^{-4}	1.1×10^{-4}	1.3×10^{-5}

由以上分析可见，当 R 和 S 为相互独立的正态分布随机变量时，根据可靠度指标 β，通过标准正态分布函数 $\Phi(u)$ 就可求得失效概率或可靠度。标准正态分布函数 $\Phi(u)$ 之值，可由正态分布函数表查得。

设标准正态分布函数 Φ 的反函数为 Φ^{-1}，$F(x)$ 为正态分布函数，则

$$\Phi^{-1}[F(x)]=\Phi^{-1}[\Phi(u)]=u \tag{6-21}$$

因此有

$$x=\mu+\sigma u=\mu+\sigma\Phi^{-1}[F(x)] \tag{6-22}$$

即 x 与 $\Phi^{-1}[F(x)]$ 呈线性关系，而标准差 σ 为其直线的斜率。

当 $Z=\ln x$ 服从正态分布时，则称 x 服从对数正态分布，疲劳寿命常采用对数正态分布。概率密度和分布函数为

$$\begin{cases} f(x)=\dfrac{1}{x\sigma_Z\sqrt{2\pi}}\exp\left[-\dfrac{1}{2}\left(\dfrac{\ln x-\mu_Z}{\sigma_Z}\right)^2\right] \\ F(x)=\dfrac{1}{x\sigma_Z\sqrt{2\pi}}\displaystyle\int_0^x\exp\left[-\dfrac{1}{2}\left(\dfrac{\ln x-\mu_Z}{\sigma_Z}\right)^2\right]\mathrm{d}x \end{cases} \tag{6-23}$$

式中 μ_Z、σ_Z——$\ln x$ 的均值和方差，且 $0<X<\infty$，$0<\mu_Z<\infty$，$\sigma_Z>0$。

μ_Z、σ_Z 与 x 的均值和标准差之间的关系为

$$\begin{cases} \mu_Z=\ln\mu-\dfrac{1}{2}\sigma_Z^2 \\ \sigma_Z^2=\ln\left(1+\dfrac{\sigma^2}{\mu^2}\right)=\ln(1+\mathrm{COV}^2) \end{cases} \tag{6-24}$$

式中 COV——变异系数，$\mathrm{COV}=\sigma/\mu$。

若 R 和 S 为相互独立的对数正态分布随机变量，即

$$Z = \ln R - \ln S \tag{6-25}$$

可靠性指标为

$$\beta = \frac{\mu_Z}{\sigma_Z} = \frac{\mu_{\ln R} - \mu_{\ln S}}{\sqrt{\sigma_{\ln R}^2 + \sigma_{\ln S}^2}} \tag{6-26}$$

失效概率为

$$P(R<S) = P(\ln R < \ln S) = P(Z<0) = \phi(-\beta) = 1 - \phi(\beta) \tag{6-27}$$

其中可靠性指标 β 也可以按下式直接根据 R 和 S 的均值和标准差进行计算

$$\beta = \frac{\ln\mu_R - \ln\mu_S}{\sqrt{\ln[1+(COV)_R^2][1+(COV)_S^2]}} \tag{6-28}$$

为了方便应用概率水平表征结构的可靠性，多引入分位点概念。设随机变量 X 的分布函数为 F（X），实数 α 满足 $0<\alpha<1$，若 x_α 使

$$P(X<x_\alpha) = F(x_\alpha) = \alpha \tag{6-29}$$

则称 x_α 为此概率分布的 α 分位数或 α 分位点。累计超越概率分布为

$$P(X>x_\alpha) = 1 - F(x_\alpha) = 1 - \alpha \tag{6-30}$$

比较式(6-5）和式(6-6）可知，式(6-29）和式(2-30）分别与失效概率和可靠度对应。实际中通常采用百分位点表示分位点，令 $\gamma\% = \alpha$，称 $x_{\gamma\%}$ 为随机变量 X 的 γ 百分位点。对于标准正态分布而言，根据式(6-17）可得

$$\alpha = \gamma\% = \Phi\left(-\frac{x_{\gamma\%}}{\sigma_X}\right) = 1 - \Phi\left(\frac{x_{\gamma\%}}{\sigma_X}\right) \tag{6-31}$$

由此可得

$$x_{\gamma\%} = \sigma_X \Phi^{-1}[(1-\gamma\%)] \tag{6-32}$$

对于均值不为 0 的正态分布，根据式(6-23）则有

$$x_{\gamma\%} = \mu_X + \sigma_X \Phi^{-1}[(1-\gamma\%)] \tag{6-33}$$

由此可获得含概率水平的随机变量数值。

6.2 含缺陷焊接结构的概率断裂力学分析

6.2.1 含缺陷焊接结构的不确定性

1. 焊接接头失效的随机性

实际焊接结构的应力集中（图 6-10）、焊接缺陷、焊接残余应力、材料的组织性能（图 6-11）及工作环境都具有较大的不确定性，即使采用较大的安全裕度，但无失效概率分析，也不能确保结构的完整性，因此焊接结构完整性的概率分析备受重视。这种分析方法的技术要点是采用概率断裂力学原理对焊接结构的失效概率进行评估。这种分析的主要作用包括：①若焊接结构的破坏会导致灾难性后果，则必须证明这种情况出现的概率是足够低的；②判断各种改进焊接结构完整性的措施是有效的。

根据概率断裂力学的观点，焊接结构的断裂驱动力和阻力都是随机变量。应用概率及随

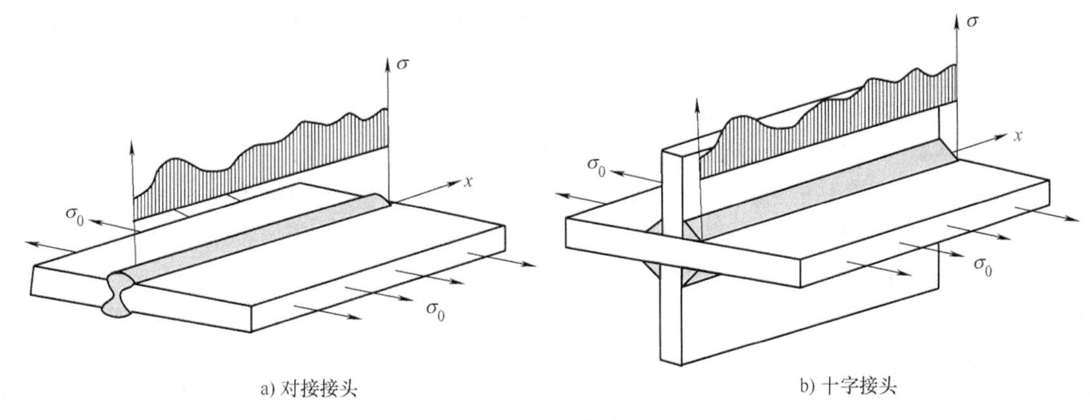

图 6-10　焊趾应力集中的随机性

机分析方法求得含缺陷结构的破坏概率及剩余强度或寿命，如以裂纹尺寸表示的焊接构件的失效概率为

$$P_{\mathrm{f}}=P(a \geqslant a_{\mathrm{C}}) \tag{6-34}$$

可靠度为

$$P_{\mathrm{r}}=1-P_{\mathrm{f}} \tag{6-35}$$

若裂纹尺寸 a 的概率密度函数为 $f(a)$，临界裂纹尺寸 a_{C} 的概率密度函数为 $g(a_{\mathrm{C}})$，若上述两事件相互独立，则由干涉模型（图 6-12）可得

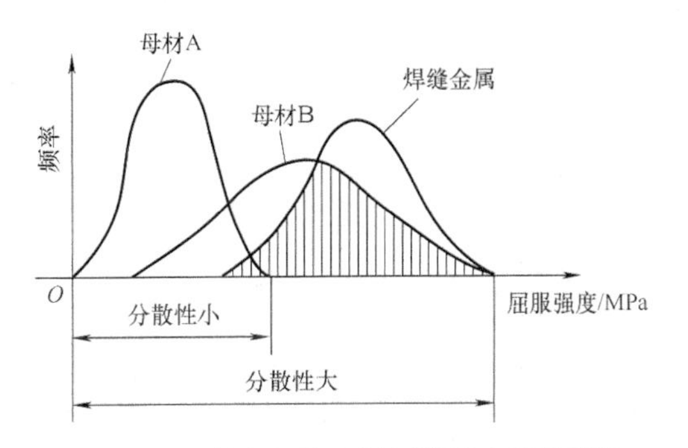

图 6-11　母材与焊接金属屈服强度的分散性

$$P_{\mathrm{f}}=\int_{0}^{\infty}\int_{0}^{a} g(a_{\mathrm{C}}) f(a) \mathrm{d}a \mathrm{d}a_{\mathrm{C}} \tag{6-36}$$

失效概率也可以用应力强度因子和阻力参数来表示

$$P_{\mathrm{f}}=P(K_{\mathrm{I}} \geqslant K_{\mathrm{IC}}) \tag{6-37}$$

或

$$P_{\mathrm{f}}=P(\delta \geqslant \delta_{\mathrm{C}})=P(J \geqslant J_{\mathrm{IC}}) \tag{6-38}$$

2. 焊接缺陷的分布

焊接结构不可避免地存在焊接缺陷，要得到有关焊接缺陷形状、位置和方向等参数的分布是十分困难的。主要原因是缺陷的检出率和分辨率与检测手段有很大关系，对于实际存在的缺陷，尺寸越小检出率越低，检出的尺寸精度也越差。焊接结构在检查后的安全性主要取决于残存缺陷的大小和数量，所以掌握残存缺陷尺寸、数量等有关统计信息是极为重要的。

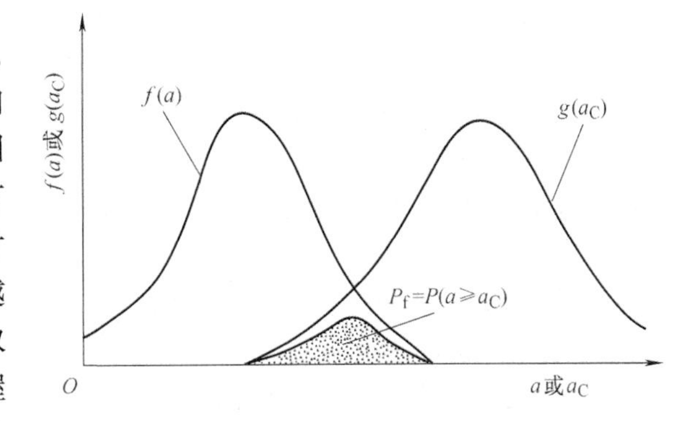

图 6-12　概率断裂力学的基本原理

无损检测及检测结果的可靠性对焊接结构安全具有重要影响。无损检测（简称 NDT）是结构可靠性评价的基础，要求 NDT 结果必须具有足够的可靠性。通过可靠的检测，可以

掌握焊接结构的损伤状况，从而为结构完整性及可靠性评价提供数据。无损检测结果本质上是一个随机事件，影响检测结果可靠性的因素很多，既包括检测人员和管理人员等主观因素，也包括环境和结构等客观因素。

理想的检测应能检测出结构上所有大于检测仪器额定分辨率的裂纹，但在实际检测中，往往存在检测的可靠性问题。常规的 NDT 可靠性通常以缺陷检出概率 POD 来衡量，它反映在某种特定的检测环境下，检测人员采用某种检测方法能够检测到某些给定大小的缺陷的能力。理想缺陷检出概率曲线与实际缺陷检出概率的对比如图 6-13 所示。

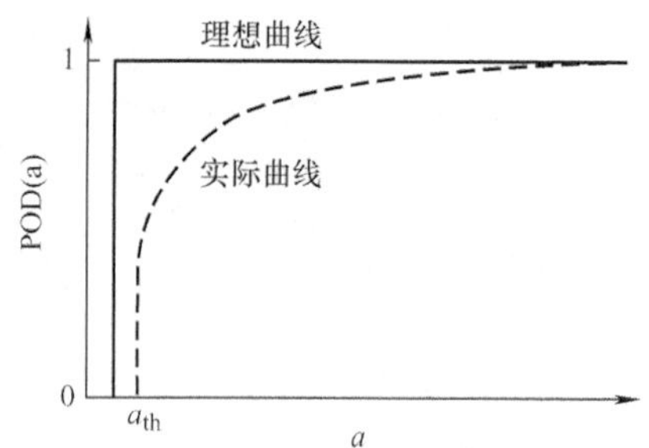

图 6-13　理想缺陷检出概率曲线与实际缺陷检出概率曲线的对比

实际 POD 曲线有多种函数形式，如

$$\mathrm{POD}(a)=\frac{\mathrm{e}^{\frac{\pi}{\sqrt{3}}\left(\frac{\ln a-\mu}{\sigma}\right)}}{1+\mathrm{e}^{\frac{\pi}{\sqrt{3}}\left(\frac{\ln a-\mu}{\sigma}\right)}} \tag{6-39}$$

式中　a——缺陷尺寸；

μ 和 σ——平均值和标准差。

式(6-39) 的另一个形式为

$$\mathrm{POD}(a)=\frac{\mathrm{e}^{(\alpha+\beta\ln a)}}{1+\mathrm{e}^{(\alpha+\beta\ln a)}} \tag{6-40}$$

其中各个系数之间的关系为

$$\mu=-\frac{\alpha}{\beta},\ \sigma=\frac{\pi}{\beta\sqrt{3}} \tag{6-41}$$

根据式(6-40) 可得

$$\ln\frac{\mathrm{POD}(a)}{1-\mathrm{POD}(a)}=\alpha+\beta\ln a \tag{6-42}$$

式(6-42) 左边的项称为 odds 的对数（odds = 成功的概率/失败的概率）。式(6-42) 表明 odds 的对数和 a 的对数呈线性关系：

$$\ln(\mathrm{odds})\propto\ln a \tag{6-43}$$

为满足结构损伤容限设计的要求，经过 NDT 而未被检出的最大裂纹长度必须通过高置信度水平来确定，即保证大于该长度的所有裂纹中有一定百分数的裂纹将被检出，损伤容限设计原理一般要求在 95% 置信水平上有 90% 的检出概率。由于存在大量的影响因素，验证不同 NDT 方法的检出概率是十分困难的。

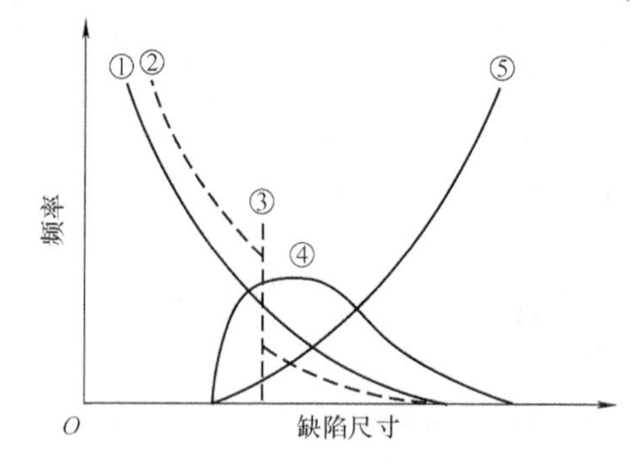

图 6-14　焊接缺陷尺寸的概率分布

①—原始缺陷分布　②—修理后缺陷分布
③—可接受的缺陷尺寸　④—检出缺陷分布　⑤—检出概率

图 6-14 所示为原始缺陷概率分布、检出缺陷概率、检出缺陷概率分布及消除超标缺陷后的残存缺陷分布之间的关系。通过图解分析，可近似估计原始缺陷的概率分布。

由于现有无损检测方法不能提供有关原始焊接缺陷统计分布的足够信息，因此在结构损伤容限设计与耐久性分析方面发展出从使用寿命后期出现的大尺度疲劳裂纹分布反推初始缺陷的分布（图6-15），即当量初始缺陷尺寸（EIFS）分布，并且用EIFS分布描述结构的初始疲劳质量（IFQ），当量的初始缺陷是假想的存在于结构投入使用之前的结构细节中的缺陷，在结构的运行过程中它将引发真实的裂纹扩展。这一分析路线对于初始焊接缺陷的分析是很值得参考的。

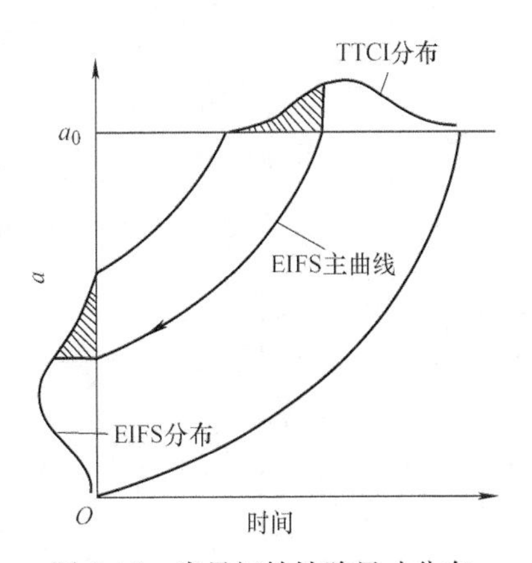

图6-15　当量初始缺陷尺寸分布

TTCI—达到参考裂纹尺寸 a_0 的时间

3. 断裂韧度的分布

焊接接头的组织不均匀性对断裂韧度有较大的影响。焊缝金属、熔合区、热影响区及母材的断裂韧性具有不同的分散性。中低强度钢的断裂韧度在其韧-脆转变温度区间的变异系数大，在下平台区（低温区）的断裂韧度变异系数小。弹塑性断裂CTOD延性起裂值变异系数小，脆性断裂临界值变异系数大。

在焊接接头断裂韧度测试中也存在较大的不确定性。例如，在测定焊接接头熔合区断裂韧度时，即使可以沿熔合区预制疲劳裂纹，但是在断裂韧度测试过程中裂纹扩展可能偏离熔合区进入焊缝或热影响区（图6-16），从而导致断裂韧度数据具有不确定性，表现出较大的分散性。如果焊缝截面是非直边坡口（如V形或X形等）则较难测得熔合区实际的断裂韧度。

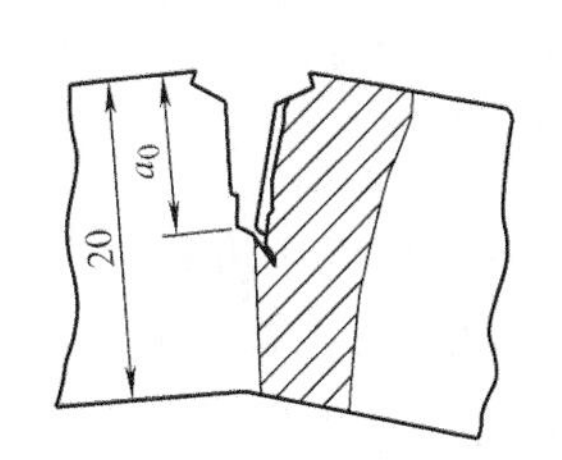

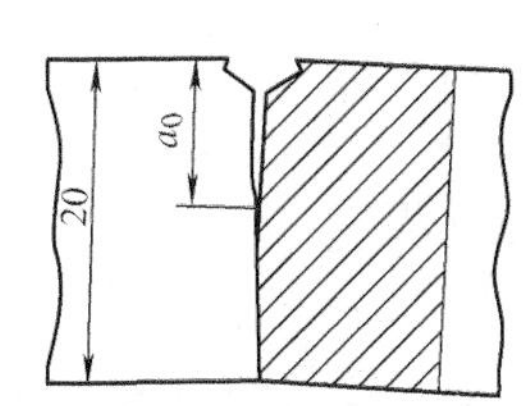

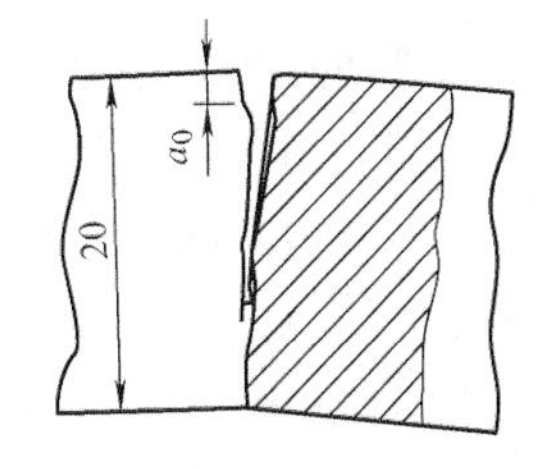

图6-16　焊接接头熔合区裂纹扩展情况

合于使用评定中所采用的断裂韧度（即 K_{mat} 或 δ_{mat}）的分散性一般比其他常规力学性能的分散性大。研究结果表明，脆性断裂韧度 K_{mat} 数据符合三参数威布尔分布

$$P = 1 - \exp\left[-\left(\frac{K_{mat} - K_{min}}{K_0 - K_{min}}\right)^m \right] \tag{6-44}$$

式中　P——分布函数；

m——形状参数，或称威布尔斜率；

K_0——尺度参数；

K_{min}——位置参数。

式(6-44）中的有关参数需要通过数据拟合来获得。对于屈服强度在275～825MPa范围内的铁素体钢，通常可取形状参数 $m=4$，位置参数 $K_{min}=20\ \text{MPa}\sqrt{m}$，尺度参数 K_0 则通过数据拟合来获得，根据式(6-44）可得含概率水平的断裂韧度表达式

$$K_{mat}(\alpha)=20+(K_0-20)[-\ln(1-\alpha)]^{1/4} \tag{6-45}$$

式中　$1-\alpha$——置信度。

在上述铁素体钢韧-脆温度过渡区间，含概率水平的断裂韧度与温度的关系为

$$K_{mat}(\alpha)=20+\{11+77\exp[0.019(T-T_{27J}-3℃)]\}\left(\frac{25}{B}\right)^{1/4}\left[\frac{1}{\ln(1-\alpha)}\right]^{1/4} \tag{6-46}$$

式中　T——温度；

T_{27J}——冲击吸收能量为27J所对应的温度；

B——壁厚。

图6-17为不同概率水平的断裂韧度与温度的关系。

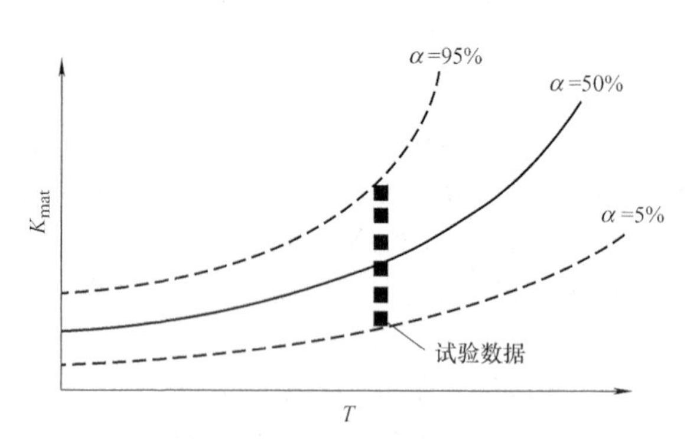

图6-17　不同概率水平的断裂韧度与温度的关系

4. 分项系数

由于应力、缺陷尺寸、材料性能等参数都具有随机性，直接用可靠度指标β进行分析往往需要复杂的计算过程，为此，工程中一般推荐采用分项系数法进行可靠性评定，即将有关参数的标准值乘以分项系数后进行评定。分项系数应根据各随机变量的统计参数和概率分布类型，以及失效概率并考虑工程经验确定。

分项系数断裂控制表达式可写成

$$\gamma_D S \leqslant R/\gamma_R \tag{6-47}$$

式中　γ_D——断裂驱动力分项系数；

γ_R——断裂阻力分项系数。

式中的断裂驱动力S和断裂阻力R都是指标准值，分项系数本质上是变量验算值与标准值之比。断裂驱动力分项系数用来考虑不正常的或未预计到的断裂驱动力变异，断裂阻力分项系数用来考虑材料强度与构件强度之间的差异及制造过程中产生的缺陷等因素所引起的断裂阻力变异。各分项系数应根据结构功能函数中基本变量的统计参数和概率分布类型，以及构件可靠性指标，通过计算分析，并考虑工程经验确定。一般而言，各基本变量的分项系数主要与该变量的变异系数COV、可靠指标β有关，可靠指标β一定时，可根据各基本变量变异系数确定其变异系数。

表6-3为BS 7910：2013+A1：2015推荐的各有关参数分项系数与失效概率的对应关系。

表6-3　分项系数与失效概率的对应关系

失效概率		$P_f=2.3\times10^{-1}$	$P_f=10^{-3}$	$P_f=7\times10^{-5}$	$P_f=10^{-5}$
		$\beta=0.739$	$\beta=3.09$	$\beta=3.8$	$\beta=4.27$
应力σ	$(COV)_\sigma$	γ_σ	γ_σ	γ_σ	γ_σ
	0.1	1.05	1.2	1.25	1.3
	0.2	1.1	1.25	1.35	1.4
	0.3	1.12	1.4	1.5	1.6

（续）

失效概率		$P_f=2.3\times10^{-1}$	$P_f=10^{-3}$	$P_f=7\times10^{-5}$	$P_f=10^{-5}$
		$\beta=0.739$	$\beta=3.09$	$\beta=3.8$	$\beta=4.27$
缺陷尺寸 a	$(COV)_a$	γ_a	γ_a	γ_a	γ_a
	0.1	1.0	1.4	1.5	1.7
	0.2	1.05	1.45	1.55	1.8
	0.3	1.08	1.5	1.65	1.9
	0.5	1.15	1.7	1.85	2.1
断裂韧度 K	$(COV)_K$	γ_K	γ_K	γ_K	γ_K
	0.1	1	1.3	1.5	1.7
	0.2	1	1.8	2.6	3.2
	0.3	1	2.85	NP	NP
断裂韧度 δ	$(COV)_\delta$	γ_δ	γ_δ	γ_δ	γ_δ
	0.2	1	1.69	2.25	2.89
	0.4	1	3.2	6.75	10
	0.6	1	8	NP	NP
屈服强度	$(COV)_Y$	γ_Y	γ_Y	γ_Y	γ_Y
	0.1	1	1.05	1.1	1.2

5. 临界裂纹尺寸的分布

临界裂纹尺寸的统计分布特性与断裂阻力参数和载荷条件的随机性有关。针对多随机变量关联的复杂问题，分析中通常采用两种途径，一是将确定性模型随机化，引入归一化随机系数；二是将随机变量与确定性部分相减，研究差值随机特性。两种方法也有相同之处，实际中可根据问题的随机特性选择简便的方法。例如，在应用 CTOD 设计曲线方法确定临界裂纹尺寸的统计分布时，可采用以下随机方法进行分析，即取 CTOD 均值函数为

$$\Phi=\delta_C/2\pi\varepsilon_y a_C \tag{6-48}$$

式中　δ_C——临界 CTOD 值；

a_C——临界裂纹尺寸；

ε_y——屈服应变。

为综合考虑各种随机因素的综合作用，可以将式(6-48）随机化为如下形式

$$\Phi=F_k\alpha\frac{\varepsilon}{\varepsilon_y} \tag{6-49}$$

式中　α——系数；

F_k——随机变量。

对式(6-49）两边取对数可得

$$\lg\phi=\lg\alpha+\lg\left(\frac{\varepsilon}{\varepsilon_y}\right)+\lg F_k \tag{6-50}$$

或　$$f_k=\lg F_k=\lg\phi-\left[\lg\alpha+\lg\left(\frac{\varepsilon}{\varepsilon_y}\right)\right] \tag{6-51}$$

即f_k实际上是一个误差函数，因此可以假定为正态分布，则F_k为对数正态分布。由$\Phi=\delta_C/(2\pi\varepsilon_y a_C)$，可得

$$a_C=\frac{\delta_C}{2\alpha\pi\varepsilon F_k} \tag{6-52}$$

式中，δ_C、ε取均值。

根据式(6-52)可对临界裂纹尺寸的分布进行统计分析。若f_k的方差为σ_f，设f_γ为正态随机变量$f_k=\lg F_k$的γ百分位点，根据式(6-31)可得$\gamma\%=P(f_k>f_\gamma)=1-\Phi(f_\gamma/\sigma_f)$，或$f_\gamma=\sigma_f\Phi^{-1}(1-\gamma\%)$，用$x_\gamma$来表示随机变量$F$的$\gamma$百分位点，则$x_\gamma=10^{f_\gamma}=10^{\sigma_f\Phi^{-1}(1-\gamma\%)}$，由此获得含概率水平的临界裂纹尺寸为

$$a_C(\gamma\%)=\frac{\delta_C}{2\alpha\pi\varepsilon x_\gamma} \tag{6-53}$$

6.2.2 基于R6曲线的概率安全评定

1. 基于风险的失效评定图

如第3章所述，确定性的失效评定图的临界曲线（R6曲线）将K_r-L_r平面域分为安全区和失效区，根据风险的概念，安全区与失效区的边界并非严格意义上的数学曲线，而是具有概率意义的带状区。评定点越靠近原点越安全，失效风险越低；评定点越靠近临界线越危险，失效风险越高，因此失效评定图安全域可分为低风险安全区和高风险安全区（图6-18），也可以按低、中、高风险进行分区。较低风险安全区采用确定性的安全系数保证安全性，评定点处于此区的结构失效风险较低。较高风险安全区则需要采用概率安全来分析评定点超越临界线的可能性，对结构的失效概率进行评估。

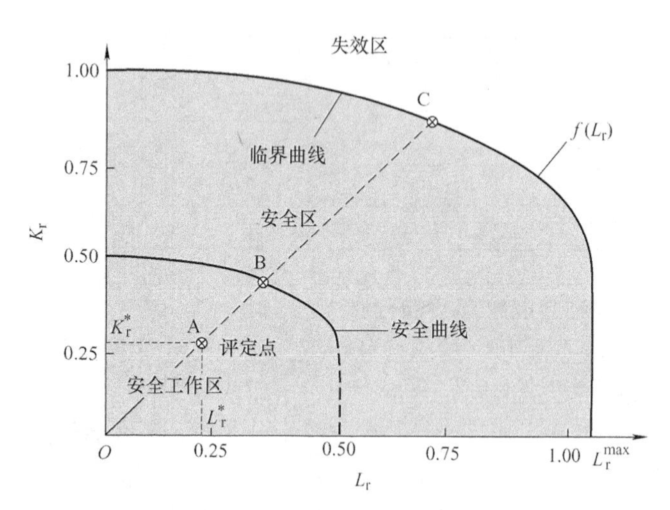

图6-18　基于风险的FAD图

采用随机化方法对失效评定曲线进行概率分析，可得到等概率曲线如图6-19所示。临界曲线的失效概率$P_f=1$，从高风险安全区到低风险安全区可用不同的等概率曲线表征，如$P_f=10^{-4}$线、$P_f=10^{-6}$线。根据结构的可靠性要求，依据失效概率对风险进行分区，以指导结构的完整性管理。

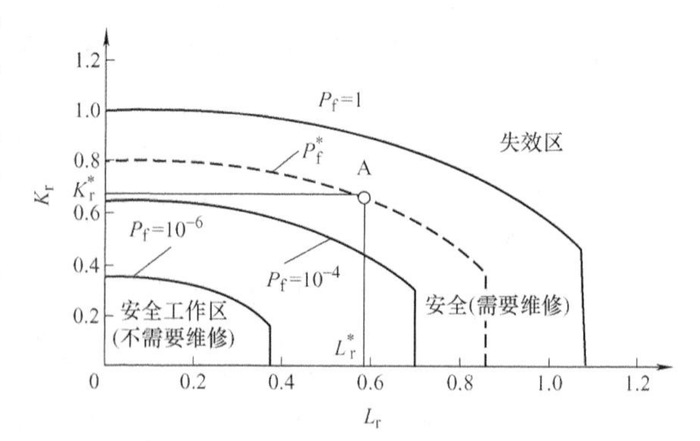

图6-19　概率失效评定曲线

2. 评定点的概率分析

评定点（K_r，L_r）的概率分析是基于

失效评定图进行失效概率评定的重要内容。考虑材料性能和环境条件的统计分散性，评定点（K_r，L_r）是散布在K_r-L_r二维平面上的随机点，其二维概率密度为$f(K_r, L_r)$，如图6-20所示。给定缺陷尺寸a_i的条件下，评定点落在失效线外的概率即为失效概率，可以表示为

$$P_f(a_i) = \iint f(K_r, L_r)\,\mathrm{d}K_r\mathrm{d}L_r \tag{6-54}$$

积分域为失效线以外的平面域A_f。二维概率密度f（K_r，L_r）与缺陷、载荷条件和材料特性的统计分布有关。

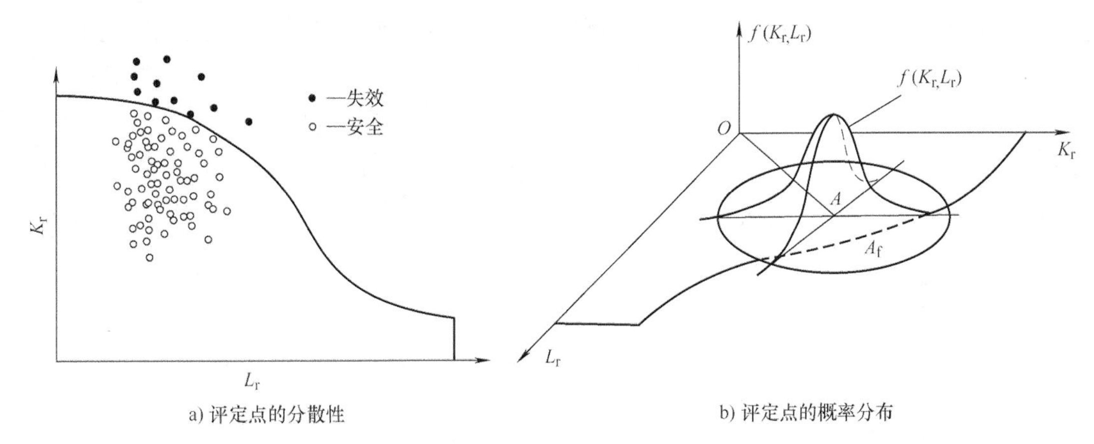

图6-20　评定点的分散性与概率分布

3. 保留因数及敏感性分析

为了在结构失效评定中考虑不确定性问题，含缺陷结构的失效评定中通常采用保留因数及敏感性分析方法来研究有关参数变化对评定结果的影响。

（1）保留因数　结构的保留系数有多种定义形式，可以用载荷、缺陷尺寸、断裂韧性、屈服应力等参数来表征。其中较常用的载荷保留因数（FL）为导致结构处于某一极限状态的载荷与评定条件下结构所受载荷的比值。

以载荷为依据的保留因素为

$$\mathrm{FL} = \frac{\text{有缺陷结构的极限状态载荷}}{\text{在评定状态下的施加载荷}} \tag{6-55}$$

以缺陷尺寸为依据的保留因素为

$$\mathrm{Fa} = \frac{\text{结构的极限缺陷尺寸}}{\text{在评定状态下的缺陷尺寸}} \tag{6-56}$$

以断裂韧性为依据的保留因素为

$$\mathrm{FK} = \frac{\text{结构极限状态下的材料断裂韧性}}{\text{在评定状态下的材料断裂韧性}} \tag{6-57}$$

以屈服应力为依据的保留因素为

$$\mathrm{F}\sigma = \frac{\text{结构极限状态下的材料屈服应力}}{\text{在评定状态下的材料屈服应力}} \tag{6-58}$$

（2）敏感性分析　为了进一步提高评定结果的保守程度，R6评定方法除要求对输入数据做保守处理以外，还要对保留因数进行敏感性分析。R6的敏感性分析是通过研究有关参数对保留因数的影响来完成的，即试图通过敏感性分析来确保不会因结构参数或分析方法的

可能变化而导致被评定结构达到或超出相应的极限状态。对于以裂纹的起始扩展作为结构破坏判据的结构完整性评定而言，敏感性分析要求任何结构参数或分析方法的可能变化都不会导致相应的评定点超出 FAD 图的安全区。

敏感性分析是通过计算输入参数对保留因素的影响，建立保留因数与不同参数之间的相关分析曲线（敏感性曲线）来实现的。例如，按起裂分析方法进行评定时，可分析裂纹尺寸、断裂韧性参数对保留因数的影响。图 6-21 所示为载荷保留因数对缺陷尺寸的敏感性曲线，通过该曲线可以研究缺陷尺寸变化对载荷保留因数的影响。图 6-22 所示为载荷保留因数对断裂韧性的敏感性曲线，通过该曲线可以研究断裂韧性变化对载荷保留因数的影响。

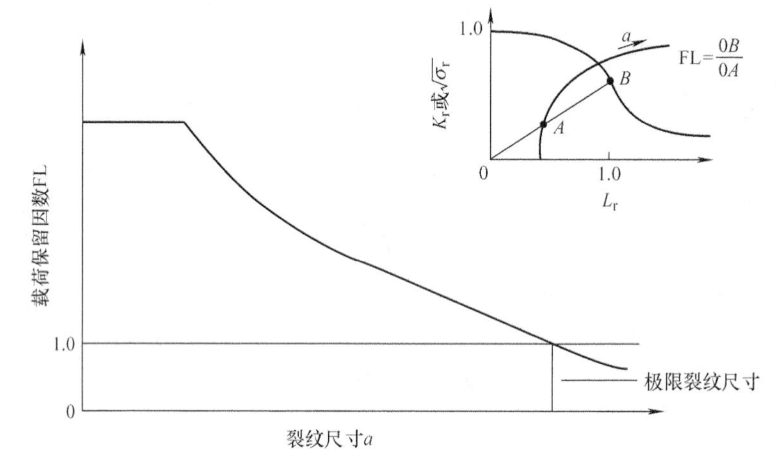

图 6-21　载荷保留因数对缺陷尺寸的敏感性曲线

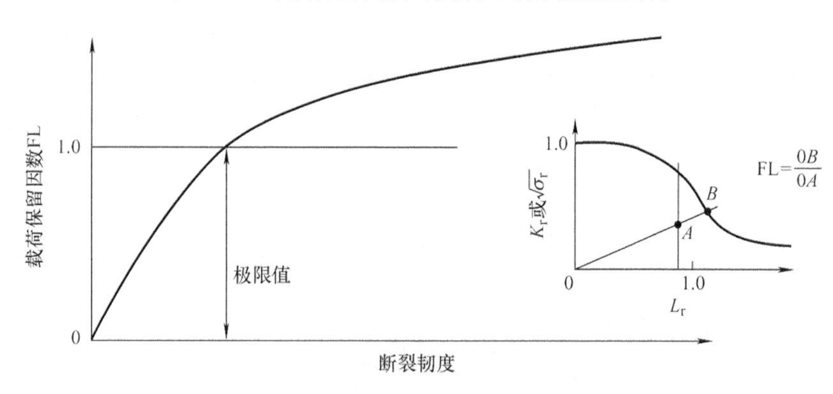

图 6-22　载荷保留因数对断裂韧性的敏感性曲线

按韧性撕裂分析的敏感性分析也采用了这种图解的方法进行。例如，当考虑裂纹扩展的影响时，可在其他参数不变的条件下建立载荷保留因数与裂纹扩展量之间关系的敏感性曲线（图 6-23）。这个曲线的范围与断裂阻力和裂纹扩展曲线有关，若允许的裂纹扩展量小，则载荷保留因数与裂纹扩展量之间的关系曲线如图 6-23a 所示。若允许的裂纹扩展量大，可以得到图 6-23b 所示的载荷保留因数与裂纹扩展量之间的敏感性曲线，此时保留因数出现最大值。图 6-24 分析了初始缺陷尺寸对载荷保留因数的影响。

所需要的保留因数取决于结构因素及工作环境等因素，一般要求保留因数对于任何参数或组合的变化都能使评定点处于安全区。如果评定结果表明某些参数变化对保留因数影响较

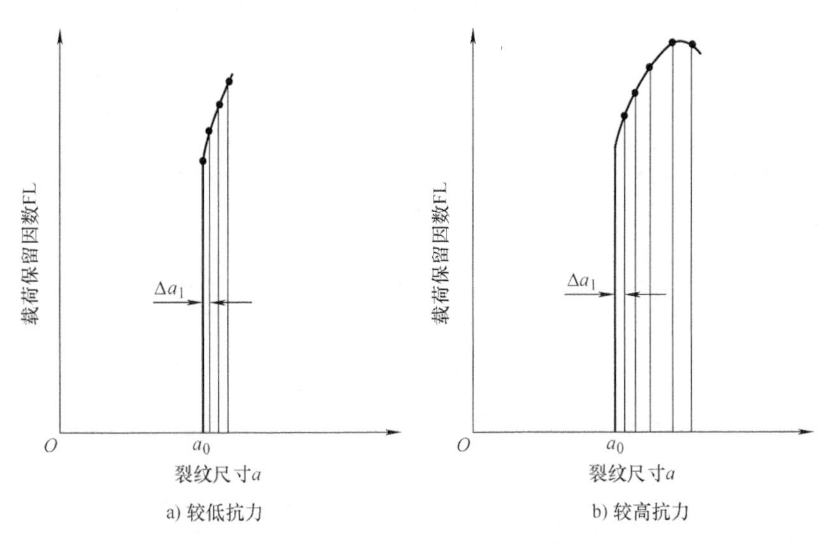

图 6-23　载荷保留因数对裂纹扩展的敏感性曲线

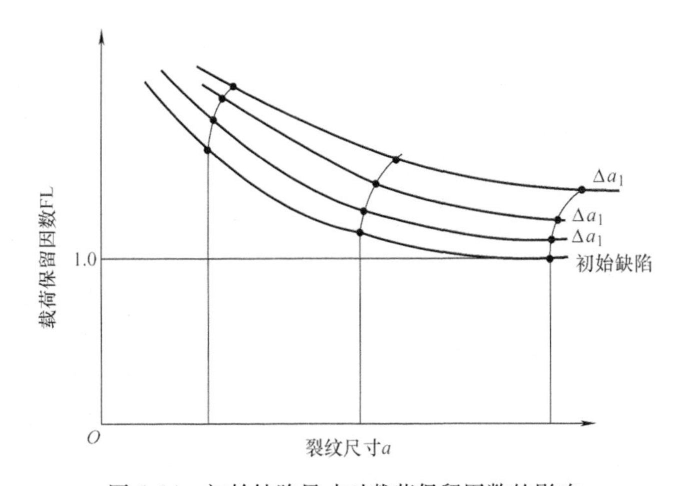

图 6-24　初始缺陷尺寸对载荷保留因数的影响

大，则要求提高保留因数以保证结构的安全裕度。图 6-25 比较了缺陷尺寸、断裂韧性变化条件下好的和差的敏感性曲线。其中好的敏感性曲线表明某些参数（如裂纹尺寸、断裂阻力等）的变化对保留因数的影响较小，而差的敏感性曲线则表明某些参数的变化对保留因数的影响较大。

图 6-26 根据评定点比值 K_r/L_r 可将失效评定图划分为不同的区域，表示了具有潜在影响的参数在不同区域对失效的作用。根据评定点的位置可以确定主要敏感参数及断裂主控参数，以此能够指导断裂控制设计。

根据失效评定图划分的失效模式，也可对评定点进行失效模式概率分析。如图 6-27 所示，评定点 P_1 虽然位于塑性失效区，但所对应的评定线 OB 与弹塑性失效和塑性失稳分界线的夹角较小，表明发生弹塑性失效的风险增加。评定点 P_2 位于弹塑性失效区，所对应的评定线 OA 与弹塑性失效和脆性失效分界线的夹角较小，则表明发生脆性失效的风险增加。失效模式概率分析对焊接结构断裂控制具有重要意义。

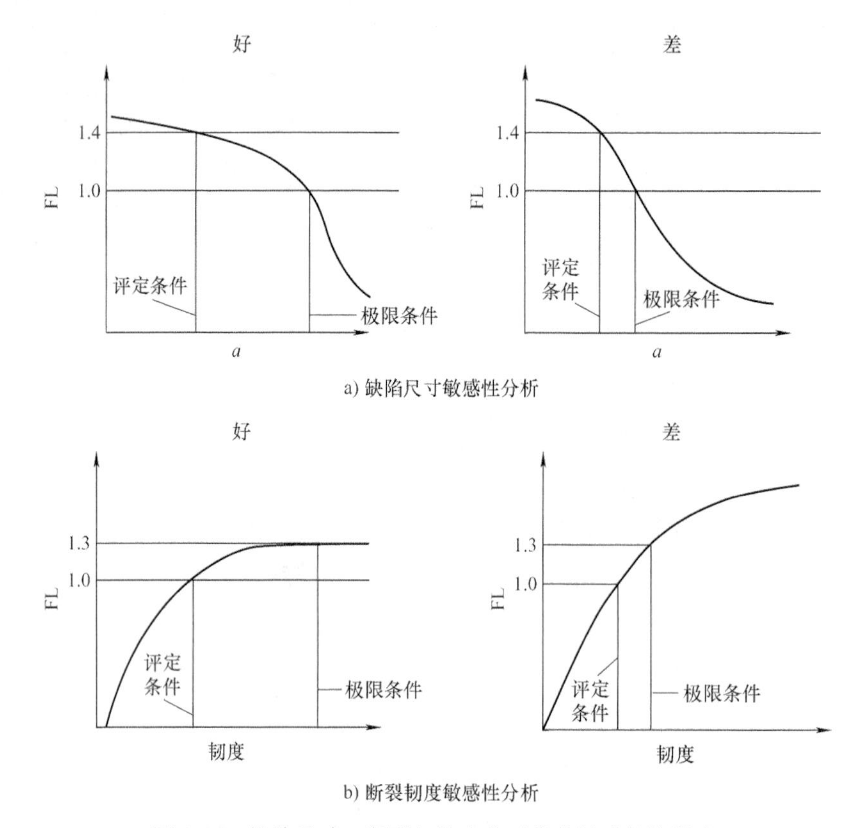

图 6-25　缺陷尺寸、断裂韧性变化对载荷敏感性的影响

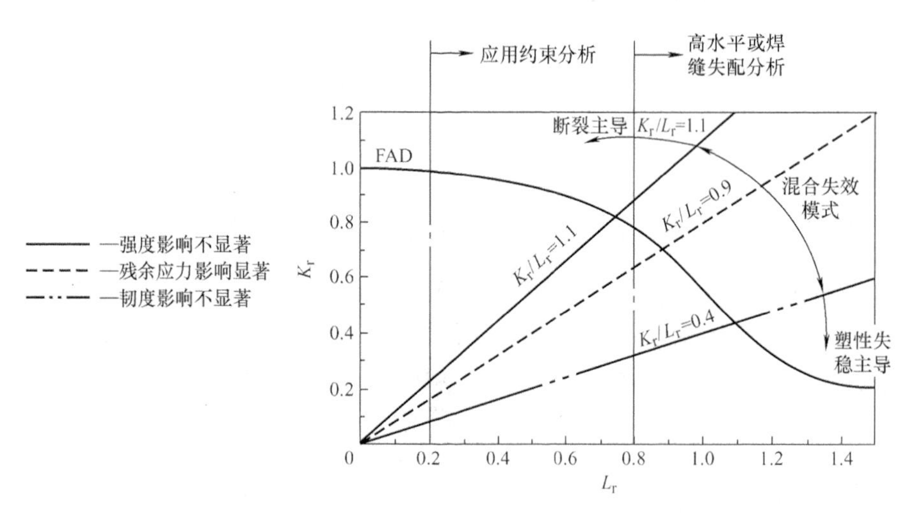

图 6-26　失效评定图的分区及潜在影响因素

6.2.3　局部法

相对而言，前述宏观断裂力学方法又称整体法。局部法是从微观力学模型出发，将失效准则直接与裂尖应力-应变场联系，定量地给出外加载荷与脆性断裂概率的关系。局部法常用的含裂纹体的累积失效概率可表示为双参数威布尔分布

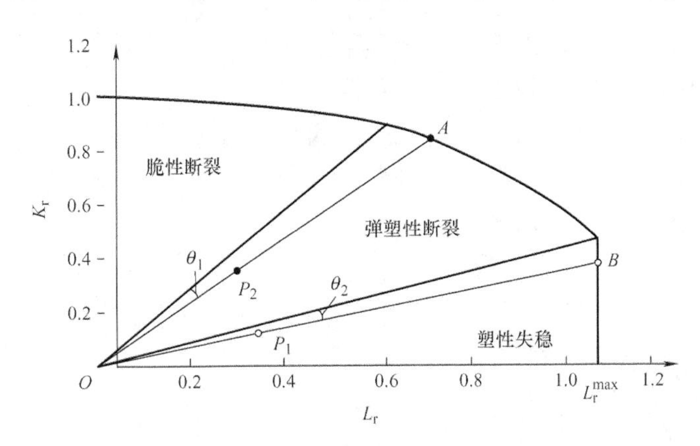

图6-27 评定点失效模式概率分析

$$P_f = 1 - \exp\left[-\left(\frac{\sigma_w}{\sigma_u}\right)^m \right] \tag{6-59}$$

式中 P_f——失效概率；

m、σ_u——材料常数。

$$\sigma_w = \left(\frac{B}{V_0}\int_A \sigma_1^m \mathrm{d}A\right)^{1/m} \tag{6-60}$$

式中 σ_w——威布尔应力，是脆性断的驱动力；

B——裂纹体厚度；

V_0——反映材料微观结构的参考体积；

σ_1——裂纹尖端断裂控制区各点的最大主应力。

引入参考长度 $L = \sqrt{V_0/B}$，则有

$$\sigma_w = \left(\frac{1}{L^2}\int_A \sigma_1^m \mathrm{d}A\right)^{1/m} \tag{6-61}$$

宏观断裂力学参数 J_c 也可以表示为双参数威布尔分布

$$F(J_c) = 1 - \exp\left[-\left(\frac{J_c}{J_0}\right)^\alpha \right] \tag{6-62}$$

式中 J_0、α——材料常数。

比较式(6-59) 及式(6-62) 可建立威布尔应力和 J 积分的转换关系

$$\left(\frac{\sigma_w}{\sigma_u}\right)^m = \left(\frac{J}{J_0}\right)^\alpha \tag{6-63}$$

根据上述关系可知，当威布尔应力达到临界值时，J 积分也达到临界值，反之亦然。在实际应用中需要对上述关系进行标定，以获得与材料相关的参数。

6.3 疲劳强度的概率评定

6.3.1 $S-N$ 曲线的统计特性

1. 疲劳寿命的离散性

实际材料的显微组织结构、力学性能都是不均匀的，疲劳抗力是随机量，疲劳裂纹萌生

和扩展速率及疲劳寿命则表现出统计特性。即使在控制良好的试验条件下，材料的疲劳强度和疲劳寿命的试验数据也具有显著的分散性（图6-28），而疲劳寿命的离散性又远比疲劳强度的离散性大。例如，应力水平3%的误差，可使疲劳寿命有60%的误差。应力水平越高，疲劳寿命的离散性越小；应力水平越接近疲劳极限，疲劳寿命的离散性越大。

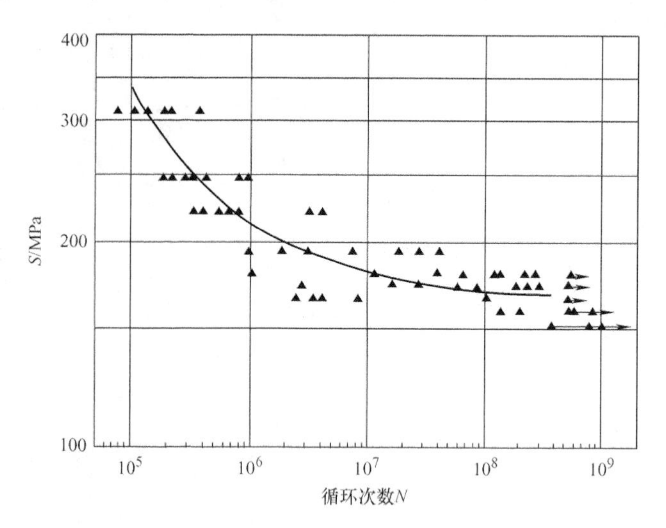

图6-28 疲劳试验数据的分散性

材料或构件的疲劳寿命或疲劳强度是随机变量，所以试样的疲劳寿命和应力水平之间的关系，并不是一一对应的单值关系。通过数据拟合得到的 $S-N$ 曲线称为中值 $S-N$ 曲线（图6-29），或者说是可靠度为50%的 $S-N$ 曲线，意味着过早发生破坏的概率将达50%，这显然是不安全的。为了保证结构的安全，在结构疲劳设计中多采用具有存活率的 $S-N$ 曲线（$P-S-N$ 曲线）来表示疲劳强度。

利用对数正态分布或威布尔分布可以求出不同应力水平下的 $P-N$ 数据，将不同破坏概率下的数据点分别相连，即可得出一族 $S-N$ 曲线，其中的每一条曲线，分别代表某一不同的存活率下的应力-寿命关系。这种以应力为纵坐标，以破坏概率 P 的疲劳寿命为横坐标，所绘出的一族破坏概率-应力-寿命曲线，称为 $P-S-N$ 曲线（图6-30）。在进行疲劳设计时，可根据所限定的破坏概率 P，利用与其对应的 $S-N$ 曲线进行设计。

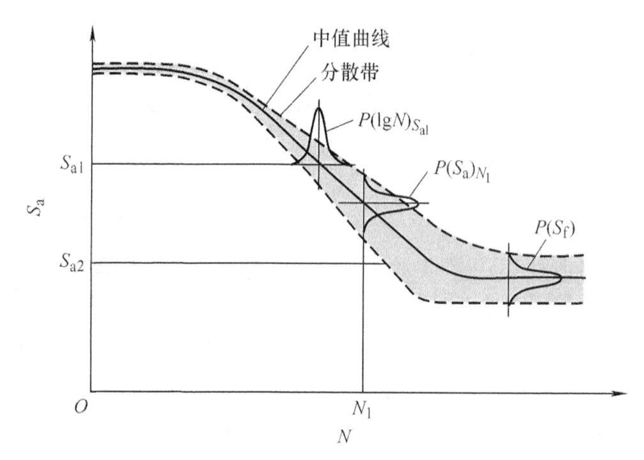

图6-29 $S-N$ 曲线分散带

图6-31所示为结构钢焊接接头无量纲 $P-S-N$ 曲线。

由于应力水平与疲劳寿命之间的随机特性。对于给定的应力幅，并无确定的疲劳寿命 N 与之对应，与之对应的是某唯一确定的疲劳寿命的概率分布。或者说，变量 N 是随机的，但服从某一确定的、与应力水平相关的概率分布。疲劳统计分析的任务是要回答：在给定的应力水平下，寿命为 N 时的破坏（或存活）概率是多少？或者说在给定的破坏（或存活）概率下的寿命是多少？

在一定的应力水平下，疲劳寿命小于给定值的概率 $P_f=P\ (N<N_P)$ 表示构件疲劳寿命达不到 N_P 而过早发生破坏的概率，而概率 $P=P\ (N>N_P)$ 表示构件的疲劳寿命高于 N_P 的

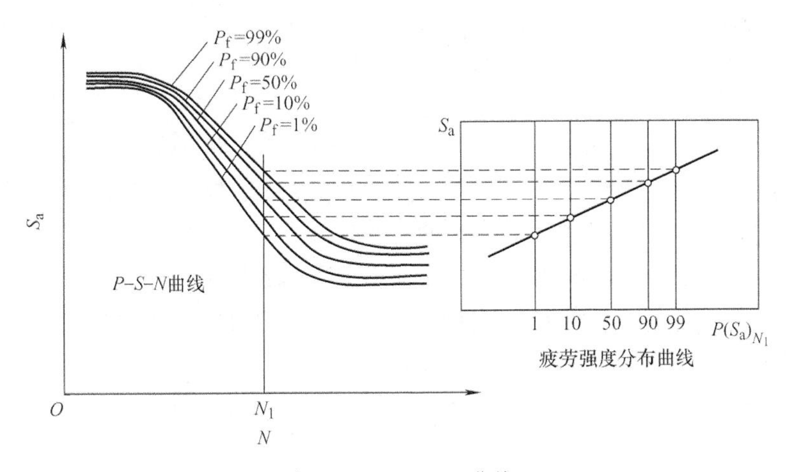

图 6-30　$P-S-N$ 曲线

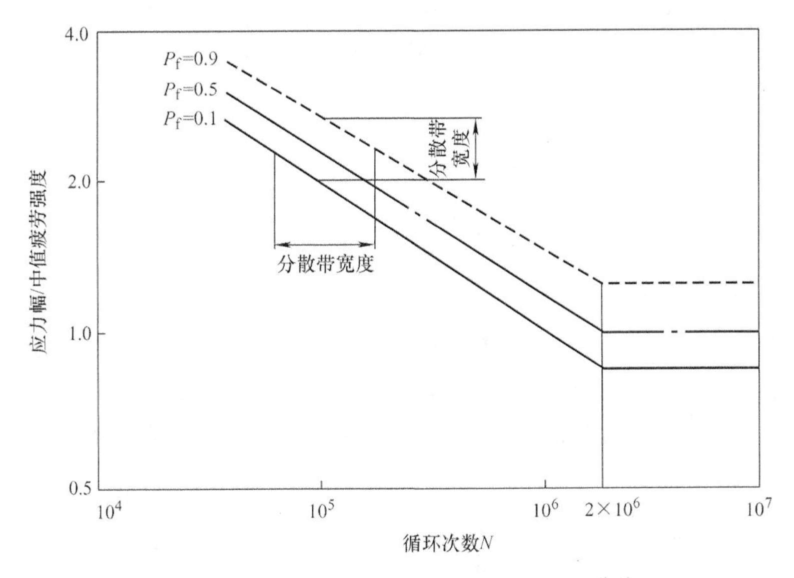

图 6-31　结构钢焊接接头无量纲 $P-S-N$ 曲线

概率，称存活率（有时也称可靠度），N_P 则为具有存活率 p 的安全寿命。由此可见，中值疲劳寿命是存活率为 50% 的安全寿命。

当疲劳寿命分布已知时，就可计算不同存活率 P 的安全寿命。将应力水平和安全寿命用曲线拟合就可得到 $P-S-N$ 曲线。根据 $P-S-N$ 曲线也可以确定给定寿命条件下的疲劳强度的分布。

2. 疲劳寿命的分布

一般认为，当给定寿命时，材料的疲劳强度服从正态分布和对数正态分布。当应力恒定时，在 $N<10^6$ 次循环下，疲劳寿命服从对数分布和威布尔分布；在 $N>10^6$ 次循环下，疲劳寿命服从威布尔分布。

这里以疲劳寿命为对数正态分布和威布尔分布为例进行分析。

(1) 对数正态分布　设构件的疲劳寿命为 N，令 $x=\lg N$，即 $N=10^x$，则称 x 为对数正

态寿命。x 小于规定寿命 x_{P} 的概率为破坏率

$$P(x<x_{\mathrm{P}})=\Phi(u_{\mathrm{P}}) \tag{6-64}$$

存活率

$$P=P(x>x_{\mathrm{P}})=1-P(x<x_{\mathrm{P}})=1-\Phi(u_{\mathrm{P}}) \tag{6-65}$$

也可称为累计超越概率。根据式(6-22) 有 $x_{\mathrm{P}}=\mu+u_{\mathrm{P}}\sigma$，这里 u_{P} 称为标准正态偏量。选定存活率即可确定 u_{P}，从而可得含存活率 P 的疲劳寿命 $N=10^{x_{\mathrm{P}}}$。

为获得疲劳寿命分布，需要通过不同应力水平下的疲劳寿命进行统计分析以估计疲劳寿命均值 μ 和标准差 σ。μ、σ 是母体分布参数，一般只能由取自该母体的若干试件组成的“子样”（或称样本）试验数据来估计。

子样均值 $\bar{x}$ 定义为：

$$\bar{x}=\frac{1}{n}\sum_{i=1}^{n}x_i \qquad (i=1,2,\cdots n) \tag{6-66}$$

式中　x_i——第 i 个观测数据，对于疲劳，则是第 i 个试件的对数寿命，即 $x_i=\lg N_i$；

n——子样中 x_i 的个数，称为样本大小（或样本容量）。

子样方差 s^2 定义为

$$s^2=\frac{1}{n-1}\sum_{1}^{n}(x_i-\bar{x})^2=\frac{1}{n-1}\left(\sum x_i^2-n\bar{x}^2\right) \tag{6-67}$$

方差 s^2 的平方根 s，即子样标准差，是偏差（$x_i-\bar{x}$）的度量，反映了分散性的大小。子样数 n 越大，子样均值 $\bar{x}$ 和标准差 s 就越接近于母体均值 μ 和标准差 σ。

因此假定对数疲劳寿命 $X=\lg N$ 是服从正态分布的，只要由一组子样观测数据计算出子样均值 $\bar{x}$ 和标准差 s，并将它们分别作为母体均值 μ 和标准差 σ 的估计量，即可得到具有某给定破坏（或存活）概率下的寿命或某给定寿命所对应的破坏（或存活）概率。根据式(6-65)可得存活率为

$$P=P(X\geqslant x_{\mathrm{P}})=1-\int_{-\infty}^{x_{\mathrm{P}}}f_Z(x)\,\mathrm{d}x=1-\frac{1}{\sigma_x\sqrt{2\pi}}\int_{-\infty}^{x_{\mathrm{P}}}\exp\left[-\frac{1}{2}\left(\frac{x-\mu_x}{\sigma_x}\right)^2\right] \tag{6-68}$$

令 $u=\dfrac{x-\mu_x}{\sigma_x}$，则有

$$P=P(X\geqslant x_{\mathrm{P}})=1-\Phi(u_{\mathrm{P}}) \tag{6-69}$$

$$u_{\mathrm{P}}=\frac{X_{\mathrm{P}}-\mu_x}{\sigma_x}$$

u_{P} 称为与存活率 p 对应的标准正态偏量，或标准正态分布的上侧分位点。根据式(6-68)和式(6-69) 可知失效概率 $P_{\mathrm{f}}=P_{\mathrm{r}}(X\leqslant x)=\Phi(u_{\mathrm{P}})=1-P$，即 u_{P} 可由 P 确定。给定存活率后，可从标准正态分布函数的反函数得到 $u_{\mathrm{P}}=\Phi^{-1}(1-P)$。表 6-4 为标准正态偏量数据。

表 6-4　标准正态偏量数据

$P=P\ (X>x_{\mathrm{P}})$	50%	84.1%	90%	95%	99%	99.9%	99.99%
u_{P}	0	−1	−1.282	−1.645	−2.326	−3.090	−3.719

由式(6-22) 可知，对数疲劳寿命可表示为 $x_P=\mu+u_P\sigma$，其估计值为 $x_P=\bar{x}+u_Ps$。存活率为 P 的疲劳寿命为

$$\lg N_P=x_P=\mu_x+\Phi^{-1}(1-P)\sigma_x \tag{6-70}$$

或

$$N_P=10^{x_P}=10^{\mu_x+\Phi^{-1}(1-P)\sigma_x} \tag{6-71}$$

当给定应力范围下疲劳寿命的分布为对数正态分布时，采用极大似然法或定斜率拟合法可以得到 $P-S-N$ 曲线的表达式为

$$\lg N=\lg C_P-m\lg S \tag{6-72}$$

式中　$\lg C_P$——存活率为 p 时的 $\lg C$ 值；

m——常数。

根据（S_i，N_i）数据可获得 $\lg C_i$ 子样，利用此子样可得到 $\lg C_P$ 的估计值为

$$\lg C_P=\mu_{\lg C}+u_P\sigma_{\lg C}=\overline{\lg C}+u_P\sigma_{\lg C} \tag{6-73}$$

式中　$\lg C$——中值 $S-N$ 曲线中的常数。

由此可得含存活率的 $P-S-N$ 曲线为

$$\lg N=\lg C+u_P\sigma_{\lg C}-m\lg S=\lg C+\Phi^{-1}(1-P)\sigma_{\lg C}-m\lg S \tag{6-74}$$

每一个 P 值可确定与之对应的分位点 u_P，从而绘制一条存活率为 P 的 $S-N$ 曲线。从几何意义上看，$P-S-N$ 曲线的统计行为是在双对数坐标系中斜率为 m 的直线随机发生平移，直线与 $\lg N$ 轴的截距服从正态分布。

（2）威布尔（Weibull）分布　威布尔分布的密度函数定义为：

$$f(N)=\frac{b}{N_a-N_0}\left(\frac{N-N_0}{N_a-N_0}\right)^{b-1}\exp\left[-\left(\frac{N-N_0}{N_a-N_0}\right)^b\right]\quad (N\geqslant N_0) \tag{6-75}$$

式中　N_0——最小寿命参数；

N_a——尺度参数；

b——形状参数。

N_0、N_a 和 b 是描述威布尔分布的三个参数。N_0 是下限；N_a 控制着横坐标的尺度大小，反映了数据 N 的分散性；b 能够描述分布密度函数曲线的形状，如图 6-32 所示。若 $b=3.5\sim4$，式(6-75) 近似为正态分布。

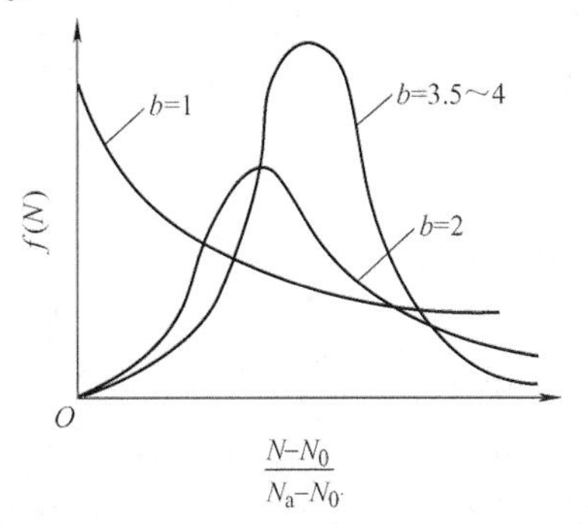

图 6-32　威布尔分布密度函数

如同前面讨论的正态分布一样，我们关心的是在疲劳寿命 N 之前破坏的概率，或寿命小于等于 N 的概率F（N）。

$$F(N)=\int_{N_0}^{N}\frac{b}{N_a-N_0}\left(\frac{N-N_0}{N_a-N_0}\right)^{b-1}\exp\left[-\left(\frac{N-N_0}{N_a-N_0}\right)^b\right]\mathrm{d}N \tag{6-76}$$

令 $x=(N-N_0)/(N_a-N_0)$，则有 $\mathrm{d}N=(N_a-N_0)\mathrm{d}x$，由式(6-76) 可得

$$F(x)=\int_0^x\frac{b}{N_a-N_0}x^{b-1}\mathrm{e}^{-x^b}(N_a-N_0)\mathrm{d}x=1-e^{-x^b} \tag{6-77}$$

因为 $F(N)=F(x)$，所以三参数威布尔分布函数 $F(N)$ 为

$$F(N)=1-\exp\left[-\left(\frac{N-N_0}{N_a-N_0}\right)^b\right] \tag{6-78}$$

由式(6-78) 可知，当 $N=N_0$ 时，$F(N_0)=0$，即疲劳寿命小于 N_0 的破坏概率为零，

故 N_0 是最小寿命参数；当 $N=N_a$ 时，$F(N_a)=1-1/e=0.632$，即疲劳寿命小于 N_a 的破坏概率恒为63.2%而与其他参数无关，所以 N_a 也称为特征寿命参数。

将式(6-78)改写为

$$\frac{1}{1-F(N)}=e^{\left(\frac{N-N_0}{N_a-N_0}\right)^b} \tag{6-79}$$

取二次对数后得到

$$\lg\lg[1-F(N)]^{-1}=b\lg(N-N_0)+\lg\lg e-b\lg(N_a-N_0) \tag{6-80}$$

式(6-80)表示：变量 $\lg\lg[1-F(N)]^{-1}$ 与 $\lg(N-N_0)$ 间有线性关系；或者，在双对数图中，$\lg[1-F(N)]^{-1}$ 与 $(N-N_0)$ 间有线性关系。b 是直线的斜率，故也称其为斜率参数。

若令 $N_0=0$，则有

$$f(N)=\frac{bN^{b-1}}{N_a^b}\exp\left[-\left(\frac{N}{N_a}\right)^b\right] \tag{6-81}$$

$$F(N)=1-\exp\left[-\left(\frac{N}{N_a}\right)^b\right] \tag{6-82}$$

此即二参数威布尔分布函数。威布尔分布的均值和方差为

$$\mu=N_a\Gamma\left(1+\frac{1}{b}\right) \tag{6-83}$$

$$\sigma^2=N_a^2\left\{\Gamma\left(1+\frac{1}{b}\right)-\left[\Gamma\left(1+\frac{1}{b}\right)\right]^2\right\} \tag{6-84}$$

式中 Γ——伽马函数。

当疲劳寿命为威布尔分布时，则

$$P=P(N\geqslant N_P)=\int_{N_P}^{\infty}f(N)\mathrm{d}N=\exp\left[-\left(\frac{N-N_0}{N_a-N_0}\right)^b\right] \tag{6-85}$$

由此可得

$$N_P=N_0+(-\ln P)^{1/b}(N_a-N_0) \tag{6-86}$$

在已知有关威布尔分布参数的情况下，即可计算出含存活率的疲劳寿命。例如，$P=90\%$ 的 $S-N$ 表示在使用期内构件不发生疲劳破坏的概率（存活率）为90%，或可靠度为90%。在进行疲劳设计时，可根据所需的存活率或可靠度，利用与其对应的 $S-N$ 曲线进行设计。

3. 疲劳寿命分散系数

根据结构安全寿命设计准则——式(0-4)，确定结构安全寿命的关键是疲劳寿命分布特性和疲劳寿命分散系数。疲劳寿命分散系数研究起源于飞机结构疲劳寿命。在飞机结构寿命设计和疲劳试验中，不会直接用可靠度函数来描述飞机寿命的可靠性，而是用分散系数来描述。

一般来说，在疲劳寿命标准差一定时，选用的分散系数越大，可靠度越高，反之可靠度越低。从图6-33对数寿命正态分布曲线可以看出分散系数的含义。零件寿命低于安全寿命 N_{min} 的概率是0.13%。若取分散系数为4.0，则疲劳强度最好的零件寿命为 N_b，这意味着寿命低于疲劳强度最好的零件寿命 N_b 的零件占零件总数的94.95%。随机抽取的被试零件的

寿命大于 N_b 的可能性只有5%，小于 N_{min} 的可能性基本上不会大于0.13%。

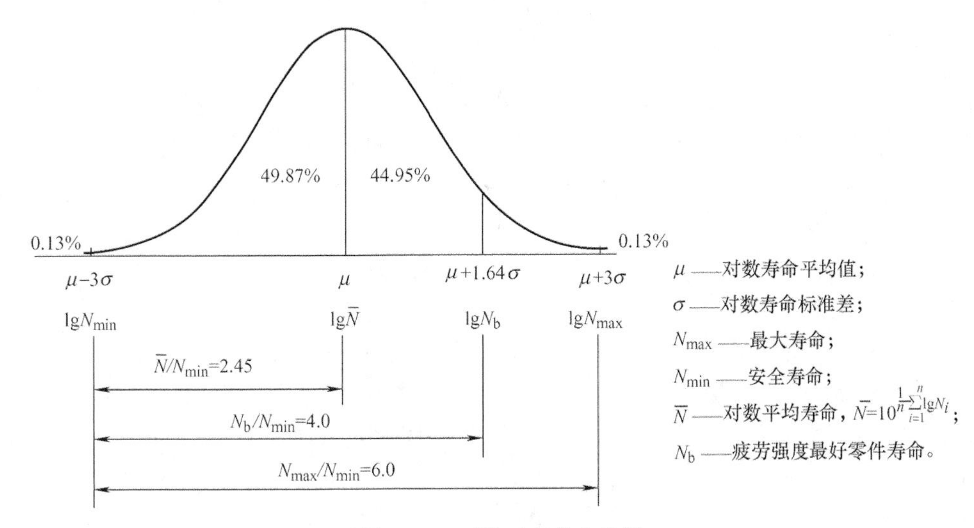

图6-33　对数正态分布曲线

6.3.2　疲劳强度的概率分析

结构在疲劳载荷作用下会发生损伤累积，疲劳累积损伤的结果会使疲劳强度逐渐衰减（图6-34），疲劳强度和疲劳应力概率分布出现干涉会导致疲劳失效概率增大。

应用概率方法评估结构的疲劳失效概率，可用疲劳损伤 $D(0 \leqslant D \leqslant 1)$ 表示作用效应。当 $D=0$ 时，结构无损伤；当 $D=1$ 时，结构失效；$D<1$ 时，结构安全。疲劳损伤 D 随结构服役时间或循环次数的增加而增大，其随机性也随之增大（图6-35）。

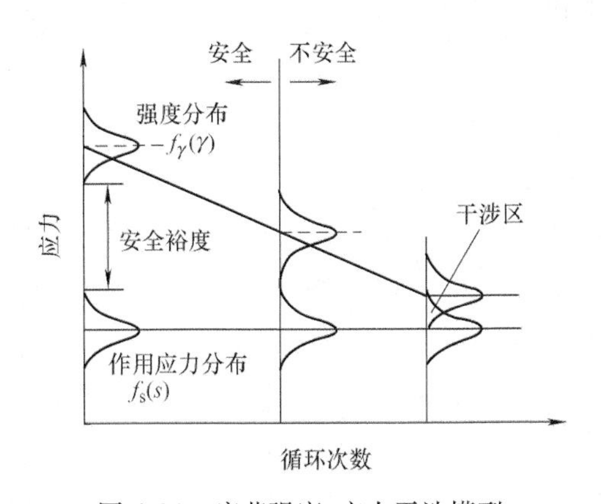

图6-34　疲劳强度-应力干涉模型

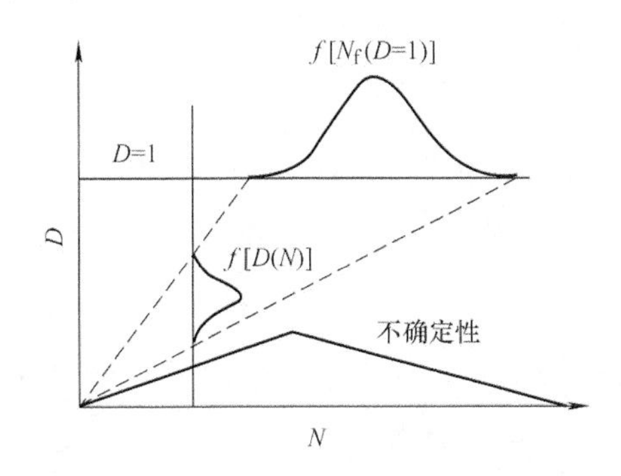

图6-35　结构疲劳损伤演化的随机行为

若疲劳损伤极限 D_{lim} 表示结构抗力，则疲劳极限状态方程为

$$Z = D_{lim} - D = 0 \tag{6-87}$$

疲劳失效概率为

$$P_f = P(Z = D_{lim} - D < 0) \tag{6-88}$$

或

$$P_f = P(D \geqslant D_{lim}) \tag{6-89}$$

在实际应用中，可根据情况选定疲劳损伤参数。如以疲劳寿命表示的疲劳失效概率为

$$P_{\mathrm{f}}=P(N\geqslant N_{\mathrm{P}}) \tag{6-90}$$

以疲劳强度表示的失效概率为

$$P_{\mathrm{f}}=P(\Delta\sigma\geqslant S) \tag{6-91}$$

根据 Palmgren-Miner 线性累积损伤理论，得等效恒幅应力 S_{e} 为

$$S_{\mathrm{e}}=\left[\frac{\sum n_i S_i^m}{N_{\mathrm{T}}}\right]^{1/m} \tag{6-92}$$

式中　N_{T}——结构在其设计寿命期间内的应力循环总次数；

S_i——应力水平；

n_i——S_i 对应的循环次数；

m——$S-N$ 曲线系数。

等效恒幅应力 S_{e} 作用下的疲劳寿命 $N_{\mathrm{f}}=C/S_{\mathrm{e}}^m$，疲劳累积损伤度为

$$D=\frac{N_{\mathrm{T}}}{N_{\mathrm{f}}}=\frac{N_T S_{\mathrm{e}}^m}{C} \tag{6-93}$$

若载荷的平均频率为 f_0，则 $N_{\mathrm{T}}=Tf_0$，结构在时间 T 内的疲劳累积损伤度为

$$D=\frac{Tf_0 S_{\mathrm{e}}^m}{C}=\frac{T\Omega}{C} \tag{6-94}$$

式中　Ω——应力参数，根据式(6-92) 有

$$\Omega=f_0 S_{\mathrm{e}}^m=f_0\left[\frac{\sum n_i S_i^m}{N_{\mathrm{T}}}\right]$$

结构发生疲劳失效时，$T=T_{\mathrm{f}}$，则有

$$D=\frac{T_{\mathrm{f}}\Omega}{C}=1 \tag{6-95}$$

由此可得用时间表示的疲劳寿命为

$$T_{\mathrm{f}}=\frac{C}{\Omega} \tag{6-96}$$

如果应力范围的长期分布可用连续的概率密度函数 $f(S)$ 表示，由于每一个应力循环造成的疲劳损伤为 $D=1/N(S)$，则与 $f(S)$ 对应的，累积损伤度 D 可以表示为

$$D=N_{\mathrm{T}}\int_0^{\infty}\frac{f(S)}{N(S)}\mathrm{d}S \tag{6-97}$$

式中　N_{T}——结构在其设计寿命期间内的应力循环总次数；

S——应力范围；

$f(S)$——应力范围长期分布的概率密度函数；

$N(S)$——与应力范围 S 相对应的结构疲劳失效时的应力循环次数。

由于 $N(S)=S^m/C$，代入式(6-97) 则有

$$D=\frac{N_{\mathrm{T}}}{C}\int_0^{\infty}S^m f(S)\mathrm{d}S=\frac{N_{\mathrm{T}}}{C}E(S^m) \tag{6-98}$$

式中　$E(S^m)$ 为 S^m 的期望值，即

$$E(S^m)=\int_0^{\infty}S^m f(S)\mathrm{d}S \tag{6-99}$$

也可以表示为

$$D=\frac{E(S^m)}{S_e^m} \tag{6-100}$$

式中　S_e——连续载荷谱作用下的等效应力。

类似于式(6-94) 可得

$$D=\frac{Tf_0E(S^m)}{C}=\frac{T\Omega}{C} \tag{6-101}$$

$$\Omega=f_0E(S^m)$$

式中　Ω——应力参数。

比较可知连续载荷谱作用下的等效应力为

$$S_e=[E(S^m)]^{1/m} \tag{6-102}$$

同样有 $T_f=C/\Omega$，这样就得到了与离散型载荷疲劳累积损伤分析类似的计算式，为疲劳失效概率分析提供了方便。根据 $S-N$ 曲线分析可知，参数 C 是一个随机变量，它反映了疲劳强度的不确定性。参数 Ω 与应力范围和作用频率有关，它反映了疲劳载荷的随机性，因此疲劳寿命 T_f 必然具有随机特性。

当应力范围符合二参数威布尔分布时，概率密度函数为

$$f(S)=\frac{bS^{b-1}}{\alpha}\exp\left[-\frac{S^b}{\alpha}\right] \tag{6-103}$$

式中　b、α——威布尔参数。

设 N_L 为载荷谱作用下使结构产生疲劳损伤的循环次数，应力首次且唯一一次超过某一临界应力 S_L 的概率则为 $1/N_L$，即

$$P(S>S_L)=\int_{S_L}^{\infty}f(S)\,dS=\exp\left(-\frac{S_L^b}{\alpha}\right)=\frac{1}{N_L} \tag{6-104}$$

因此有

$$\alpha=\frac{S_L^b}{\ln N_L} \tag{6-105}$$

式中的形状参数 b 要根据结构所处的环境、结构类型等因素来确定。例如，对于船舶结构，b 的取值范围为 0.7～1.3。

二参数威布尔分布函数的 $E(S^m)$ 为

$$E(S^m)=\int_0^{\infty}S^m\frac{b\ln N_L}{S_L^b}\exp\left[-\frac{S^b}{S_L^b}\ln N_L\right]dS=\frac{S_L^m}{(\ln N_L)^{m/b}}\Gamma\left(\frac{m}{b}+1\right) \tag{6-106}$$

将式(6-106) 分别代入式(6-101) 和式(6-102) 可得

$$\Omega=f_0\frac{S_L^m}{(\ln N_L)^{m/b}}\Gamma\left(\frac{m}{b}+1\right) \tag{6-107}$$

$$S_e=\frac{S_L^m}{(\ln N_L)^{m/b}}\left[\Gamma\left(\frac{m}{b}+1\right)\right]^{1/m} \tag{6-108}$$

疲劳累积损伤度为

$$D=\frac{N_T}{C}\frac{S_L^m}{(\ln N_L)^{m/b}}\Gamma\left(\frac{m}{b}+1\right) \tag{6-109}$$

由于随机因素的影响，结构发生疲劳破坏时，D 的临界值并不为 1，大多数情况下为 0.3 ~ 1.3。将临界疲劳累积损伤记为 Δ，Δ 为随机变量。引入应力随机变量 X 将累积损伤度随机化，则式(6-94) 可以表示为

$$D = \frac{TX^m\Omega}{C} = \Delta \tag{6-110}$$

则疲劳失效概率为

$$P_{\mathrm{f}} = P(D \geqslant \Delta) = P\left(\frac{TX^m\Omega}{C} \geqslant \Delta\right) \tag{6-111}$$

结构的疲劳寿命也是随机变量，即

$$T_{\mathrm{f}} = \frac{\Delta C}{X^m\Omega} \tag{6-112}$$

则疲劳失效概率为

$$P_{\mathrm{f}} = P(T_{\mathrm{f}} \leqslant T_{\mathrm{C}}) = P\left(\frac{\Delta C}{X^m\Omega} \leqslant T_{\mathrm{C}}\right) \tag{6-113}$$

式中 T_{C}——设计寿命。

如果 T_{f} 和 T_{C} 均服从对数正态分布，则

$$P(T_{\mathrm{f}} \leqslant T_{\mathrm{C}}) = P(\ln T_{\mathrm{f}} \leqslant \ln T_{\mathrm{C}}) = P(Z \leqslant 0) = \Phi(-\beta) = 1 - \Phi(\beta) \tag{6-114}$$

$$Z = \ln T_{\mathrm{f}} - \ln T_{\mathrm{C}} = \ln\left(\frac{\Delta C}{X^m\Omega}\right) - \ln T_{\mathrm{C}} = \ln\Delta + \ln C - m\ln X - \ln\Omega - \ln T_{\mathrm{C}} \tag{6-115}$$

$$\mu_Z = \mu_{\ln\Delta} + \mu_{\ln C} - m\mu_{\ln X} - \ln\Omega - \ln T_{\mathrm{C}} \tag{6-116}$$

$$\sigma_Z = \sqrt{\sigma_{\ln\Delta}^2 + \sigma_{\ln C}^2 - m^2\sigma_{\ln X}^2} \tag{6-117}$$

式中 μ_Z——Z 的均值；

σ_Z——Z 的标准差。

可靠性指标 $\beta = \mu_Z/\sigma_Z$。

6.3.3 疲劳裂纹扩展的概率分析

一般而言，影响材料疲劳裂纹扩展的各种因素都具有随机特性，因此即使在恒幅载荷作用下，疲劳裂纹扩展速率也应具有随机特性。疲劳裂纹扩展试验结果表明，尽管试验条件相同，但每次试验所得到的样本记录是不一样的（图 6-36），每次试验所得结果仅仅是无限个可能产生的结果中的一个，单个样本记录本身也是不规则的（图 6-37）。

目前，针对疲劳裂纹扩展速率的随机特性，已产生了不同的分析方法。归纳起来有两种：一是将 Paris 公式中的参数 C、m 作为随机变量，研究疲劳裂纹扩展速率的离散性。二是将 Paris 公式随机化。前者称为疲劳裂纹扩展概率模型，后者称为疲劳裂纹扩展随机过程模型。

由于 Paris 公式中的参数 C、m 之间有相关性［式(4-46)］，为数学处理方便，二者不同时视为随机变量。疲劳裂纹扩展概率模型一般将 C 视为随机变量，m 视为确定量。通常选取 $\lg C$ 服从正态分布，即 C 服从对数正态分布。

$$C(\alpha) = 10^{[\mu + \sigma\Phi^{-1}(1-\alpha)]} \tag{6-118}$$

式中 σ——$\lg C$ 的方差；

μ——$\lg C$ 的均值；

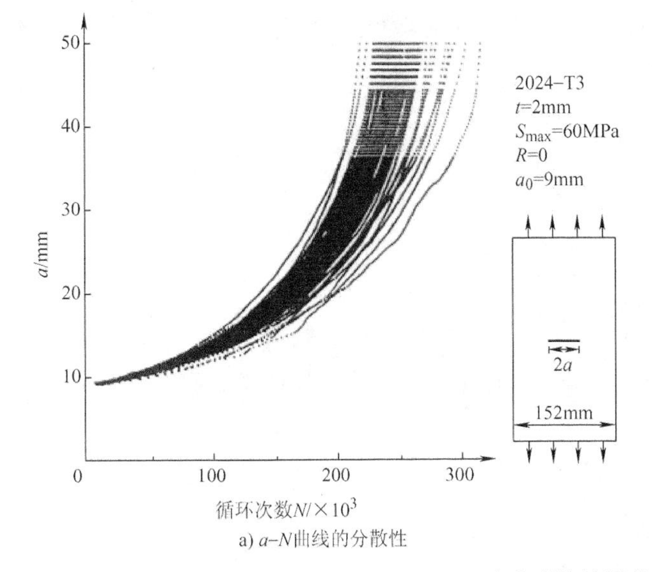

a) a-N曲线的分散性

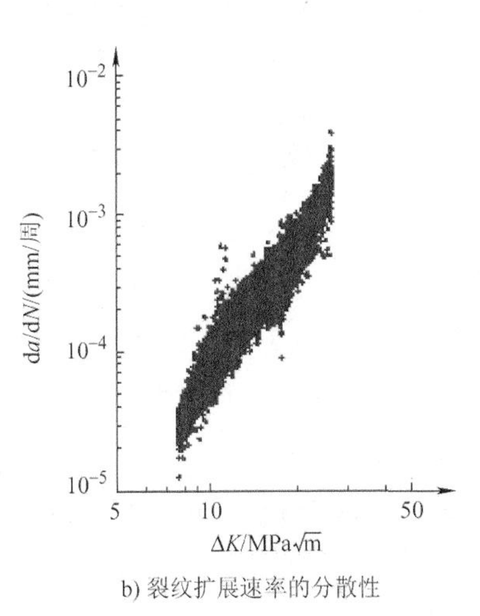

b) 裂纹扩展速率的分散性

图 6-36　疲劳裂纹扩展的分散性

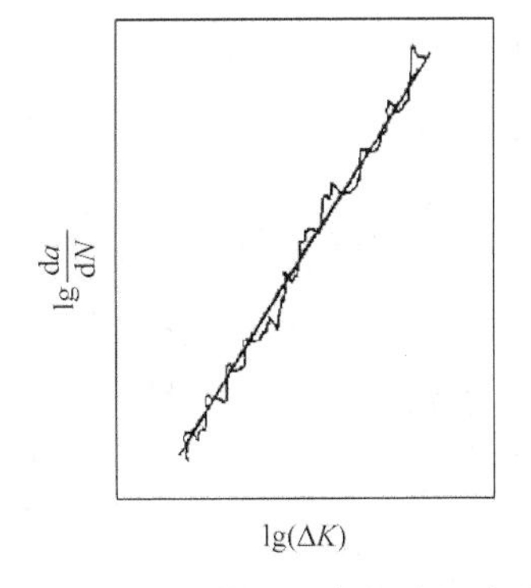

图 6-37　裂纹扩展速率的随机波动

$\Phi^{-1}(1-\alpha)$——标准正态分布函数的反函数。

将 Paris 公式——式(4-40) 进行随机化可得疲劳裂纹扩展随机过程模型，即

$$\frac{\mathrm{d}a}{\mathrm{d}N}=X(t)C\Delta K^m \tag{6-119}$$

式中　t——时间，$t=N/f$ (f 为疲劳载荷频率)；

$X(t)$——随机过程，$X(t)$ 反映了疲劳裂纹扩展的随机性。

在对 $X(t)$ 的数学处理上，存在对数正态随机模型和随机微分方程模型两种分析方法。

对数正态随机模型是将 $X(t)$ 视为对数正态随机过程，即 $Z(t)=\lg X(t)$ 为正态随机过程。对式(6-119) 两边取对数，得

$$\lg\frac{\mathrm{d}a}{\mathrm{d}N}=\lg C+m\lg(\Delta K)+Z(t) \tag{6-120}$$

由此可见，疲劳裂纹扩展速率可由确定性趋势项和随机波动项两部分组成，确定性趋势项是疲劳裂纹扩展速率的平均行为，随机波动部分 $Z(t)=\lg X(t)$ 又称高频分量。Paris 公式给出的 $\mathrm{d}a/\mathrm{d}N$ 与 ΔK 的关系，描述的就是裂纹扩展速率的确定性趋势。

随机微分方程模型是将式(6-120) 中的确定趋势项和随机项分离，写成

$$\frac{\mathrm{d}a}{\mathrm{d}t}=[m_x+\tilde{X}(t)]C\Delta K^m \tag{6-121}$$

式中　m_x——$X(t)$ 的均值；

$\tilde{X}(t)$——随机波动项，$X(t)=m_x+\tilde{X}(t)$。

应用随机微分方程理论可对式(6-121) 进行求解，以获得疲劳裂纹扩展的统计信息。

在疲劳裂纹扩展分析中，重要的统计信息是达到给定裂纹尺寸的应力循环次数的分布规律，以及经受一定应力循环后的疲劳裂纹长度分布规律。为方便通过解析方法获得裂纹扩展

的统计分布，这里将疲劳裂纹扩展随机模型中的对数正态随机过程 $X(t)$ 简化为对数正态随机变量 X，得到疲劳裂纹扩展随机变量模型

$$\frac{\mathrm{d}a}{\mathrm{d}N}=XC\Delta K^{m} \tag{6-122}$$

两边取对数得

$$\lg\frac{\mathrm{d}a}{\mathrm{d}N}=\lg C+m\lg(\Delta K)+Z \tag{6-123}$$

或

$$Z=\lg\frac{\mathrm{d}a}{\mathrm{d}N}-[\lg C+m\lg(\Delta K)] \tag{6-124}$$

其中，$Z=\lg X$，其均值 $\mu_Z=0$，方差为 σ_Z。σ_Z 可通过疲劳裂纹扩展速率试验样本数据进行估计。

将 $\Delta K=\Delta\sigma\sqrt{\pi a}$，代入式(6-122）积分后可得

$$\begin{cases}a=\dfrac{a_0}{(1-XbQNa_0^b)^{1/b}}\\ Q=C\Delta\sigma^m\pi^{m/2}\end{cases} \tag{6-125}$$

式中　a_0——初始裂纹尺寸。

$$b=\frac{m}{2}-1\qquad(m\neq2) \tag{6-126}$$

设 z_γ 为正态随机变量 $Z=\lg X$ 的 γ 百分位点，根据式(6-31）可得累计超越概率 $\gamma\%=P(Z>z_\gamma)=1-\Phi(z_\gamma/\sigma_Z)$，或 $z_\gamma=\sigma_Z\Phi^{-1}(1-\gamma\%)$。用 x_γ 来表示随机变量 X 的 γ 分位点，则 $x_\gamma=10^{z_\gamma}$，由式(6-127）可得到经受 N 次循环后的裂纹尺寸的 γ 百分位点 $a_\gamma(N)$ 为

$$a_\gamma(N)=\frac{a_0}{(1-x_\gamma bQNa_0^b)^{1/b}} \tag{6-127}$$

图 6-38 所示为基于正态随机变量模型的含概率水平的裂纹尺寸与循环次数的关系，或称为概率疲劳裂纹扩展曲线，据此可对疲劳裂纹扩展的统计信息做进一步分析。例如，当 $\gamma=0.25$ 时，可得超越概率为 0.25 的 $a-N$ 曲线，表明一组试件中的裂纹扩展速率高于该曲线的为 25%，即裂纹扩展速率低于该曲线的为 75%。

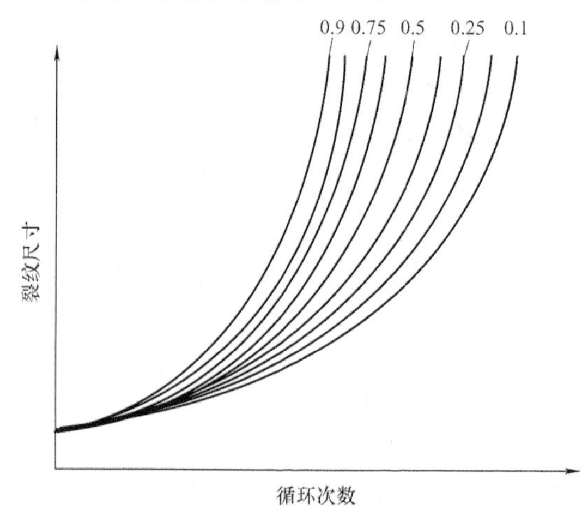

图 6-38　概率疲劳裂纹扩展曲线

6.3.4　疲劳裂纹扩展失效的概率分析

如前所述，疲劳裂纹扩展过程具有较大的分散性，结合疲劳载荷的随机性可对结构件疲劳裂纹扩展失效概率进行分析。疲劳裂纹扩展失效概率分析是在确定性模型 Paris 公式基础上进行的。这里令应力强度因子范围 ΔK 为

$$\Delta K = Sf(a)\sqrt{\pi a} \tag{6-128}$$

式中　S——应力范围；

$f(a)$——修正函数。

将式(6-128) 代入 Paris 公式整理并积分可得

$$N = \frac{1}{CS^m}\int_{a_0}^{a}\frac{\mathrm{d}a}{[f(a)\sqrt{\pi a}]^m} \tag{6-129}$$

式中　a——循环次数为 N 时的裂纹尺寸；

a_0——初始裂纹尺寸。

令 $K_a = f(a)\sqrt{\pi a}$，在恒幅应力下有

$$\int_{a_0}^{a}\frac{\mathrm{d}a}{CK_a^m} = S^m\int_0^N \mathrm{d}N = NS^m = Tf_0S^m = T\Omega \tag{6-130}$$

在随机载荷下，式(6-130) 中的 S 要替换成等效应力 S_e。

在疲劳载荷作用下，裂纹发生扩展，结构抗力衰减（图 6-39）。当裂纹尺寸达到临界尺寸（$a = a_C$）时，$N = N_f = T_f f_0$，结构发生疲劳失效，N_f 或 T_f 为疲劳寿命。

$$T_f = \frac{1}{\Omega}\int_{a_0}^{a_c}\frac{\mathrm{d}a}{CK_a^m} \tag{6-131}$$

仿照前述的随机化方法，将疲劳寿命随机化为

$$T_f = \frac{1}{B^m\Omega}\int_{a_0}^{a_c}\frac{\mathrm{d}a}{CK_a^m} \tag{6-132}$$

式中　B——随机变量。

则疲劳失效概率为

$$P_f(T_f \leqslant T_C) = P_f\left(\frac{1}{B^m\Omega}\int_{a_0}^{a_c}\frac{\mathrm{d}a}{CK_a^m} \leqslant T_C\right) \tag{6-133}$$

式中　T_C——设计寿命。

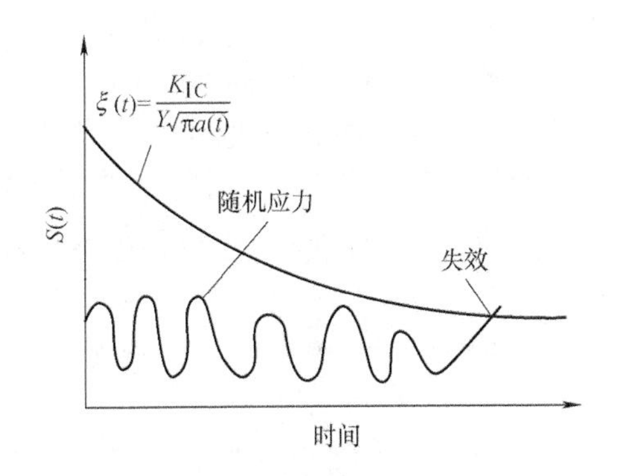

图 6-39　疲劳裂纹扩展失效示意图

若采用裂纹尺寸作为失效判据，令

$$\psi(a) = \int_{a_0}^{a} \frac{\mathrm{d}a}{CK_a^m} \tag{6-134}$$

当 $a = a_C$ 时，$N = N_f = T_f f_0$ 有

$$\psi(a_C) = \int_{a_0}^{a_C} \frac{\mathrm{d}a}{CK_a^m} = T_f \Omega \tag{6-135}$$

引入随机变量 B 并构造极限状态函数 Z 有

$$Z = \psi(a_C) - \psi(a) = T_f B^m \Omega - \int_{a_0}^{a} \frac{\mathrm{d}a}{CK_a^m} \tag{6-136}$$

当 $a_C \leqslant a$ 时，则

$$Z = \psi(a_C) - \psi(a) \leqslant 0 \tag{6-137}$$

则疲劳失效概率为

$$P_f = P(Z \leqslant 0) = P_f\left(T_f B^m \Omega \leqslant \int_{a_0}^{a} \frac{\mathrm{d}a}{CK_a^m}\right) \tag{6-138}$$

所得结果与式(6-133）一致。但在具体计算中存在一定的难度，这是因为式(6-138)中的函数比较复杂，且含有积分式，需要采用数值计算方法。

以上分析表明，考虑到不确定性对焊接结构韧力的影响还是比较复杂的，在理论和方法上还需要深入的研究。将概率方法引入焊接结构韧力分析的目的是合理评估各种随机因素对焊接结构的作用，有助于可靠防控焊接结构的工程风险。

参考文献

[1] VARDE P V, PECHT M G. Risk-Based Engineering [M]. Singapore: Springer Nature Singapore Pte Ltd, 2018.

[2] GROSS D, SEELIG T. Fracture mechanics: With an introduction to micromechanics [M]. 3rd ed. Cham: Springer International Publishing AG, 2018.

[3] HOLICKÝ M. Reliability analysis for structural design [M]. Stellenbosch: Sun Press, 2009.

[4] VIRKLER D A, HILLBERRY B M, GOEL P K. The statistical nature of fatigue crack propagation [J]. ASME Journal of Engineering Materials and Technology, 1979, 101 (2): 148 - 153.

[5] British Standard BS 7910. Guide on methods for assessing the acceptability of flaws in metallic structures [S]. London: The British Standards Institution 2015.

[6] 高镇同，熊峻江. 疲劳可靠性 [M]. 北京：航空航天大学出版社，2000.

[7] 胡毓仁，李典庆，陈伯真. 船舶与海洋工程结构疲劳可靠性分析 [M]. 哈尔滨：哈尔滨工程大学出版社，2009.

[8] LIN Y K, YANG J N. A stochastic theory of fatigue crack propagation [J]. AIAA Journal, 1985, 23 (1): 117 - 124.

[9] SOBCZYK K, SPENCER B F. Random fatigue: From data to theory [M]. Boston: Academic Press Inc. , 1992.

[10] PROVAN J W. 概率断裂力学和可靠性 [M]. 航空航天工业部《AFFD》系统工程办公室，译. 北京：航空工业出版社，1989.

[11] KADRY S, HAMI A E. Numerical Methods for Reliability and Safety Assessment: Multiscale and Multiphysics Systems [M]. Cham: Springer International Publishing Switzerland, 2015.

[12] ORTIZ K, KIREMIDJIAN A S. Stochastic modeling of fatigue crack growth [J]. Engineering Fracture Mechanics, 1988, 29 (3): 317 - 334.

[13] CHAPUIS B, CALMON P, JENSON F. Best Practices for the Use of Simulation in POD Curves Estimation [M]. Cham: Springer International Publishing AG, 2018.

[14] ZERBST U, SCHODEL M, WEBSTER S, et al. Fitness-for-Service Fracture Assessment of Structures Containing Cracks [M]. Oxford: Elsevier Ltd., 2007.

[15] JONSSON B, DOBMANN G, A F HOBBACHER, et al. IIW Guidelines on Weld Quality in Relationship to Fatigue Strength [M]. Paris: International Institute of Welding, 2016.

[16] TADEUSZ ŁAGODA. Lifetime Estimation of Welded Joints [M]. Berlin: Springer-Verlag Berlin Heidelberg, 2008.

[17] KADRY S, HAMI A E. Numerical Methods for Reliability and Safety Assessment: Multiscale and Multiphysics Systems [M]. Springer International Publishing Switzerland, 2015.

[18] WIRSCHING P H, TORNG T Y, MARTIN W S. Advanced Fatigue Reliability Analysis [J]. International Journal of Fatigue, 1991, 13 (5): 389 - 394.

[19] CHRYSSANTHOPOULOS M K, RIGHINIOTIS T D. Fatigue reliability of welded steel structures [J]. Journal of Constructional Steel Research, 2006, 62 (11): 1199 - 1209.

[20] MALJAARS J, STEENBERGEN H M G M, VROUWENVELDER A C W M. Probabilistic model for fatigue crack growth and fracture of welded joints in civil engineering structures [J]. International Journal of Fatigue, 2011, 38: 108 - 117.

[21] AYYUB B M, SOUZA G F M D. Reliability-Based Methodology for Life Prediction of Ship Structures [R]. SSC Symposium, Crystal City, VA, 2000.

[22] TIM GURNEY. Cumulative damage of welded joints [M]. Cambridge: Woodhead Publishing Limited, 2006.

[23] MACDONALD K A. Fracture and fatigue of welded joints and structures [M]. Cambridge: Woodhead Publishing Limited, 2011.

[24] LASSEN T, RÉCHO N. Fatigue Life Analyses of Welded Structures [M]. London: ISTE Ltd., 2006.

[25] CRAMER E H, LOSETH R, OLAISEN K. Fatigue Assessment of Ship Structures [J]. Marine Structures, 1995, 8 (4): 359 - 383.

[26] CASTILLO E, FERNÁNDEZ - CANTELI A, CASTILLO C, et al. A new probabilistic model for crack propagation under fatigue loads and its connection with Wöhler fields [J]. International Journal of Fatigue, 2010, 32 (4): 744 - 753.

[27] SHARIFF A A. A Stochastic Paris - Erdogan Model for Fatigue Crack Growth Using Two-State Model [J]. Bulletin of the Malaysian Mathematical Sciences Society, 2008, 31 (1): 97 - 108.

[28] RAY A, PATANKAR R. A stochastic model of fatigue crack propagation under variable-amplitude loading [J]. Engineering Fracture Mechanics, 1999, 62 (4-5): 477 -493.

[29] O'DOWD N P, LEI Y, BUSSO E P. Prediction of cleavage failure probabilities using the Weibull stress [J]. Engineering Fracture Mechanics, 2000, 67 (2): 87 -100.

[30] RUGGIERI C, GAO X S, DODDS R H. Transferability of elastic - plastic fracture toughness using the Weibull stress approach: significance of parameter calibration [J]. Engineering Fracture Mechanics, 2000, 67 (2): 101 -117.

[31] VIRKLER D A, et al. The statistical modelling nature of fatigue crack propagation [J]. Journal of Engineering Materials and Technology, 1979, 10 (4): 148 -153.

[32] YANG J, SALIVAR G C, ANNIS C G. Statistical modeling of fatigue crack growth in nickel based superalloy [J]. Engineering Fracture Mechanics, 1983, 18 (2): 257 -270.

[33] Haagensen P J, Maddox S J. IIW recommendations on methods for improving the fatigue strength of welded joints [M]. Paris: International Institute of Welding, 2013.

[34] Marquis G B, Zuheir Barsoum Z. IIW Recommendations for the HFMI Treatment For Improving the Fatigue Strength of Welded Joints [M]. Singapore: Springer Science + Business Media Singapore, 2016.